中国青贮玉米品种现状及发展趋势

成广雷　邱　军　王凤格　王荣焕　等　编著

中国农业科学技术出版社

图书在版编目（CIP）数据

中国青贮玉米品种现状及发展趋势 / 成广雷等编著 . --
北京：中国农业科学技术出版社，2021. 10
ISBN 978-7-5116-5536-3

Ⅰ. ①中… Ⅱ. ①成… Ⅲ. ①青贮玉米-品种-中国
Ⅳ. ①S513. 029. 2

中国版本图书馆 CIP 数据核字（2021）第 209382 号

责任编辑 李冠桥
责任校对 李向荣
责任印制 姜义伟 王思文

出 版 者 中国农业科学技术出版社
北京市中关村南大街 12 号 邮编：100081
电 话 (010)82109705(编辑室)
(010)82109702(发行部)
(010)82109709(读者服务部)
传 真 (010)82106625
网 址 http://www.castp.cn
经 销 者 各地新华书店
印 刷 者 北京建宏印刷有限公司
开 本 185 mm×260 mm 1/16
印 张 21. 25 彩插 14 面
字 数 516 千字
版 次 2021 年 10 月第 1 版 2021 年 10 月第 1 次印刷
定 价 99. 00 元

《中国青贮玉米品种现状及发展趋势》

编著委员会

主　　任： 邓光联

成　　员： 王玉玺　赵久然　潘金豹　陈绍江
黄长玲　邱　军　成广雷

主 编 著： 成广雷　邱　军　王凤格　王荣焕

副主编著： 陈绍江　吴元奇　丁　宁　温　君　杨荐钧
杨永华　孙志伟　岳　丹　王长海　吴　鹏
杨　扬　徐田军

编著人员： 成广雷　邱　军　王凤格　王荣焕　陈绍江
吴元奇　刘　杭　丁　宁　温　君　杨荐钧
杨永华　孙志伟　岳　丹　王长海　吴　鹏
杨　扬　徐田军　王晓光　南张杰　刘少荣
范会民　冯永存　夏千千　成惠华　王喜良
郭宗民　邢春景　闫海鹏　王海燕　李　丽
张瑞霞　叶翠玉　李春杰　姚宏亮　李丽君
李磊鑫　栾　奕　苏代群　毛瑞喜　毛双林
孙林华　郑祥博　雷云周　陈双龙　张笑晴

前　言

2021年是国家“十四五”规划的开局之年，2020年中央经济工作会议及2021年中央一号文件都对农业、种业提出了新的发展要求。2021年7月，中央深化改革委员会通过了《种业振兴行动方案》，将种业发展问题提到了一个新的历史高度。在中央的决策部署中，强调要深入推进农业生产结构调整，鼓励发展青贮玉米等优质饲草饲料，加快构建现代养殖体系，积极发展牛羊产业，继续实施奶业振兴行动。

青贮玉米产业是国家畜牧业发展的重要基础，青贮玉米是当代畜牧业“饲料之王”，是奶牛、肉牛、肉羊等草食家畜日粮的重要组成部分。随着畜牧养殖业和奶业的高质量发展，优质青贮玉米需求旺盛，培育推广优质青贮玉米品种，提高青贮玉米质量，成为青贮玉米产业发展的必然要求。但是，我国优质青贮玉米新品种的选育和研究还处于初级阶段，大部分从业者对青贮玉米品种现状及发展趋势还缺乏相应的了解。为贯彻实施中国种子协会青贮分会“以养定种、以种促养、种养结合”的发展理念，大力推进青贮玉米产业升级，我们特别编写了本书。

本书系统介绍了青贮玉米产业的发展历程，收录了从2002—2020年期间，我国青贮玉米品种的审定及详细信息资料，并对相关数据进行了系统分析，是国内第一本全面介绍青贮玉米品种的参考书。希望本书能够帮助广大青贮产业链从业人员，进一步了解青贮玉米产业，为选择优良的青贮玉米品种，提高生产效率和生产收益提供帮助。

本书共分为四章。第一章，对青贮玉米的发展进行了概述，从发展青贮玉米的意义与必要性出发，讲述了青贮玉米起源与发展，并对青贮玉米品种与普通玉米品种等若干重要基础概念进行了区分，以期让读者了解青贮玉米的基本概念和背景；第二章，概述了我国青贮玉米品种的发展与现状，并全面收录了我国目前国审和各省、自治区、直辖市审定的青贮玉米品种情况及品种信息；第三章，对我国青贮玉米品种的遗传多样性进行了系统分析；第四章，对中国的青贮玉米品种科研状况、研发体系、品种贡献及发展趋势进行了客观分析；书后附录对青贮玉米品种发展过程中的重要资料进行了整理。

本书的编辑出版得到了北京市农林科学院玉米研究中心、中国农业大学、四川农业大学、北京顺鑫国际种业集团有限公司北农玉分公司、北京顺鑫农科种业科技有限公司、北京大京九农业开发有限公司、河北巡天科技有限公司、内蒙古西蒙种业有限公司、辽宁东亚种业有限公司、九圣禾种业股份有限公司、北京科沃施农业技术有限公司、北京中地种业有限公司等单位的积极参与和大力支持，在此一并感谢。

由于编者水平有限，书中难免有不足之处，恳请广大读者批评指正。

编著者

2021 年 9 月

目　录

第一章　青贮玉米发展概述

第一节　发展青贮玉米的意义及必要性

一、发展青贮玉米的意义

青贮玉米是指玉米籽粒的乳线在1/4~3/4期间收获玉米全株，经切碎发酵后用于牛羊等草食牲畜饲料。青贮玉米饲料可长期保持青绿多汁、芳香适口状态，有效保存了饲料养分，提高了消化率，是发展养牛业和奶业不可或缺的基础饲料来源，是草食牲畜养殖业支柱。随着我国农业综合能力和居民收入水平提升，农业的主要矛盾由总量不足转变为结构性矛盾，食物消费特征也逐渐由“数量型”向“质量型”转变，肉、奶的需求量越来越大，青贮玉米作为主要的基础饲料来源，在优质肉、奶等农产品供给方面发挥着重要作用。

随着我国农业种植结构调整和全面推广“粮改饲”进程加快，青贮玉米产业发展势头迅猛。所谓“粮改饲”，是指企业通过流转农户土地种植或与农户签订收购协议的方式，开展青贮玉米、燕麦、甜高粱和豆类等饲料作物种植，最终以青贮饲草料产品的收获加工形式由牛羊等草食家畜就地转化，有计划地从“以粮食生产为目的”向“以生产优质饲草资源为目的”种植模式转变。全株玉米青贮是被国内外生产实践证明的优质粗饲料资源，营养价值较高。发展青贮玉米产业是农业结构调整的重要内容，重大需求变化是产业结构发生战略性变革的动力，为适应形势发展需要。发展青贮玉米产业有利于保障奶牛业持续、健康、快速发展，奶业已经成为新形势下提高农民收入、缓解就业压力、解决生态问题、提升我国农业系统整体竞争力的支柱产业。

发展青贮玉米具有较好经济效益和生态效益，目前我国畜牧业迅速发展，但是由于生态环境的恶化，北方天然草地因长时间超载过牧，草地资源退化严重，必须实行草原保护、草畜平衡、划区轮牧休牧和禁牧制度，而广大农区草食家畜饲养主要依靠秸秆和精饲料而缺乏青绿饲料，近期国内畜牧业解决饲草主要依赖于发展种植业。青贮玉米种植区域广，可全年保存、四季供应，有利于在冬春季提供足够的饲料，防止“夏饱、秋肥、冬瘦、春死”的发生，有利于养殖业和饲料生产的集约化经营，有利于减轻草地的载畜压力从而使生态得以恢复。玉米作为“饲料之王”，饲料用玉米约占全国玉米总产量的78%，在目前的玉米生产模式中，主要是按粮食作物方式生产，仅以收获籽实为目的，而研究证明，按饲料要求生产的玉米单位面积总营养（全株）远比收获后的玉米籽粒加上秸秆利用效率高，将籽实玉米改为全株青贮，其营养物质至少可多收50%，因而是提高玉米效益的重要手段。无论对玉米生产者，还是对畜牧业养殖者来说，培育营养价值高的青贮玉米品种将带来很大的效益。Hunter 等实验证明营养价值高的青贮玉米品种将可以节省更多的配合饲料，降低成本，获得较大的经济效益。此外，玉米秸秆青贮，还可减少秸秆燃烧造成的环境污染。青贮玉米是畜牧业特别是奶牛养殖业不可或缺的基础饲料。据保守估算，我国现有约1 500万头奶牛，需要青贮玉米3 000万亩（1 亩约为 667 米^2）以上。但目前优质青贮玉米种植面积远远不能满足畜牧养殖业需求，仍有较大发展空间。发展优质青贮玉米生产是调结构、转方式、供给侧、去库存的需要，是发展优质畜产品和奶产品的迫切需要，是生态保护的迫切要求。同时也能增加玉米种植户收入。

我国长期以来人畜共粮，粮饲共用。随着人们生活水平的提高，以粮食为主来发展畜牧业已不经济，植株的茎秆、叶等部分在收获完果穗后被焚烧掉的现象还存在，秸秆不能很好地利用，不仅浪费了大量的营养物质，而且污染了环境，发展青贮玉米可从根本上消除农民焚烧秸秆的现象，改善大气环境。据报道，将籽实玉米改为全株青贮玉米，其营养物质至少可多收 50%。即 1 公顷的饲用青贮玉米可得到相当于 2 公顷地的普通玉米的饲料单位。因此，青贮玉米饲料经济效益显著，可以大幅度提高农牧民的收入。青贮玉米可以作为青贮饲料直接喂养反刍动物，青贮玉米易于机械化栽培，连作危害小，能充分发挥机械化水平高的优势。随着农业结构调整，畜牧业的迅速发展，选育推广专用型青贮玉米新品种对推进农业种植结构调整和大幅度提高农牧民收入，可实现粮、饲、经三元结构的有机结合，为发展“两高一优”饲料生产闯出了一条新路子，对畜牧业生产，特别是“节粮型”及“秸秆型”畜牧业生产起到积极的促进作用，为我国畜牧养殖业的健康发展奠定坚实基础。对实现农业由数量型增长向优质高效转变，满足人民对畜产品的数量和质量的需求，改善生态环境等具有重要意义。

二、发展青贮玉米的必要性

（一）消费水平提高、理念转变推动青贮玉米发展

1. 奶及奶产品需求量迅速上升

中国乳制品行业一直在持续发展，1998 年全国人均牛奶占有量仅 6.4 千克，而2016 年我国牛奶总产量17 300万吨，人均乳制品折合生鲜乳消费量已达 26 千克，约为世界平均水平的 1/3，但相比，美国 300 千克/（人 · 年），全球平均 111 千克/（人 · 年）（数据源于中国乳制品协会），中国与国际上的差距仍然很大。随着国民生活水平的提高，奶及奶产品需求不断攀升，奶业已发展成为 21 世纪朝阳产业。

2. 牛、羊肉需求量不断增强

由于牛、羊肉蛋白质含量高于其他肉类，是低脂肪、低胆固醇的理想肉类，更有利于人们的身体健康，食草动物（牛羊）食品销售量逐年上升、价格逐年上涨。随着国民生活水平的提高，消费观念在升级，对牛、羊肉需求不断增强，而对耗粮型畜禽，猪、鸡肉等需求逐渐降低。

根据USDA（美国农业部）和FAO（联合国粮食及农业组织）的数据，从2006—2016年，中国牛肉国内消费量从569万吨增长至767万吨，涨幅约为34.80%。目前，中国牛肉消费量仅次于美国和欧盟，是世界排名第三的牛肉消费大国。虽然中国牛肉消费总量大且保持增长，但从人均牛肉消费来看依然远远小于世界平均水平。2019年中国人均牛肉年消费为5.95千克，小于世界平均水平9.32千克，更远远小于巴西和美国的39.25千克和36.24千克。2019年我国人均羊肉消费量已超过3.76千克，因此未来中国牛、羊肉的消费量还有较大的增长空间。而青贮玉米是最优质的青贮饲料，再加上供给侧改革的不断深化，国家政策导向的推进，必将促进青贮玉米的快速发展。

（二）发展青贮玉米是实现绿色农业、养殖业可持续发展的需要

1. 符合绿色环保，可持续发展理念

（1）全株青贮玉米饲用，杜绝了秸秆焚烧带来的环境污染，保护了生态环境，生态效益显著。

（2）每年上亿吨秸秆经过牛羊过腹还田变成大量的有机肥，这对提高土壤有机质，培肥地力，增加土壤蓄水保肥能力，减少化肥施用量，发展有机农业具有极重要意义。

（3）青贮玉米收获期提前，抗病性提高，减少了防病用药带来的环境污染，有利于实现绿色农业、养殖业的可持续发展。

2. 节水、节能符合可持续农业发展理念

（1）节水。1亩青贮玉米作青贮饲料饲喂牲畜较干饲料可节约3~4吨淡水（每亩青贮玉米全株青贮产青贮饲料5~7吨，其含水量为60%~70%），这在缺水地区特别是淡水资源缺乏地区显得尤为重要。2017年全国青贮玉米推广面积2 000余万亩，全株青贮饲喂牲畜节约淡水6 000万~8 000万吨，等于新增一座大型水库，相当于7个西湖的蓄水量。

（2）全程机械化节省劳动力，提高工作效率。玉米全株青贮大大减少了饲草加工环节，节约了能源。在收贮和加工手段上可全程机械化作业，摆脱了传统的下棒、运玉米、脱粒、晾晒、粉碎、秸秆铡细等各环节中繁杂的人工作业和体力劳动，尤其是在收青贮的几天内一次性完成了传统的全年性饲料加工环节的所有劳动，从而极大地解放了劳动力，提高了工作效率。

（三）发展青贮玉米是构建粮草兼顾、种养一体和谐发展格局的关键

在长达数千年的历史中，我国农业一直在围绕“吃饱”问题做文章，种植业首先要满足口粮需求，畜牧业处于从属地位，只能用剩余的粮食和农副产物作饲料。改革开放以来，我国农业发展进入快车道，但直到1990年，全国粮食产量中用作口粮的比例仍高达67%，饲用量仅占10%左右。进入21世纪后，我国农业综合生产能力和居民收入水平持续提升，人均口粮消费持续下降，饲料粮消费快速增加。2004—2015年，我国粮食总产量增加1.52亿吨，其中玉米占63%，这是适应粮食用途变化的第一轮种养关系调整，生猪和家禽规模养殖快速发展是主要驱动力。未来5~10年，我国口粮消费每年预计减少100万吨左右，猪禽养殖对玉米的需求增长也趋于平稳，而牛羊养殖对优质饲草料的需求进入快速增长期。推广“粮改饲”，将部分籽粒玉米改种为青贮玉米等优质饲草料，就是要坚持需求导向，按照为养而种的原则，需要啥就种啥，推动种养关

系进行第二轮调整，构建粮草兼顾、农牧结合、种养一体的和谐格局，这是农业发展到一定阶段后的必然选择，是大食物观落到实处的重要体现。

（四）发展青贮玉米可极大提高种植效益与养殖效益

1. 种植效益

农业农村部玉米专家指导组组长、北京市农林科学院玉米研究中心主任赵久然研究员，在《全株青贮是优质青贮玉米的发展方向》一文指出："籽粒玉米的收获指数（籽粒收获物占玉米总干物质产量的比值）仅为 0.45 左右，而青贮玉米的收获指数可达 0.9 以上。以玉米种植大市内蒙古自治区通辽市为例，年玉米种植面积约 1 800万亩，其中籽粒玉米近1 400万亩，青贮玉米种植约 400 万亩。高产的籽粒玉米亩产值 = 亩籽粒产量 900 千克×估计价格（1.5 元/千克）= 1 350元。高产的优质青贮玉米亩产值 = 亩青贮产量6 吨×平均价格（340 元/吨）= 2 040元，比籽粒玉米高约 700 元。"2017 年全国青贮玉米种植面积约2 000万亩，新增社会经济效益 100 多亿元。

2. 养殖效益

原农业部畜牧业司司长、全国饲料工作办公室主任马有祥，在中国农业信息网（2016-12-27）《推广粮改饲 构建新型种养关系》一文指出：据测算，与籽粒和秸秆分开收获、分开利用相比，每亩全株青贮玉米提供给牛羊的有效能量和有效蛋白均可增加约 40%，生产 1 吨牛奶配套的饲料可以减少 0.1 亩以上，豆粕用量减少 15 千克，精饲料用量减少 25%，秸秆用量增加 23 千克；生产 1 吨牛羊肉配套的饲料可以减少 3.5 亩以上，豆粕用量减少 210 千克，精饲料用量减少 40%，秸秆用量增加 220 千克。使用全株青贮玉米，还可以使我国奶牛的平均单产从目前的6 000千克提高到7 000千克，肉牛肉羊的出栏时间明显缩短。总体来看，推广"粮改饲"，既减少玉米等能量饲料种植的耕地需求，又减少豆粕等蛋白饲料的进口依赖，还有利于提高牛羊养殖生产效率，带动秸秆等资源循环利用，同步提高种植和养殖两个产业的质量、效益和竞争力。

第二节　青贮、青贮玉米起源与发展

一、青贮、青贮玉米的起源

人类通过青贮保存饲料至今已有几千年的历史了。"青贮"一词来源于希腊语"silos"，是在地下挖坑或挖洞贮藏，译意是地下贮藏库、青贮窖。早在几千年前人们便已熟知通过青贮来进行植物防腐保鲜的方法，而早在4 000年前中欧的凯尔特人就开始用青贮技术进行甘蓝贮藏，约2 000年前日耳曼人也开始贮藏青贮食物。公元前1 500年以前，埃及人就已经精通青贮饲料的技术，而且已经认识到了密封对饲料贮藏的重要性。美国南方的印第安人也以在地窖里贮藏玉米而闻名。

19 世纪中叶以前，瑞典和波罗的海附近国家一直用草作青贮。大约 1860 年，青贮被引进到匈牙利，随后迅速扩展到德国。1877 年，法国农场主 Auguste Goffart 根据制作青贮玉米的经验，发表了关于青贮的第一本书，他被称为“现代青贮之父”。在英国，1880 年以前，青贮只用简单的地窖或大草堆贮藏，1880 年以后开始使用砖窖。1876 年，在美国的马里兰州建造了第一个地窖，到 1900 年，美国已有十多万个地窖，大多数是塔状的。

在我国据历史资料记载，在南北朝时期（距今约 1500 年）就开始采用很完备的干草调制和贮存方法。早在 600 多年前元代《王祯农书》和清代《豳风广义》中记载有苜蓿等青饲料的发酵方法，其实就是青贮原理的应用。

玉米青贮发展历史悠久，许多国家都在广泛应用。玉米青贮营养丰富，是草食家畜冬春不可缺少的青绿多汁饲料。玉米青贮饲喂奶牛和肉牛，增效显著，对提高养牛农民的收入，提升肉、奶产品质量将起到重要作用。

二、青贮玉米发展现状

（一）欧洲青贮玉米发展现状

在欧洲，每年种植9 000多万亩的青贮玉米，占玉米种植面积的 40%以上。其中法国和德国种植面积最大，超过欧洲种植面积的一半以上。

2017 年农业部组织考察团赴欧洲考察青贮玉米。欧洲 2016 年青贮玉米种植面积 9 217. 1万亩，其中以法国和德国种植面积最大，占欧洲总面积的 60%，尤其是德国，2016 年青贮玉米占其玉米总面积的 85%。英国、丹麦、荷兰等国种植的玉米几乎全部是青贮玉米。

以德国青贮玉米发展现状为例。

1. 种植面积

2016 年德国玉米种植总面积是3 750万亩，其中青贮玉米种植面积达到3 207万亩，约占总玉米面积的 85. 5%，普通籽粒玉米占玉米总面积不足 15%（表 1-1）。

表 1-1　2010—2016 年德国青贮玉米种植面积　　单位：万亩

年份	种植面积
2010 年	2 742. 0
2011 年	3 043. 5
2012 年	3 057. 0
2013 年	3 004. 5
2014 年	3 139. 5
2015 年	3 156. 0
2016 年	3 207. 0

2. 德国青贮玉米类型

类型分为专用型青贮玉米和通用型青贮玉米两种类型，以通用型为主，占整个青贮玉米种植面积的 60%以上。通用型青贮玉米种植面积较大的原因是由它自身的突出特点决定的，农场主可以根据当年期货市场价格决定是多收青贮玉米还是等到玉米充分成熟后收获籽粒。

3. 青贮玉米在德国主要用途

整个青贮玉米面积的60%用于饲料，主要是饲喂草食性畜产出肉奶产品，剩余40%用于制作沼气发电。

（二）美国青贮玉米发展现状

美国青贮玉米的发展有着悠久的历史。1919年用于青贮的玉米种植面积已占玉米种植总面积的3%左右，后曾扩大到20%。目前，美国种植收获青贮玉米的面积比较稳定，2015—2017年占玉米种植总面积的7%以上。

在美国，种植玉米的目的有两个：生产粮食或生产青贮饲料。他们通常到了收获季节才决定是收获籽粒还是收获全株（用于青贮）。因为播种时，很难预测年底对青贮饲料的需要量，也很难预测玉米的生长发育状况。当严寒或干旱造成多年生饲料豆类减产时，当水分胁迫或早霜限制籽粒产量时，用于青贮玉米生产的面积将增加。然而，当其他饲料作物充足时，而且适合玉米籽粒生产时，生产者会选择在市场上销售粮食。在相当长的一个阶段，美国的玉米品种将保留这种双重目的，美国的青贮玉米除了一部分专用青贮玉米品种外，较大部分种植的是通用型品种。

（三）我国青贮玉米发展现状

1. 我国青贮玉米的起步与发展阶段

我国最早关于玉米青贮饲料实验的研究报道是1944年发表的《玉米窖贮藏青贮料调制实验》，1943年西北农学院教授王栋、助教卢得仁首次进行带棒玉米窖贮青饲料，向陕西及全国推广。青贮玉米作为一个玉米品类进行审定，肇始于1985年北京市审定的京多1号（85）京审粮字第6号，国家级于2002年开始，青贮产业蓬勃发展得益于人们对肉奶需求的进一步提高，始于2015年“粮改饲”政策的实行。

从我国青贮玉米的审定发展来看，到现在大致可分为三个阶段。从20世纪80年代至2002年为第一阶段，该阶段为青贮玉米的起步探索阶段，此阶段青贮玉米的利用与审定大致以农家种、饲草类型青贮玉米为主（粮饲兼用秸秆再利用），各省市通过审定的共有十来个品种，由于当时人们刚刚解决温饱问题，对动物饲养停留在仅解决填饱肚子的问题，故以青贮玉米的生物草产量为目标，品种的品质和质量还没提上议事日程，因此审定、使用的品种大都是饲草类青贮玉米，如科多4号、东陵白等。

2002年开始至2012年为我国青贮玉米发展的第二阶段，这一阶段以2002年全国农技中心发文，组织全国青贮玉米品种区试为标志，我国青贮玉米进入规范化发展阶段。根据（农技种繁函〔2002〕29号）文件精神，组织国家青贮玉米区域试验，确定了筛选优质青贮玉米的审定标准，不仅要求生物产量亩产达4吨以上，还要求籽粒产量不能低于对照品种农大108籽粒产量的10%。从此我国青贮玉米的发展进入了量、质并重的时期，开启了我国青贮玉米的国家审定时代。

从2012年至今，为我国青贮玉米发展的第三阶段。2011年1月10日《青贮玉米品质分级》（GB/T 25882—2010）出台，2012年国家青贮玉米审定品种检测标准采用国家标准，增加了粗淀粉含量指标，更加重视青贮品种的品质，更加符合市场及养殖需求，此阶段为以市场化为导向的量、质并重发展阶段。这一阶段，我国青贮玉米步入快车道，呈现了喷涌发展态势。

2. 我国青贮玉米发展现状

我国虽是农业大国，但与发达国家相比，畜牧业发展相对落后。制约畜牧业发展的主要原因之一是优质饲草料供给不足，尤其是北方冬季饲草料短缺，要解决这个问题，就必须大力发展人工种植饲草饲料，并进行大量青贮，以备冬季饲草料不足时使用。优质青贮玉米饲料营养全面、均衡，适口性好，易消化，能一年四季满足反刍动物的营养需求，使家畜终年保持高水平营养状态和生产水平。

1954 年，我国研究利用普通玉米籽粒收获后的秸秆进行青（黄）贮，在我国畜牧养殖业发展比较好的东北、华北、西北“三北”地区大面积推广，为我国草食家畜的发展起到重要的推进作用。但那时生产十分落后，粮食匮乏，为了不与人口争粮，只能如此，适合当时的生产力发展水平。目前看单纯考虑收获籽粒后进行青（黄）贮的形式是低层次的青贮形式，已不符合现代农业高产、高效、优质的发展方向，因为果穗收获时（玉米完熟期）植株纤维素、木质化程度已过高，难以被动物消化吸收，很多营养已经损失，适口性差，不适合饲喂牲畜。

近几年国家倡导大力发展优质全株青贮玉米，“粮改饲”政策、行业导向推动我国青贮玉米快速发展。“粮改饲”源于 2015 年的中央一号文件。该文件明确提出，开展“粮改饲”和种养结合模式试点，促进粮食、经济作物、饲草料三元种植结构协调发展。“粮改饲”重点是调整玉米种植结构，引导种植全株青贮玉米，同时也因地制宜，在适合种优质牧草的地区推广牧草，将单纯的粮仓变为“粮仓+奶罐+肉库”，将粮食、经济作物的二元结构调整为粮食、经济、饲料作物的三元结构。《全国种植业结构调整规划（2016—2020 年）》提出，到 2020 年饲草料面积发展到9 500万亩，其中青贮玉米面积要达到2 500万亩。国家连续三年出台“粮改饲”实施方案。在国家调结构、“粮改饲”政策的推动之下，我国的青贮玉米产业进入快速发展期。种植面积由 2016 年的1 600余万亩提升至 2020 年的3 000万亩以上，有效地解决了秸秆还田和农牧交错地带粮饲争地问题，解决了牛羊圈养，减轻了过度放牧、草场退化等生态问题。发展青贮玉米促进了农业种植业结构调整，大幅度提高了农牧民收入，实现了粮、经、饲三元结构的有机结合，对畜牧业发展起到了积极推动作用。

3. 我国青贮玉米产业前景展望

2017 年，全国畜牧总站站长杨振海在青贮粗饲料大会中提出，“粮改饲”是指调整玉米种植结构，大规模发展适应于肉牛、肉羊、奶牛等草食畜牧业需求的青贮玉米。实行以养定种，订单种养。大力发展全株青贮玉米和优质牧草种植，重点发展奶牛、肉牛养殖和乳产品加工。助推国家“粮改饲”政策的落实，让全国各地单纯的粮仓变成“粮仓+奶罐+肉库”。

农业农村部副部长马有祥表示，对于粮食安全问题，广义的粮食安全必须考虑畜牧业饲料，由于人们的饮食结构发生很大调整，居民对肉、蛋、奶的消费量更高，也就意味着对饲料的需求更高。因此，将粮食、经济作物的二元结构调整为粮食、经济、饲料作物的三元结构，不是削弱而是增强了国家粮食安全保障能力。

国家青贮玉米区域试验主持人、北京农学院植物科学技术学院院长潘金豹教授在报告中提出，我国畜牧业发展的总体目标是大力发展牛、羊等草食家畜，适度减少猪、鸡等养殖比例，逐步形成一个“节粮型”的畜牧业结构。从我国农业的整体发展战略考虑，发展草食家畜将主要依靠农区，发展草食家畜的主要饲料应该是青贮饲料，而青贮玉米是最重要的青贮饲料。青贮玉米是高产饲料作物，每公顷的生物产量（干物质）高达18吨以上，富含糖分，被认为是“近似完美”的青贮原料。

原中国种子协会青贮玉米分会会长丁光省在“2018中国青贮饲料大会”报告中提到，随着草区禁牧区域的扩大，青贮玉米作为优质的青贮饲料的发展空间巨大，市场前景十分广阔，随着青贮玉米通用型品种的逐步上市，预计到2030年我国青贮玉米种植面积可发展到1亿亩。

第三节　玉米青贮与青贮玉米及其品种类型

一、有关玉米青贮、青贮玉米的概念（国家青贮玉米区域试验主持人潘金豹教授总结）

1. 青贮

青贮是一种将高水分的青绿饲料长期保存的贮存技术或方法，青贮既可减少青绿饲料的养分损失，又有利于动物消化吸收。

青贮方法和原理：将高水分的青绿饲料压实封闭，使青绿饲料与外部空气隔绝，造成内部缺氧、厌氧发酵、产生乳酸，从而可以长期保存。

2. 青贮原料

用于青贮的原料。青贮原料来源极广，禾本科作物、豆科作物、作物块根、块茎、树叶以及水生饲料等均可用来青贮。用得最多的是青贮玉米，其次是高粱。玉米是高产饲料作物，富含糖分，被认为是“近似完美”的青贮原料。

3. 青贮饲料

青贮饲料是青贮原料经过青贮发酵而成的饲料，是将高水分的青绿原料切碎，在封闭缺氧条件下，通过乳酸菌发酵后得到的发酵饲料。

4. 玉米青贮

玉米青贮是指以玉米为原料，制作青贮。所有类型的玉米都可以作为青贮原料，制作青贮饲料。如普通玉米、高淀粉玉米、高油玉米、优质蛋白玉米、甜糯玉米、饲草玉米、青贮玉米。

玉米青贮可分为：玉米全株青贮、玉米秸秆青贮、玉米果穗湿贮、玉米籽粒湿贮。

5. 青贮玉米（品种）

它是指主要用于青贮的玉米品种。

二、玉米青贮类型

玉米青贮是指以玉米植株等为原料，进行青贮发酵饲料制作的一种加工和利用方式。根据所利用的玉米主要部位不同，可分为以下 4 种玉米青贮类型。

1. 全株青贮

全株青贮是指收获包括玉米果穗在内的地上部分青绿植株，经切碎、发酵后用于草食牲畜的饲料。全株玉米青贮是优质青贮玉米的主要发展方向。

2. 秸秆青贮

秸秆青贮也称“黄贮”。在玉米果穗收获后，将其秸秆收集并经切碎、发酵后用于草食牲畜的饲料。

3. 茎叶青贮

茎叶青贮也称饲草玉米或草玉米青贮。只生长繁茂茎叶，没有或很少籽粒的玉米植株，将其茎叶经切碎、发酵后用于草食牲畜的饲料。

4. 果穗或籽粒青贮

仅收获玉米的果穗（带苞叶和穗柄等）、果棒（不带苞叶和穗柄）或籽粒作为青贮原料，将其切碎（破碎）、发酵后，用于草食牲畜的饲料。果穗、果棒或籽粒青贮淀粉含量大幅度提高，可作为精饲料以及猪饲料等。

三、青贮玉米特点及品种分类（玉米专家赵久然总结）

1. 青贮玉米特点

理论上任何玉米都可作青贮，但既高产又优质的青贮玉米品种需要具备以下特点。

（1）更高的抗病性。优质青贮玉米品种的抗病性要强，尤其要注意特别抗叶部病害及茎腐病，其中东华北区、北方区、西北春玉米类型区应注意大斑病、茎腐病等；黄淮海夏玉米区应注意小斑病、茎腐病、弯孢叶斑病、南方锈病；西南春玉米区应注意纹枯病、大斑病、小斑病、茎腐病等。

（2）更耐密植，抗倒性更强。优青贮玉米品种高秆大穗，且追求更高的生物产量，因此，耐密性要求更高，种植密度可比普通玉米提高约 10%。另外，青贮玉米收获、切碎一般实行全程机械化作业，所以对品种抗倒能力要求更高。

（3）更好后期持绿性，生育期可以更长（可比同一生态区籽粒玉米生育期增加 7~10 天），因为青贮玉米收获最佳时间在籽粒 1/2 乳线形成时期，所以青贮玉米品种生育期可以比普通籽粒玉米品种生育期更长，后期抗性及持绿性更好。

（4）更高生物产量和茎叶消化率。其实青贮玉米品种生育期可以比普通籽粒玉米品种更长，就为增加品种生物产量，提高品种抗性和绿叶面积提供了条件，从而达到高产优质的育种目标。

（5）籽粒灌浆后期脱水宜缓慢，适收期长，青贮玉米品种需要有较长的适宜收获期，全株平均含水率能够在 70%~60% 阶段保持 10 天以上，籽粒乳线位置能够在 1/4~3/4 阶段延续 10 天以上。

（6）青贮收获时涉及籽粒压碎的问题，青贮玉米品种软质型胚乳会更好，有利于青贮发酵和草食性牲畜的消化吸收。

2. 青贮玉米品种分类

根据青贮玉米的特征特性及用途，我国青贮玉米品种可划分为 4 种类型。

（1）专用型青贮玉米品种。它是指在适宜收获期把玉米全株收获和粉碎，经过青贮发酵作为青贮饲料专用的一种玉米，这类青贮玉米既能达到牛羊等草食牲畜对粗饲料品质的需求，又具有较高生物产量和很好的适口性，该类品种生物产量潜力大，同时其品质也能够达到优质青贮规定的基本指标，并作为青贮玉米通过了品种审定。专用型青贮玉米品种在同等条件下其生物鲜重和干重产量均能够显著超过大田籽粒玉米，并且其品质能够达到优质青贮的指标，优良的专用型青贮玉米是将高生物产量与良好的青贮品质两方面需求很好结合在一起的品种，如京科青贮 516、豫青贮 23、京科青贮 932、北农青贮 208 等。

（2）通用型青贮玉米品种，可以作为全株青贮用于青贮饲料的一种多用型青贮玉米，这类青贮玉米除具有籽粒产量高、生物产量高和饲用品质好等优点外，还可根据粮用玉米和青贮玉米市场需求变化，适时调整应用方向，既能作为大田籽粒玉米种植，又能作为青贮玉米种植，并能达到优质高产青贮玉米标准的品种。并通过大田籽粒玉米和青贮玉米两种类型的品种审（认）定。其特征是综合性状优良，籽粒产量高，生物产量亦高，如京科 968、大京九 156 等。

（3）兼用型青贮玉米品种，粮饲兼用型品种原来的定义为持绿性较好的籽粒玉米品种，在收获棒穗后将茎叶切碎进行青贮，现在多指籽粒玉米兼作青贮玉米种植。但不是所有籽粒玉米都适合作青贮玉米种植。作为籽粒玉米通过审定的品种，应经试验示范和品质检测，在品质和生物产量两方面都要基本达到青贮玉米标准，在适宜地区和一定条件下才能兼作青贮玉米种植，粮饲兼用型玉米品种在推广过程中很容易被滥用，学界建议粮饲兼用型玉米品种应通过相关部门、组织认定或推荐，以免籽粒玉米品种直接作青贮玉米表现良莠不齐，给种植者带来损失。粮饲兼用型代表品种如农大 108 等。

（4）饲草型玉米品种，该类品种在一定种植条件下，只能生长繁茂茎叶，没有或很少有籽粒，可直接刈割（或多次刈割）饲喂家畜或切碎青贮，属于一类特殊青贮专用型品种。主要是热带种质成分较多杂交种在温带种植、强分蘖性品种、特殊饲草玉米品种等。通常的大田籽粒型品种、青贮专用型品种及农家种、群体等在超高密度条件下种植，也可成为饲草型。如玉草 6 号、东陵白等。

根据我国现代农业发展的现状，青贮玉米品种应坚持以青贮专用型、粮饲通用型为主，饲草型为辅的发展方向。

第四节　青贮玉米品种与普通玉米品种的区别

一、育种目标不同

（一）普通玉米品种

普通玉米育种目标：要求高产稳产、综合抗性好、适应性广、耐密植等。主要强调籽粒产量高，矮秆、大穗、早熟、脱水快等。

（二）专用型青贮玉米品种

我们平常所讲的青贮玉米泛指专用型青贮玉米，其育种目标不仅要求综合抗性好、适应性广、抗逆性强、增产潜力大、生物产量高产稳产等，更重要的是强调生物产量与青贮品质的协调，适宜做优质青贮饲料。青贮品种不仅要求生物产量高，还要求纤维品质好，蛋白质、淀粉含量高，持绿性好，青贮适宜收获期含水量适中（65%～70%）、籽粒脱水比普通玉米慢、适收期延长，全株青贮饲喂牲畜适口性好等。

（三）粮饲通用型玉米品种

粮饲通用型品种育种目标要求不仅具有专用型青贮玉米生物产量高，青贮品质优、持绿性好、适收期长、适口性好、消化率高的特点，而且具有普通玉米籽粒产量高、抗病性强、适应性广等突出优点。通俗地讲就是：生物产量、籽粒产量双高，纤维品质、适口性都好。

二、参试组别不同

（一）青贮玉米品种

青贮玉米品种参加的是由国家或省（市、区）农业主管部门组织的青贮玉米品种区域试验、生产试验，其生物产量、抗性、青贮品质等指标均达到审定标准要求，才能通过国家或省级审定。

（二）普通玉米品种

普通玉米品种参加的是国家或省级普通玉米区域试验、生产试验，其籽粒产量、抗性、籽粒品质等均达到审定标准要求，才能通过国家或省级审定。

（三）粮饲通用型青贮玉米品种

粮饲通用型青贮玉米品种是指既参加国家或省级青贮玉米品种试验，又要参加国家或省级普通玉米品种试验。

三、品质要求不同

（一）青贮玉米

国家对青贮玉米审定时，对品质的要求主要强调青贮品质，主要参照2011年1月10日颁布的中华人民共和国国家标准《青贮玉米品质分级》（GB/T 25882—2010）。例如青贮玉米品质一级标准要达到：粗蛋白质含量≥7%，淀粉含量≥25%，中性洗涤纤维含量≤45%，酸性洗涤纤维含量≤23%。目前高产优质青贮玉米的品质最新标准是：干物质含量35%左右，全株淀粉含量35%左右，中性洗涤纤维含量≤40%，中性洗涤纤维消化率≥60%。

（二）普通玉米

国家对普通玉米审定时，主要强调的是籽粒品质：籽粒容重≥730克/升，粗淀粉含量（干基）≥69.0%，粗蛋白质含量（干基）≥8.0%，粗脂肪含量≥（干基）3.0%。

（三）粮饲通用型青贮玉米

粮饲通用型品种对品质的要求，既达到青贮品质标准要求，又达到普通玉米籽粒品质要求。

四、收获时期和用途不同

（一）青贮玉米

青贮玉米在玉米乳熟后期至蜡熟期间收获包括果穗在内的地上全部植株。主要用途是全株青贮发酵后为草食性家畜提供优质粗饲料。

（二）普通玉米

普通玉米主要收获玉米籽粒，收获期必须在完熟期以后。籽粒的主要用途是为耗粮型家畜提供饲料，部分作为食用或工业原料生产淀粉、酒精等。

（三）粮饲通用型青贮玉米

既可在青贮收获期收贮作优质青贮饲料，又可在完熟期收获籽粒卖粮，均可获得较好的收益。

第五节　青贮玉米的主要性状指标及评价体系

一、青贮玉米的主要性状指标

2010 年以前中国青贮玉米新品种中间试验主要通过测定粗蛋白质含量、中性洗涤纤维（NDF）含量和酸性洗涤纤维（ADF）含量来评价青贮玉米的品质。粗蛋白质提供动物所需的蛋白质，其含量越高，品质越好。中性洗涤纤维含量越低，可供消化的物质就越多。酸性洗涤纤维是用来衡量干物质消化率的指标，其含量越高，干物质消化率越低。2011 年 1 月 10 日颁布了《青贮玉米品质分级》（GB/T 25882—2010），将青贮玉米品质分为 3 级（表 1-2），三级以下判定为等外。该标准增加了淀粉含量指标，要求淀粉含量一级≥25%、二级≥20%、三级≥15%。

表 1-2　《青贮玉米品质分级》（GB/T 25882—2010）中青贮玉米品质分级　　单位：%

等级	中性洗涤纤维	酸性洗涤纤维	粗蛋白质	淀粉
一级	≤45	≤23	≥7	≥25
二级	≤50	≤26	≥7	≥20
三级	≤55	≤29	≥7	≥15

另外，整株干物质产量高低是青贮饲料玉米的一个重要性状。干物质含量低于 20%，玉米青贮发酵不稳定，牲畜对青贮饲料玉米的消化吸收率显著降低。研究认为，

籽粒产量与整株产量和干物质的积累相关性没有达到显著水平。因此在选育青贮玉米品种时，要考虑整株包括籽实、茎秆、叶在内的干物质产量，而不单是考虑籽实高产。在一定密度范围内，随种植密度的增加，整株干物质产量也增加，但密度过高，会导致干物质含量降低，可能是高密度降低了果穗率及果穗的成熟度。因此选用耐密植品种是提高青贮玉米干物质产量的途径之一。整株玉米非结构性碳水化合物含量高，纤维素和木质素含量相对小，从而使整株玉米干物质消化率提高，是青贮玉米的另一个重要营养性状。纤维素与木质素的含量通常与农艺性状密切相关。玉米纤维素和木质素含量降低的同时，伴随着大量根倒伏现象。茎秆中木质素含量低会导致茎秆强度下降；纤维素和木质素含量低的植物更容易受到虫害，提高叶片和茎秆中的纤维素和木质素能显著的增加植株对 2 代欧洲玉米螟的抵抗能力。这在育种上要求解决高产、高营养价值和抗倒伏、病虫害之间的矛盾。

籽粒与茎秆的比值对青贮玉米的整体干物质产量和营养品质的影响也有不少研究。品种间籽粒与茎秆的比值变异范围为 0%～60%（不育或空秆植株籽粒/秸秆=0）。籽粒乳线位置 1/2 时，参试青贮玉米品种的果穗鲜重（不带苞叶）与全株鲜重的比例（全书简称果穗鲜重占比）、籽粒鲜重与全株鲜重的比例（全书简称籽粒鲜重占比）、籽粒干重与全株干重的比例（全书简称籽粒干重占比）在不同青贮类型和品种间均存在显著差异。参试青贮玉米品种果穗鲜重占比平均为 30.2%（变幅 25.5%～35.7%），籽粒鲜重占比平均为 20.9%（变幅 16.2%～26.4%），籽粒干重占比平均为 41.1%（变幅 33.6%～48.0%）。粮饲兼用型玉米品种的果穗鲜重、籽粒鲜重占比和籽粒干重占比分别较青贮专用型品种高 1.4 个、4.2 个和 5.5 个百分点。参试品种的全株含水率平均为 68.8%，变幅 63.1%～73.6%，其中专用型青贮玉米品种平均为 70.1%、粮饲兼用型玉米品种平均为 67.3%；参试品种的籽粒含水率平均为 39.0%，变幅 35.4%～43.6%，其中专用型青贮玉米品种平均为 39.6%、粮饲兼用型玉米品种平均为 38.3%。两类青贮玉米品种的全株含水率和籽粒含水率相当。参试品种的全株淀粉含量平均为 30.9%（变幅 25.3%～35.6%）。不同类型青贮品种间，专用型青贮品种全株淀粉含量平均为 29.7%，较粮饲兼用型品种（33.0%）低 3.3 个百分点。籽粒乳线位置 1/2 时，参试青贮玉米品种平均全株含水率和籽粒含水率分别为 68.8%和 39.0%，平均全株淀粉含量为 30.9%；平均果穗鲜重占比、籽粒鲜重占比和籽粒干重占比分别为 30.2%、20.9%和 41.1%。为此，我们提出在适收期内专用型/粮饲兼用型青贮玉米品种的果穗鲜重占比≥30%（籽粒鲜重占比≥20%、籽粒干重占比≥40%），此时青贮玉米干物质含量≥30%、淀粉含量≥30%，果穗鲜重占比可以作为青贮玉米品质的简捷评价指标。

在普通玉米植株中非结构性碳水化合物大部分以淀粉形式存在于籽粒中，而在空秆植株以可溶性碳水化合物形式存在于茎和叶的组织中。空秆型玉米可以作为品质性状和丰产性状都很好的青贮玉米，空秆玉米和普通玉米相比，在茎秆中积累了更多的可溶性碳水化合物，而结构性碳水化合物含量保持不变。研究表明，在高温和光照充足的环境里，空秆玉米限制了整株产量的潜力。但是在光照条件差的冷凉地区，籽粒并不是最大限度提高干物质产量的根本因素。因此，在不同环境条件下，籽粒对整株丰产性状影响不同。最近的研究表明，籽粒与茎秆的比值与大多数营养性状的相关不大，以此作为育种目标对于提高青贮饲料的品质并不合适，因为这会导致整体干物质产量下降。增加籽粒产量虽然是提高干物质产量的一种有效方法，但是对于提高整株的营养物质尤其是北方冷凉地区作用不大。青贮玉米的品种以选择单位面积青贮产量高的品种为宜，品种应具有植株高大、茎叶繁茂、抗倒伏、抗病虫和不早衰等特点。青饲料产量春播每公顷要达到6.75万~12万千克，夏播每公顷要达到4.5万~6万千克。青贮玉米品种要求干物质含量为30%~40%，粗蛋白质含量大于7.0%、淀粉含量大于28%、中性洗涤纤维含量小于45%、酸性洗涤纤维含量小于22%、木质素含量小于3.0%、离体消化率大于78%和细胞壁消化率大于49%；果穗一般含有较高的营养物质，选用多果穗玉米可以有效地提高青贮玉米的质量和产量。青贮玉米品种的选择还要求对牲畜适口性好、消化率高即要求青饲料中淀粉、可溶性碳水化合物和蛋白质含量高，纤维素和木质素含量低。

二、青贮玉米评价指标体系

玉米专家赵久然认为青贮玉米的评价指标体系主要包括直观指标、简捷指标、营养指标、消化指标、效益指标等。其中玉米育种和栽培种植主要关注前3项指标，而动物营养和繁殖主要侧重后几项指标。

1. 直观指标（目测观察）

指通过目测能够直接进行评价的指标，包括植株长势、叶色、抗病性、抗倒性等。用好、中、差等表示。

2. 简捷指标（物理测定）

简捷指标或称简易指标，是通过简便快捷的物理测定就可获得的指标，包括鲜重、干重、含水率等。

3. 营养指标（化学测定）

营养指标（化学测定），是指通过化学测定获得的指标，包括中性洗涤纤维、酸性洗涤纤维、粗蛋白质、淀粉等。

4. 消化指标（生物测定）

通过生物体测定的消化率、相对饲用价值等。

5. 效益指标（综合测算）

效益指标是一个综合指标，包括单位面积、单位青贮饲料产奶量、产肉量等。

评价指标体系实例如下。

（1）营养指标

自开展国家青贮玉米品种试验以来，截至2018年共有408个品种进行了青贮品质营养指标的测定，其中中性洗涤纤维（NDF）、酸性洗涤（ADF）、粗蛋白质平均值分别为：45.84%、20.64%、8.64%；另有129个品种进行了粗淀粉检测，平均值为30.92%。绝大部分青贮玉米品种营养指标都达标，尤其粗蛋白质含量全部达标。

（2）简捷指标（物理测定）

简捷指标主要有常用的生物鲜重（亩产鲜重，千克）、生物干重（亩产干重，千克）、干物质率（%）等。通过赵久然团队系统研究，提出应该增加四项有重要价值的简易指标，分别是果穗鲜重占比（果穗鲜重占全株鲜重比例 CFW,%）；籽粒鲜重的占比（鲜籽粒重占全株鲜重比例 GFW,%）；籽粒干重占比（籽粒干重占全株干重比例 GDW,%）；籽粒风干重比（风干后的籽粒重占全株风干重的比例 GAW,%）。

第二章　中国青贮玉米品种的发展与现状

第一节　国审青贮玉米品种的审定情况

一、我国青贮玉米品种发展概述

我国自20世纪60年代开始青贮玉米的育种研究，1977年从墨西哥国家玉米改良中心引进了适宜在西南种植的墨白1号，之后我国审定了首个青贮玉米品种（京多1号，(85）京审粮字第6号，宁种审8608)，“七五”期间我国将青贮玉米育种列入国家科技攻关计划，提出了以多秆多穗、青枝绿叶、茎叶多汁、富含糖分、适口性好和生物产量高为主要育种目标。由中国科学院遗传与发育生物学研究所育成的科多4号（科多4号于1989年作为青贮玉米通过天津市农作物品种审定委员会认定）（宁种审9209)，辽宁省农业科学院原子能所育成的辽原1号并于1988年通过审定，其后又有太多1号、龙牧1号和中原单32等青贮玉米品种通过审定。2002年全国农业技术推广服务中心品种管理处根据我国青贮玉米生产需求和科研育种发展的状况，开展了国家青贮玉米品种区域试验。国审青贮玉米品种由无到有，由少至多。截至2020年，已有75个青贮玉米品种通过国家审定，特别是2018年以来，青贮玉米品种审定数量急剧上升，2020年共审定青贮玉米品种26个，2018—2020年国审青贮玉米品种数量是2002—2017年的近2倍。截至2020年全国省（区、市）审定的青贮玉米品种数量达到了312个，排名前五的省级区域分别是：内蒙古（75个)、北京（43个)、黑龙江（34个)、河北（31个)、新疆（22个)。

二、我国青贮玉米国审品种

（一）国审青贮玉米品种信息（表2-1）

表2-1　国审青贮玉米品种信息

序号	品种名称	审定编号	育成单位	停止推广年份
1	大京九156	国审玉20200022	河南省大京九种业有限公司	
2	桂青贮5号	国审玉20200023	广西皓凯生物科技有限公司 广西桂先种业有限公司	

（续表）

序号	品种名称	审定编号	育成单位	停止推广年份
3	屯玉 869	国审玉 20200024	北京屯玉种业有限责任公司	
4	金诚 69	国审玉 20200025	河南金苑种业股份有限公司 新乡市金苑邦达富农业科技有限公司	
5	先玉 1853	国审玉 20200548	铁岭先锋种子研究有限公司	
6	桂先青贮 1618	国审玉 20200549	广西皓凯生物科技有限公司 广西桂先种业有限公司	
7	金岭青贮 97	国审玉 20200550	内蒙古金岭青贮玉米种业有限公司	
8	渝青 385	国审玉 20200551	重庆市农业科学院	
9	郑单 901	国审玉 20200552	河南省农业科学院粮食作物研究所	
10	渝单 58	国审玉 20200553	重庆市农业科学院	
11	中玉 335	国审玉 20200554	四川中正科技有限公司 四川省嘉陵农作物品种研究有限公司	
12	云瑞 10 号	国审玉 20200555	云南田瑞种业有限公司	
13	曲辰 11 号	国审玉 20200556	云南曲辰种业股份有限公司	
14	渝青 389	国审玉 20200557	重庆市农业科学院	
15	云瑞 121	国审玉 20200558	云南省农业科学院粮食作物研究所	
16	云瑞 5 号	国审玉 20200559	云南省农业科学院粮食作物研究所	
17	成青 381	国审玉 20200560	四川省农业科学院作物研究所	
18	金荣青贮 1 号	国审玉 20200561	四川农业大学玉米研究所	
19	绵单青贮 1 号	国审玉 20200562	绵阳市农业科学研究院	
20	川青 8 号	国审玉 20200563	四川省农业科学院作物研究所 四川农业大学玉米研究所	
21	渝青 386	国审玉 20200564	重庆市农业科学院 郑州科大种子有限责任公司	
22	桂先青贮 1208	国审玉 20200565	广西皓凯生物科技有限公司 广西桂先种业有限公司	
23	渝青 506	国审玉 20200566	重庆市农业科学院	
24	成青 382	国审玉 20200567	四川省农业科学院作物研究所	
25	曲辰 39 号	国审玉 20200568	云南曲辰种业股份有限公司	
26	雅玉 3482	国审玉 20200569	四川雅玉科技股份有限公司	
27	京科 968	国审玉 20190031	北京市农林科学院玉米研究中心	
28	大京九青贮 3912	国审玉 20190040	河南省大京九种业有限公司	
29	渝青 386	国审玉 20190041	重庆市农业科学院	

（续表）

序号	品种名称	审定编号	育成单位	停止推广年份
30	成青 398	国审玉 20190042	四川省农业科学院作物研究所	
31	京科青贮 932	国审玉 20190043	北京市农林科学院玉米研究中心	
32	桂青贮 7 号	国审玉 20190044	广西皓凯生物科技有限公司 广西桂先种业有限公司	
33	科青 1618	国审玉 20190045	河北缘生农业开发有限公司	
34	大京九 4059	国审玉 20190398	河南省大京九种业有限公司	
35	北农青贮 3651	国审玉 20190399	北京农学院	
36	京九青贮 16	国审玉 20190400	北京大京九农业开发有限公司	
37	九圣禾 361	国审玉 20190401	北京九圣禾农业科学研究院有限公司	
38	先玉 1710	国审玉 20190402	敦煌种业先锋良种有限公司 铁岭先锋种子研究有限公司	
39	华玉 11	国审玉 20190403	华中农业大学 国垠天府农业科技股份有限公司	
40	京科青贮 932	国审玉 20180174	北京市农林科学院玉米研究中心	
41	北农青贮 368	国审玉 20180175	北京农学院	
42	大京九 26	国审玉 20180176	河南省大京九种业有限公司	
43	成青 398	国审玉 20180177	四川省农业科学院作物研究所	
44	荣玉青贮 1 号	国审玉 20180178	四川农业大学玉米研究所 广西农业科学院玉米研究所	
45	饲玉 2 号	国审玉 20180179	山东农业大学	
46	中玉 335	国审玉 20180180	四川省嘉陵农作物品种研究有限公司	
47	涿单 18	国审玉 20180181	河北省涿州市义民玉米研究所	
48	大京九 26	国审玉 20170049	河南省大京九种业有限公司	
49	雅玉青贮 79491	国审玉 2009014	四川雅玉科技开发有限公司	
50	桂青贮 1 号	国审玉 2008018	广西壮族自治区玉米研究所	
51	雅玉青贮 04889	国审玉 2008019	四川雅玉科技开发有限公司	
52	铁研青贮 458	国审玉 2008020	铁岭市农业科学院	
53	津青贮 0603	国审玉 2008021	天津市农作物研究所	2012
54	豫青贮 23	国审玉 2008022	河南省大京九种业有限公司	
55	强盛青贮 30	国审玉 2007026	山西强盛种业有限公司	
56	登海青贮 3571	国审玉 2007027	山东登海种业股份有限公司	
57	金刚青贮 50	国审玉 2007028	辽阳金刚种业有限公司	

（续表）

序号	品种名称	审定编号	育成单位	停止推广年份
58	京科青贮 516	国审玉 2007029	北京市农林科学院玉米研究中心	
59	辽单青贮 178	国审玉 2007030	辽宁省农业科学院玉米研究所	
60	锦玉青贮 28 号	国审玉 2007031	锦州农业科学院玉米研究所	
61	中农大青贮 GY4515	国审玉 2006050	中国农业大学	
62	三北青贮 17	国审玉 2006051	三北种业有限公司	
63	辽单青贮 529	国审玉 2006052	辽宁省农业科学院玉米研究所	
64	京科青贮 301	国审玉 2006053	北京市农林科学院玉米研究中心	2012
65	雅玉青贮 27	国审玉 2006054	四川雅玉科技开发有限公司	2013
66	郑青贮 1 号	国审玉 2006055	河南省农业科学院粮食作物研究所	
67	雅玉青贮 26	国审玉 2006056	四川雅玉科技开发有限公司	
68	登海青贮 3930	国审玉 2006057	山东登海种业股份有限公司	
69	晋单青贮 42	国审玉 2005032	山西省强盛种业有限公司	
70	屯玉青贮 50	国审玉 2005033	山西屯玉种业科技股份有限公司	
71	雅玉青贮 8 号	国审玉 2005034	四川雅玉科技开发有限公司	
72	中北青贮 410	国审玉 2004025	山西北方种业股份有限公司	2012
73	奥玉青贮 5102	国审玉 2004026	北京奥瑞金种业股份有限公司	2012
74	辽单青贮 625	国审玉 2004027	辽宁省农业科学院玉米研究所	
75	中农大青贮 67	国审玉 2004028	中国农业大学	2013

（二）国审青贮玉米品种介绍

1. 2020 年国审品种

（1）品种名称：大京九 156

审定编号：国审玉 20200022

申请者：河南省大京九种业有限公司

育成单位：河南省大京九种业有限公司

品种来源：D1161×D329

特征特性：黄淮海夏播青贮玉米组出苗至收获期 95.5 天，比对照雅玉青贮 8 号早熟 4.0 天。幼苗叶鞘紫色，叶片绿色，叶缘紫色，花药浅紫色，颖壳浅紫色。株型半紧凑，株高 273 厘米，穗位高 106 厘米，成株叶片数 19.5 片。果穗长筒形，穗长 19.5 厘米，穗行数 16~18 行，穗粗 5 厘米，穗轴红色，籽粒黄色、半马齿型，百粒重 31.8 克。接种鉴定，感茎腐病，感小斑病，感弯孢叶斑病，高感瘤黑粉病，感南方锈病。品质分析，全株粗蛋白质含量 8.28%，淀粉含量 31.94%，中性洗涤纤维含量 38.87%，酸性洗涤纤维含量 14.54%。

产量表现：2016—2017 年参加黄淮海夏播青贮玉米组联合体区域试验，两年平均亩产（干重）1 172.0千克，比对照雅玉青贮 8 号增产 8.9%。2017 年生产试验，平均亩产（干重）1 075.0千克，比对照雅玉青贮 8 号增产 0.6%。

栽培技术要点：黄淮海夏播通常在 6 月上中旬播种，种植密度4 000~4 500株/亩，该品种属丰产潜力大，喜水肥品种，播前要施足底肥，注意氮磷钾配比，做好追肥，遇气候干旱时及时灌溉，注意防治玉米瘤黑粉病。

审定意见：该品种符合国家玉米种审定标准，通过审定。适宜在黄淮海夏玉米类型区的河南省、山东省、河北省保定市和沧州市的南部及以南地区、陕西省关中灌区、山西省运城市和临汾市、晋城市部分平川地区、江苏和安徽两省淮河以北地区、湖北省襄阳地区作青贮玉米种植。

（2）品种名称：桂青贮 5 号

审定编号：国审玉 20200023

申请者：广西皓凯生物科技有限公司、广西桂先种业有限公司

育成单位：广西皓凯生物科技有限公司、广西桂先种业有限公司

品种来源：(PH6WC×83B28)×CML161

特征特性：黄淮海夏播青贮玉米组出苗至收获期 97.5 天，比对照雅玉青贮 8 号早熟 3.0 天。幼苗叶鞘紫色，叶片深绿色，叶缘紫色，花药黄色，颖壳紫色。株型半紧凑，株高 298 厘米，穗位高 128 厘米，成株叶片数 20.0 片。果穗长筒形，穗长 19.9 厘米，穗行数 16~18 行，穗粗 4.7 厘米，穗轴红色，籽粒黄色、半马齿型，百粒重 32.5 克。接种鉴定，中抗茎腐病，感小斑病，中抗弯孢叶斑病。品质分析，全株粗蛋白质含量 8.34%，淀粉含量 30.98%，中性洗涤纤维含量 41.14%，酸性洗涤纤维含量 14.68%。

产量表现：2016—2017 年参加黄淮海夏播青贮玉米组联合体区域试验，两年平均亩产（干重）1 148.5千克，比对照雅玉青贮 8 号增产 6.44%。2017 年生产试验，平均亩产（干重）1 177千克，比对照雅玉青贮 8 号增产 10.1%。

栽培技术要点：中等肥力以上地块栽培，6 月中上旬播种，每亩适宜种植密度5 000株，每亩施复合肥 50~60 千克。注意适时收获，注意防治瘤黑粉病。

审定意见：该品种符合国家玉米种审定标准，通过审定。适宜在黄淮海夏玉米类型区的河南省、山东省、河北省保定市和沧州市的南部及以南地区、陕西省关中灌区、山西省运城市和临汾市、晋城市部分平川地区、安徽和江苏两省淮河以北地区、湖北省襄阳地区作青贮玉米种植。

（3）品种名称：屯玉 869

审定编号：国审玉 20200024

申请者：北京屯玉种业有限责任公司

育成单位：北京屯玉种业有限责任公司

品种来源：XP5×T73

特征特性：黄淮海夏播青贮玉米组出苗至收获期 99 天，比对照雅玉青贮 8 号早熟

1天。幼苗叶鞘紫色，叶片绿色，花药浅紫色，颖壳绿色，花丝绿色。株型半紧凑，株高290厘米，穗位高109厘米，成株叶片数19.0片。果穗筒形，穗行数14~16行，穗轴红色，籽粒黄色、半马齿型，接种鉴定，中抗小斑病，感茎腐病，中抗弯孢叶斑病，高感瘤黑粉病，感南方锈病。品质分析，全株粗蛋白质含量8.82%，淀粉含量31.64%，中性洗涤纤维含量39.42%，酸性洗涤纤维含量15.43%。

产量表现：2016—2017年参加黄淮海夏播青贮玉米组联合体区域试验，两年平均亩产（干重）1 166.5千克，比对照雅玉青贮8号增产6.7%。2018年生产试验，平均亩产（干重）1 263.1千克，比对照雅玉青贮8号增产12.6%。

栽培技术要点：中等肥力以上地块栽培，根据气候和土壤条件6月1—20日适时播种，每亩适宜种植密度4 000~4 500株。注意防治玉米瘤黑粉病。

审定意见：该品种符合国家玉米种审定标准，通过审定。适宜在黄淮海夏玉米类型区的河南省、山东省、河北省保定市和沧州市的南部及以南地区、陕西省关中灌区、山西省运城市和临汾市、晋城市部分平川地区、安徽和江苏两省淮河以北地区、湖北省襄阳地区作青贮玉米种植。

（4）品种名称：金诚69

审定编号：国审玉20200025

申请者：河南金苑种业股份有限公司

育成单位：河南金苑种业股份有限公司、新乡市金苑邦达富农业科技有限公司

品种来源：JC1014×JC142BL122

特征特性：黄淮海夏播青贮玉米组出苗至收获期97.0天，比对照雅玉青贮8号早熟2.5天。幼苗叶鞘紫色，叶片绿色，花药浅紫色，颖壳绿色。株型半紧凑，株高264厘米，穗位高100厘米，成株叶片数19.0片。果穗筒形，穗长17.5厘米，穗行数18行，穗粗5.1厘米，穗轴红色，籽粒黄色、半马齿型，百粒重35.95克。接种鉴定，感茎腐病，感小斑病，感弯孢叶斑病，高感瘤黑粉病，感南方锈病。品质分析，全株粗蛋白质含量8.17%，淀粉含量34.10%，中性洗涤纤维含量37.49%，酸性洗涤纤维含量13.50%。

产量表现：2016—2017年参加黄淮海夏播青贮玉米组联合体区域试验，两年平均亩产（干重）1 146.5千克，比对照雅玉青贮8号增产6.4%。2018年生产试验，平均亩产（干重）1 284.4千克，比对照雅玉青贮8号增产14.5%。

栽培技术要点：麦收后抢茬早播，6月10—20日播种为宜，缺墒浇蒙头水，确保一播全苗，中等肥力以上地块栽培，每亩施底肥40千克复合肥，大喇叭口时期每亩追施尿素30千克。每亩适宜种植密度4 500~5 000株。注意防治茎腐病、弯孢叶斑病、瘤黑粉病、南方锈病。

审定意见：该品种符合国家玉米种审定标准，通过审定。适宜在黄淮海夏玉米类型区的河南省、山东省、河北省保定市和沧州市的南部及以南地区、陕西省关中灌区、山西省运城市和临汾市、晋城市部分平川地区、江苏和安徽两省淮河以北地区、湖北省襄阳地区作青贮玉米种植。

（5）品种名称：先玉1853

审定编号：国审玉20200548

申请者：铁岭先锋种子研究有限公司

育成单位：铁岭先锋种子研究有限公司

品种来源：PH4DWK×PH2V16

特征特性：东华北中晚熟青贮玉米组出苗至收获期 118.8 天，比对照雅玉青贮 26 早熟 4.7 天。幼苗叶鞘紫色，叶片绿色，花药浅紫色，颖壳浅紫色。株型半紧凑，株高 332 厘米，穗位高 127 厘米，成株叶片数 21 片。果穗锥形到筒形，穗长 21.6 厘米，穗行数 14~18 行，穗粗 4.8 厘米，穗轴红色，籽粒黄色、马齿型，百粒重 38.7 克。接种鉴定，中抗茎腐病，感大斑病、丝黑穗病、灰斑病，全株粗蛋白质含量 8.15%，淀粉含量 34%，中性洗涤纤维含量 36.05%，酸性洗涤纤维含量 16.4%。

产量表现：2018—2019 年参加东华北中晚熟青贮玉米组区域试验，两年平均亩产（干重）1 536.5千克，比对照雅玉青贮 26 增产 7.71%。2019 年生产试验，平均亩产（干重）1 468.0千克，比对照雅玉青贮 26 增产 3.6%。

栽培技术要点：参照当地播期，适时早播。亩保苗5 000株，合理密植防止倒伏。

审定意见：该品种符合国家玉米品种审定标准，通过审定。适宜在东华北中晚熟春玉米类型区的黑龙江省第一积温带，吉林省四平市、松原市、长春市的大部分地区，辽源市、白城市、吉林市部分地区、通化市南部，辽宁省除东部山区和大连市、东港市以外的大部分地区，内蒙古自治区赤峰市、通辽市和鄂尔多斯市大部分地区，山西省忻州市、晋中市、太原市、阳泉市、长治市、晋城市、吕梁市平川区和南部山区，河北省张家口市、承德市、秦皇岛市、唐山市、廊坊市、保定市北部、沧州市北部春播区，北京市春播区，天津市春播区作青贮玉米种植。

（6）品种名称：桂先青贮 1618

审定编号：国审玉 20200549

申请者：广西皓凯生物科技有限公司、广西桂先种业有限公司

育成单位：广西皓凯生物科技有限公司、广西桂先种业有限公司

品种来源：JH673/JH3372×CML161

特征特性：东华北中晚熟青贮玉米组出苗至收获期 127.5 天，比对照雅玉青贮 26 早熟 1 天。幼苗叶鞘紫色，叶片深绿色，叶缘绿色，花药浅紫色，颖壳浅紫色。株型半紧凑，株高 338 厘米，穗位高 173 厘米，成株叶片数 20 片。果穗锥形到筒形，穗长 21.3 厘米，穗行数 14~16 行，穗粗 4.6 厘米，穗轴白色，籽粒黄色、硬粒，百粒重 31.5 克。接种鉴定，中抗大斑病、灰斑病、茎腐病，感丝黑穗病，全株粗蛋白质含量 8.38%，淀粉含量 25.24%，中性洗涤纤维含量 42.82%，酸性洗涤纤维含量 17.24%。

产量表现：2017—2018 年参加东华北中晚熟青贮玉米组联合体区域试验，两年平均亩产（干重）1 586.0千克，比对照雅玉青贮 26 增产 4.50%。2019 年生产试验，平均亩产（干重）1 560.0千克，比对照雅玉青贮 26 增产 2.8%。

栽培技术要点：①中等肥力以上地块栽培，4 月下旬至 5 月上旬播种。②亩种植密度4 500~5 000株。③注意防治丝黑穗病。④注意适时收获。

审定意见：该品种符合国家玉米品种审定标准，通过审定。适宜在东华北中晚熟春玉米类型区的黑龙江省第一积温带，吉林省四平市、松原市、长春市的大部分地区，辽

源市、白城市、吉林市部分地区、通化市南部，辽宁省除东部山区和大连市、东港市以外的大部分地区，内蒙古自治区赤峰市、通辽市和鄂尔多斯市大部分地区，山西省忻州市、晋中市、太原市、阳泉市、长治市、晋城市、吕梁市平川区和南部山区，河北省张家口市、承德市、秦皇岛市、唐山市、廊坊市、保定市北部、沧州市北部春播区，北京市春播区，天津市春播区作青贮玉米种植。

(7) 品种名称：金岭青贮 97

审定编号：国审玉 20200550

申请者：内蒙古金岭青贮玉米种业有限公司

育成单位：内蒙古金岭青贮玉米种业有限公司

品种来源：JL792-2×JL9907

特征特性：东华北中晚熟青贮玉米组出苗至收获期 121.5 天，比对照雅玉青贮 26 早熟 5.5 天。幼苗叶鞘紫色，叶片深绿色，叶缘绿色，花药浅紫色，颖壳浅紫色。株型紧凑，株高 325 厘米，穗位高 150 厘米，成株叶片数 21 片。果穗长筒形，穗长 22.6 厘米，穗行数 14~16 行，穗粗 5.1 厘米，穗轴粉红，籽粒黄色、半马齿型，百粒重 38.4 克。接种鉴定，中抗灰斑病、茎腐病，感大斑病、丝黑穗病，全株粗蛋白质含量 8%，淀粉含量 30.5%，中性洗涤纤维含量 38.95%，酸性洗涤纤维含量 17.75%。

产量表现：2018—2019 年参加东华北中晚熟青贮玉米组联合体区域试验，两年平均亩产（干重）1 570千克，两年平均亩产（鲜重）4 080.4千克，比对照雅玉青贮 26 增产 3.0%。2019 年生产试验，平均亩产（干重）1 566千克，平均亩产（鲜重）4 164.9千克，比对照雅玉青贮 26 增产 3.2%。

栽培技术要点：在适应区地表 5 厘米土层温度稳定达到 10℃以上时播种，每亩最佳种植密度4 500株，密度过大会增加倒伏风险。该品种植株高大、喜水肥，最好农、化结合，氮磷钾配合施用，建议每亩施三元复合肥 25 千克作底肥，拔节期每亩再追施氮钾肥 35 千克左右。及时铲趟除草，4 叶期定苗留单株。注意防治玉米大斑病及丝黑穗病。

审定意见：该品种符合国家玉米品种审定标准，通过审定。适宜在东华北中晚熟春玉米类型区的黑龙江省第一积温带，吉林省四平市、松原市、长春市的大部分地区，辽源市、白城市、吉林市部分地区、通化市南部，辽宁省除东部山区和大连市、东港市以外的大部分地区，内蒙古自治区赤峰市、通辽市和鄂尔多斯市大部分地区，山西省忻州市、晋中市、太原市、阳泉市、长治市、晋城市、吕梁市平川区和南部山区，河北省张家口市、承德市、秦皇岛市、唐山市、廊坊市、保定市北部、沧州市北部春播区，北京市春播区，天津市春播区作青贮玉米种植。

(8) 品种名称：渝青 385

审定编号：国审玉 20200551

申请者：重庆市农业科学院

育成单位：重庆市农业科学院

品种来源：(P2013×B313)×P54

特征特性：黄淮海夏播青贮玉米组出苗至收获期 100.3 天，比对照雅玉青贮 8 号晚熟0.6天。幼苗叶鞘紫色，叶片绿色，叶缘白色，花药浅紫色，颖壳浅紫色，花丝浅紫色。株型半紧凑，株高311厘米，穗位高143厘米，成株叶片数22片。果穗长筒形，穗长18.1厘米，穗行数16~18行，穗粗5.4厘米，穗轴白，籽粒黄色、半马齿型，百粒重36.6克。接种鉴定，中抗小斑病、弯孢叶斑病，感茎腐病、南方锈病，高感瘤黑粉病。全株粗蛋白质含量8.43%，淀粉含量27.81%，中性洗涤纤维含量43.51%，酸性洗涤纤维含量19.24%。

产量表现：2017—2018年参加黄淮海夏播青贮玉米组区域试验，两年平均亩产（干重）1 436.6千克，比对照雅玉青贮8号增产14.11%。2019年生产试验，平均亩产（干重）1 360.5千克，比对照雅玉青贮8号增产8.8%。

栽培技术要点：①选地，选择于牛羊养殖基地附近、路道便捷的中上肥力田地种植，以便收获运输。②播种时间，黄淮海地区夏播，6月上旬至6月中旬，播种深度3.0~4.0厘米。③种植密度，每亩种植密度4 500~5 000株。④合理施肥，底肥，亩施含量45%的氮磷钾复合肥或者玉米专用肥40~50千克，硫酸锌1~2千克；在拔节期，亩施氮磷钾复合肥20~30千克或尿素20千克另加钾肥5~8千克，中后期可结合浇水每亩使用尿素30千克或施用冲施肥。⑤适时收获，青贮专用整株带穗收获，在乳熟末期植株含水量为61%~68%即乳线下移到籽粒1/2~3/4阶段，收割最佳时期为乳熟后期至蜡熟前期，此时整株营养含量最高，纤维品质最优。

审定意见：该品种符合国家玉米品种审定标准，通过审定。适宜在黄淮海夏播玉米区的河南省、山东省、河北省保定市和沧州市的南部及以南地区、陕西省关中灌区、山西省运城市和临汾市、晋城市部分平川地区、江苏和安徽两省淮河以北地区、湖北省襄阳地区种植。

（9）品种名称：郑单901

审定编号：国审玉20200552

申请者：河南省农业科学院粮食作物研究所

育成单位：河南省农业科学院粮食作物研究所

品种来源：Z01×郑Z02

特征特性：黄淮海夏播青贮玉米组出苗至收获期96.5天，比对照雅玉青贮8号早熟1.5天。幼苗叶鞘紫色，叶片深绿色，叶缘绿色，花药浅紫色，颖壳浅紫色。株型紧凑，株高264厘米，穗位高111厘米，成株叶片数22片。果穗长筒形，穗长16.5厘米，穗行数14~16行，穗粗5.0厘米，穗轴白色，籽粒黄色、半马齿型，百粒重35.7克。接种鉴定，中抗茎腐病、小斑病、南方锈病，感弯孢叶斑病，高感瘤黑粉病。全株粗蛋白质含量8.75%，淀粉含量32.25%，中性洗涤纤维含量37.75%，酸性洗涤纤维含量16.55%。

产量表现：2018—2019年参加黄淮海夏播青贮玉米组区域试验，两年平均亩产（干重）1 461.0千克，两年平均亩产（鲜重）4 073.3千克，比对照雅玉青贮8号增产9.62%。2019年生产试验，平均亩产（干重）1 319.3千克，平均亩产（鲜重）3 710.3千克，比对照雅玉青贮8号增产7.3%。

栽培技术要点：①播期和密度，6月上中旬麦后直播，中等水肥地每亩种植密度

4 500株，高水肥地每亩种植密度不超过5 000株。②田间管理，科学施肥，浇好三水，即拔节水、孕穗水和灌浆水；苗期注意防止蓟马、蚜虫、地老虎；大喇叭口期用颗粒杀虫剂丢芯，防治玉米螟虫。③适时收获，玉米籽粒乳线1/2时收获，以充分发挥该品种的青贮品质潜力（风险提示：苗期注意蹲苗，防止倒伏）。后期注意防治弯孢菌叶斑病、瘤黑粉病。

审定意见：该品种符合国家玉米品种审定标准，通过审定。适宜在黄淮海夏播玉米区的河南省、山东省、河北省保定市和沧州市的南部及以南地区、陕西省关中灌区、山西省运城市和临汾市、晋城市部分平川地区、江苏和安徽两省淮河以北地区、湖北省襄阳地区种植。

（10）品种名称：渝单58

审定编号：国审玉20200553

申请者：重庆市农业科学院

育成单位：重庆市农业科学院

品种来源：渝P2013×渝213

特征特性：黄淮海夏播青贮玉米组出苗至收获期98.3天，与对照雅玉青贮8号生育期相当。幼苗叶鞘紫色，叶片绿色，叶缘白色，花药绿色，颖壳浅紫色，花丝绿色。株型半紧凑，株高317厘米，穗位高138厘米，成株叶片数19片。果穗长筒形，穗长20.1厘米，穗行数16~18行，穗粗5.3厘米，穗轴白色，籽粒黄色、偏硬粒型，百粒重37.8克。接种鉴定，抗茎腐病，中抗小斑病、弯孢叶斑病、南方锈病，高感瘤黑粉病。全株粗蛋白质含量8.75%，淀粉含量28.80%，中性洗涤纤维含量40.80%，酸性洗涤纤维含量18.60%。

产量表现：2018—2019年参加黄淮海夏播青贮玉米组区域试验，两年平均亩产（干重）1 508.1千克，比对照雅玉青贮8号增产13.11%。2019年生产试验，平均亩产（干重）1 372.4千克，比对照雅玉青贮8号增产9.4%。

栽培技术要点：①选地，选择于牛羊养殖基地附近、路道便捷的中上肥力田地种植，以便收获运输。②播种时间，黄淮海地区夏播，6月上旬至6月中旬，播种深度3.0~4.0厘米。③种植密度，每亩种植密度4 500~5 000株。④合理施肥，底肥，亩施含量45%的氮磷钾复合肥或者玉米专用肥40~50千克，硫酸锌1~2千克；在拔节期，亩施氮磷钾复合肥20~30千克或尿素20千克另加钾肥5~8千克，中后期可结合浇水每亩使用尿素30千克或施用冲施肥。⑤适时收获，青贮专用整株带穗收获，在乳熟末期植株含水量为61%~68%，即乳线下移到籽粒1/2~3/4阶段，收割最佳时期为乳熟后期至蜡熟前期，此时整株营养含量最高，纤维品质最优。

审定意见：该品种符合国家玉米品种审定标准，通过审定。适宜在黄淮海夏播玉米区的河南省、山东省、河北省保定市和沧州市的南部及以南地区、陕西省关中灌区、山西省运城市和临汾市、晋城市部分平川地区、江苏和安徽两省淮河以北地区、湖北省襄阳地区种植。

（11）品种名称：中玉335

审定编号：国审玉20200554

申请者：四川中正科技有限公司、四川省嘉陵农作物品种研究有限公司

育成单位：四川中正科技有限公司、四川省嘉陵农作物品种研究有限公司

品种来源：2YH1-3×SH1070

特征特性：黄淮海夏播青贮玉米组出苗至收获期 101.5 天，与对照雅玉青贮 8 号生育期相当。幼苗叶鞘紫色，叶片深绿色，叶缘紫色，颖壳基部紫色，颖壳浅紫色。株型半紧凑，株高 309 厘米，穗位高 135 厘米，果穗锥形，穗长 19.7 厘米，穗行数 16~18 行，穗粗 5.1 厘米，穗轴白色，籽粒黄色、半马齿型，百粒重 35.0 克。接种鉴定，抗茎腐病，中抗小斑病，感弯孢叶斑病、南方锈病，高感瘤黑粉病。全株粗蛋白质含量 8.35%，淀粉含量 26.75%，中性洗涤纤维含量 42.85%，酸性洗涤纤维含量 20.6%。

产量表现：2018—2019 年参加黄淮海夏播青贮玉米组联合体区域试验，两年平均亩产（干重）1 265.7千克，比对照雅玉青贮 8 号增产 4.71%。2019 年生产试验，平均亩产（干重）1 176.9千克，比对照雅玉青贮 8 号增产 6.5%。

栽培技术要点：根据当地情况适时播种，宜春播，也可夏播。合理密植，南方每亩种植密度3 500~4 000株，北方、黄淮海区每亩种植密度4 000~5 000株。为保证生长充足，施肥要求施足底肥，每亩钾肥 10~15 千克，氮肥 25~30 千克，追肥要及时，前重后轻。适时查苗补缺，培养壮苗，及时防治病虫害，适期收获。

审定意见：该品种符合国家玉米品种审定标准，通过审定。适宜在黄淮海夏播玉米区的河南省、山东省、河北省保定市和沧州市的南部及以南地区、陕西省关中灌区、山西省运城市和临汾市、晋城市部分平川地区、江苏和安徽两省淮河以北地区、湖北省襄阳地区种植。

（12）品种名称：云瑞 10 号

审定编号：国审玉 20200555

申请者：云南田瑞种业有限公司

育成单位：云南田瑞种业有限公司

品种来源：YML146×YML08

特征特性：西南青贮玉米组出苗至收获期 116.1 天，比对照雅玉青贮 8 号晚熟 0.6 天。幼苗叶鞘浅紫色，叶片绿色，叶缘绿色，花药黄色，颖壳绿色。株型半紧凑，株高 306 厘米，穗位高 134 厘米，果穗锥形，穗长 22.1 厘米，穗行数 14~16 行，穗粗 5.1 厘米，穗轴白色，籽粒黄色、硬粒，百粒重 36.1 克。接种鉴定，中抗大斑病、茎腐病、小斑病、南方锈病，感灰斑病、纹枯病。全株粗蛋白质含量 8.48%，淀粉含量 27.22%，中性洗涤纤维含量 44.02%，酸性洗涤纤维含量 20.31%。

产量表现：2017—2018 年参加西南青贮玉米组区域试验，两年平均亩产（干重）1 177.4千克，比对照雅玉青贮 8 号增产 2.64%。2018 年生产试验，平均亩产（干重）1 287.1千克，比对照雅玉青贮 8 号增产 3.73%。

栽培技术要点：①适时播种，各地可根据最佳节令调节播种期。②合理密植，种植密度以每亩4 500~5 000株为宜。③合理施肥，播种时每亩施农家肥 800~1 000千克；5~6 叶期，结合间苗、锄草，施拔节肥（每亩尿素 20 千克）；大喇叭口期，结合中耕培土，重施攻穗肥（每亩尿素 30 千克）。④及时防治病、虫、鼠害，注意防倒伏。

⑤适期收获。

审定意见：该品种符合国家玉米品种审定标准，通过审定。适宜在西南春玉米区的四川省、重庆市、湖南省、湖北省、陕西省南部海拔800米及以下的丘陵、平坝、低山地区，贵州省贵阳市、黔南州、黔东南州、铜仁市、遵义市海拔1 100米以下地区，云南省中部昆明、楚雄、玉溪、大理、曲靖等州市的丘陵、平坝、低山地区作青贮玉米种植。

（13）品种名称：曲辰11号

审定编号：国审玉20200556

申请者：云南曲辰种业股份有限公司

育成单位：云南曲辰种业股份有限公司

品种来源：SU-2-4×水165-9

特征特性：西南青贮玉米组出苗至收获期115天，比对照雅玉青贮8号早熟0.5天。幼苗叶鞘紫色，叶片绿色，花药浅紫色，颖壳绿色。株型紧凑，株高294厘米，穗位高122厘米，成株叶片数21片。果穗筒形，穗行数14～18行，穗轴白色，籽粒黄色、半马齿型，接种鉴定，抗南方锈病，中抗大斑病、弯孢叶斑病，感茎腐病、小斑病、纹枯病，高感灰斑病。全株粗蛋白质含量8.48%，淀粉含量35.37%，中性洗涤纤维含量36.17%，酸性洗涤纤维含量15.96%。

产量表现：2017—2018年参加西南青贮玉米组区域试验，两年平均亩产（干重）1 189.5千克，比对照雅玉青贮8号增产3.67%。2018年生产试验，平均亩产（干重）1 332.1千克，比对照雅玉青贮8号增产9.05%。

栽培技术要点：①种植方式和密度，该组合单株生产力较高，在合理密植条件下生物产量较高，行距60厘米，株距40厘米，留双株塘，每亩密度在5 500株左右生物产量较高。②适时播种，播种在清明中至谷雨中为宜。③合理施肥，该组合在肥力充足条件下易获高产。注意防治茎腐病、小斑病、纹枯病和灰斑病。

审定意见：该品种符合国家玉米品种审定标准，通过审定。适宜在西南春玉米区的四川省、重庆市、湖南省、湖北省、陕西省南部海拔800米及以下的丘陵、平坝、低山地区，贵州省贵阳市、黔南州、黔东南州、铜仁市、遵义市海拔1 100米以下地区，云南省中部昆明、楚雄、玉溪、大理、曲靖等州市的丘陵、平坝、低山地区作青贮玉米种植。

（14）品种名称：渝青389

审定编号：国审玉20200557

申请者：重庆市农业科学院

育成单位：重庆市农业科学院

品种来源：B313×渝1069

特征特性：西南青贮玉米组出苗至收获期117.2天，比对照雅玉青贮8号晚熟0.8天。幼苗叶鞘紫色，叶片绿色，叶缘白色，花药浅紫色，颖壳紫色，花丝浅紫色。株型半紧凑，株高296厘米，穗位高135厘米，成株叶片数21片。果穗长筒形，穗长21.9厘米，穗行数18～20行，穗粗5.3厘米，穗轴白色，籽粒黄色、半马齿型，百粒重

36.9克。接种鉴定，抗南方锈病，中抗大斑病、小斑病、纹枯病、灰斑病，感茎腐病。全株粗蛋白质含量8.85%，淀粉含量27.15%，中性洗涤纤维含量43.26%，酸性洗涤纤维含量20.27%。

产量表现：2017—2018年参加西南青贮玉米组区域试验，两年平均亩产（干重）1 240.2千克，比对照雅玉青贮8号增产8.08%。2018年生产试验，平均亩产（干重）1 347.5千克，比对照雅玉青贮8号增产8.62%。

栽培技术要点：①选地，选择于牛羊养殖基地附近、路道便捷的中上肥力田地种植，以便收获运输。②播种时间，春、夏播种（3月上中旬至7月上旬），播种深度3.0~4.0厘米。③种植密度，每亩密度4 000~4 500株。④合理施肥，底肥，亩施含量45%的氮磷钾复合肥或者玉米专用肥40~50千克，硫酸锌1~2千克；在拔节期，亩施氮磷钾复合肥20~30千克或尿素20千克，另加钾肥5~8千克，中后期可结合浇水每亩使用尿素30千克或施用冲施肥。⑤适时收获，青贮专用整株带穗收获，在乳熟末期植株含水量为61%~68%，即乳线下移到籽粒1/2~3/4阶段，收割最佳时期为乳熟后期至蜡熟前期，此时整株营养含量最高，纤维品质最优。注意防治茎腐病。

审定意见：该品种符合国家玉米品种审定标准，通过审定。适宜在西南春玉米区的四川省、重庆市、湖南省、湖北省、陕西省南部海拔800米及以下的丘陵、平坝、低山地区，贵州省贵阳市、黔南州、黔东南州、铜仁市、遵义市海拔1 100米以下地区，云南省中部昆明、楚雄、玉溪、大理、曲靖等州市的丘陵、平坝、低山地区作青贮玉米种植。

（15）品种名称：云瑞121

审定编号：国审玉20200558

申请者：云南省农业科学院粮食作物研究所

育成单位：云南省农业科学院粮食作物研究所

品种来源：(YML23×YML147)×YML134

特征特性：西南青贮玉米组出苗至收获期114天，与对照雅玉青贮8号相当。幼苗叶鞘紫色，叶片绿色，叶缘绿色，花药浅紫色，颖壳紫色。株型半紧凑，株高291厘米，穗位高121厘米，果穗筒形，穗行数14~16行，穗轴白，籽粒白色、半马齿型，接种鉴定，中抗大斑病、茎腐病、小斑病，感灰斑病、纹枯病、南方锈病。品质分析，全株粗蛋白质含量9.45%，淀粉含量30.45%，中性洗涤纤维含量38.4%，酸性洗涤纤维含量18.4%。

产量表现：2018—2019年参加西南青贮玉米组区域试验，两年平均亩产（干重）1 240.9千克，比对照雅玉青贮8号增产2.95%。2019年生产试验，平均亩产（干重）1 342.7千克，比对照雅玉青贮8号增产6.88%。

栽培技术要点：①适时播种，各地可根据最佳节令调节播种期。②合理密植，种植密度以每亩4 500~5 000株为宜。③合理施肥。④注意防治灰斑病、纹枯病和南方锈病。⑤适期收获。

审定意见：该品种符合国家玉米品种审定标准，通过审定。适宜在西南春玉米区的四川省、重庆市、湖南省、湖北省、陕西省南部海拔800米及以下的丘陵、平坝、低山地区，贵州省贵阳市、黔南州、黔东南州、铜仁市、遵义市海拔1 100米以下地区，云南省中部昆明、楚雄、玉溪、大理、曲靖等州市的丘陵、平坝、低山地区作青贮玉米种植。

（16）品种名称：云瑞5号

审定编号：国审玉20200559

申请者：云南省农业科学院粮食作物研究所

育成单位：云南省农业科学院粮食作物研究所

品种来源：（YML23×YML147）×CML444

特征特性：西南青贮玉米组出苗至收获期115.5天，比对照雅玉青贮8号晚熟1.5天。幼苗叶鞘浅紫色，叶片绿色，叶缘绿色，花药浅紫色，颖壳浅紫色。株型半紧凑，株高302厘米，穗位高134厘米，果穗筒形，穗行数14~16行，穗轴白色，籽粒白色、半马齿型，接种鉴定，抗大斑病，中抗茎腐病、小斑病、纹枯病，感灰斑病、南方锈病。品质分析，全株粗蛋白质含量9.15%，淀粉含量26.9%，中性洗涤纤维含量41.75%，酸性洗涤纤维含量19.7%。

产量表现：2018—2019年参加西南青贮玉米组区域试验，两年平均亩产（干重）1 233.4千克，比对照雅玉青贮8号增产2.32%。2019年生产试验，平均亩产（干重）1 312.6千克，比对照雅玉青贮8号增产4.87%。

栽培技术要点：①适时播种，各地可根据最佳节令调节播种期。②合理密植，种植密度以每亩4 500~5 000株为宜。③合理施肥。④注意防治灰斑病、纹枯病和南方锈病。⑤适期收获。

审定意见：该品种符合国家玉米品种审定标准，通过审定。适宜在西南春玉米区的四川省、重庆市、湖南省、湖北省、陕西省南部海拔800米及以下的丘陵、平坝、低山地区，贵州省贵阳市、黔南州、黔东南州、铜仁市、遵义市海拔1 100米以下地区，云南省中部昆明、楚雄、玉溪、大理、曲靖等州市的丘陵、平坝、低山地区作青贮玉米种植。

（17）品种名称：成青381

审定编号：国审玉20200560

申请者：四川省农业科学院作物研究所

育成单位：四川省农业科学院作物研究所

品种来源：（YML23×YML147）×CML444

特征特性：西南青贮玉米组出苗至收获期113.7天，比对照雅玉青贮8号晚熟0.3天。幼苗叶鞘浅紫色，叶片深绿色，花药黄色，颖壳绿色。株型半紧凑，株高292厘米，穗位高119厘米，果穗筒形，穗长17.1厘米，穗行数18~20行，穗粗5.7厘米，穗轴白色，籽粒黄色、半马齿型，接种鉴定，抗大斑病、南方锈病，中抗茎腐病、小斑病，感灰斑病、纹枯病。全株粗蛋白质含量8.9%，淀粉含量31.65%，中性洗涤纤维含量37.55%，酸性洗涤纤维含量17.05%。

产量表现：2018—2019年参加西南青贮玉米组区域试验，两年平均亩产（干重）1 264.2千克，比对照雅玉青贮8号增产4.9%。2019年生产试验，平均亩产（干重）

1 380.8千克，比对照雅玉青贮8号增产10.1%。

栽培技术要点：该杂交种适于西南区种植，也可在南方类似生态区引种试验和推广，间套种植和净作种植均可。可春播或夏播，以当地最佳播种期为准。每亩种植密度3 600~5 000株。一般总施肥量考虑每亩纯氮为16千克左右，P_2O_5为12千克左右，K_2O为12千克左右。施足底肥（30%），巧施苗肥和拔节肥（20%），重施攻苞肥（50%）。加强田间管理，适时查苗补缺，确保苗齐、苗全和苗壮，及时防治病虫害。该品种活棵成熟，粮饲兼用；整株作青贮饲料，宜在乳熟末期刈割（即籽粒乳线在1/4~3/4时收获）。注意防治灰斑病和纹枯病。

审定意见：该品种符合国家玉米品种审定标准，通过审定。适宜在西南春玉米区的四川省、重庆市、湖南省、湖北省、陕西省南部海拔800米及以下的丘陵、平坝、低山地区，贵州省贵阳市、黔南州、黔东南州、铜仁市、遵义市海拔1 100米以下地区，云南省中部昆明、楚雄、玉溪、大理、曲靖等州市的丘陵、平坝、低山地区作青贮玉米种植。

（18）品种名称：金荣青贮1号

审定编号：国审玉20200561

申请者：四川农业大学玉米研究所

育成单位：四川农业大学玉米研究所

品种来源：SCML1600×YA8201

特征特性：青贮玉米西南组出苗至收获期116天，比对照雅玉青贮8号晚熟0.5天。幼苗叶鞘紫色，叶片绿色，花药紫色，颖壳紫色，花丝绿色，株型半紧凑，株高307厘米，穗位高139厘米，成株叶片数23片。果穗锥形到筒形，穗长18.7厘米，穗行数16行，穗粗5.3厘米，穗轴白色，籽粒黄色、半马齿型，百粒重32.3克。接种鉴定，中抗大斑病，中抗灰斑病，中抗茎腐病，中抗小斑病，中抗纹枯病，抗南方锈病。全株粗蛋白质含量8.28%，淀粉含量29.36%，中性洗涤纤维含量40.13%，酸性洗涤纤维含量18.52%。

产量表现：2017—2018年参加青贮玉米西南组区域试验，两年平均亩产（干重）1 241.9千克，比对照雅玉青贮8号增产8.24%。2018年生产试验，平均亩产（干重）1 347.0千克，比对照雅玉青贮8号增产10.45%。

栽培技术要点：①选地，选择近牛羊养殖基地、路道便捷的中上肥力田地，以方便收获运输。②播种，3月下旬至4月中旬。③密度，每亩密度4 000~4 500株。④施肥，亩施含氮量45%的复合肥或者玉米专用肥40~50千克加硫酸锌1~2千克作底肥；拔节期亩施复合肥20~30千克或尿素20千克另加钾肥5~8千克，中后期还可结合灌溉亩施尿素30千克。⑤收获，在乳熟末期植株含水量为61%~68%即乳线下移到籽粒1/2~3/4阶段整株带穗收获，乳熟后期至蜡熟前期为最佳，此时整株营养含量最高，纤维品质最优。

审定意见：该品种符合国家玉米品种审定标准，通过审定。适宜在西南春玉米区的四川省、重庆市、湖南省、湖北省、陕西省南部海拔800米及以下的丘陵、平坝、低山地区，贵州省贵阳市、黔南州、黔东南州、铜仁市、遵义市海拔1 100米以下地区，云南省中部昆明、楚雄、玉溪、大理、曲靖等州市的丘陵、平坝、低山地区作青贮玉米种植。

（19）品种名称：绵单青贮1号

审定编号：国审玉20200562

申请者：绵阳市农业科学研究院

育成单位：绵阳市农业科学研究院

品种来源：绵7146×绵739

特征特性：青贮玉米西南组出苗至收获期117天，比对照雅玉青贮8号早熟0.1天。幼苗叶鞘紫色，叶片绿色，花药紫色，颖壳紫色。株型半紧凑，株高325厘米，穗位高140厘米，成株叶片数22片。果穗筒形，穗长21.6厘米，穗行数14~16行，穗粗5.0厘米，穗轴白色，籽粒黄色、半马齿型，百粒重31.2克。接种鉴定，中抗灰斑病、纹枯病、南方锈病，感大斑病、茎腐病、小斑病。全株粗蛋白质含量8.2%，淀粉含量33.86%，中性洗涤纤维含量36.85%，酸性洗涤纤维含量15.42%。

产量表现：2017—2018年参加青贮玉米西南组区域试验，两年平均亩产（干重）1 217千克，比对照雅玉青贮8号增产6.08%。2018年生产试验，平均亩产（干重）1 300.1千克，比对照雅玉青贮8号增产6.0%。

栽培技术要点：适宜播种期3月下旬至4月中旬，在中等肥力以上地块种植，每亩适宜密度4 000~4 500株，注意防治大斑病、茎腐病、小斑病。

审定意见：该品种符合国家玉米品种审定标准，通过审定。适宜在西南春玉米区的四川省、重庆市、湖南省、湖北省、陕西省南部海拔800米及以下的丘陵、平坝、低山地区，贵州省贵阳市、黔南州、黔东南州、铜仁市、遵义市海拔1 100米以下地区，云南省中部昆明、楚雄、玉溪、大理、曲靖等州市的丘陵、平坝、低山地区作青贮玉米种植。

（20）品种名称：川青8号

审定编号：国审玉20200563

申请者：四川农业大学玉米研究所

育成单位：四川农业大学玉米研究所、四川省农业科学院作物研究所

品种来源：Y9614×LX7531

特征特性：青贮玉米西南组出苗至收获期114.5天，比对照雅玉青贮8号晚熟0.5天。幼苗叶鞘紫色，叶片深绿色，叶缘绿色，花药浅紫色，颖壳浅紫色，花丝紫色，株型半紧凑，株高280厘米，穗位高111厘米，成株叶片数21片。果穗筒偏锥形，穗长19.4厘米，穗行数16~18行，穗粗4.9厘米，穗轴白色，籽粒黄色、中间型。接种鉴定，抗大斑病，中抗茎腐病、小斑病，感纹枯病、南方锈病，高感灰斑病。全株粗蛋白质含量8.6%，淀粉含量34.2%，中性洗涤纤维含量35.25%，酸性洗涤纤维含量16.7%。

产量表现：2018—2019年参加青贮玉米西南组区域试验，两年平均亩产（干重）1 283.5千克，比对照雅玉青贮8号增产6.52%。2019年生产试验，平均亩产（干重）1 343.0千克，比对照雅玉青贮8号增产7.36%。

栽培技术要点：①选地，选择近牛羊养殖基地、路道便捷的中上肥力田地，以方便收获运输。②播种，3 月下旬至 4 月中旬。③密度，每亩种植密度4 000～4 500株。④施肥，亩施含氮量 45%的复合肥或者玉米专用肥 40～50 千克加硫酸锌 1～2 千克作底肥；拔节期亩施复合肥 20～30 千克或尿素 20 千克另加钾肥 5～8 千克，中后期还可结合灌溉亩施尿素 30 千克。⑤收获，在乳熟末期植株含水量为 61%～68%即乳线下移到籽粒 1/2～3/4 阶段整株带穗收获，乳熟后期至蜡熟前期为最佳，此时整株营养含量最高，纤维品质最优。注意防治纹枯病、南方锈病和灰斑病。

审定意见：该品种符合国家玉米品种审定标准，通过审定。适宜在西南春玉米区的四川省、重庆市、湖南省、湖北省、陕西省南部海拔 800 米及以下的丘陵、平坝、低山地区，贵州省贵阳市、黔南州、黔东南州、铜仁市、遵义市海拔 1 100米以下地区，云南省中部昆明、楚雄、玉溪、大理、曲靖等州市的丘陵、平坝、低山地区作青贮玉米种植。

（21）品种名称：渝青 386

审定编号：国审玉 20200564

申请者：重庆市农业科学院

育成单位：重庆市农业科学院、郑州科大种子有限责任公司

品种来源：B313×P54

特征特性：西南青贮玉米组出苗至收获期 109 天，与对照雅玉青贮 8 号相当。幼苗叶鞘紫色，叶片深绿色，叶缘白色，花药浅紫色，颖壳浅紫色，花丝紫色，株型半紧凑，株高 303 厘米，穗位高 120 厘米，成株叶片数 22 片。果穗筒形，穗长 17. 0 厘米，穗行数 16～18 行，穗粗 5. 4 厘米，穗轴白色，籽粒黄色、半马齿型。接种鉴定，中抗小斑病，感大斑病、纹枯病、茎腐病、南方锈病，高感灰斑病。全株粗蛋白质含量 8. 36%，淀粉含量 31. 91%，中性洗涤纤维含量 40. 01%，酸性洗涤纤维含量 18. 17%。

产量表现：2017—2018 年参加西南青贮玉米组联合体区域试验，两年平均亩产（干重）1 235. 7千克，比对照雅玉青贮 8 号增产 10. 1%。2018 年生产试验，平均亩产（干重）1 306. 9千克，比对照雅玉青贮 8 号增产 10. 08%。

栽培技术要点：①选地，选择于牛羊养殖基地附近、路道便捷的中上肥力田地种植，以便收获运输。②播种时间，春、夏播种（3 月上中旬至 7 月上旬），播种深度 3. 0～4. 0 厘米。③种植密度，每亩种植密度4 000～4 500株。④合理施肥，底肥，亩施含量 45%的氮磷钾复合肥或者玉米专用肥 40～50 千克，硫酸锌 1～2 千克；在拔节期，亩施氮磷钾复合肥 20～30 千克或尿素 20 千克另加钾肥 5～8 千克，中后期可结合浇水每亩使用尿素 30 千克或施用冲施肥。⑤适时收获，青贮专用整株带穗收获，在乳熟末期植株含水量为 61%～68%即乳线下移到籽粒 1/2～3/4 阶段，收割最佳时期为乳熟后期至蜡熟前期，此时整株营养含量最高，纤维品质最优。注意防治大斑病、纹枯病、茎腐病、南方锈病和灰斑病。

审定意见：该品种符合国家玉米品种审定标准，通过审定。适宜在西南春玉米区的四川省、重庆市、湖南省、湖北省、陕西省南部海拔 800 米及以下的丘陵、平坝、低山地区，贵州省贵阳市、黔南州、黔东南州、铜仁市、遵义市海拔 1 100米以下地区，云

南省中部昆明、楚雄、玉溪、大理、曲靖等州市的丘陵、平坝、低山地区作青贮玉米种植。

(22) 品种名称：桂先青贮 1208

审定编号：国审玉 20200565

申请者：广西皓凯生物科技有限公司、广西桂先种业有限公司

育成单位：广西皓凯生物科技有限公司、广西桂先种业有限公司

品种来源：(H1087/T3261)×HK1222

特征特性：西南青贮玉米组出苗至收获期 121.9 天，比对照雅玉青贮 8 号晚熟 2 天。幼苗叶鞘紫色，叶片绿色，叶缘紫色，花药紫色，颖壳紫色。株型半紧凑，株高 319 厘米，穗位高 138 厘米，果穗筒形，穗长 21.8 厘米，穗行数 16~18 行，穗粗 4.9 厘米，籽粒黄色、半马齿型，百粒重 29.5 克。接种鉴定，中抗茎腐病、小斑病、纹枯病，感大斑病、灰斑病、南方锈病。全株粗蛋白质含量 8.52%，淀粉含量 32.34%，中性洗涤纤维含量 38.48%，酸性洗涤纤维含量 17.38%。

产量表现：2017—2018 年参加西南青贮玉米组联合体区域试验，两年平均亩产(干重) 1 218.4千克，比对照雅玉青贮 8 号增产 8.39%。2018 年生产试验，平均亩产(干重) 1 229.8千克，比对照雅玉青贮 8 号增产 3.33%。

栽培技术要点：①播种期，3 月底至 5 月下旬。②种植密度，每亩种植密度4 000~4 500株。③施肥，亩施肥复合肥 50 千克左右。④注意防治大斑病、灰斑病、南方锈病等病虫害。

审定意见：该品种符合国家玉米品种审定标准，通过审定。适宜在西南春玉米区的四川省、重庆市、湖南省、湖北省、陕西省南部海拔 800 米及以下的丘陵、平坝、低山地区，贵州省贵阳市、黔南州、黔东南州、铜仁市、遵义市海拔1 100米以下地区，云南省中部昆明、楚雄、玉溪、大理、曲靖等州市的丘陵、平坝、低山地区作青贮玉米种植。

(23) 品种名称：渝青 506

审定编号：国审玉 20200566

申请者：重庆市农业科学院

育成单位：重庆市农业科学院

品种来源：渝 P2013×P64

特征特性：西南青贮玉米组出苗至收获期 113 天，与对照雅玉青贮 8 号相当。幼苗叶鞘浅紫色，叶片绿色，叶缘白色，花药浅紫色，颖壳紫色，花丝浅紫色。株型半紧凑，株高 309 厘米，穗位高 130 厘米，成株叶片数 22 片。果穗长筒形，穗长 20.0 厘米，穗行数 16~18 行，穗粗 5.6 厘米，穗轴粉红色，籽粒黄色、半马齿型，百粒重 37.5 克。接种鉴定，中抗小斑病、纹枯病，感大斑病、茎腐病、南方锈病，高感灰斑病。全株粗蛋白质含量 8.20%，淀粉含量 30.25%，中性洗涤纤维含量 38.95%，酸性洗涤纤维含量 20.75%。

产量表现：2018—2019 年参加西南青贮玉米组联合体区域试验，两年平均亩产(干重) 1 282.5千克，比对照雅玉青贮 8 号增产 9.4%。2019 年生产试验，平均亩产

(干重) 1 428.1千克，比对照雅玉青贮 8 号增产 10.34%。

栽培技术要点：①选地，选择于牛羊养殖基地附近、路道便捷的中上肥力田地种植，以便收获运输。②播种时间，春、夏播种（3 月上中旬至 7 月上旬），播种深度 3.0~4.0 厘米。③种植密度，每亩种植密度4 000~4 500株。④合理施肥，底肥，亩施含量 45%的氮磷钾复合肥或者玉米专用肥 40~50 千克，硫酸锌 1~2 千克；在拔节期，亩施氮磷钾复合肥 20~30 千克或尿素 20 千克另加钾肥 5~8 千克，中后期可结合浇水每亩使用尿素 30 千克或施用冲施肥。⑤适时收获，青贮专用整株带穗收获，在乳熟末期植株含水量为 61%~68%，即乳线下移到籽粒 1/2~3/4 阶段，收割最佳时期为乳熟后期至蜡熟前期，此时整株营养含量最高，纤维品质最优。注意防治大斑病、茎腐病、南方锈病和灰斑病。

审定意见：该品种符合国家玉米品种审定标准，通过审定。适宜在西南春玉米区的四川省、重庆市、湖南省、湖北省、陕西省南部海拔 800 米及以下的丘陵、平坝、低山地区，贵州省贵阳市、黔南州、黔东南州、铜仁市、遵义市海拔1 100米以下地区，云南省中部昆明、楚雄、玉溪、大理、曲靖等州市的丘陵、平坝、低山地区作青贮玉米种植。

(24) 品种名称：成青 382

审定编号：国审玉 20200567

申请者：四川省农业科学院作物研究所

育成单位：四川省农业科学院作物研究所

品种来源：C82×319A

特征特性：西南青贮玉米组出苗至收获期 119 天，比对照雅玉青贮 8 号晚熟 0.5 天。幼苗叶鞘浅紫色，叶片深绿色，株型半紧凑，株高 293 厘米，穗位高 127 厘米，果穗筒形，穗行数 18~22 行，穗轴白色，籽粒黄色、马齿型，接种鉴定，中抗灰斑病、茎腐病、小斑病、南方锈病，感大斑病、纹枯病。全株粗蛋白质含量 8.1%，淀粉含量 27.3%，中性洗涤纤维含量 41.4%，酸性洗涤纤维含量 23.15%。

产量表现：2018—2019 年参加西南青贮玉米组联合体区域试验，两年平均亩产(干重) 1 242.5千克，比对照雅玉青贮 8 号增产 6.0%。2019 年生产试验，平均亩产(干重) 1 373.1千克，比对照雅玉青贮 8 号增产 6.56%。

栽培技术要点：该杂交种适于西南区种植，也可在南方类似生态区引种试验和推广，间套种植和净作种植均可。可春播或夏播，以当地最佳播种期为准。种植密度每亩 3 600~5 000株。一般总施肥量考虑每亩纯氮为 16 千克左右，P_2O_5 为 12 千克左右，K_2O 为 12 千克左右。施足底肥（30%），巧施苗肥和拔节肥（20%），重施攻苞肥(50%)。加强田间管理，适时查苗补缺，确保苗齐、苗全和苗壮，注意防治大斑病、纹枯病。该品种活棵成熟，粮饲兼用；整株作青贮饲料，宜在乳熟末期刈割（即籽粒乳线在 1/4~3/4 时收获）。

审定意见：该品种符合国家玉米品种审定标准，通过审定。适宜在西南春玉米区的四川省、重庆市、湖南省、湖北省、陕西省南部海拔 800 米及以下的丘陵、平坝、低山地区，贵州省贵阳市、黔南州、黔东南州、铜仁市、遵义市海拔1 100米以下地区，云南省中部昆明、楚雄、玉溪、大理、曲靖等州市的丘陵、平坝、低山地区作青贮玉米种植。

（25）品种名称：曲辰 39 号

审定编号：国审玉 20200568

申请者：云南曲辰种业股份有限公司

育成单位：云南曲辰种业股份有限公司

品种来源：KL-2×H2-3

特征特性：西南青贮玉米组出苗至收获期 113 天，比对照雅玉青贮 8 号早熟 0.5 天。幼苗叶鞘紫色，叶片绿色，叶缘紫色，花药紫色，颖壳浅紫色。株型半紧凑，株高 288 厘米，穗位高 130 厘米，成株叶片数 21 片。果穗筒形，穗长 20.2 厘米，穗粗 5.2 厘米，穗行数 14~16 行，穗轴白色，籽粒黄色、半马齿型，百粒重 34.8 克。接种鉴定，高抗南方锈病，抗小斑病，中抗灰斑病、茎腐病、纹枯病，感大斑病。全株粗蛋白质含量 8.3%，淀粉含量 25.9%，中性洗涤纤维含量 42.95%，酸性洗涤纤维含量 23.55%。

产量表现：2018—2019 年参加西南青贮玉米组联合体区域试验，两年平均亩产（干重）1 202.9千克，比对照雅玉青贮 8 号增产 2.6%。2019 年生产试验，平均亩产（干重）1 392.5千克，比对照雅玉青贮 8 号增产 7.63%。

栽培技术要点：①种植方式和密度，该组合单株生产力较高，在合理密植条件下生物产量较高，行距 60 厘米，株距 40 厘米，留双株塘，每亩密度在5 500株左右，生物产量较高。②适时播种，播种在清明中至谷雨中为宜。③合理施肥，该组合在肥力充足条件下易获高产。注意防治大斑病。

审定意见：该品种符合国家玉米品种审定标准，通过审定。适宜在西南春玉米区的四川省、重庆市、湖南省、湖北省、陕西省南部海拔 800 米及以下的丘陵、平坝、低山地区，贵州省贵阳市、黔南州、黔东南州、铜仁市、遵义市海拔1 100米以下地区，云南省中部昆明、楚雄、玉溪、大理、曲靖等州市的丘陵、平坝、低山地区作青贮玉米种植。

（26）品种名称：雅玉 3482

审定编号：国审玉 20200569

申请者：四川雅玉科技股份有限公司

育成单位：四川雅玉科技股份有限公司

品种来源：CA345 （C34-504）×YA8201

特征特性：青贮玉米西南组出苗至收获期 119.6 天，比对照雅玉青贮 8 号早熟 0.4 天。幼苗叶鞘紫色，叶片绿色，叶缘绿色，花药紫色，颖壳紫色。株型平展，株高 325 厘米，穗位高 137 厘米，成株叶片数 21 片。果穗筒形，穗长 22.7 厘米，穗行数 16~18 行，穗粗 5.36 厘米，穗轴红色，籽粒黄色、半马齿型，接种鉴定，中抗茎腐病、南方锈病，感大斑病、灰斑病、小斑病、纹枯病。全株粗蛋白质含量 8%，淀粉含量 30.39%，中性洗涤纤维含量 40.21%，酸性洗涤纤维含量 18.72%。

产量表现：2017—2018 年参加青贮玉米西南组联合体区域试验，两年平均亩产

（干重）1 207.8千克，比对照雅玉青贮8号增产7.3%。2018年生产试验，平均亩产（干重）1 292.4千克，比对照雅玉青贮8号增产8.48%。

栽培技术要点：适时春播，每亩种植密度4 000株左右。施足底肥，增施有机肥，重施穗肥，注意中耕除草，及时防治病虫害，注意防治大斑病、灰斑病、小斑病、纹枯病。

审定意见：该品种符合国家玉米品种审定标准，通过审定。适宜在西南春玉米区的四川省、重庆市、湖南省、湖北省、陕西省南部海拔800米及以下的丘陵、平坝、低山地区，贵州省贵阳市、黔南州、黔东南州、铜仁市、遵义市海拔1 100米以下地区，云南省中部昆明、楚雄、玉溪、大理、曲靖等州市的丘陵、平坝、低山地区作青贮玉米种植。

2. 2019年国审品种

（1）品种名称：京科968

审定编号：国审玉20190031

申请者：北京市农林科学院玉米研究中心

育成单位：北京市农林科学院玉米研究中心

品种来源：京724×京92

特征特性：黄淮海夏玉米组出苗至成熟103天，和对照郑单相当。幼苗叶鞘紫色，花药紫色，株型半紧凑，株高282厘米，穗位高104厘米，成株叶片数19片。果穗筒形，穗长17.85厘米，穗行数14~18行，穗轴白色，籽粒黄色、半马齿型，百粒重36.35克。接种鉴定，中抗小斑病，感茎腐病和瘤黑粉病，高感穗腐病、弯孢叶斑病、粗缩病和南方锈病。籽粒容重732克/升，粗蛋白质含量10.02%，粗脂肪含量3.77%，粗淀粉含量74.00%，赖氨酸含量0.32%。黄淮海夏播青贮玉米组出苗至收获期98.5天，比对照雅玉青贮8号早熟1.5天。幼苗叶鞘浅紫色，株型半紧凑，株高281厘米，穗位高106厘米。2016年接种鉴定，中抗茎腐病，中抗小斑病，中抗弯孢叶斑病；2017年接种鉴定，感茎腐病，中抗小斑病，感弯孢叶斑病，感瘤黑粉病，感南方锈病。全株粗蛋白质含量8.32%~8.69%，淀粉含量35.07%~39.26%，中性洗涤纤维含量33.70%~36.84%，酸性洗涤纤维含量13.25%~15.61%。

产量表现：2016—2017年参加黄淮海夏玉米组区域试验，两年平均亩产646.05千克，比对照郑单958增产4.46%。2017年生产试验，平均亩产621.6千克，比对照郑单958增产3.6%。2016—2017年参加黄淮海夏播青贮玉米组区域试验，两年平均亩产（干重）1 217.5千克，比对照雅玉青贮8号增产3.04%。2017年生产试验，平均亩产（干重）1 076.7千克，比对照雅玉青贮8号增产11.1%。

栽培技术要点：黄淮海夏玉米组：播种期6月中旬，根据地力条件，亩种植密度4 000~4 500株。注意防治穗腐病、弯孢叶斑病、粗缩病和南方锈病。在黄淮海夏播青贮玉米区，播种期6月中旬，根据地力条件，亩种植密度4 000~4 500株。在黄淮海夏玉米区，播种期6月中旬，根据地力条件，亩种植密度4 000~4 500株。注意预防穗腐病和弯孢叶斑病。

审定意见：该品种符合国家玉米品种审定标准，通过审定。适宜在河南省、山东省、河北省保定市和沧州市的南部及以南地区、陕西省关中灌区、山西省运城市和临汾市、晋城市部分平川地区、江苏和安徽两省淮河以北地区、湖北省襄阳地区夏播种植。适宜在河南省、山东省、河北省保定市和沧州市的南部及以南地区、陕西省关中灌区、山西省运城市和临汾市、晋城市部分平川地区、江苏和安徽两省淮河以北地区、湖北省襄阳等黄淮海夏播地区作为青贮玉米种植。

（2）品种名称：大京九青贮 3912

审定编号：国审玉 20190040

申请者：河南省大京九种业有限公司

育成单位：河南省大京九种业有限公司

品种来源：60271×32739

特征特性：黄淮海夏播青贮玉米组出苗至收获期 100.5 天，比对照雅玉青贮 8 号晚熟 0.5 天。幼苗叶鞘浅紫色，叶片绿色，叶缘紫色，花药浅紫色，颖壳绿色。株型紧凑，株高 294 厘米，穗位高 118 厘米，成株叶片数 19~20 片。果穗长筒形，穗长 22.3 厘米，穗行数 14~16 行，穗粗 4.8 厘米，穗轴红色，籽粒黄色、半马齿型，百粒重 32.2 克。2015 年接种鉴定，中抗大斑病、小斑病、弯孢叶斑病，感丝黑穗病、茎腐病、纹枯病；2016 年接种鉴定，高抗茎腐病，中抗小斑病，感弯孢叶斑病。2015 年品质分析，全株粗蛋白质含量 7.96%，淀粉含量 30.89%，中性洗涤纤维含量 39.29%，酸性洗涤纤维含量 15.23%。2016 年品质分析，全株粗蛋白质含量 8.05%，淀粉含量 33.89%，中性洗涤纤维含量 37.81%，酸性洗涤纤维含量 15.95%。

产量表现：2015—2016 年参加黄淮海夏播青贮玉米组区域试验，两年平均亩产（干重）1 342.0千克，比对照雅玉青贮 8 号增产 8.2%。2017 年生产试验，平均亩产（干重）1 182.0千克，比对照雅玉青贮 8 号增产 6.9%。

栽培技术要点：黄淮海夏播通常在 6 月上中旬播种，种植密度为 4 500~5 000 株/亩，该品种属丰产潜力大，喜水肥品种，播前要施足底肥，注意氮磷钾配比，做好追肥，及时灌溉和病虫害防治。

审定意见：该品种符合国家玉米品种审定标准，通过审定。适宜在河南省、山东省、河北省保定市和沧州市的南部及以南地区、陕西省关中灌区、山西省运城市和临汾市、晋城市部分平川地区、江苏和安徽两省淮河以北地区、湖北省襄阳地区夏播种植。

（3）品种名称：渝青 386

审定编号：国审玉 20190041

申请者：重庆市农业科学院

育成单位：重庆市农业科学院

品种来源：B313×P54

特征特性：黄淮海夏播青贮玉米组出苗至收获期 101.5 天，比对照雅玉青贮 8 号晚熟 1.5 天。幼苗叶鞘紫色，叶片深绿色，株型半紧凑，株高 325 厘米，穗位高 146 厘米，籽粒黄色、2015 年接种鉴定，抗大、小斑病，中抗弯孢叶斑病和腐霉茎腐病，感纹枯病；2016 年接种鉴定，高抗茎腐病，中抗小斑病和弯孢叶斑病。2015 年品质分析，全株粗蛋白质含量 9.09%，淀粉含量 27.94%，中性洗涤纤维含量 42.06%，酸性洗涤纤维含量 19.72%；2016 年品质分析，全株粗蛋白质含量 9.19%，淀粉含量 30.66%，中性洗涤纤维含量 40.47%，酸性洗涤纤维含量 20.65%。

产量表现：2015—2016 年参加黄淮海夏播青贮玉米组区域试验，两年平均亩产（干重）1 419千克，比对照雅玉青贮 8 号增产 14.35%。2017 年生产试验，平均亩产（干重）1 254千克，比对照雅玉青贮 8 号增产 13.3%。

栽培技术要点：①选地，选择与牛羊养殖基地附近、路道便捷的中上肥力田地种植，以便收获运输。②播种时间，黄淮海地区夏播，6 月上旬至 6 月中旬，播种深度 3.0~4.0 厘米。③种植密度，4 500~5 000株/亩。④合理施肥，底肥，亩施含量 45%的氮磷钾复合肥或者玉米专用肥 40~50 千克，硫酸锌 1~2 千克；在拔节期，亩施氮磷钾复合肥 20~30 千克或尿素 20 千克另加钾肥 5~8 千克，中后期可结合浇水每亩使用尿素 30 千克或施用冲施肥。⑤适时收获，青贮专用整株带穗收获，在乳熟末期植株含水量为 61%~68%，即乳线下移到籽粒 1/2~3/4 阶段，收割最佳时期为乳熟后期至蜡熟前期，此时整株营养含量最高，纤维品质最优。

审定意见：该品种符合国家玉米品种审定标准，通过审定。适宜在河南省、山东省、河北省保定市和沧州市的南部及以南地区、陕西省关中灌区、山西省运城市和临汾市、晋城市部分平川地区、江苏和安徽两省淮河以北地区、湖北省襄阳等黄淮海夏玉米类型区作青贮玉米种植。

（4）品种名称：成青 398

审定编号：国审玉 20190042

申请者：四川省农业科学院作物研究所

育成单位：四川省农业科学院作物研究所

品种来源：C98×C319A

特征特性：黄淮海夏播青贮玉米组出苗至收获期 100.8 天，比对照雅玉青贮 8 号晚熟 0.8 天。幼苗叶鞘紫色，叶片绿色，叶缘绿色，颖壳绿色。株型半紧凑，株高 315 厘米，穗位高 148 厘米，果穗长筒形，穗长 21.4 厘米，穗行数 15.7，穗粗 4.24 厘米，穗轴白色，籽粒黄色、硬粒型。接种鉴定结果，2016 年高抗茎腐病，中抗叶斑病，感小斑病；2017 年中抗小斑病、弯孢叶斑病、瘤黑粉病、南方锈病和茎腐病，高感瘤黑粉病。品质检测结果：2016 年全株淀粉含量 29.31%，中性洗涤纤维含量 43.25%，酸性洗涤纤维含量 18.01%，粗蛋白质含量 7.96%；2017 年全株淀粉含量 33.34%，中性洗涤纤维含量 40.38%，酸性洗涤纤维含量 18.04%，粗蛋白质含量 8.50%。

产量表现：2016—2017 年参加黄淮海夏播青贮玉米组区域试验，两年平均亩产（干重）1 267.5千克，比对照雅玉青贮 8 号增产 7.28%。2017 年生产试验，平均亩产（干重）1 073.9千克，比对照雅玉青贮 8 号增产 9.6%。

栽培技术要点：该杂交种适于黄淮海夏玉米类型区种植，也可在类似生态区引种试验和推广，间套种植和净作种植均可。宜夏播，以当地最佳播期为准。种植密度每亩 4 000~6 000株。一般总施肥量每亩纯氮为 16 千克左右，P_2O_5为 12 千克左右，K_2O 为 12 千克左右。施足底肥（30%），巧施苗肥和拔节肥（20%），重施攻苞肥（50%）。加强田间管理，适时查苗补缺，确保苗齐、苗全和苗壮，及时防治病虫害。该品种活棵成熟，粮饲兼用；整株作青贮饲料，宜在乳熟末期刈割（即籽粒乳线在1/4~3/4时收获）。注意瘤黑粉病防治。

审定意见：该品种符合国家玉米品种审定标准，通过审定。适宜在河南省、山东省、河北省保定市和沧州市的南部及以南地区、陕西省关中灌区、山西省运城市和临汾市、晋城市部分平川地区、江苏和安徽两省淮河以北地区、湖北省襄阳等黄淮海夏玉米区作为青贮玉米种植。

(5) 品种名称：京科青贮932

审定编号：国审玉20190043

申请者：北京市农林科学院玉米研究中心

育成单位：北京市农林科学院玉米研究中心

品种来源：京X005×MX1321

特征特性：黄淮海夏播青贮玉米组出苗至收获期97.6天，比对照雅玉青贮8号早熟2.4天。幼苗叶鞘紫色，株型半紧凑，株高286厘米，穗位高113厘米。2016年接种鉴定，高抗茎腐病，中抗小斑病，中抗弯孢叶斑病；2017年接种鉴定，感茎腐病，中抗小斑病，感弯孢叶斑病，高感瘤黑粉病，感南方锈病。全株粗蛋白质含量8.05%~8.20%，淀粉含量30.07%~36.87%，中性洗涤纤维含量36.34%~41.58%，酸性洗涤纤维含量15.76%~16.99%。

产量表现：2016—2017年参加黄淮海夏播青贮玉米组区域试验，两年平均亩产（干重）1 258.5千克，比对照雅玉青贮8号增产6.52%。2017年生产试验，平均亩产（干重）1 070千克，比对照雅玉青贮8号增产9.9%。

栽培技术要点：中等肥力以上地块栽培，夏播播种期6月中旬，亩种植密度4 000~4 500株。注意瘤黑粉病防治。

审定意见：该品种符合国家玉米品种审定标准，通过审定。适宜在河南省、山东省、河北省保定市和沧州市的南部及以南地区、陕西省关中灌区、山西省运城市和临汾市、晋城市部分平川地区、江苏和安徽两省淮河以北地区、湖北省襄阳等黄淮海夏播地区作为青贮玉米种植。

(6) 品种名称：桂青贮7号

审定编号：国审玉20190044

申请者：广西皓凯生物科技有限公司、广西桂先种业有限公司

育成单位：广西皓凯生物科技有限公司、广西桂先种业有限公司

品种来源：(JH673×JH3372)×CML161

特征特性：东华北中晚熟青贮玉米组出苗至收获期128天，比对照雅玉青贮26早熟0.5天。幼苗叶鞘紫色，叶片绿色，叶缘紫色，花药黄色，颖壳紫色。株型半紧凑，株高303厘米，穗位高145厘米，成株叶片数19片。果穗长筒形，穗长19.9厘米，穗行数16~18行，穗粗4.7厘米，穗轴红色，籽粒黄色、半马齿型，百粒重31克。接种鉴定，感大斑病，感丝黑穗病，中抗灰斑病，抗茎腐病，全株粗蛋白质含量8.46%，淀粉含量30.02%，中性洗涤纤维含量40.43%，酸性洗涤纤维含量15.31%。

产量表现：2016—2017年参加东华北中晚熟青贮玉米组区域试验，两年平均亩产

(干重) 1 543.0千克，比对照雅玉青贮 26 增产 4.57%。2017 年生产试验，平均亩产(干重) 1 505千克，比对照雅玉青贮 26 增产 4.9%。

栽培技术要点：中等肥力以上地块栽培，4 月下旬至 5 月上旬播种，亩种植密度 5 000株，注意适时收获。注意防治丝黑穗病及大斑病。

审定意见：该品种符合国家玉米品种审定标准，通过审定。适宜在辽宁省除东部山区和大连市、东港市以外的大部分地区，内蒙古自治区赤峰市和通辽市大部分地区，山西省忻州市、晋中市、太原市、阳泉市、长治市、晋城市、吕梁市平川区和南部山区，河北省张家口市、承德市、秦皇岛市、唐山市、廊坊市、保定市北部、沧州市北部春播区，天津市春播区种植。

(7) 品种名称：科青 1618

审定编号：国审玉 20190045

申请者：河北缘生农业开发有限公司

育成单位：河北缘生农业开发有限公司

品种来源：HK509×H1421

特征特性：黄淮海夏播青贮玉米组出苗至收获期 99 天，比对照雅玉青贮 8 号早熟 2.5 天。幼苗叶鞘浅紫色，叶片深绿色，花药黄色，颖壳绿色。株型紧凑，株高 257 厘米，穗位高 105 厘米，成株叶片数 21 片。果穗筒形，穗轴白色，籽粒黄色、半马齿型，接种鉴定，中抗茎腐病，感小斑病，感孢叶斑病，感瘤黑粉病，感南方锈病。全株粗蛋白质含量 8.49%，淀粉含量 37.11%，中性洗涤纤维含量 34.42%，酸性洗涤纤维含量 12.96%。

产量表现：2016—2017 年参加联合体黄淮海夏播青贮玉米组区域试验，两年平均亩产 (干重) 1 155.5千克，比对照雅玉青贮 8 号增产 5.7%。2017 年生产试验，平均亩产 (干重) 1 185千克，比对照雅玉青贮 8 号增产 10.9%。

栽培技术要点：①适宜密度4 500~5 000株/亩，麦垄套种或小麦收割后直播均可，最佳播期在 6 月 15 日前为宜。②栽培方式以等行距或宽窄行均可，平均行距 60 厘米最佳。③每亩 25 千克氮磷钾三元复合肥作基肥，大喇叭口前期用 25 千克尿素作追肥。

审定意见：该品种符合国家玉米品种审定标准，通过审定。适宜在河南省、山东省、河北省保定市和沧州市的南部及以南地区、陕西省关中灌区、山西省运城市和临汾市、晋城市部分平川地区、安徽和江苏两省淮河以北地区、湖北省襄阳地区夏播种植。

(8) 品种名称：大京九 4059

审定编号：国审玉 20190398

申请者：河南省大京九种业有限公司

育成单位：河南省大京九种业有限公司

品种来源：5801×33197

特征特性：东华北中晚熟青贮玉米组出苗至收获期 126 天，比对照雅玉青贮 26 早熟 4.5 天。幼苗叶鞘紫色，叶片绿色，叶缘紫色，花药浅紫色，颖壳绿色。株型半紧凑，株高 313 厘米，穗位高 135 厘米，成株叶片数 20.5 片。果穗长筒形，穗长 22.7 厘米，穗行数 14~16 行，穗粗 5.3 厘米，穗轴白色，籽粒黄色、半马齿型，百粒重 35.4

克。接种鉴定，中抗灰斑病、茎腐病、丝黑穗病，感大斑病。品质分析，全株粗蛋白质含量 7.81%，淀粉含量 32.28%，中性洗涤纤维含量 39.91%，酸性洗涤纤维含量 15.39%。黄淮海夏播青贮玉米组出苗至收获期 97.5 天，比对照雅玉青贮 8 号早熟 2.5 天。幼苗叶鞘浅紫色，叶片绿色，叶缘紫色，花药浅紫色，颖壳绿色。株型半紧凑，株高 280 厘米，穗位高 110 厘米，成株叶片数 19.6 片。果穗长筒形，穗长 20.4 厘米，穗行数 14~16 行，穗粗 5 厘米，穗轴白色，籽粒黄色、半马齿型，百粒重 32.4 克。接种鉴定，中抗茎腐病、弯孢叶斑病，感小斑病、瘤黑粉病、南方锈病。品质分析，全株粗蛋白质含量 7.97%，淀粉含量 34.08%，中性洗涤纤维含量 38.69%，酸性洗涤纤维含量 15.99%。

产量表现：2016—2017 年参加东华北中晚熟青贮玉米组区域试验，两年平均亩产（干重）1 435.5千克，比对照雅玉青贮 26 增产 3.1%。2018 年生产试验，平均亩产（干重）1 421千克，比对照雅玉青贮 26 增产 9.83%。2016—2017 年参加黄淮海夏播青贮玉米组区域试验，两年平均亩产（干重）1 253.5千克，比对照雅玉青贮 8 号增产 6.1%。2018 年生产试验，平均亩产（干重）1 369千克，比对照雅玉青贮 8 号增产 11.74%。

栽培技术要点：北方春播一般 4 月中旬至 5 月中旬播种，每亩种植密度4 500~5 000株。施足农肥，一般每亩施底肥玉米专用复合肥 20~40 千克，拔节期每亩追施尿素 10~20 千克。播种时采用包衣种子，苗期及时中耕，注意及时防治玉米螟。黄淮海夏播 5 月 20 日至 6 月 20 日播种，每亩种植密度4 500~5 000株。亩施农家肥 2 000~3 000千克，玉米专用肥 30 千克，拔节期每亩追施尿素 10~15 千克。播种时采用包衣种子，及时防治玉米螟。

审定意见：该品种符合国家玉米品种审定标准，通过审定。适宜在东华北中晚熟春玉米类型区的黑龙江省第一积温带，吉林省四平市、松原市、长春市的大部分地区，辽源市、白城市、吉林市部分地区、通化市南部，辽宁省除东部山区和大连市、东港市以外的大部分地区，内蒙古自治区赤峰市、通辽市和鄂尔多斯市大部分地区，山西省忻州市、晋中市、太原市、阳泉市、长治市、晋城市、吕梁市平川区和南部山区，河北省张家口市、承德市、秦皇岛市、唐山市、廊坊市、保定市北部、沧州市北部春播区，北京市春播区，天津市作青贮玉米种植。也适宜在黄淮海夏玉米类型区的河南省、山东省、河北省保定市和沧州市的南部及以南地区、陕西省关中灌区、山西省运城市和临汾市、晋城市部分平川地区、江苏和安徽两省淮河以北地区、湖北省襄阳地区作青贮玉米种植。

（9）品种名称：北农青贮 3651

审定编号：国审玉 20190399

申请者：北京农学院

育成单位：北京农学院

品种来源：7922×P241

特征特性：东华北中晚熟青贮玉米组播种至收获期 128.5 天，比对照雅玉青贮 26 早熟 2.0 天。幼苗叶鞘浅紫色，叶片深绿色，株型半紧凑，株高 335 厘米，穗位高 165 厘米。接种鉴定，高抗茎腐病，中抗大斑病和灰斑病，感丝黑穗病。品质分析，全株粗蛋白质含量 7.92%，淀粉含量 33.50%，中性洗涤纤维含量 38.35%，酸性洗涤纤维含量 13.99%。黄淮海夏播青贮玉米组播种至收获期 98.5 天，比对照雅玉青贮 8 号早熟 1.5 天。幼苗叶鞘浅紫色，叶片深绿色，株型半紧凑，株高 300 厘米，穗位高 140 厘米。接种鉴定，中抗小斑病、弯孢叶斑病，感南方锈病、茎腐病，高感瘤黑粉病。品质分析，全株粗蛋白质含量 8.43%，淀粉含量 35.67%，中性洗涤纤维含量 35.65%，酸性洗涤纤维含量 15.17%。

产量表现：2016—2017 年参加东华北中晚熟青贮玉米组区域试验，两年平均亩产（干重）1 464千克，比对照雅玉青贮 26 号增产 5.3%；2018 年生产试验，平均亩产（干重）1 353千克，比对照雅玉青贮 26 增产 4.6%。2016—2017 年参加黄淮海夏播青贮玉米组区域试验，两年平均亩产（干重）1 231千克，比对照雅玉青贮 8 号增产 4.2%；2018 年生产试验，平均亩产（干重）1 388千克，比对照雅玉青贮 8 号增产 13.3%。

栽培技术要点：东华北中晚熟青贮玉米区，选择于牛羊养殖基地附近、路道便捷的中上肥力田地种植，以便收获运输。4 月下旬到 5 月中上旬，播种深度 3.0~4.0 厘米。每亩种植密度4 500~5 500株。底肥，亩施含量 45%的氮磷钾复合肥或者玉米专用肥 40~50 千克，硫酸锌 1~2 千克；在拔节期，亩施氮磷钾复合肥 20~30 千克或尿素 20 千克，另加钾肥 5~8 千克；中后期可结合浇水每亩使用尿素 30 千克。在乳线 1/2 时，带穗全株收获。黄淮海夏播青贮玉米区，选择与牛羊养殖基地附近、路道便捷的中上肥力田地种植，以便收获运输。黄淮海地区夏播，6 月上旬至 6 月中下旬，播种深度 3.0~4.0 厘米。每亩种植密度4 500~5 500株。底肥，亩施含量 45%的氮磷钾复合肥或者玉米专用肥 40~50 千克，硫酸锌 1~2 千克；在拔节期，亩施氮磷钾复合肥 20~30 千克或尿素 20 千克，另加钾肥 5~8 千克；中后期可结合浇水每亩使用尿素 30 千克。在乳线 1/2 时，带穗全株收获。注意防治瘤黑粉病等病害。

审定意见：该品种符合国家玉米品种审定标准，通过审定。适宜在东华北中晚熟春玉米类型区的吉林省四平市、松原市、长春市的大部分地区，辽源市、白城市、吉林市部分地区、通化市南部，辽宁省除东部山区和大连市、东港市以外的大部分地区，内蒙古自治区赤峰市和通辽市大部分地区，山西省忻州市、晋中市、太原市、阳泉市、长治市、晋城市、吕梁市平川区和南部山区，河北省张家口市、承德市、秦皇岛市、唐山市、廊坊市、保定市北部、沧州市北部春播区，北京市春播区，天津市作青贮玉米种植。也适宜在黄淮海夏玉米类型区的河南省、山东省、河北省保定市和沧州市的南部及以南地区、陕西省关中灌区、山西省运城市和临汾市、晋城市部分平川地区、江苏和安徽两省淮河以北地区、湖北省襄阳地区作青贮玉米种植。

（10）品种名称：京九青贮 16

审定编号：国审玉 20190400

申请者：河南省大京九种业有限公司

育成单位：北京大京九农业开发有限公司

品种来源：5081×32226

特征特性：东华北中晚熟青贮玉米组出苗至收获期 122.5 天，比对照雅玉青贮 26 早熟 3 天。幼苗叶鞘紫色，叶片绿色，叶缘紫色，花药浅紫色，颖壳绿色。株型紧凑/

半紧凑，株高320厘米，穗位高143厘米，成株叶片数21片。果穗长筒形，穗长22.5厘米，穗行数14~16行，穗粗5.2厘米，穗轴白色，籽粒黄色、半马齿型，百粒重34.9克。接种鉴定，中抗茎腐病，感大斑病、丝黑穗病、灰斑病。品质分析，全株粗蛋白质含量7.5%，淀粉含量33.61%，中性洗涤纤维含量38.93%，酸性洗涤纤维含量14.95%。黄淮海夏播青贮玉米组出苗至收获期97.5天，比对照雅玉青贮8号早熟2天。幼苗叶鞘紫色，叶片绿色，叶缘紫色，花药浅紫色，颖壳绿色。株型半紧凑，株高295厘米，穗位高125厘米，成株叶片数19.8片。果穗长筒形，穗长20.2厘米，穗行数14~16行，穗粗5.0厘米，穗轴白色，籽粒黄色、半马齿型，百粒重32.5克。接种鉴定，中抗小斑病、茎腐病，感弯孢叶斑病、黑粉病、南方锈病。品质分析，全株粗蛋白质含量8.25%，淀粉含量30.65%，中性洗涤纤维含量40.61%，酸性洗涤纤维含量16.84%。

产量表现：2017—2018年参加东华北中晚熟青贮玉米组区域试验，两年平均亩产（干重）1 515千克，比对照雅玉青贮26增产7.9%。2018年生产试验，平均亩产（干重）1 814.4千克，比对照雅玉青贮26增产10.5%。2017—2018年参加黄淮海夏播青贮玉米组区域试验，两年平均亩产（干重）1 353千克，比对照雅玉青贮8号增产7.42%。2018年生产试验，平均亩产（干重）1 240.7千克，比对照雅玉青贮8号增产9.6%。

栽培技术要点：北方春播一般4月中旬至5月中旬播种，每亩种植密度4 500~5 000株。施足农肥，一般每亩施底肥玉米专用复合肥20~40千克，拔节期每亩追施尿素10~20千克。播种时采用包衣种子，苗期及时中耕，注意及时防治玉米螟。黄淮海夏播5月20日至6月20日播种，每亩种植密度4 500~5 000株。亩施农家肥2 000~3 000千克，玉米专用肥30千克，拔节期每亩追施尿素10~15千克。播种时采用包衣种子，及时防治玉米螟。

审定意见：该品种符合国家玉米品种审定标准，通过审定。适宜在东华北中晚熟春玉米类型区的吉林省四平市、松原市、长春市的大部分地区，辽源市、白城市、吉林市部分地区、通化市南部，辽宁省除东部山区和大连市、东港市以外的大部分地区，内蒙古自治区赤峰市和通辽市大部分地区，山西省忻州市、晋中市、太原市、阳泉市、长治市、晋城市、吕梁市平川区和南部山区，河北省张家口市、承德市、秦皇岛市、唐山市、廊坊市、保定市北部、沧州市北部春播区，北京市春播区，天津市春播区作青贮玉米种植。也适宜在黄淮海夏玉米类型区的河南省、山东省、河北省保定市和沧州市的南部及以南地区、陕西省关中灌区、山西省运城市和临汾市、晋城市部分平川地区、江苏和安徽两省淮河以北地区、湖北省襄阳地区作青贮玉米种植。

（11）品种名称：九圣禾361

审定编号：国审玉20190401

申请者：北京九圣禾农业科学研究院有限公司

育成单位：北京九圣禾农业科学研究院有限公司

品种来源：D2135×T0270

特征特性：东华北中晚熟青贮玉米组出苗至收获期122.5天，比对照雅玉青贮26早熟6天。幼苗叶鞘紫色，叶片深绿色，叶缘紫色，花药浅紫色，颖壳紫色。株型紧凑，株高 306 厘米，穗位高 131 厘米，成株叶片数 21 片。果穗筒形，穗长 22.1 厘米，穗行数 16~18 行，穗粗 5.1 厘米，穗轴红，籽粒黄色、马齿型，百粒重 37.5 克。接种鉴定，中抗大斑病、丝黑穗病、灰斑病、茎腐病。品质分析，全株粗蛋白质含量 8.27%，淀粉含量 34.71%，中性洗涤纤维含量 36.92%，酸性洗涤纤维含量 12.6%。

产量表现：2016—2017 年参加东华北中晚熟青贮玉米组联合体区域试验，两年平均亩产（干重）1 591.5千克，比对照雅玉青贮 26 增产 6.2%。2018 年生产试验，平均亩产（干重）1 522千克，比对照雅玉青贮 26 增产 5.4%。

栽培技术要点：应选择土质较肥沃的中等或中上等地块种植，地温要确保稳定 10℃以上进行播种，春播在 4 月下旬至 5 月上旬播种为宜，每亩适宜种植密度4 000~4 500株。

审定意见：该品种符合国家玉米品种审定标准，通过审定。适宜在东华北中晚熟春玉米类型区的吉林省四平市、松原市、长春市的大部分地区，辽源市、白城市、吉林市部分地区、通化市南部，辽宁省除东部山区和大连市、东港市以外的大部分地区，内蒙古自治区赤峰市和通辽市大部分地区，山西省忻州市、晋中市、太原市、阳泉市、长治市、晋城市、吕梁市平川区和南部山区，河北省张家口市、承德市、秦皇岛市、唐山市、廊坊市、保定市北部、沧州市北部春播区，北京市春播区，天津市春播区作青贮玉米种植。

（12）品种名称：先玉 1710

审定编号：国审玉 20190402

申请者：敦煌种业先锋良种有限公司、铁岭先锋种子研究有限公司

育成单位：敦煌种业先锋良种有限公司、铁岭先锋种子研究有限公司

品种来源：PH435Y×PH2V16

特征特性：东华北中晚熟青贮玉米组出苗至收获期 119 天，比对照雅玉青贮 26 早熟 9.5 天。幼苗叶鞘紫色，株型半紧凑，株高 301 厘米，穗位高 114 厘米，成株叶片数 21 片。接种鉴定，中抗大斑病、灰斑病、茎腐病，感丝黑穗病。品质分析，全株粗蛋白质含量 8.34%，淀粉含量 31.78%，中性洗涤纤维含量 39.03%，酸性洗涤纤维含量 14.64%。

产量表现：2017—2018 年参加东华北中晚熟青贮玉米组联合体区域试验，两年平均亩产（干重）1 597.5千克，比对照雅玉青贮 26 增产 5.3%。2018 年生产试验，平均亩产（干重）1 523千克，比对照雅玉青贮 26 增产 5.5%。

栽培技术要点：中等肥力以上地块栽培，4 月下旬至 5 月上旬播种，每亩种植密度 5 000株左右。

审定意见：该品种符合国家玉米品种审定标准，通过审定。适宜在东华北中晚熟春玉米类型区的吉林省四平市、松原市、长春市的大部分地区，辽源市、白城市、吉林市部分地区、通化市南部，辽宁省除东部山区和大连市、东港市以外的大部分地区，内蒙古自治区赤峰市和通辽市大部分地区，山西省忻州市、晋中市、太原市、阳泉市、长治市、晋城市、吕梁市平川区和南部山区，河北省张家口市、承德市、秦皇岛市、唐山市、廊坊市、保定市北部、沧州市北部春播区，北京市春播区，天津市春播区作青贮玉

米种植。

(13) 品种名称：华玉 11

审定编号：国审玉 20190403

申请者：华中农业大学、国垠天府农业科技股份有限公司

育成单位：华中农业大学、国垠天府农业科技股份有限公司

品种来源：Q736×Q1

特征特性：西南青贮玉米组出苗至收获期 109 天，比对照雅玉青贮 8 号早熟 0.9 天。幼苗叶鞘浅紫色，叶片绿色，叶缘绿色，花药浅紫色，颖壳浅紫色。株型半紧凑，株高 328 厘米，穗位高 135 厘米，成株叶片数 21 片。果穗长锥形，穗长 18.5 厘米，穗行数 14~16 行，穗轴红，籽粒黄色、马齿型，百粒重 42.5 克。接种鉴定，抗灰斑病，中抗大斑病、茎腐病、纹枯病、南方锈病，感小斑病。品质分析，全株粗蛋白质含量 8.29%，淀粉含量 32.44%，中性洗涤纤维含量 37.76%，酸性洗涤纤维含量 16.28%。

产量表现：2017—2018 年参加西南青贮玉米组区域试验，两年平均亩产（干重）1 274.5千克，两年平均亩产（鲜重）3 575.6千克，比对照雅玉青贮 8 号增产 11.12%。2018 年生产试验，平均亩产（干重）1 402.3千克，平均亩产（鲜重）4 030.8千克，比对照雅玉青贮 8 号增产 14.83%。

栽培技术要点：4 月上中旬播种，每亩种植密度3 500~4 000株。施足底肥，增施有机肥，轻施苗肥，重施穗肥。苗期注意蹲苗，9 片叶左右适量喷施调节剂，控制株高，搞好清沟排渍，抗旱排涝，及时中耕除草，培土壅蔸，预防倒伏。注意防治纹枯病、茎腐病、灰斑病和地老虎、玉米螟等病虫害。

审定意见：该品种符合国家玉米品种审定标准，通过审定。适宜在西南春玉米类型区的四川省、重庆市、湖南省、湖北省、陕西省南部海拔 800 米及以下的丘陵、平坝、低山地区，贵州省贵阳市、黔南州、黔东南州、铜仁市、遵义市海拔1 100米以下地区，云南省中部昆明、楚雄、玉溪、大理、曲靖等州市的丘陵、平坝、低山地区，广西桂林市、贺州市作青贮玉米种植。

3. 2018 年国审品种

(1) 品种名称：京科青贮 932

审定编号：国审玉 20180174

申请者：北京市农林科学院玉米研究中心

育成单位：北京市农林科学院玉米研究中心

品种来源：京 X005×MX1321

特征特性：东华北中晚熟青贮玉米组出苗至收获期 125 天，比对照雅玉青贮 26 早熟 5.5 天。幼苗叶鞘紫色，株型半紧凑，株高 308 厘米，穗位高 126 厘米。接种鉴定，中抗大斑病，中抗灰斑病，高抗茎腐病，中抗丝黑穗病。品质分析，全株粗蛋白质含量 7.66%~8.20%，淀粉含量 30.07%~31.93%，中性洗涤纤维含量 41.58%~41.98%，酸性洗涤纤维含量 15.32%~16.99%。

产量表现：2016—2017 年参加东华北中晚熟青贮玉米组区域试验，两年平均亩产（干重）1 496.0千克，比对照雅玉青贮 26 增产 7.5%。2017 年生产试验，平均亩产（干

重）1 481.4千克，比对照雅玉青贮 26 增产 9.7%。

栽培技术要点：中等肥力以上地块栽培，春播播种期 4 月中下旬，亩种植密度 4 000~4 500株。

审定意见：该品种符合国家玉米品种审定标准，通过审定。适宜在东华北中晚熟春玉米区的吉林省四平市、松原市、长春市大部分地区和辽源市、白城市、吉林市部分地区以及通化市南部，辽宁省除东部山区和大连市、东港市以外的大部分地区，内蒙古自治区赤峰市和通辽市大部分地区，山西省忻州市、晋中市、太原市、阳泉市、长治市、晋城市、吕梁市平川区和南部山区，河北省张家口市、承德市、秦皇岛市、唐山市、廊坊市、保定市北部、沧州市北部春播区，北京市春播区，天津市春播区作青贮玉米种植。注意防治大斑病、灰斑病、丝黑穗病。在辽宁省丹东市等风灾高发区慎用。

（2）品种名称：北农青贮 368

审定编号：国审玉 20180175

申请者：北京农学院

育成单位：北京农学院

品种来源：60271×2193

特征特性：黄淮海夏播青贮玉米组出苗至收获期 100 天，比对照雅玉青贮 8 号早熟 1 天。幼苗叶鞘紫色，叶片绿色，株型半紧凑，株高 282 厘米，穗位高 126 厘米。接种鉴定，中抗小斑病，中抗弯孢叶斑病，感大斑病、纹枯病和丝黑穗病。品质分析，全株粗蛋白质含量 7.70%~8.67%，淀粉含量 27.80%~33.46%，中性洗涤纤维含量 36.83%~42.60%，酸性洗涤纤维含量 16.04%~19.51%。

产量表现：2014—2015 年参加黄淮海夏播青贮玉米组区域试验，两年平均亩产（干重）1 264千克，比对照雅玉青贮 8 号增产 5.0%。2016 年生产试验，平均亩产（干重）1 186千克，比对照雅玉青贮 8 号增产 7.7%。

栽培技术要点：选择于牛羊养殖基地附近、路道便捷的中上肥力田地种植，以便收获运输。黄淮海地区夏播，6 月上旬至 6 月中旬，播种深度 3.0~4.0 厘米。每亩种植密度4 500~5 500株。底肥，亩施含量 45%的氮磷钾复合肥或者玉米专用肥 40~50 千克，硫酸锌 1~2 千克；在拔节期，亩施氮磷钾复合肥 20~30 千克或尿素 20 千克另加钾肥 5~8 千克；中后期可结合浇水每亩使用尿素 30 千克。在乳线 1/2 时，带穗全株收获。

审定意见：该品种符合国家玉米品种审定标准，通过审定。适宜在黄淮海夏玉米区的河南省、山东省、河北省保定市和沧州市的南部及以南地区、陕西省关中灌区、山西省运城市和临汾市、晋城市部分平川地区、江苏和安徽两省淮河以北地区、湖北省襄阳作青贮玉米种植。

（3）品种名称：大京九 26

审定编号：国审玉 20180176

申请者：河南省大京九种业有限公司

育成单位：河南省大京九种业有限公司

品种来源：9889×2193

特征特性：黄淮海夏播青贮玉米组出苗至收获期 98.5 天，比对照雅玉青贮 8 号早熟

2天。幼苗叶鞘浅紫色，叶片深绿色，叶缘紫色，花药浅紫色，颖壳浅紫色。株型半紧凑，株高300厘米，穗位高133厘米，成株叶片数20片。果穗长筒形，穗长20.4厘米，穗行数16~18行，穗粗5.1厘米，穗轴白，籽粒黄色、半马齿型，百粒重31.9克。接种鉴定：抗小斑病，中抗茎腐病，中抗瘤黑粉病，感大斑病、纹枯病、丝黑穗病、南方锈病，高感弯孢叶斑病。品质分析，全株粗蛋白质含量7.43%~8.14%，淀粉含量27.43~31.32%，中性洗涤纤维含量40.81%~42.77%，酸性洗涤纤维含量17.09%~18.73%。

产量表现：2014—2015年参加黄淮海夏播青贮玉米组区域试验，两年平均亩产（干重）1 313.3千克，比对照雅玉青贮8号增产9.2%。2017年生产试验，平均亩产（干重）1 611.0千克，比对照雅玉青贮8号增产4.3%。

栽培技术要点：黄淮海夏播区通常在6月上旬播种，每亩种植密度为4 000~4 500株，该品种属丰产潜力大，喜水肥品种，播前要施足底肥，注意氮磷钾配比。做好追肥，及时灌溉和病虫害防治。

审定意见：该品种符合国家玉米品种审定标准，通过审定。适宜在黄淮海夏玉米区的河南省、山东省、河北省保定市和沧州市的南部及以南地区、陕西省关中灌区、山西省运城市和临汾市、晋城市部分平川地区、江苏和安徽两省淮河以北地区、湖北省襄阳地区作青贮玉米种植。

（4）品种名称：成青398

审定编号：国审玉20180177

申请者：四川省农业科学院作物研究所

育成单位：四川省农业科学院作物研究所

品种来源：C98×C319A

特征特性：西南青贮玉米组出苗至收获期119天，比对照雅玉青贮8号晚熟1天。幼苗叶鞘紫色，叶片绿色，叶缘绿色，颖壳绿色。株型半紧凑，株高315厘米，穗位高145厘米，果穗长筒形，穗长21.4厘米，穗行数15.4，穗粗4.2厘米，穗轴白，籽粒黄色、硬粒型。接种鉴定，中抗茎腐病、小斑病、大斑病，感纹枯病。品质分析，全株粗蛋白质含量7.96%~8.17%，淀粉含量27.86%~29.31%，中性洗涤纤维含量43.25%~43.59%，酸性洗涤纤维含量18.01%~19.55%。

产量表现：2016—2017年参加西南青贮玉米组区域试验，两年平均亩产（干重）1 178千克，比对照雅玉青贮8号增产8.9%。2017年生产试验，平均亩产（干重）1 401千克，比对照雅玉青贮8号增产11.7%。

栽培技术要点：间套种植和净作种植均可。以当地最佳播种期为准播种。种植密度每亩3 600~5 000株。一般总施肥量考虑每亩纯氮为16千克左右，P_2O_5为12千克左右，K_2O为12千克左右。施足底肥（30%），巧施苗肥和拔节肥（20%），重施攻苞肥（50%）。加强田间管理，适时查苗补缺，确保苗齐、苗全和苗壮，及时防治病虫害。整株作青贮饲料，宜在乳熟末期刈割（即籽粒乳线在1/4~3/4时收获）。

审定意见：该品种符合国家玉米品种审定标准，通过审定。适宜在西南春玉米区的四川省、重庆市、湖南省、湖北省、陕西省南部海拔800米及以下的丘陵、平坝、低山地区，贵州省贵阳市、黔南州、黔东南州、铜仁市、遵义市海拔1 100米以下地区，云南省中部昆明、楚雄、玉溪、大理、曲靖等州市的丘陵、平坝、低山地区及文山、红河、普洱、临沧、保山、西双版纳、德宏海拔800~1 800米地区，广西桂林市、贺州市作青贮玉米种植。

（5）品种名称：荣玉青贮1号

审定编号：国审玉20180178

申请者：四川农业大学玉米研究所

育成单位：四川农业大学玉米研究所、广西农业科学院玉米研究所

品种来源：SCML5409×先21A

特征特性：西南青贮玉米组出苗至收获期119天，比对照雅玉青贮8号晚熟1.65天。幼苗叶鞘紫色，株型半紧凑，株高322厘米，穗位高156厘米，接种鉴定，中抗大斑病，中抗茎腐病，感小斑病，感纹枯病。品质分析，全株粗蛋白质含量8.19%，淀粉含量34.33%，中性洗涤纤维含量36.86%，酸性洗涤纤维含量14.29%。

产量表现：2016—2017年参加西南青贮玉米组区域试验，两年平均亩产（干重）1 173千克，比对照雅玉青贮8号增产8.4%。2017年生产试验，平均亩产（干重）1 472.78千克，比对照雅玉青贮8号增产8.88%。

栽培技术要点：在中等肥力以上地块种植。适宜播种期3月下旬至4月中旬。每亩适宜密度4 000~4 500株。

审定意见：该品种符合国家玉米品种审定标准，通过审定。适宜在西南春玉米区的四川省、重庆市、湖南省、湖北省、陕西省南部海拔800米及以下的丘陵、平坝、低山地区，贵州省贵阳市、黔南州、黔东南州、铜仁市、遵义市海拔1 100米以下地区，云南省中部昆明、楚雄、玉溪、大理、曲靖等州市的丘陵、平坝、低山地区及文山、红河、普洱、临沧、保山、西双版纳、德宏海拔800~1 800米地区，广西壮族自治区桂林市、贺州市作青贮玉米种植。

（6）品种名称：饲玉2号

审定编号：国审玉20180179

申请者：山东农业大学

育成单位：山东农业大学

品种来源：C428×C434

特征特性：西南青贮玉米组出苗至收获期117天，与对照雅玉8号相当。幼苗叶鞘紫色，株型半紧凑，株高296厘米，穗位高131厘米，接种鉴定，中抗茎腐病、大斑病，感小斑病、纹枯病。品质分析，全株粗蛋白质含量8.4%~8.8%，淀粉含量31.0%~36.2%，中性洗涤纤维含量35.7%~39.9%，酸性洗涤纤维含量14.6%~17.2%。

产量表现：2016—2017年参加西南青贮玉米组区域试验，两年平均亩产（干重）1 130千克，比对照雅玉青贮8号增产4.4%。2017年生产试验，平均亩产（干重）1 596.3千克，比对照雅玉青贮8号增产9.12%。

栽培技术要点：每亩种植密度4 000~4 500株。施肥和管理上要求重底早追，增施有机肥和磷、钾肥。

审定意见：该品种符合国家玉米品种审定标准，通过审定。适宜在西南春玉米区的

四川省、重庆市、湖南省、湖北省、陕西省南部海拔800米及以下的丘陵、平坝、低山地区，贵州省贵阳市、黔南州、黔东南州、铜仁市、遵义市海拔1 100米以下地区、云南省中部昆明、楚雄、玉溪、大理、曲靖等州市的丘陵、平坝、低山地区及文山、红河、普洱、临沧、保山、西双版纳、德宏海拔800~1 800米地区，广西壮族自治区桂林市、贺州市作青贮玉米种植。

（7）品种名称：中玉335

审定编号：国审玉20180180

申请者：四川省嘉陵农作物品种研究有限公司

育成单位：四川省嘉陵农作物品种研究有限公司

品种来源：2YH1-3×SH1070

特征特性：南青贮玉米组出苗至收获期113天，比对照雅玉青贮8早熟1天。幼苗叶鞘紫色，株高283厘米，穗位高124厘米，接种鉴定，中抗大斑病、茎腐病和弯孢叶斑病，感小斑病、纹枯病、丝黑穗病。品质分析，全株粗蛋白质含量8.95%~9.05%，淀粉含量25.98%~28.51%，中性洗涤纤维含量42.53%~44.20%，酸性洗涤纤维含量21.50%~22.51%。

产量表现：2015—2016年参加南方青贮玉米组区域试验，两年平均亩产（干重）1 057千克，比对照雅玉青贮8号增产3.8%。2017年参加西南青贮玉米组生产试验，平均亩产（干重）1 288千克，比对照雅玉青贮8号增产5.0%；2017年参加东南青贮玉米组生产试验，平均亩产（干重）986.2千克，比对照雅玉青贮8号增产7.16%。

栽培技术要点：适时早播种，选择在中等肥力以上地块栽培，种植密度为每亩3 500~4 500株。肥水管理消耗较大，要求施足底肥，底肥以农家肥为主，配合氮磷钾施用，早追肥。注意中耕除草，及时防治病虫害。注意防治丝黑穗病。

审定意见：该品种符合国家玉米品种审定标准，通过审定。该品种适宜在西南春玉米区的四川省、重庆市、湖南省、湖北省、陕西省南部海拔800米及以下的丘陵、平坝、低山地区，贵州省贵阳市、黔南州、黔东南州、铜仁市、遵义市海拔1 100米以下地区，云南省中部昆明、楚雄、玉溪、大理、曲靖等州市的丘陵、平坝、低山地区及文山、红河、普洱、临沧、保山、西双版纳、德宏海拔800~1 800米地区，广西壮族自治区桂林市、贺州市；以及东南春玉米区的江苏淮河以南地区、上海市、浙江省、福建省中北部作青贮玉米种植。

（8）品种名称：涿单18

审定编号：国审玉20180181

申请者：葫芦岛市种业有限责任公司

育成单位：河北省涿州市义民玉米研究所

品种来源：543×改502

特征特性：出苗至收获期112天，比对照雅玉青贮8号早熟1天。幼苗叶鞘紫色，叶片绿色，叶缘绿色，株型半紧凑，株高276厘米，穗位高108厘米，果穗长筒形，穗长22厘米，穗行数14~16行，穗粗5厘米，穗轴粉色，籽粒黄色、半马齿型，百粒重30.4克。接种鉴定，中抗小斑病、大斑病、弯孢叶斑病，感纹枯病、茎腐病，高感丝黑穗病。品质分析，全株粗蛋白质含量 7.92%~8.49%，淀粉含量 31.40%~34.59%，中性洗涤纤维含 35.75%~39.57%，酸性洗涤纤维含量 14.84%~15.39%。

产量表现：2015—2016 年参加西南青贮玉米组区域试验，两年平均亩产（干重）1 072千克，比对照雅玉青贮 8 号增产 5.4%。2017 年生产试验，平均亩产（干重）1 273千克，比对照雅玉青贮 8 号增产 3.7%。

栽培技术要点：4 月中上旬播种。每亩适宜种植密度4 500株。足墒播种，播前施足有机肥，最好每亩加施钾肥 10 千克，药剂拌种或包衣防治地下害虫。

审定意见：该品种符合国家玉米品种审定标准，通过审定。该品种适宜在西南春玉米区的四川省、重庆市、湖南省、湖北省、陕西省南部海拔 800 米及以下的丘陵、平坝、低山地区，贵州省贵阳市、黔南州、黔东南州、铜仁市、遵义市海拔1 100米以下地区，云南省中部昆明、楚雄、玉溪、大理、曲靖等州市的丘陵、平坝、低山地区及文山、红河、普洱、临沧、保山、西双版纳、德宏海拔 800~1 800米地区，广西壮族自治区桂林市、贺州市作青贮玉米种植。

4. 2017 年国审品种

品种名称：大京九 26

审定编号：国审玉 20170049

申请者：河南省大京九种业有限公司

育成单位：河南省大京九种业有限公司

品种来源：9889×2193

特征特性：东华北、西北春玉米区出苗至收获 123 天，比对照雅玉青贮 26 早 2 天。幼苗叶鞘浅紫色，叶片深绿色，叶缘紫色，花药浅紫色，颖壳绿色。株型半紧凑，株高 341 厘米，穗位高 160.5 厘米，成株叶片数 20 片。花丝浅紫色，果穗长筒形，穗长 22 厘米，穗行数 16~18 行，穗轴白色，籽粒黄色、马齿型，百粒重 36.0 克。接种鉴定，抗小斑病，中抗弯孢叶斑病，感大斑病、纹枯病、丝黑穗病。中性洗涤纤维含量 40.81%~42.77%、酸性洗涤纤维含量 17.09%~18.73%、粗蛋白质含量 7.43%~8.14%、淀粉含量 27.43%~31.32%。

产量表现：2014—2015 年参加国家青贮玉米北方组品种区域试验，两年生物产量（干重）平均亩产1 751.8千克，比对照增产 4.6%；2016 年生产试验，生物产量（干重）平均亩产1 923.0千克，比对照雅玉青贮 26 增产 9.3%。

栽培技术要点：中等肥力以上地块栽培，4 月下旬至 5 月上旬播种，亩种植密度 5 000株。

审定意见：该品种符合国家玉米品种审定标准，通过审定。适宜在东华北黑龙江、吉林、辽宁、北京、河北、天津、山西、内蒙古春玉米类型区和新疆、陕西、甘肃、宁夏西北春玉米类型区作专用青贮玉米种植。注意预防倒伏，并防治大斑病、纹枯病和丝黑穗病。

5. 2009 年国审品种

品种名称：雅玉青贮 79491

审定编号：国审玉 2009014

申请者：四川雅玉科技开发有限公司

育成单位：四川雅玉科技开发有限公司

品种来源：YA7947×LX9801

特征特性：在西北地区出苗至青贮收获期平均 122 天，需有效积温 2 500℃左右。幼苗叶鞘紫色，叶片绿色，叶缘绿色，花药浅紫色，颖壳浅紫色。株型紧凑，株高 355 厘米，成株叶片数 20 片左右。经中国农业科学院作物科学研究所两年接种鉴定，中抗丝黑穗病和纹枯病，感大斑病和小斑病，高感矮花叶病。经北京农学院植物科学技术系两年品质测定，中性洗涤纤维含量 41.79%～46.08%，酸性洗涤纤维含量 17.65%～24.35%，粗蛋白质含量 7.46%～9.35%。

产量表现：2007—2008 年参加青贮玉米品种区域试验，两年平均亩生物产量（干重）2 046.9千克，比对照雅玉 26 增产 12.8%。

栽培技术要点：在中等肥力以上地块栽培，每亩适宜密度4 500株左右，注意防治矮花叶病。

审定意见：该品种符合国家玉米品种审定标准，通过审定。适宜在宁夏中部、新疆北部（昌吉除外）作专用青贮玉米品种春播种植。大斑病、小斑病和矮花叶病高发区慎用。

6. 2008 年国审品种

（1）品种名称：桂青贮 1 号

审定编号：国审玉 2008018

申请者：广西壮族自治区玉米研究所

育成单位：广西壮族自治区玉米研究所

品种来源：母本农大 108，引自中国农业大学；父本 CML161。

特征特性：西北地区出苗至青贮收获期 126 天。幼苗叶鞘紫色，叶片绿色，叶缘紫色，花药黄色，颖壳紫色。株型平展，株高 323 厘米，成株叶片数 16～17 片。经中国农业科学院作物科学研究所两年接种鉴定，高抗矮花叶病，抗大斑病、丝黑穗病和纹枯病，高感小斑病。经北京农学院植物科学技术系两年品质测定，中性洗涤纤维含量 48.82%～54.38%，酸性洗涤纤维含量 21.16%～26.94%，粗蛋白质含量 9.27%～9.93%。

产量表现：2006—2007 年参加青贮玉米品种区域试验，在西北区两年平均亩生物产量（干重）1 818.4千克，比对照增产 11.3%。

栽培技术要点：中等肥力以上地块栽培，每亩适宜密度4 300株左右。注意防治小斑病。

审定意见：该品种符合国家玉米品种审定标准，通过审定。适宜在宁夏中部、新疆北部、内蒙古呼和浩特春播区作专用青贮玉米品种种植。小斑病高发区慎用。

（2）品种名称：雅玉青贮 04889

审定编号：国审玉 2008019

申请者：四川雅玉科技开发有限公司

育成单位：四川雅玉科技开发有限公司

品种来源：母本 YA0474，来源于 YA3237-4×7854；父本 YA8201，来源于国外引进品种。

特征特性：南方地区出苗至青贮收获期 98 天。幼苗叶鞘紫色，叶片深绿色，叶缘绿色，花药紫色，颖壳浅紫色。株型半紧凑，株高 281 厘米，成株叶片数 18 片。经中国农业科学院作物科学研究所两年接种鉴定，高抗矮花叶病，抗大斑病、丝黑穗病和纹枯病，中抗小斑病。经北京农学院植物科学技术系两年品质测定，中性洗涤纤维含量 48.87%~51.75%，酸性洗涤纤维含量 22.31%~23.55%，粗蛋白质含量 9.11%~9.88%。

产量表现：2006—2007 年参加青贮玉米品种区域试验，在南方区两年平均亩生物产量（干重）1 005.7千克，比对照增产 13.7%。

栽培技术要点：中等肥力以上地块栽培，每亩适宜密度4 000株左右。

审定意见：该品种符合国家玉米品种审定标准，通过审定。适宜在四川、上海、浙江、福建、广东作专用青贮玉米品种种植。

（3）品种名称：铁研青贮 458

审定编号：国审玉 2008020

申请者：铁岭市农业科学院

育成单位：铁岭市农业科学院

品种来源：母本铁 7922，来源于国外引进品种；父本丹 9195，引自丹东农业学校。

特征特性：西北地区出苗至青贮收获期 122 天。幼苗叶鞘紫色，叶片绿色，叶缘紫色，花药黄绿色，颖壳绿色。株型半紧凑，株高 300 厘米左右，成株叶片数 20~21 片。经中国农业科学院作物科学研究所两年接种鉴定，高抗矮花叶病，中抗纹枯病，感大斑病、小斑病和丝黑穗病。经北京农学院植物科学技术系两年品质测定，中性洗涤纤维含量 43.82%~48.03%，酸性洗涤纤维含量 18.72%~18.78%，粗蛋白质含量 8.40%~9.34%。

产量表现：2006—2007 年参加青贮玉米品种区域试验，在西北区两年平均亩生物产量（干重）1 763千克，比对照增产 7.7%。

栽培技术要点：中等肥力以上地块栽培，每亩适宜密度4 000株左右。

审定意见：该品种符合国家玉米品种审定标准，通过审定。适宜在新疆北部、内蒙古呼和浩特春播区作专用青贮玉米品种种植。

（4）品种名称：津青贮 0603

审定编号：国审玉 2008021

申请者：天津市农作物研究所

育成单位：天津市农作物研究所

品种来源：母本 340G，来源于丹 340 杂株；父本 NDX，来源于 78599×78573。

特征特性：西北地区出苗至青贮收获期 114 天。幼苗叶鞘紫色，叶片深绿色，叶缘绿色，花药黄色，颖壳浅紫色。株型半紧凑，株高 298 厘米，成株叶片数 22~23 片。经中国农业科学院作物科学研究所两年接种鉴定，高抗矮花叶病，抗丝黑穗病和小斑病，中抗大斑病和纹枯病。经北京农学院植物科学技术系两年品质测定，中性洗涤纤维含量 49.56%~52.61%，酸性洗涤纤维含量 21.79%~22.42%，粗蛋白质含量 9.95%~10.07%。

产量表现：2006—2007 年参加青贮玉米品种区域试验，在西北区两年平均亩生物产量（干重）1 880.7千克，比对照增产 15.6%。

栽培技术要点：中等肥力以上地块栽培，每亩适宜密度4 000~4 500株。

审定意见：该品种符合国家玉米品种审定标准，通过审定。适宜在宁夏中部、新疆北部、内蒙古呼和浩特春播区作专用青贮玉米品种种植。

（5）品种名称：豫青贮23

审定编号：国审玉2008022

申请者：河南省大京九种业有限公司

育成单位：河南省大京九种业有限公司

品种来源：母本9383，来源于丹340×U8112；父本115，来源于78599。

特征特性：东北地区、华北地区出苗至青贮收获期117天。幼苗叶鞘紫色，叶片浓绿色，叶缘紫色，花药黄色，颖壳紫色。株型半紧凑，株高330厘米，成株叶片数18~19片。经中国农业科学院作物科学研究所两年接种鉴定，高抗矮花叶病，中抗大斑病和纹枯病，感丝黑穗病，高感小斑病。经北京农学院植物科学技术系两年品质测定，中性洗涤纤维含量46.72%~48.08%，酸性洗涤纤维含量19.63%~22.37%，粗蛋白质含量9.30%。

产量表现：2006—2007年参加青贮玉米品种区域试验，在东华北区两年平均亩生物产量（干重）1 401千克，比对照平均增产9.4%。

栽培技术要点：中等肥力以上地块栽培，每亩适宜密度4 500株左右。注意防治丝黑穗病和小斑病。

审定意见：该品种符合国家玉米品种审定标准，通过审定。适宜在北京、天津武清、河北北部（张家口除外）、辽宁东部、吉林中南部和黑龙江第一积温带春播区作专用青贮玉米品种种植。注意防治丝黑穗病和防止倒伏。

7. 2007年国审品种

（1）品种名称：强盛青贮30

审定编号：国审玉2007026

申请者：山西强盛种业有限公司

育成单位：山西强盛种业有限公司

品种来源：母本3319，来源于齐319×3M，其中3M为S37的变异株；父本抗F，来源于5003×旅53。

特征特性：出苗至青贮收获期平均106天，比对照农大108晚1天，需有效积温2 800℃左右。幼苗叶鞘紫色，叶片绿色，叶缘紫色，花药黄色，颖壳绿色。株型半紧凑，株高310厘米，成株叶片数20片。经中国农业科学院作物科学研究所两年接种鉴定，高抗矮花叶病，抗丝黑穗病，中抗大斑病和小斑病，感纹枯病。经北京农学院植物科学技术系两年品质测定，中性洗涤纤维含量47.40%~52.48%，酸性洗涤纤维含量20.67%~22.42%，粗蛋白质含量8.31%~10.53%。

产量表现：2005—2006年参加青贮玉米品种区域试验，两年平均亩生物产量（干重）1 325.6千克，比对照农大108增产17.2%。

栽培技术要点：在中等肥力以上地块栽培，每亩适宜密度4 000株左右，注意防治纹枯病。

审定意见：该品种符合国家玉米品种审定标准，通过审定。适宜在北京、天津、河北北部、辽宁东部、吉林中南部、黑龙江第一积温带、内蒙古呼和浩特、山西北部、新疆北部、宁夏中部春玉米区作专用青贮玉米品种种植，纹枯病重发区慎用。

（2）品种名称：登海青贮 3571

审定编号：国审玉 2007027

申请者：山东登海种业股份有限公司

育成单位：山东登海种业股份有限公司

品种来源：母本 DH117，来源于热带种质资源；父本 DH08，来源于 8112×65232。

特征特性：出苗至青贮收获期平均 105 天，比对照农大 108 晚 6 天，需有效积温 2 900℃左右。幼苗叶鞘紫色，叶片深绿色，叶缘绿色，花药紫色，颖壳紫色。株型半紧凑，株高 298 厘米，成株叶片数 21 片。经中国农业科学院作物科学研究所两年接种鉴定，高抗矮花叶病，抗丝黑穗病，中抗大斑病和小斑病，感纹枯病。经北京农学院植物科学技术系两年品质测定，中性洗涤纤维含量 45.6%~53.11%，酸性洗涤纤维含量 19.02%~24.67%，粗蛋白质含量 7.35%~9.35%。

产量表现：2005—2006 年参加青贮玉米品种区域试验，两年平均亩生物产量（干重）1 286.0千克，比对照农大 108 增产 12.8%。

栽培技术要点：在中等肥力以上地块栽培，每亩适宜密度4 000株左右，注意防治纹枯病。

审定意见：该品种符合国家玉米品种审定标准，通过审定。适宜在北京、天津、河北北部、山西中部、吉林中南部、辽宁东部、宁夏中部、新疆北部、内蒙古呼和浩特春播区作专用青贮玉米品种种植，纹枯病重发区慎用。

（3）品种名称：金刚青贮 50

审定编号：国审玉 2007028

申请者：辽阳金刚种业有限公司

育成单位：辽阳金刚种业有限公司

品种来源：母本 2104-1-6，来源于丹 598×9321；父本 9965，来源于（8904×8411）×8411。

特征特性：在西北春玉米区出苗至青贮收获期 124 天，比对照农大 108 晚熟 7 天，需有效积温2 900℃左右。幼苗叶鞘紫色，叶片绿色，叶缘紫色，花药淡黄色，颖壳绿色。株型半紧凑，株高 308 厘米，成株叶片数 22 片。经中国农业科学院作物科学研究所两年接种鉴定，抗丝黑穗病和矮花叶病，中抗小斑病和纹枯病，感大斑病。经北京农学院植物科学技术系两年品质测定，中性洗涤纤维含量 49.71%~50.03%，酸性洗涤纤维含量 19.29%~23.63%，粗蛋白质含量 8.16%~9.92%。

产量表现：2005—2006 年参加青贮玉米品种区域试验（西北组），两年平均亩生物产量（干重）1 920.4千克，比对照农大 108 增产 16.6%。

栽培技术要点：在中等肥力以上地块栽培，每亩适宜密度4 000株左右，注意防治地下害虫、大斑病和玉米螟。

审定意见：该品种符合国家玉米品种审定标准，通过审定。适宜在内蒙古呼和浩特、宁夏中部、新疆北部春播区作专用青贮玉米品种种植，大斑病重发区慎用。

（4）品种名称：京科青贮 516

审定编号：国审玉 2007029

申请者：北京市农林科学院玉米研究中心

育成单位：北京市农林科学院玉米研究中心

品种来源：母本 MC0303，来源于（9042×京 89）×9046；父本 MC30，来源于 1145×1141。

特征特性：在东华北地区出苗至青贮收获期 115 天，比对照农大 108 晚 4 天，需有效积温2 900℃左右。幼苗叶鞘紫色，叶片深绿色，叶缘紫色，花药黄色，颖壳紫色。株型半紧凑，株高 310 厘米，成株叶片数 19 片。经中国农业科学院作物科学研究所两年接种鉴定，抗矮花叶病，中抗小斑病、丝黑穗病和纹枯病，感大斑病。经北京农学院植物科学技术系两年品质测定，中性洗涤纤维含量 47. 58%～49. 03%，酸性洗涤纤维含量 20. 36%～21. 76%，粗蛋白质含量 8. 08%～10. 03%。

产量表现：2005—2006 年参加青贮玉米品种区域试验（东华北组），两年平均亩生物产量（干重）1 247. 5千克，比对照农大 108 增产 11. 5%。

栽培技术要点：在中等肥力以上地块栽培，每亩适宜密度4 000株左右。

审定意见：该品种符合国家玉米品种审定标准，通过审定。适宜在北京、天津、河北北部、辽宁东部、吉林中南部、黑龙江第一积温带、内蒙古呼和浩特、山西北部春播区作专用青贮玉米品种种植。

（5）品种名称：辽单青贮 178

审定编号：国审玉 2007030

申请者：辽宁省农业科学院玉米研究所

育成单位：辽宁省农业科学院玉米研究所

品种来源：母本辽 2379，来源于美国杂交种 E02、E03 混种选系；父本辽 4285，来源于辽 5114×P138。

特征特性：在南方地区出苗至青贮收获期 90 天，比对照农大 108 晚 2 天。幼苗叶鞘紫色，叶片绿色，叶缘紫色，花药紫红色，颖壳绿色。株型半紧凑，株高 264 厘米，成株叶片数 21～23 片。经中国农业科学院作物科学研究所两年接种鉴定，抗大斑病，中抗小斑病、丝黑穗病和矮花叶病，感纹枯病。经北京农学院植物科学技术系两年品质测定，中性洗涤纤维含量 44. 93%～46. 61%，酸性洗涤纤维含量 18. 31%～18. 97%，粗蛋白质含量 7. 31%～9. 01%。

产量表现：2005—2006 年参加青贮玉米品种区域试验（南方组），两年平均亩生物产量（干重）1 055. 0千克，比对照农大 108 增产 13. 1%。

栽培技术要点：在中等肥力以上地块栽培，每亩适宜密度4 000株左右，注意防止倒伏和防治纹枯病。

审定意见：该品种符合国家玉米品种审定标准，通过审定。适宜在浙江、广东北部、福建北部、四川简阳和眉山地区作专用青贮玉米品种种植，注意防止倒伏，纹枯病重发区慎用。

（6）品种名称：锦玉青贮28

审定编号：国审玉2007031

申请者：锦州农业科学院玉米研究所

育成单位：锦州农业科学院玉米研究所

品种来源：母本J4019为单交种（G108×G172）；父本J2451，来源于联87×锦5-9。

特征特性：在东北、华北地区出苗至青贮收获期116天左右，比对照农大108晚5天，需有效积温2 800℃左右。幼苗叶鞘紫色，叶片浓绿色，叶缘绿色，花药绿色，颖壳浅紫色。株型半紧凑，株高297厘米。经中国农业科学院作物科学研究所两年接种鉴定，高抗矮花叶病，抗大斑病、小斑病和丝黑穗病，中抗纹枯病。田间抗性较好。经北京农学院植物科学技术系两年品质测定，中性洗涤纤维含量51.64%~53.52%，酸性洗涤纤维含量21.07%~24.41%，粗蛋白质含量8.60%~9.75%。

产量表现：2005—2006年参加青贮玉米品种区域试验（东华北组），两年平均亩生物产量（干重）1 283.7千克，比对照农大108增产14.8%。

栽培技术要点：在中等肥力以上地块栽培，每亩适宜密度4 000株左右，注意防治纹枯病。

审定意见：该品种符合国家玉米品种审定标准，通过审定。适宜在北京平原地区、天津、河北北部、山西中部、辽宁东部、吉林中南部、黑龙江省第一积温带、内蒙古呼和浩特春播区作专用青贮玉米品种种植。

8. 2006年国审品种

（1）品种名称：中农大青贮GY4515

审定编号：国审玉2006050

申请者：中国农业大学

育成单位：中国农业大学

品种来源：母本By815，来源于高油玉米基础群体H96621-1；父本S1145，来源于78599。

特征特性：幼苗叶鞘紫色，叶片宽大，波浪明显，深绿色，花丝、颖片、花药、颖壳和颖尖均为浅紫色。株型半紧凑，株高306~313厘米，穗位高143~154厘米，成株叶片数22~23片。果穗长筒形，穗轴白色，籽粒黄色、半马齿型，果柄短，成熟期果穗不下垂，穗长23厘米，穗行数16行。百粒重35.3克，出籽率81%。在东华北区域试验中平均倒伏（折）率为5.9%。经中国农业科学院作物科学研究所两年接种鉴定，高抗丝黑穗病和矮花叶病，抗小斑病，中抗大斑病，感纹枯病。经农业部谷物品质监督检测测试中心（北京）测定，籽粒粗蛋白质含量10.02%，粗脂肪含量7.69%，粗淀粉含量67.79%。经北京农学院测定，全株中性洗涤纤维含量平均44.96%，酸性洗涤纤维含量平均22.06%，粗蛋白质含量平均7.54%。

产量表现：2004—2005年参加东华北青贮玉米品种区域试验，21点增产，2点减产，两年区域试验平均亩生物产量（干重）1 313千克，比对照农大108增产14.9%。

栽培技术要点：每亩适宜密度4 000株左右，注意防治纹枯病。

审定意见：该品种符合国家玉米品种审定标准，通过审定。适宜在北京、天津武清和宝坻、辽宁东部、吉林中南部、河北唐山和内蒙古呼和浩特春玉米区作专用青贮玉米品种种植。

(2) 品种名称：三北青贮 17

审定编号：国审玉 2006051

申请者：三北种业有限公司

育成单位：三北种业有限公司

品种来源：母本 S0020，来源于齐 319×矮秆 117B；父本 B0042，来源于（340×478)×5003。

特征特性：出苗至青贮收获期比对照农大 108 晚 3.5 天左右。幼苗叶鞘紫色，叶片深绿色，叶缘紫色，花药浅紫色。株型半紧凑，株高 282 厘米，穗位高 131 厘米，成株叶片数 21 片。花丝绿色，果穗筒形，穗长 24.7 厘米，穗轴白色，籽粒黄色、半马齿型。在东华北区域试验中平均倒伏（折）率为 4.3%。经中国农业科学院作物科学研究所一年接种鉴定，高抗丝黑穗病，抗大斑病、小斑病和矮花叶病，感纹枯病。经北京农学院测定，全株中性洗涤纤维含量平均 42.04%，酸性洗涤纤维含量平均 20.69%，粗蛋白质含量平均 7.72%。

产量表现：2004—2005 年参加东华北青贮玉米品种区域试验，19 点增产，4 点减产，两年区域试验平均亩生物产量（干重）1 298.8千克，比对照农大 108 增产 13.41%。

栽培技术要点：每亩适宜密度4 000株左右，注意防治纹枯病。

审定意见：该品种符合国家玉米品种审定标准，通过审定。适宜在北京、辽宁东部、吉林中南部、内蒙古呼和浩特、河北承德和唐山春玉米区作专用青贮玉米品种种植。

(3) 品种名称：辽单青贮 529

审定编号：国审玉 2006052

申请者：辽宁省农业科学院玉米研究所

育成单位：辽宁省农业科学院玉米研究所

品种来源：母本辽 6160，来源于美国杂交种选系；父本 340T，来源于旅大红骨。

特征特性：出苗至青贮收获期比对照农大 108 晚 5～7 天，需有效积温3 000℃左右。幼苗叶鞘紫色，叶片绿色，叶缘紫色，花药黄色，颖壳褐色。株型半紧凑，株高 292 厘米，穗位高 155 厘米，成株叶片数 23 片。花丝深红色，果穗筒形，穗长 24 厘米，穗行数 16～18 行，穗轴红色，籽粒黄色、马齿型。在东华北区域试验中平均倒伏（折）率 8%。经中国农业科学院作物科学研究所两年接种鉴定，抗小斑病、丝黑穗病和矮花叶病，中抗纹枯病，感大斑病。经北京农学院测定，全株中性洗涤纤维含量平均 46.88%，酸性洗涤纤维含量平均 22.28%，粗蛋白质含量平均 8.44%。

产量表现：2004—2005 年参加东华北青贮玉米品种区域试验，17 点增产，6 点减产，两年区域试验平均亩生物产量（干重）1 292.8千克，比对照农大 108 增产 13.46%。

栽培技术要点：每亩适宜密度4 500株左右，注意防止倒伏和防治大斑病。

审定意见：该品种符合国家玉米品种审定标准，通过审定。适宜在黑龙江第一积温带上限、河北承德、内蒙古呼和浩特春玉米区作专用青贮玉米品种种植，注意防止倒伏和防治大斑病。

（4）品种名称：京科青贮 301

审定编号：国审玉 2006053

申请者：北京市农林科学院玉米研究中心

育成单位：北京市农林科学院玉米研究中心

品种来源：母本 CH3，来源于地方种质长 3×郑单 958；父本 1145，引自中国农业大学。

特征特性：出苗至青贮收获 110 天左右，比对照农大 108 晚 2 天。幼苗叶鞘紫色，叶片深绿色，叶缘紫色，花药浅紫色，颖壳浅紫色。株型半紧凑，株高 287 厘米，穗位高 131 厘米，成株叶片数 19～21 片。花丝淡紫色，果穗筒形，穗轴白色，籽粒黄色、半硬粒型。经中国农业科学院作物科学研究所两年接种鉴定，抗小斑病，中抗丝黑穗病、矮花叶病和纹枯病，感大斑病。经北京农学院测定，全株中性洗涤纤维含量平均 41. 28%，酸性洗涤纤维含量平均 20. 31%，粗蛋白质含量平均 7. 94%。

产量表现：2004—2005 年参加青贮玉米品种区域试验，42 点增产，14 点减产，两年区域试验平均亩生物产量（干重）1 306. 5千克，比对照农大 108 增产 10. 3%。

栽培技术要点：每亩适宜密度4 000株左右。

审定意见：该品种符合国家玉米品种审定标准，通过审定。适宜在北京、天津、河北北部、山西中部、吉林中南部、辽宁东部、内蒙古呼和浩特春玉米区和安徽北部夏玉米区作专用青贮玉米品种种植，注意防治大斑病。

（5）品种名称：雅玉青贮 27

审定编号：国审玉 2006054

申请者：四川雅玉科技开发有限公司

育成单位：四川雅玉科技开发有限公司

品种来源：母本 YA7854，引自四川省西昌农业科学研究所；父本 YA8702，来源于巴西杂交种 CARCIK。

特征特性：出苗至青贮收获期比对照农大 108 晚 6 天左右。幼苗叶鞘紫色，叶片绿色，花药浅紫色，颖壳绿色。株型紧凑，株高 322 厘米，穗位高 154 厘米，成株叶片数 20 片。花丝绿色，果穗筒形，穗长 20 厘米，穗行数 16 行，穗轴红色，籽粒橙黄色、半硬粒型。经中国农业科学院作物科学研究所两年接种鉴定，高抗矮花叶病，抗小斑病和丝黑穗病，中抗大斑病，感纹枯病。经北京农学院测定，全株中性洗涤纤维含量平均 49. 08%，酸性洗涤纤维含量平均 25. 75%，粗蛋白质含量平均 7. 52%。

产量表现：2004—2005 年参加青贮玉米品种区域试验，47 点增产，9 点减产，两年区域试验平均亩生物产量（干重）1 357. 2千克，比对照农大 108 增产 14. 6%。

栽培技术要点：每亩适宜密度4 000株左右。

审定意见：该品种符合国家玉米品种审定标准，通过审定。适宜在北京、天津、河北承德、吉林中南部、新疆昌吉、广东北部春播玉米区作专用青贮玉米品种种植。

(6) 品种名称：郑青贮 1 号

审定编号：国审玉 2006055

申请者：河南省农业科学院粮食作物研究所

育成单位：河南省农业科学院粮食作物研究所

品种来源：母本郑饲 01，来源于（P138×P136）×豫 8701；父本五黄桂，来源于(5003×黄早 4)×桂综 2 号。

特征特性：出苗至青贮收获期比对照农大 108 晚 4.5 天左右。幼苗叶鞘紫红色，叶片绿色，叶缘绿色，花药浅紫红色，颖壳绿色。株型半紧凑，株高 267 厘米，穗位高 118 厘米，成株叶片数 19 片。花丝粉红色，果穗筒形，穗长 18.5 厘米，穗行数 16 行，穗轴红色，籽粒黄色、半马齿型。区域试验中平均倒伏（折）率 8.4%。经中国农业科学院作物科学研究所两年接种鉴定，抗大斑病和小斑病，中抗丝黑穗病、矮花叶病和纹枯病。经北京农学院测定，全株中性洗涤纤维含量平均 44.82%，酸性洗涤纤维含量平均 22.00%，粗蛋白质含量平均 7.65%。

产量表现：2004—2005 年参加青贮玉米品种区域试验，44 点增产，12 点减产，两年区域试验平均亩生物产量（干重）1 284.4千克，比对照农大 108 增产 9.6%。

栽培技术要点：每亩适宜密度4 000~4 500株。

审定意见：该品种符合国家玉米品种审定标准，通过审定。适宜在山西北部、新疆北部春玉米区和河南中部、安徽北部、江苏中北部夏玉米区作专用青贮玉米品种种植，注意防止倒伏。

(7) 品种名称：雅玉青贮 26

审定编号：国审玉 2006056

申请者：四川雅玉科技开发有限公司

育成单位：四川雅玉科技开发有限公司

品种来源：母本 YA3237，来源于郑 32×S37；父本 YA8201，来源于巴西杂交种 AGROLERES1051。

特征特性：出苗至青贮收获期比对照农大 108 晚 5 天左右。幼苗叶鞘浅紫色，叶片绿色，叶缘绿色，花药紫色，颖壳浅紫色。株型平展，株高 362 厘米，穗位高 151 厘米，成株叶片数 18 片。花丝绿色，果穗筒形，穗长 19~21 厘米，穗行数 14~16 行，穗轴白色，籽粒黄色、半马齿型。区域试验中平均倒伏（折）率 8.2%。经中国农业科学院作物科学研究所两年接种鉴定，抗大斑病、丝黑穗病和矮花叶病，中抗小斑病，感纹枯病。经北京农学院测定，全株中性洗涤纤维含量平均 47.04%，酸性洗涤纤维含量平均 23.48%，粗蛋白质含量平均 7.78%。

产量表现：2004—2005 年参加青贮玉米品种区域试验，44 点增产，11 点减产，两年区域试验平均亩生物产量（干重）1 322.9千克，比对照农大 108 增产 11.7%。

栽培技术要点：每亩适宜密度4 000株左右。

审定意见：该品种符合国家玉米品种审定标准，通过审定。适宜在北京、天津、山西北部、吉林中南部、辽宁东部、内蒙古呼和浩特、新疆北部春玉米区和安徽北部、陕西中部夏玉米区作专用青贮玉米品种种植，纹枯病重发区慎用。

(8) 品种名称：登海青贮 3930

审定编号：国审玉 2006057

申请者：山东登海种业股份有限公司

育成单位：山东登海种业股份有限公司

品种来源：母本 DH08，来源于 8112×65232；父本 DH28，来源于（78599 选系×陕 89-1)×陕 89-1。

特征特性：出苗至青贮收获期与对照农大 108 相同。幼苗叶鞘紫色，叶片深绿色，叶缘绿色，花药紫色，颖壳浅紫色。株型紧凑，株高 300 厘米，穗位高 129 厘米，成株叶片数 21 片。花丝紫色，果穗粗筒形，穗长 24 厘米，穗行数 18~20 行，穗轴紫色，籽粒黄色、半马齿型，百粒重 39 克。区域试验中平均倒伏（折）率 5%。经中国农业科学院作物科学研究所两年接种鉴定，高抗丝黑穗病，抗大斑病、小斑病和矮花叶病，感纹枯病。经北京农学院测定，全株中性洗涤纤维含量平均 47. 42%，酸性洗涤纤维含量平均 23. 53%，粗蛋白质含量平均 7. 06%。

产量表现：2004—2005 年参加青贮玉米品种区域试验，47 点增产，9 点减产，两年区域试验平均亩生物产量（干重）1 343. 5千克，比对照农大 108 增产 13. 3%。

栽培技术要点：每亩适宜密度3 500株左右，注意防止倒伏和玉米螟为害。

审定意见：该品种符合国家玉米品种审定标准，通过审定。适宜在北京、天津、河北北部、辽宁东部、内蒙古呼和浩特、福建中北部春播区作专用青贮玉米品种种植，注意防止倒伏和玉米螟为害。

9. 2005 年国审品种

(1) 品种名称：晋单青贮 42

审定编号：国审玉 2005032

申请者：山西省强盛种业有限公司

育成单位：山西省强盛种业有限公司

品种来源：母本 Q928，来源为（928×丹 340)×（联 87×丹 341)；父本为 Q929，来源为 929×（大 319-2×V187)。

特征特性：出苗至青贮收获 106 天，比对照农大 108 晚 2 天，需有效积温 2 800℃以上。幼苗叶鞘紫色，叶片绿色，叶缘绿色，花药淡红色，颖壳淡绿色。株型半紧凑，株高 275 厘米，穗位高 130 厘米，成株叶片数 21 片。花丝淡绿色，穗轴红色，籽粒黄色，半马齿型。平均倒伏率 4. 5%。经中国农业科学院作物品种资源研究所两年接种鉴定，高抗矮花叶病，抗大斑病、小斑病和丝黑穗病，中抗纹枯病。经北京农学院两年测定，全株中性洗涤纤维含量 41. 25%~46. 45%，酸性洗涤纤维含量 19. 17%~21. 31%，粗蛋白质含量 7. 66%~8. 41%。

产量表现：2003—2004 年参加青贮玉米品种区域试验，41 点增产，5 点减产，平均亩生物产量（干重）1 389. 76千克，比对照农大 108 增产 14. 66%。

栽培技术要点：在东北华北和南方地区种植，每亩适宜密度3 500株左右，在黄淮海地区种植，每亩适宜密度4 500株左右。注意适时收获。

审定意见：经审核，该品种符合国家玉米品种审定标准，通过审定。适宜在北京、天津、河北、辽宁东部、吉林中南部、内蒙古中西部、上海、福建中北部、四川中部、广东中部春播区和山东中南部、河南中部、陕西关中夏播区作为青贮玉米品种种植。

(2) 品种名称：屯玉青贮 50

审定编号：国审玉 2005033

申请者：山西屯玉种业科技股份有限公司

育成单位：山西屯玉种业科技股份有限公司

品种来源：母本为 T93，来源为齐 319×T92；父本为 T49，来源为 F349×T45。

特征特性：在晋东南地区出苗至成熟 127～133 天，需有效积温3 000℃左右。幼苗叶鞘紫色，叶片绿色，叶缘紫红色，花药黄色，颖壳浅红色。株型半紧凑，株高 280 厘米，穗位高 118 厘米，成株叶片数 20 片。花丝紫红色，果穗筒形，穗轴红色，籽粒黄色，半马齿型。平均倒伏率 7.4%。经中国农业科学院作物品种资源研究所两年接种鉴定，抗小斑病、丝黑穗病，中抗大斑病，感纹枯病。经北京农学院两年测定，全株中性洗涤纤维含量 38.29%～42.62%，酸性洗涤纤维含量 19.85%～20.52%，粗蛋白质含量 8.58%～8.66%。

产量表现：2003—2004 年参加青贮玉米品种区域试验，31 点增产，15 点减产，平均亩生物产量（干重）1 258.2千克，比对照农大 108 增产 4.48%。

栽培技术要点：每亩适宜密度3 500株左右，注意防治纹枯病，适时收获。

审定意见：经审核，该品种符合国家玉米品种审定标准，通过审定。适宜在辽宁东部、吉林中南部、天津、河北北部、山西北部春播区和陕西关中夏播区作青贮玉米品种种植。

(3) 品种名称：雅玉青贮 8 号

审定编号：国审玉 2005034

申请者：四川雅玉科技开发有限公司

育成单位：四川雅玉科技开发有限公司

品种来源：母本为 YA3237，来源为豫 32×S37；父本为交 51，来源为贵州省农业管理干部学院。

特征特性：在南方地区出苗至青贮收获 88 天左右。幼苗叶鞘紫色，叶片绿色，花药浅紫色，颖壳浅紫色。株型平展，株高 300 厘米，穗位高 135 厘米，成株叶片数 20～21 片。花丝绿色，果穗筒形，穗轴白色，籽粒黄色，硬粒型。经中国农业科学院作物品种资源研究所接种鉴定，高抗矮花叶病，抗大斑病、小斑病和丝黑穗病，中抗纹枯病。经北京农学院测定，全株中性洗涤纤维含量 45.07%，酸性洗涤纤维含量 22.54%，粗蛋白质含量 8.79%。

产量表现：2002—2003 年参加青贮玉米品种区域试验，31 点增产，5 点减产，2002 年亩生物产量（鲜重）4 619.21千克，比对照农大 108 增产 18.47%；2003 年亩生物产量（干重）1 346.55千克，比对照农大 108 增产 8.96%。

栽培技术要点：每亩适宜密度4 000株，注意适时收获。

审定意见：经审核，该品种符合国家玉米品种审定标准，通过审定。适宜在北京、天津、山西北部、吉林、上海、福建中北部、广东中部春播区和山东泰安、安徽、陕西关中、江苏北部夏播区作青贮玉米品种种植。

10. 2004 年国审品种

(1) 品种名称：中北青贮 410

审定编号：国审玉 2004025

申请者：山西北方种业股份有限公司

育成单位：山西北方种业股份有限公司

品种来源：母本为 SN915，来源为美国杂交种 78599 中选育；父本为 YH-1，来源为 CIMMYT 的墨黄 9 热带血缘种群选育。

特征特性：在东北地区、华北地区春玉米地区出苗至青贮收获 111 天，比对照农大 108 晚 3~5 天。幼苗叶鞘紫色，叶片绿色，叶缘青色。株型半紧凑，株高 309 厘米，穗位 143 厘米，成株叶片数 17~19 片。花药紫色，颖壳紫色，花丝红色，果穗筒形，穗长 21.2 厘米，穗行数 14~16 行，穗轴白色，籽粒黄色，粒型为硬粒型。经中国农业科学院作物品种资源研究所接种鉴定，抗大斑病、小斑病和丝黑穗病，中抗纹枯病，感矮花叶病。经北京农学院测定，全株中性洗涤纤维含量 42.74%，酸性洗涤纤维含量 20.93%，粗蛋白质含量 8.32%。

产量表现：2002—2003 年参加青贮玉米品种区域试验。2002 年 14 点增产，3 点减产，平均亩生物产量鲜重4 370.89千克，比对照农大 108 增产 12.1%；2003 年 16 点增产，3 点减产，平均亩生物产量干重1 349.03千克，比对照农大 108 增产 9.16%。

栽培技术要点：在东华北春玉米区中等以上肥力土壤上栽培，适宜密度每亩 4 500~5 500株，注意北纬 40°以北地区应地膜覆盖，注意防治丝黑穗病、矮花叶病。

审定意见：经审核，该品种符合国家玉米品种审定标准，通过审定。适宜在北京、天津、河北北部、山西北部春玉米区及河北中南部夏播玉米区、福建中北部用作专用青贮玉米种植，矮花叶病高发病区慎用。

(2) 品种名称：奥玉青贮 5102

审定编号：国审玉 2004026

申请者：北京奥瑞金种业股份有限公司

育成单位：北京奥瑞金种业股份有限公司

品种来源：母本为 OSL019，来源为旅大红骨血缘自交系重组，多代选株自交；父本为 OSL047，来源为澳大利亚热带种质克 2133。

特征特性：在北京地区出苗至籽粒成熟 130 天，比对照农大 108 晚 10 天左右。幼苗叶鞘紫色，叶片深绿色，叶缘绿色。株型半紧凑，株高 305 厘米，穗位 150 厘米，成株叶片数 22~23 片。花药黄色，颖壳绿色，花丝绿色，果穗筒形，穗长 23 厘米，穗行数 18 行，穗轴白色，籽粒黄色，粒型为半硬粒型。经中国农业科学院作物品种资源研究所接种鉴定，高抗小斑病、丝黑穗病和矮花叶病，抗大斑病和纹枯病。经北京农学院测定，全株中性洗涤纤维含量 42.77%，酸性洗涤纤维含量 21.42%，粗蛋白质含量 9.43%。

产量表现：2002—2003 年参加青贮玉米品种区域试验。2002 年 16 点增产，1 点减产，平均亩生物产量鲜重4 824.16千克，比对照农大 108 增产 23.73%；2003 年 14 点增产，5 点减产，平均亩生物产量干重1 310. 83千克，比对照农大 108 增产 6. 07%。

栽培技术要点：适宜密度每亩3 000株，注意控制密度，防止倒伏。

审定意见：经审核，该品种符合国家玉米品种审定标准，通过审定。适宜在北京、天津、河北北部春玉米区，陕西关中西部夏玉米区及江苏南部、上海、广东、福建作专用青贮玉米种植，注意防止倒伏。

（3）品种名称：辽单青贮 625

审定编号：国审玉 2004027

申请者：辽宁省农业科学院玉米研究所

育成单位：辽宁省农业科学院玉米研究所

品种来源：母本为辽 88，来源为 7922×1061；父本为沈 137，来源于沈阳市农业科学院。

特征特性：在沈阳地区出苗至成熟 136 天，与对照农大 108 相同。幼苗叶鞘紫色，叶片绿色，叶缘绿色。株型半紧凑，株高 272 厘米，穗位 117 厘米，成株叶片数 23 片。果穗筒形，穗长 23 厘米，穗行数 14~16 行，穗轴白色，籽粒黄色，粒型为半马齿型。经中国农业科学院作物品种资源研究所接种鉴定，高抗大斑病、小斑病，抗矮花叶病，中抗丝黑穗病和纹枯病。经北京农学院测定，全株中性洗涤纤维含量 40. 58%，酸性洗涤纤维含量 17. 66%，粗蛋白质含量 7. 47%。

产量表现：2002—2003 年参加青贮玉米品种区域试验。2002 年 10 点增产，7 点减产，平均亩生物产量鲜重4 037. 09千克，比对照农大 108 增产 3. 54%；2003 年 13 点增产，6 点减产，平均亩生物产量干重1 262. 21千克，比对照农大 108 增产 2. 13%。

栽培技术要点：适宜密度每亩春播3 500株，夏播每亩4 000株，注意防治纹枯病。

审定意见：经审核，该品种符合国家玉米品种审定标准，通过审定。适宜在北京、天津、河北北部春玉米区作专用青贮玉米种植，注意防治纹枯病。

（4）品种名称：中农大青贮 67

审定编号：国审玉 2004028

申请者：中国农业大学

育成单位：中国农业大学

品种来源：母本为 1147，来源为美国 78599 杂交种自交选育；父本为 SY10469，来源为 SynD. O. C4 高油群体。

特征特性：在东北地区出苗至成熟 133 天。幼苗叶鞘浅紫色，叶片绿色，叶缘绿色。株型半紧凑，株高 293~320 厘米，穗位 134~155 厘米，成株叶片数 23 片。花药浅紫色，颖壳浅紫色，花丝浅紫色，果穗筒形，穗长 21~25 厘米，穗行数 16 行，穗轴白色，籽粒黄色，粒型为硬粒型。经中国农业科学院作物品种资源研究所接种鉴定，高抗大斑病、小斑病和矮花叶病，中抗纹枯病，感丝黑穗病。经北京农学院测定，全株中性洗涤纤维含量 41. 37%，酸性洗涤纤维含量 19. 93%，粗蛋白质含量 8. 92%。

产量表现：2002—2003 年参加青贮玉米品种区域试验，2002 年 16 点增产，1 点减产，平均亩生物产量鲜重4 516. 31千克，比对照农大 108 增产 15. 83%；2003 年 10 点增产，9 点减产，平均亩生物产量干重1 256. 66千克，比对照农大 108 增产 1. 68%。

栽培技术要点：适宜密度每亩3 000~3 300株，注意防治丝黑穗病、纹枯病。

审定意见：经审核，该品种符合国家玉米品种审定标准，通过审定。适宜在北京、天津、山西北部春玉米区及上海、福建中北部用作专用青贮玉米种植，丝黑穗病高发区慎用。

第二节　各省（市、区）青贮玉米品种的审定情况

一、北京——青贮玉米品种审定信息（表 2-2）

表 2-2　京审青贮玉米品种信息

序号	品种名称	审定编号	育成单位	停止推广年份
1	北农 851	京审玉 20200003	北京农学院	
2	北农 861	京审玉 20200004	北京农学院	
3	农研青贮 5 号	京审玉 20190004	北京市农业技术推广站	
4	农研青贮 6 号	京审玉 20190005	北京市农业技术推广站	
5	京科青贮 568	京审玉 20190006	北京市农林科学院玉米研究中心	
6	先玉 1762	京审玉 20190007	铁岭先锋种子研究有限公司北京分公司	
7	京科青贮 927	京审玉 20180005	北京市农林科学院玉米研究中心	
8	中玉 335	京审玉 20170003	苏道志	
9	北农青贮 3651	京审玉 20170004	北京农学院	
10	大京九青贮 3876	京审玉 20170005	北京大京九农业开发有限公司	
11	先玉 1267	京审玉 20170006	铁岭先锋种子研究有限公司北京分公司	
12	农研青贮 3 号	京审玉 20170007	北京市农业技术推广站	
13	京九青贮 16	京审玉 20170008	北京大京九农业开发有限公司	
14	北农青贮 3740	京审玉 20170009	北京农学院	
15	北农青贮 368	京审玉 2015006	北京农学院	
16	农研青贮 2 号	京审玉 2015007	北京市农业技术推广站	
17	京科青贮 932	京审玉 2015008	北京顺鑫农科种业科技有限公司 北京市农林科学院玉米研究中心	
18	禾田青贮 16	京审玉 2015009	北京禾田丰泽农业科学研究院有限公司	
19	北农青贮 356	京审玉 2013006	北京农学院	
20	京农科青贮 711	京审玉 2013007	北京市农林科学院种业科技有限公司	
21	青源青贮 4 号	京审玉 2013008	北京百青源畜牧业科技发展有限公司	

（续表）

序号	品种名称	审定编号	育成单位	停止推广年份
22	凯育青贮 114	京审玉 2013009	北京未名凯拓作物设计中心有限公司	
23	瑞得青贮 100	京审玉 2012003	沈阳瑞得玉米种子研究所	
24	中单青贮 601	京审玉 2012004	中国农业科学院作物科学研究所	
25	京科青贮 205	京审玉 2011005	北京市农林科学院玉米研究中心 北京市农林科学院种业科技有限公司	
26	北农青贮 318	京审玉 2011006	北京农学院	
27	京单青贮 39	京审玉 2009006	北京市农林科学院玉米研究中心	
28	北农青贮 316	京审玉 2009007	北京农学院植物科学技术系	
29	农研青贮 1 号	京审玉 2008003	北京市农业技术推广站	2014
30	北农青贮 308	京审玉 2008020	北京农学院植物科技系	
31	农锋青贮 166	京审玉 2008021	北京万农先锋生物技术有限公司	
32	中单青贮 29	京审玉 2008022	中国农业科学院作物科学研究所	
33	京科青贮 628	京审玉 2007010	北京市农林科学院玉米研究中心	
34	农研青贮 1 号	京审玉 2007011	北京市农业技术推广站	
35	北农青贮 208	京审玉 2007012	北京农学院植物科技系	
36	三元青贮 2 号	京审玉 2007013	北京三元农业种业分公司	2014
37	京延青贮 1 号	京审玉 2006014	北京市延庆县种子公司	2013
38	高油青贮 1 号	京审玉 2005021	中国农业大学国家玉米改良中心	2013
39	中科青贮 1 号	京审玉 2005022	北京中科华泰科技有限公司 河南科泰种业有限公司	2012
40	怀研青贮 6 号	京审玉 2005023	北京万农种子研究所有限公司	
41	北青贮一号	京审玉 2005024	北京市兴业玉米高新技术研究所	2012
42	北农青贮 303	京审玉 2005025	北京农学院植物科学技术系	2013
43	三元青贮 1 号	京审玉 2005026	北京三元农业有限公司种业分公司	2012

1. 品种名称：北农 851

审定编号：京审玉 20200003

申请者：北京农学院

育成单位：北京农学院

品种来源：P393×60274

特征特性：春播青贮玉米品种。春播出苗至最佳收获期 107 天，与对照农大 108 相当。幼苗叶鞘浅紫色，株型半紧凑，株高 290 厘米，穗位 119 厘米，持绿性好。接种鉴定抗大斑病、腐霉茎腐病、矮花叶病，中抗禾谷镰孢穗腐病，感丝黑穗病。全株淀粉含量32.4%，中性洗涤纤维含量35.6%，酸性洗涤纤维含量16.7%，粗蛋白质含量8.2%。

产量表现：两年区域试验平均每亩生物产量（干重）1 401千克，比对照农大108增产5.7%。生产试验平均每亩生物产量（干重）1 154千克，比对照农大108增产3.8%。

栽培技术要点：在中等肥力以上地块栽培，种植密度每亩5 000株左右。

审定意见：通过审定。适宜在北京地区作为春播青贮玉米种植。注意预防倒伏。

2. 品种名称：北农861

审定编号：京审玉20200004

申请者：北京农学院

育成单位：北京农学院

品种来源：P413×60274

特征特性：春播青贮玉米品种。春播出苗至最佳收获期108天，比对照农大108晚1天。幼苗叶鞘浅紫色，株型半紧凑，株高306厘米，穗位129厘米，持绿性好。接种鉴定抗大斑病、矮花叶病，中抗禾谷镰孢穗腐病，感腐霉茎腐病、丝黑穗病。全株淀粉含量36.9%，中性洗涤纤维含量31.5%，酸性洗涤纤维含量16.8%，粗蛋白质含量8.5%。

产量表现：两年区域试验平均每亩生物产量（干重）1 447千克，比对照农大108增产9.1%。生产试验平均每亩生物产量（干重）1 220千克，比对照农大108增产9.7%。

栽培技术要点：在中等肥力以上地块栽培，种植密度每亩5 000株左右。

审定意见：通过审定。适宜在北京地区作为春播青贮玉米种植。建议种植密度不宜过高。

3. 品种名称：农研青贮5号

审定编号：京审玉20190004

申请者：北京市农业技术推广站

育成单位：北京市农业技术推广站

品种来源：PA80×WY1441

特征特性：春播青贮玉米品种。播种至最佳收获期109天，比对照农大108早1天株型半紧凑，株高305厘米，穗位134厘米，持绿性好。接种鉴定高抗丝黑穗病，抗大斑病，中抗腐霉茎腐病，高感禾谷镰孢穗腐病和矮花叶病。中性洗涤纤维含量38.3%，酸性洗涤纤维含量15.6%，粗蛋白质含量8.3%，淀粉含量31.2%。

产量表现：两年区域试验每亩生物产量（干重）1 454千克，比对照农大108增产4.4%。生产试验平均每亩生物产量（干重）1 139千克，比对照农大108增产9.9%。

栽培技术要点：在中等肥力以上地块栽培，种植密度每亩5 000株左右。

审定意见：通过审定。适宜在北京地区作为春播青贮玉米种植。该品种抗倒性一般，注意预防倒伏。在矮花叶病和禾谷镰孢穗腐病高发区域慎用。

4. 品种名称：农研青贮6号

审定编号：京审玉20190005

申请者：北京市农业技术推广站

育成单位：北京市农业技术推广站

品种来源：CJ16B256×WY1441

特征特性：夏播青贮玉米品种。播种至最佳收获期 96 天，与对照农大 108 相当。株型半紧凑，株高 315 厘米，穗位 133 厘米，持绿性好。接种鉴定中抗小斑病、弯孢叶斑病、腐霉茎腐病和瘤黑粉病，高感禾谷镰孢穗腐病。中性洗涤纤维含量 42.4%，酸性洗涤纤维含量 18.2%，粗蛋白质含量 8.3%，淀粉含量 28.4%。

产量表现：两年区域试验平均每亩生物产量（干重）1 320千克，比对照农大 108 增产 6.1%。生产试验平均每亩生物产量（干重）1 321 千克，比对照农大 108 增产 11.8%。

栽培技术要点：在中等肥力以上地块栽培，种植密度每亩5 000株左右。

审定意见：通过审定。适宜在北京地区作为夏播青贮玉米种植。在禾谷镰孢穗腐病高发区域慎用。

5. 品种名称：京科青贮 568

审定编号：京审玉 20190006

申请者：北京市农林科学院玉米研究中心

育成单位：北京市农林科学院玉米研究中心

品种来源：京 F420×京 2416

特征特性：夏播青贮玉米品种。播种至最佳收获期 95 天，比对照农大 108 早 1 天。株型半紧凑，株高 297 厘米，穗位 129 厘米，持绿性好。接种鉴定中抗小斑病、弯孢叶斑病、腐霉茎腐病和禾谷镰孢穗腐病，感瘤黑粉病。中性洗涤纤维含量 36.9%，酸性洗涤纤维含量 14.8%，粗蛋白质含量 8.4%，淀粉含量 33.8%。

产量表现：两年区域试验平均每亩生物产量（干重）1 372千克，比对照农大 108 增产 10.4%。生产试验平均每亩生物产量（干重）1 239 千克，比对照农大 108 增产 4.8%。

栽培技术要点：在中等肥力以上地块栽培，种植密度每亩4 500株左右。

审定意见：通过审定。适宜在北京地区作为夏播青贮玉米种植。种植密度不宜过高。

6. 品种名称：先玉 1762

审定编号：京审玉 20190007

申请者：铁岭先锋种子研究有限公司北京分公司

育成单位：铁岭先锋种子研究有限公司北京分公司

品种来源：PH1DP8×PH493H

特征特性：夏播青贮玉米品种。播种至最佳收获期 95 天，比对照农大 108 早 1 天。株型半紧凑，株高 308 厘米，穗位 109 厘米，持绿性较好。接种鉴定中抗弯孢叶斑病、腐霉茎腐病和瘤黑粉病，感小斑病，高感禾谷镰孢穗腐病。中性洗涤纤维含量 35.2%，酸性洗涤纤维含量 14.2%，粗蛋白质含量 8.5%，淀粉含量 35.1%。

产量表现：两年区域试验平均每亩生物产量（干重）1 361千克，比对照农大 108 增产 9.4%。生产试验平均每亩生物产量（干重）1 271千克，比对照农大 108 增产 7.6%。

栽培技术要点：在中等肥力以上地块栽培，种植密度每亩5 000株左右。

审定意见：通过审定。适宜在北京地区作为夏播青贮玉米种植。在禾谷镰孢穗腐病高发区域慎用。

7. 品种名称：京科青贮 927

审定编号：京审玉 20180005

申请者：北京市农林科学院玉米研究中心

育成单位：北京市农林科学院玉米研究中心

品种来源：京 X006×MX1322

特征特性：夏播青贮玉米品种。播种至最佳收获期 99 天，比对照农大 108 早 2 天。株型半紧凑，株高 296 厘米，穗位 110 厘米，持绿性好。接种鉴定高抗瘤黑粉病，抗小斑病、弯孢叶斑病，感腐霉茎腐病、禾谷镰孢穗腐病。中性洗涤纤维含量 37. 75%，酸性洗涤纤维含量 15. 60%，粗蛋白质含量 8. 21%，淀粉含量 33. 35%。

产量表现：两年区域试验平均每亩生物产量（干重）1 205千克，比对照农大 108 增产 7. 8%。生产试验平均每亩生物产量（干重）1 241千克，比对照农大 108 减产 2. 5%。

栽培技术要点：在中等肥力以上地块栽培，种植密度每亩4 500株左右。

审定意见：该品种符合北京市玉米品种审定标准，通过审定。适宜在北京地区作为夏播青贮玉米种植。种植密度不宜过高。

8. 品种名称：中玉 335

审定编号：京审玉 20170003

申请者：四川省嘉陵农作物品种研究中心、四川中正科技有限公司

育成单位：苏道志

品种来源：2YH1-3×SH1070

特征特性：春播青贮玉米品种。北京地区春播从播种至收获 129 天，比对照农大 108 晚 4 天。株型半紧凑，株高 339 厘米，穗位 171 厘米，持绿性较好。接种鉴定中抗大斑病，抗腐霉茎腐病，感丝黑穗病，高感镰孢穗腐病和矮花叶病。中性洗涤纤维含量 36. 57%~44. 82%，酸性洗涤纤维含量 17. 45%~21. 23%，粗蛋白质含量 7. 81%~8. 69%，淀粉含量 25. 19%。

产量表现：两年区域试验平均每亩生物产量（干重）1 420. 5千克，比对照农大 108 增产 7. 5%。生产试验平均每亩生物产量（干重）1 382千克，比对照农大 108 增产 7. 1%。

栽培技术要点：适时早播种，选择在中等肥力以上地块栽培，种植密度为每亩4 000~4 500株。肥水管理消耗较大，要求施足底肥，底肥以农家肥为主，配合氮磷钾施用，早追肥。注意中耕除草，及时防治病虫害。注意包衣防治丝黑穗病，注意防倒伏。

审定意见：该品种符合北京市玉米品种审定标准，通过审定。适宜在北京地区作为春播青贮玉米种植。生产中注意预防矮花叶病，生育期偏长，注意播期。

9. 品种名称：北农青贮 3651

审定编号：京审玉 20170004

申请者：北京农学院

育成单位：北京农学院

品种来源：7922×P241

特征特性：春播青贮玉米品种。北京地区春播从播种至收获122天，与对照农大108相同。株型半紧凑，株高336厘米，穗位161厘米，持绿性好。接种鉴定中抗丝黑穗病，高抗腐霉茎腐病，感大斑病，高感镰孢穗腐病和矮花叶病。中性洗涤纤维含量36.91%~38.08%，酸性洗涤纤维含量15.27%~15.53%，粗蛋白质含量8.21%~8.41%，淀粉含量32.47%~33.46%。

产量表现：两年区域试验平均每亩生物产量（干重）1 454千克，比对照农大108增产16.6%。生产试验平均每亩生物产量（干重）1 596千克，比对照农大108增产极显著。

栽培技术要点：最适种植密度为4 500株/亩左右，高肥力地块可适当增加到5 000株/亩。施好底肥、种肥，大喇叭口时期追肥，及时防治玉米螟，适时收获。

审定意见：该品种符合北京市玉米品种审定标准，通过审定。适宜在北京地区作为春播青贮玉米种植。生产中注意预防矮花叶病。

10. 品种名称：大京九青贮3876

审定编号：京审玉20170005

申请者：北京大京九农业开发有限公司

育成单位：北京大京九农业开发有限公司

品种来源：60271×32578

特征特性：春播青贮玉米品种。北京地区春播从播种至收获122天，与对照农大108相同。株型半紧凑，株高329厘米，穗位149厘米，持绿性较好。接种鉴定中抗大斑病，高抗腐霉茎腐病，感丝黑穗病，高感镰孢穗腐病和矮花叶病。中性洗涤纤维含量35.77%~36.74%，酸性洗涤纤维含量13.97%~14.28%，粗蛋白质含量8.12%~8.15%，淀粉含量34.02%~34.29%。

产量表现：两年区域试验平均每亩生物产量（干重）1 404千克，比对照农大108增产12.6%。生产试验平均每亩生物产量（干重）1 623千克，比对照农大108增产极显著。

栽培技术要点：春播在5月上旬播种，种植密度为5 000株/亩，栽培上应选择中等以上肥水条件种植。播前要施足底肥，亩施厩肥2 000千克，复合肥（15-15-15）25~30千克/亩，大喇叭口期追施尿素15~20千克。

审定意见：该品种符合北京市玉米品种审定标准，通过审定。适宜在北京地区作为春播青贮玉米种植。生产中注意预防矮花叶病。

11. 品种名称：先玉1267

审定编号：京审玉20170006

申请者：铁岭先锋种子研究有限公司北京分公司

育成单位：铁岭先锋种子研究有限公司北京分公司

品种来源：PH1DP8/PH1N2D

特征特性：夏播青贮玉米品种。北京地区夏播从播种至收获 104 天，与对照农大 108 相同。区株型半紧凑，株高 292 厘米，穗位 101 厘米，持绿性较好。接种鉴定中抗弯孢叶斑病和镰孢穗腐病，高抗腐霉茎腐病，感小斑病。中性洗涤纤维含量 39.17%～42.43%，酸性洗涤纤维含量 16.16%～17.47%，粗蛋白质含量 7.01%～7.86%，淀粉含量 27.59%。

产量表现：两年区域试验平均每亩生物产量（干重）1 084.5千克，比对照农大 108 增产 9.8%。生产试验平均每亩生物产量（干重）1 225千克，比对照农大 108 增产极显著。

栽培技术要点：在中等肥力以上地块栽培，种植密度每亩5 000株左右。

审定意见：该品种符合北京市玉米品种审定标准，通过审定。适宜在北京地区作为夏播青贮玉米种植。生产中注意预防小斑病。

12. 品种名称：农研青贮 3 号

审定编号：京审玉 20170007

申请者：北京市农业技术推广站

育成单位：北京市农业技术推广站

品种来源：W685×H9872

特征特性：夏播青贮玉米品种。北京地区夏播从播种至收获 104 天，与对照农大 108 相同。株型半紧凑，株高 272 厘米，穗位 107 厘米，持绿性好。接种鉴定中抗弯孢叶斑病和腐霉茎腐病，感小斑病和镰孢穗腐病。中性洗涤纤维含量 35.53%～39.99%，酸性洗涤纤维含量 15.19%～16.91%，粗蛋白质含量 7.82%～7.97%，淀粉含量 30.21%。

产量表现：两年区域试验平均每亩生物产量（干重）1 103.5千克，比对照农大 108 增产 11.7%。生产试验平均每亩生物产量（干重）1 071 千克，比对照农大 108 增产 5.2%。

栽培技术要点：在中等肥力以上地块栽培，一般种植密度5 000株/亩为宜。肥水管理上以促为主，施好基肥、管好追肥，及时防治病虫害。

审定意见：该品种符合北京市玉米品种审定标准，通过审定。适宜在北京地区作为夏播青贮玉米种植。生产中注意预防小斑病。

13. 品种名称：京九青贮 16

审定编号：京审玉 20170008

申请者：北京大京九农业开发有限公司

育成单位：北京大京九农业开发有限公司

品种来源：5081×32226

特征特性：夏播青贮玉米品种。北京地区夏播从播种至收获 104 天，与对照农大 108 相同。株型半紧凑，株高 313 厘米，穗位 131 厘米，持绿性较好。接种鉴定抗弯孢叶斑病，高抗腐霉茎腐病，感小斑病和镰孢穗腐病。中性洗涤纤维含量 38.97%～40.57%，酸性洗涤纤维含量 15.88%～16.24%，粗蛋白质含量 7.76%～8.39%，淀粉含量 29.48%～32.29%。

产量表现：两年区域试验平均每亩生物产量（干重）1 323千克，比对照农大 108 增产16.9%。生产试验平均每亩生物产量（干重）1 197千克，比对照农大108增产17.6%。

栽培技术要点：夏播在6月中旬播种，种植密度为5 000株/亩，栽培上应选择中等以上肥水条件种植。播前要施足底肥，亩施厩肥2 000千克，复合肥（15-15-15）25~30千克/亩，大喇叭口期追施尿素15~20千克/亩。

审定意见：该品种符合北京市玉米品种审定标准，通过审定。适宜在北京地区作为夏播青贮玉米种植。生产中注意预防小斑病。

14. 品种名称：北农青贮3740

审定编号：京审玉20170009

申请者：北京农学院

育成单位：北京农学院

品种来源：5801/P242

特征特性：夏播青贮玉米品种。北京地区夏播从播种至收获104天，与对照农大108相同。株型半紧凑，株高274厘米，穗位111厘米，持绿性好。接种鉴定抗弯孢叶斑病，中抗镰孢穗腐病，高抗腐霉茎腐病，感小斑病。中性洗涤纤维含量34.53%~40.49%，酸性洗涤纤维含量13.96%~16.77%，粗蛋白质含量7.62%~8.67%，淀粉含量29.73%~36.49%。

产量表现：两年区域试验平均每亩生物产量（干重）1 245千克，比对照农大108增产10.1%。生产试验平均每亩生物产量（干重）1 144千克，比对照农大108增产12.3%。

栽培技术要点：最适种植密度为5 000株/亩左右，高肥力地块可适当增加到5 500株/亩。施好底肥、种肥，大喇叭口时期追肥，及时防治玉米螟，适时收获。

审定意见：该品种符合北京市玉米品种审定标准，通过审定。适宜在北京地区作为夏播青贮玉米种植。生产中注意预防小斑病。

15. 品种名称：北农青贮368

审定编号：京审玉2015006

申请者：北京农学院

育成单位：北京农学院

品种来源：60271×2193

特征特性：春播青贮玉米品种，在北京地区春播从播种至最佳收获期123天。株型半紧凑，株高302厘米，穗位144厘米。收获期单株叶片数15.6，单株枯叶片数3.6。田间综合抗病性好，保绿性较好。中性洗涤纤维含量35.39%~44.75%，酸性洗涤纤维含量14.42%~15.10%，粗蛋白质含量7.94%~8.08%。接种鉴定中抗大斑病，抗小斑病，高抗腐霉茎腐病和丝黑穗病。

产量表现：两年区试平均每亩生物产量（干重）1 455千克，比对照农大108增产13.8%。生产试验平均每亩生物产量（干重）1 407千克，比对照农大108增产5.8%。

栽培技术要点：在中等肥力以上地块栽培，种植密度每亩4 500~5 000株。

审定意见：北农青贮368，为春播青贮玉米品种，在北京地区春播从播种至最佳收获期 123 天。区试平均每亩生物产量（干重）1 455千克，比对照农大 108 增产 13.8%。生产试验平均每亩生物产量（干重）1 407千克，比对照农大 108 增产 5.8%。接种鉴定中抗大斑病，抗小斑病，高抗腐霉茎腐病和丝黑穗病。田间综合抗病性好，保绿性较好。中性洗涤纤维含量 35.39%~44.75%，酸性洗涤纤维含量 14.42%~15.10%，粗蛋白质含量 7.94%~8.08%。适宜在北京地区作为春播青贮玉米种植。

16. 品种名称：农研青贮 2 号

审定编号：京审玉 2015007

申请者：北京市农业技术推广站

育成单位：北京市农业技术推广站

品种来源：B12C80-1×黄 572

特征特性：夏播青贮玉米品种，在北京地区夏播从播种至最佳收获期 102 天。株型紧凑，株高 282 厘米，穗位 111 厘米。收获期单株叶片数 13.4，单株枯叶片数 2.5。田间综合抗病性好，保绿性较好。中性洗涤纤维含量 37.39%~48.01%，酸性洗涤纤维含量 15.33%~17.77%，粗蛋白质含量 8.24%~8.66%。接种鉴定中抗弯孢叶斑病，抗小斑病，高抗腐霉茎腐病。

产量表现：两年区试平均每亩生物产量（干重）1 041千克，比对照农大 108 增产 10.0%。生产试验平均每亩生物产量（干重）1 350千克，比对照农大 108 增产 22.4%。

栽培技术要点：在中等肥力以上地块栽培，种植密度每亩5 000株左右。

审定意见：农研青贮 2 号，为夏播青贮玉米品种，在北京地区夏播从播种至最佳收获期 102 天。区试平均每亩生物产量（干重）1 041千克，比对照农大 108 增产 10.0%。生产试验平均每亩生物产量（干重）1 350千克，比对照农大 108 增产 22.4%。接种鉴定中抗弯孢叶斑病，抗小斑病，高抗腐霉茎腐病。田间综合抗病性好，保绿性较好。中性洗涤纤维含量 37.39%~48.01%，酸性洗涤纤维含量 15.33%~17.77%，粗蛋白质含量 8.24%~8.66%。适宜在北京地区作为夏播青贮玉米种植。

17. 品种名称：京科青贮 932

审定编号：京审玉 2015008

申请者：北京顺鑫农科种业科技有限公司

育成单位：北京顺鑫农科种业科技有限公司、北京市农林科学院玉米研究中心

品种来源：京 X005×MX1321

特征特性：夏播青贮玉米品种，在北京地区夏播从播种至最佳收获期 102 天。株型半紧凑，株高 275 厘米，穗位 106 厘米。收获期单株叶片数 13.5，单株枯叶片数 2.2。田间综合抗病性好，保绿性较好。中性洗涤纤维含量 40.57%~50.98%，酸性洗涤纤维含量 18.04%~18.11%，粗蛋白质含量 7.83%~8.93%。接种鉴定抗小斑病，高抗腐霉茎腐病，感弯孢叶斑病。

产量表现：两年区试平均每亩生物产量（干重）1 011千克，比对照农大 108 增产 6.9%。生产试验平均每亩生物产量（干重）1 177千克，比对照农大 108 增产 6.7%。

栽培技术要点：在中等肥力以上地块栽培，种植密度每亩4 500株左右。

审定意见：京科青贮 932，为夏播青贮玉米品种，在北京地区夏播从播种至最佳收

获期102天。区试平均每亩生物产量（干重）1 011千克，比对照农大108增产6.9%。生产试验平均每亩生物产量（干重）1 177千克，比对照农大108增产6.7%。接种鉴定抗小斑病，高抗腐霉茎腐病，感弯孢叶斑病。田间综合抗病性好，保绿性较好。中性洗涤纤维含量40.57%～50.98%，酸性洗涤纤维含量18.04%～18.11%，粗蛋白质含量7.83%～8.93%。适宜在北京地区作为夏播青贮玉米种植。

18. 品种名称：禾田青贮16

审定编号：京审玉2015009

申请者：北京禾田丰泽农业科学研究院有限公司

育成单位：北京禾田丰泽农业科学研究院有限公司

品种来源：H78×H89

特征特性：夏播青贮玉米品种，在北京地区夏播从播种至最佳收获期102天。株型紧凑，株高285厘米，穗位127厘米。收获期单株叶片数15.0，单株枯叶片数3.6。田间综合抗病性好，保绿性较好。中性洗涤纤维含量40.97%～49.25%，酸性洗涤纤维含量17.15%～20.40%，粗蛋白质含量8.93%～9.00%。接种鉴定中抗小斑病，高抗腐霉茎腐病，感弯孢叶斑病。

产量表现：两年区试平均每亩生物产量（干重）1 103千克，比对照农大108增产16.6%。生产试验平均每亩生物产量（干重）1 164千克，比对照农大108增产5.5%。

栽培技术要点：在中等肥力以上地块栽培，种植密度每亩5 000株左右。

审定意见：禾田青贮16，为夏播青贮玉米品种，在北京地区夏播从播种至最佳收获期102天。区试平均每亩生物产量（干重）1 103千克，比对照农大108增产16.6%。生产试验平均每亩生物产量（干重）1 164千克，比对照农大108增产5.5%。接种鉴定中抗小斑病，高抗腐霉茎腐病，感弯孢叶斑病。田间综合抗病性好，保绿性较好。中性洗涤纤维含量40.97%～49.25%，酸性洗涤纤维含量17.15%～20.40%，粗蛋白质含量8.93%～9.00%。适宜在北京地区作为夏播青贮玉米种植。

19. 品种名称：北农青贮356

审定编号：京审玉2013006

申请者：北京农学院

育成单位：北京农学院

品种来源：60931×2193

特征特性：北京地区夏播从播种至收获99天。株型半紧凑，株高295厘米，穗位130厘米；收获期单株叶片数15.1，单株枯叶片数2.9。田间综合抗病性好，抗倒性好，保绿性较好。中性洗涤纤维含量51.03%，酸性洗涤纤维含量20.09%，粗蛋白质含量8.82%。接种鉴定高抗大斑病和小斑病，抗茎腐病，感弯孢叶斑病和矮花叶病。

产量表现：两年区试平均每亩生物产量（干重）1 218千克，比对照农大108增产11.6%。生产试验平均每亩生物产量（干重）1 096千克，比对照农大108增产9.6%。

栽培技术要点：在中等肥力以上地块栽培，种植密度每亩5 000株左右。

审定意见：暂无审定意见。

20. 品种名称：京农科青贮 711

审定编号：京审玉 2013007

申请者：北京市农林科学院种业科技有限公司

育成单位：北京市农林科学院种业科技有限公司

品种来源：H113×MC0305

特征特性：北京地区春播从播种至收获 116 天。株型半紧凑，株高 266 厘米，穗位 111 厘米；收获期单株叶片数 14.5，单株枯叶片数 4.5。田间综合抗病性好，保绿性较好。中性洗涤纤维含量 46.66%，酸性洗涤纤维含量 17.44%，粗蛋白质含量 8.35%。接种鉴定高抗大斑病、小斑病和茎腐病，中抗丝黑穗病，感弯孢叶斑病，高感矮花叶病。

产量表现：两年区试平均每亩生物产量（干重）1 183千克，比对照农大 108 增产 8.3%。生产试验平均每亩生物产量（干重）1 224千克，比对照农大 108 增产 4.0%。

栽培技术要点：在中等肥力以上地块栽培，种植密度每亩5 000~5 500株。注意防治苗期蚜虫和预防倒伏。

审定意见：暂无审定意见。

21. 品种名称：青源青贮 4 号

审定编号：京审玉 2013008

申请者：北京百青源畜牧业科技发展有限公司

育成单位：北京百青源畜牧业科技发展有限公司

品种来源：H238×A8

特征特性：北京地区春播从播种至收获 121 天。株型半紧凑，株高 294 厘米，穗位 127 厘米；收获期单株叶片数 16.5，单株枯叶片数 3.1。田间综合抗病性好，保绿性较好。中性洗涤纤维含量 48.95%，酸性洗涤纤维含量 19.13%，粗蛋白质含量 8.63%。接种鉴定高抗茎腐病，抗大斑病和小斑病，感丝黑穗病，高感弯孢叶斑病和矮花叶病。

产量表现：两年区试平均每亩生物产量（干重）1 216千克，比对照农大 108 增产 11.4%。生产试验平均每亩生物产量（干重）1 338千克，比对照农大 108 增产 13.7%。

栽培技术要点：在中等肥力以上地块栽培，种植密度每亩3 800~4 500株。生产中应注意防治丝黑穗病和苗期蚜虫，预防倒伏。

审定意见：暂无审定意见。

22. 品种名称：凯育青贮 114

审定编号：京审玉 2013009

申请者：北京未名凯拓作物设计中心有限公司

育成单位：北京未名凯拓作物设计中心有限公司

品种来源：K80×K88

特征特性：北京地区夏播从播种至收获 99 天。株型半紧凑，株高 293 厘米，穗位 125 厘米；收获期单株叶片数 15.1，单株枯叶片数 2.9。田间综合抗病性好，抗倒性较好，保绿性较好。中性洗涤纤维含量 46.68%，酸性洗涤纤维含量 18.80%，粗蛋白质含量 8.89%。接种鉴定高抗大斑病和小斑病，抗茎腐病，高感弯孢叶斑病和矮花叶病。

产量表现：两年区试平均每亩生物产量（干重）1 228千克，比对照农大108增产12.6%。生产试验平均每亩生物产量（干重）1 136千克，比对照农大108增产13.6%。

栽培技术要点：在中等肥力以上地块栽培，种植密度每亩4 000株左右。

审定意见：暂无审定意见。

23. 品种名称：瑞得青贮100

审定编号：京审玉2012003

申请者：沈阳瑞得玉米种子研究所

育成单位：沈阳瑞得玉米种子研究所

品种来源：k2911-243×gy-2

特征特性：北京地区春播播种至收获119天，株型半紧凑，植高295厘米，穗位131厘米；持绿性较好，收获期单株叶片数为15.4，收获期单株枯叶片数为3.4。中性洗涤纤维含量47.97%，酸性洗涤纤维含量17.44%，粗蛋白质含量8.88%。接种鉴定抗大斑病、小斑病和弯孢菌叶斑病，中抗矮花叶病，高抗茎腐病，感丝黑穗病。

产量表现：两年区试生物产量平均亩产1 058千克，比对照农大108增产16.1%；生产试验生物产量平均亩产1 263千克，比对照农大108增产2.1%。

栽培技术要点：在中等肥力以上地块栽培，适宜种植密度为每亩4 000~4 500株。注意包衣防治丝黑穗病，注意防倒伏（折）。

审定意见：暂无审定意见。

24. 品种名称：中单青贮601

审定编号：京审玉2012004

申请者：中国农业科学院作物科学研究所

育成单位：中国农业科学院作物科学研究所

品种来源：ho798×ca211

特征特性：北京地区夏播播种至收获98.5天，株型紧凑，植高272.5厘米，穗位122厘米；持绿性较好，收获期单株叶片数为15.6，收获期单株枯叶片数为2.8。中性洗涤纤维含量52.12%，酸性洗涤纤维含量20.44%，粗蛋白质含量8.68%。接种鉴定抗小斑病，中抗大斑病、弯孢菌叶斑病、矮花叶病和茎腐病。

产量表现：两年区试生物产量平均亩产962千克，比对照农大108增产11.6%；生产试验生物产量平均亩产1 126千克，比对照农大108增产13.6%。

栽培技术要点：在中等肥力以上地块栽培，适宜种植密度为每亩4 000株左右。注意防倒伏（折）。

审定意见：暂无审定意见。

25. 品种名称：京科青贮205

审定编号：京审玉2011005

申请者：北京市农林科学院玉米研究中心、北京市农林科学院种业科技有限公司

育成单位：北京市农林科学院玉米研究中心、北京市农林科学院种业科技有限公司

品种来源：mf8512×a235

特征特性：北京地区春播播种至收获117天，株型半紧凑，植高283厘米，穗位

128厘米；持绿性较好，收获期单株叶片数为15.5，收获期单株枯叶片数为3.0。中性洗涤纤维含量42.33%，酸性洗涤纤维含量18.54%，粗蛋白质含量8.52%。接种鉴定中抗大斑病、小斑病，抗弯孢菌叶斑病和矮花叶病，高抗茎腐病，高感丝黑穗病。

产量表现：两年区试生物产量平均亩产1 040千克，比对照农大108增产5.5%；生产试验生物产量亩产1 060千克，比对照农大108增产20.1%。

栽培技术要点：适宜种植密度为每亩4 500株左右。注意防治丝黑穗病，注意防倒伏（折）。适时收获。

审定意见：暂无审定意见。

26. 品种名称：北农青贮318

审定编号：京审玉2011006

申请者：北京农学院

育成单位：北京农学院

品种来源：81631×h736760

特征特性：北京地区夏播播种至收获106天，株型紧凑，植高305厘米，穗位115厘米；持绿性较好，收获期单株叶片数为14.2，收获期单株枯叶片数为2.9。中性洗涤纤维含量50.37%，酸性洗涤纤维含量23.55%，粗蛋白质含量8.61%。接种鉴定高抗大斑病、小斑病和弯孢菌叶斑病，抗矮花叶和茎腐病。

产量表现：两年区试生物产量平均亩产877千克，比对照农大108增产10.5%；生产试验生物产量亩产848千克，比对照农大108增产15.3%。

栽培技术要点：适宜种植密度为每亩4 500株左右，高肥力地块可适当增加密度。适时收获。

审定意见：暂无审定意见。

27. 品种名称：京单青贮39（区试代号：NK722）

审定编号：京审玉2009006

申请者：北京市农林科学院玉米研究中心

育成单位：北京市农林科学院玉米研究中心

品种来源：直29长3×HOF2

母本“直29长3”是以“直29/长3”为基础材料，连续自交6代选育而成。父本“HOF2”是以“P78599”为基础材料，连续自交6代选育而成。

特征特性：北京地区春播播种至采收127天，苗期叶鞘紫色，成株株型半紧凑，花丝淡紫色，花药浅紫色，雄穗分支数8~12。持绿性较好，收获期单株叶片数为17.9，收获期单株枯叶片数为3.5，株高307厘米，穗位138厘米，空秆率3.1%，双穗率0.4。果穗长19.9厘米，穗粗4.7厘米，籽粒黄色，硬粒型，穗轴白色。青贮品质好，中性洗涤纤维含量46.07%，酸性洗涤纤维含量21.73%，粗蛋白质含量8.82%。接种鉴定抗大斑病和茎腐病、中抗小斑病，感小斑病和弯孢菌叶斑病，高感丝黑穗病。

产量表现：两年区试生物产量平均亩产1 270.0千克，比对照农大108增产9.8%；生产试验生物产量亩产1 204千克，比对照农大108增产12.3%。

栽培技术要点：一般种植密度4 500~5 500株/亩为宜，套种或直播均可，肥水管理上以促为主，施好基肥、种肥，重施拔节肥，酌施粒肥，及时防治病虫害，适时晚收。应通过包衣或拌种预防丝黑穗病。

审定意见：暂无审定意见。

28. 品种名称：北农青贮316（区试代号：北农316）

审定编号：京审玉2009007

申请者：北京农学院植物科学技术系

育成单位：北京农学院植物科学技术系

品种来源：MQ704×H736760

母本MQ704是以美国群体BS13（S）C7为基础材料，经过10代连续自交选育而成；父本H736760以美国杂交组合86736/86760为基础材料，经过10代连续自交选育而成。

特征特性：北京地区春播播种至收获期116天，株型半紧凑，植高320厘米，穗位125厘米；持绿性较好，收获期单株叶片数为15.4，收获期单株枯叶片数为3.3；营养品质较好中性洗涤纤维含量49.52%，酸性洗涤纤维含量23.16%，粗蛋白质含量7.67%；接种鉴定高抗大斑病和茎腐病、抗小斑病，感矮花叶病、弯孢菌叶斑病，高感丝黑穗病。

产量表现：两年区试生物产量平均亩产1 310千克，比对照农大108增产13.2%；生产试验生物产量亩产1 275千克，比对照农大108增产18.9%。

栽培技术要点：北京地区最适播期4月下旬到5月上旬，使用种子包衣防治丝黑穗病。最适种植密度为4 400~4 800株/亩，高肥力地块可适当增加密度。施好基肥、种肥，重施穗肥，酌施粒肥，大喇叭口时期及时防治玉米螟，适时收获。

审定意见：暂无审定意见。

29. 品种名称：农研青贮1号（区试代号：BF7516）

审定编号：京审玉2008003

选育单位：北京市农业技术推广站

品种来源：W7黄×W516

母本“W7黄”是以“黄C×7922”为基础材料，连续自交选育而成。父本“W516”是以“昌7-2×丹598”为基础材料，连续自交选育而成。

特征特性：植株半紧凑，株高300厘米，穗位124厘米；生育期119.4天，果穗长筒形，穗长17.2厘米，穗粗5.5厘米，白轴，穗行数16~18行，行粒数35.5，出籽率87.5%；籽粒黄色，半硬粒，千粒重362.1克。接种鉴定抗玉米大斑病、小斑病，感弯孢菌叶斑病、矮花叶病、茎腐病、丝黑穗病。籽粒（干基）含粗蛋白质9.44%，粗脂肪4.67%，粗淀粉72.74%，赖氨酸0.30%，容重756克/升。

产量表现：两年区试平均亩产644.2千克，比对照农大108增产15.3%；生产试验平均亩产650.6千克，比对照农大108增产9.5%。

栽培技术要点：一般种植密度4 000株/亩为宜，套种或直播均可，肥水管理上以促为主，施好基肥、种肥，重施穗肥，酌施粒肥，及时防治病虫害。应通过包衣或拌种预防丝黑穗病。

适宜种植地区：适宜北京地区春播种植。

30. 品种名称：北农青贮 308

审定编号：京审玉 2008020

申请者：北京农学院植物科技系

育成单位：北京农学院植物科技系

品种来源：K12×2193

母本“K12”为外引系，是陕西省农业科学院作物研究所 1989 年从“黄早四/维春”杂交后代选出的二环系。父本“2193”选自美国杂交种 78599。

特征特性：北京地区春播播种至最佳收获期 115 天左右，株型半紧凑，株高 320 厘米，穗位 150 厘米，茎秆柔韧，叶色浓绿。主茎叶片数 17 片。果穗粗大，穗型圆柱，穗长 20~22 厘米，穗行数 16~18 行，籽粒硬粒型，千粒重 400 克。地上部中性洗涤纤维含量 47.68%，酸性洗涤纤维含量 22.42%，蛋白质含量 8.43%。接种鉴定抗玉米大斑病、小斑病、弯孢菌叶斑病、茎腐病，感丝黑穗病。

产量表现：两年区试生物产量平均亩产 1 220.5千克，比对照农大 108 增产 9.2%；生产试验生物产量亩产 1 265千克，比对照农大 108 增产 9.3%。

栽培技术要点：北京地区最适播期 4 月下旬到 5 月上旬，最适种植密度为4 000~4 300株/亩，高肥力地块可适当增加密度，最高不超过5 000株/亩。播种前拌种，预防田间病虫害。施好基肥、种肥，重施穗肥，酌施粒肥，前期蹲苗，可有效防止倒伏。大喇叭口时期及时防治玉米螟。适时收获。

审定意见：暂无审定意见。

31. 品种名称：农锋青贮 166（区试代号：怀研 166）

审定编号：京审玉 2008021

申请者：北京万农先锋生物技术有限公司

育成单位：北京万农先锋生物技术有限公司

品种来源：K14×HEX4

母本“K14”是以从西北农林大学引进的育种材料为基础材料，经连续多代自交选育而成。父本“HEX4”是从 78599×1145 杂交种中经过连续自交选育而成的。

特征特性：北京地区春播生育期平均 119 天，株型半紧凑，株高 316 厘米，穗位 142 厘米。穗长 25 厘米，穗粗 5.1 厘米，穗行数 16 行，粒深 1.2 厘米，红轴，籽粒黄色，半硬粒型，千粒重 308 克，出籽率 82.5%。地上部中性洗涤纤维含量 47.85%，酸性洗涤纤维含量 22.20%，蛋白质含量 8.91%。接种鉴定抗玉米大斑病、小斑病、弯孢菌叶斑病、茎腐病，感丝黑穗病。

产量表现：两年区试平均亩产为1 243千克，比对照农大 108 增产 11.22%；生产试验生物产量亩产1 269千克，比对照农大 108 增产 9.68%。

栽培技术要点：种植密度以4 000~4 500株/亩为宜，套种或直播均可。肥水管理以促为主，施好基肥、种肥，重施穗肥。及时防治病虫害，适时晚收。应通过包衣或拌种预防丝黑穗病。

审定意见：暂无审定意见。

32. 品种名称：中单青贮 29（区试代号：中试 4334）

审定编号：京审玉 2008022

申请者：中国农业科学院作物科学研究所

育成单位：中国农业科学院作物科学研究所

品种来源：中 5979×B3104

母本“中 5979”是以“中 597×多黄 79”为基础材料，连续自交选育而成。父本“B3104”来源于原中国农业科学院作物品种资源研究所。

特征特性：北京地区春播生育期平均 113 天，株型半紧凑，株高 302.5 厘米，穗位 142.5 厘米，果穗筒形，穗长 22.7 厘米，穗粗 5.0 厘米，秃尖 0.5 厘米，穗行数 16.8，行粒数 51.4，千粒重 300 克。籽粒黄色，马齿型，穗轴白色，出籽率 84.7%。地上部中性洗涤纤维含量 48.25%，酸性洗涤纤维含量 21.19%，蛋白质含量 8.45%。接种鉴定抗玉米大斑病、小斑病、弯孢菌叶斑病、茎腐病，感丝黑穗病。

产量表现：两年区试生物产量平均亩产为 1 229.5 千克，比对照农大 108 增产 10.05%；2007 年生产试验生物产量亩产 1 203 千克，比对照农大 108 增产 3.96%。

栽培技术要点：北京地区春播或套种均可，适宜种植密度4 000~4 500株/亩。肥水管理以促为主，施好基肥、种肥，重施穗肥，酌施粒肥。及时防治病虫害，适时收获。在北部冷凉山区或早春播种时应该进行药剂拌种，预防黑粉病和丝黑穗的发生。

审定意见：暂无审定意见。

33. 品种名称：京科青贮 628（区试代号：K520）

审定编号：京审玉 2007010

申请者：北京市农林科学院玉米中心

育成单位：北京市农林科学院玉米中心

品种来源：MC0304×MC31

MC0304 是从（9042×京 89）×9046 群体中选株自交，之后经多代自交选育而成。MC31 是用 1145×1141 的 F_1 自交，之后经多代自交选育而成。

特征特性：在北京地区春播生育期 120 天，幼苗出叶快，芽鞘紫色，株型半紧凑，茎秆粗壮，气生根发达，抗倒性好。株高 310 厘米，穗位高 125 厘米。穗长 25 厘米，穗粗 5.0 厘米，穗行数 14~16。籽粒浅黄色，半马齿型，浅红轴，粒深 1.0 厘米；保绿性好，收获期单株叶片数为 15，收获期单株枯叶片数为 4.7。生物产量在两年区试平均亩产干重 1 277.8千克，比对照农大 108 增产 12.5%。从播种到收获 116 天，比对照晚 1 天。保绿性好，抗倒伏，抗大斑病、小斑病、弯孢菌叶斑病、丝黑穗病、矮花叶病、茎腐病。地上部中性洗涤纤维含量 47.63%，酸性洗涤纤维含量 19.47%，粗蛋白质含量 8.93%。

产量表现：两年区试生物产量平均亩产达 1 277.8 千克。比对照农大 108 增产 12.5%。生产试验生物产量平均亩产 1 273.0千克，比对照农大 108 增产 14.2%。

栽培技术要点：北京地区 5 月上旬播播种，3~4 叶展定苗，留苗密度4 000~4 500 株/亩。每亩施肥纯氮 10~15 千克，可全部播前深翻底施或 1/2 底施、1/2 在小喇叭口期追施，注意磷钾肥配合，9 月中、下旬适时收获。

审定意见：暂无审定意见。

34. 品种名称：农研青贮 1 号（区试代号：BF7516）

审定编号：京审玉 2007011

申请者：北京市农业技术推广站

育成单位：北京市农业技术推广站

品种来源：W7 黄×W516

母本“W7 黄”是北京市种子公司（现划归北京市农业技术推广站）于 1999 年冬以“黄 C×7922”为基础材料连续自交选育而成。父本“W516”是北京市种子公司（现划归北京市农业技术推广站）于 1999 年冬以“昌 7-2×丹 598”为基础材料连续自交选育而成。

特征特性：在北京地区春播生育期 114 天，比对照早熟 2 天。株型半紧凑，株高 290 厘米，穗位 130 厘米，持绿性中等，收获期单株叶片数平均为 15.6，收获期单株枯叶片数平均为 5.3。接种鉴定抗玉米大斑病、小斑病、弯孢菌叶斑病，感矮花叶病、茎腐病、丝黑穗病。地上部中性洗涤纤维 43.00%，酸性洗涤纤维 17.21%，粗蛋白质 9.01%。

产量表现：区试生物产量平均亩产 1 202.5千克，比对照农大 108 增产 5.26%。

栽培技术要点：一般种植密度4 000株/亩为宜，套种或直播均可，肥水管理上以促为主，施好基肥、种肥，重施穗肥，酌施粒肥，及时防治病虫害。应通过包衣或拌种预防丝黑穗病。

审定意见：暂无审定意见。

35. 品种名称：北农青贮 208

审定编号：京审玉 2007012

申请者：北京农学院植物科技系

育成单位：北京农学院植物科技系

品种来源：2193×7922

母本 2193 选自美国杂交种 78599。父本 7922 为外引系，选自美国杂交种 3382，由辽宁省铁岭市农业科学院育成。

特征特性：北京地区春播播种至最佳收获期 118 天左右，比对照晚 3 天。株型半紧凑，株高 324 厘米，穗位高 163 厘米，茎秆柔韧，叶片较宽，叶色浓绿，持绿性好，收获期单株绿叶数 13.1，收获期单株枯叶数 2.9。穗长 19~22 厘米，穗行数 14~16。籽粒黄色，半硬粒型，千粒重 348 克。接种鉴定抗玉米大斑病、小斑病、弯孢菌叶斑病、矮花叶病，感茎腐病、丝黑穗病。地上部中性洗涤纤维含量 44.43%，酸性洗涤纤维含量 17.18%，粗蛋白质含量 9.63%。

产量表现：区试生物产量平均亩产 1 339.5千克，比对照农大 108 增产 18.2%。

栽培技术要点：北京地区最适播期 4 月下旬到 5 月上旬，最适种植密度为4 000~4 500株/亩，高肥力地块可适当增加密度，最高不超过5 500株/亩。套种或直播均可，施好基肥、种肥，重施穗肥，酌施粒肥，及时防治病虫害，适时收获。前期蹲苗，可有效防止倒伏。

审定意见：暂无审定意见。

36. 品种名称：三元青贮 2 号

审定编号：京审玉 2007013

申请者：北京三元农业种业分公司

育成单位：北京三元农业种业分公司

品种来源：旺 406×781

母本旺 406 是本公司（原东北旺科技站）从原北京农业大学 94406 的后代经定向选育而成。父本 781 是以外引材料京七黄和自选系矮 81 的杂交后代，经自交选育而成。

特征特性：北京地区播种至收获生育期 119 天，抽雄、吐丝比农大 108 晚 4 天，该品种植株高 310~320 厘米，穗位高 150~155 厘米，叶片数 24 片，茎粗 3~3.5 厘米，株型半紧凑，果穗长 19~20 厘米，近锥形，行数 12~14，果穗粗 5 厘米，穗轴白色，籽粒黄色，顶白、浅马齿型，千粒重 300~330 克，田间表现成株叶色深绿，持绿性好，抗倒性好，接种鉴定抗玉米大斑病、小斑病、弯孢菌叶斑病、矮花叶病、茎腐病，感丝黑穗病。地上部中性洗涤纤维含量 43.29%，酸性洗涤纤维含量 18.66%，粗蛋白质含量 9.62%。

产量表现：区试生物产量干重平均亩产 1 298.5 千克，比对照农大 108 增产 13.61%。

栽培技术要点：播前晒种，适墒播种。力争全苗。播前施足底肥，侧重大喇叭口期追氮肥一次。冷凉地区应通过包衣或药剂拌种预防丝黑穗病。种植密度 4 200~4 300株/亩，管理同大田一般。

审定意见：暂无审定意见。

37. 品种名称：京延青贮 1 号（区试代号：青饲 1 号）

审定编号：京审玉 2006014

申请者：北京市延庆县种子公司

育成单位：北京市延庆县种子公司

品种来源：541×7863

母本 541 是延庆县种子公司用 7922×478 杂交后与 7922 回交一次，经多代连续自交 5 代后于 2001 年选育而成。父本 7863 是延庆县种子公司用 5003×丹 340 的 F_1 代与丹 340 回交一次，经过连续自交 6 代后于 2000 年选育而成。

特征特性：该品种属春播青贮玉米品种。北京地区春播从播种至收获 115 天，幼苗叶鞘淡紫色，第一叶椭圆形，成株株型半紧凑，叶色浓绿，叶片较宽，收获期单株叶片数为 15.1，收获期单株枯叶片数为 4.0。株高 288~300 厘米，穗位 123~135 厘米，雄穗分枝 12~14 个，花药为杏黄色，花丝为绿色，雌雄较协调，花粉量较大，果穗为长筒形，穗长 24 厘米，穗粗 5.8 厘米，穗行数 18~20 行，穗轴白色，籽粒黄色，半马齿型。经接种鉴定抗大斑病、小斑病，感弯孢叶斑病、丝黑穗和矮花叶病、茎腐病。田间综合抗病性较好，保绿性好。中性洗涤纤维含量 46.6%，酸性洗涤纤维含量 23.7%，粗蛋白质含量 8.8%。

产量表现：区试生物学产量干重平均亩产 1 222千克。比对照农大 108 增产 5.8%。生物学产鲜重平均亩产 3 901千克，比对照农大 108 增产 24.74%。生产试验生物学产量干重平均亩产1 401千克，比对照农大 108 增产 17.56%。

栽培技术要点：该品种有较广的适应性，对水肥要求不太严格，一般适宜的种植密度为4 000株/亩左右，平播与套种均可。要注意施好底肥、种肥和追肥。注意防倒伏，对丝黑穗病可通过种子包衣或药剂拌种等措施进行预防。

审定意见：暂无审定意见。

38. 品种名称：高油青贮 1 号

审定编号：京审玉 2005021

申请者：中国农业大学国家玉米改良中心

育成单位：中国农业大学国家玉米改良中心

品种来源：C886×SY2985（或 SY2985×C886）

C886 是 87-1 与 1145 杂交的 F_1 再与 1147 回交后代的选系，SY2985 是从高油群体 SYNDO 中选育的高油系。

特征特性：青贮玉米单交种。北京地区春播播种至青饲采收 113.3 天。平展株型，植株高大繁茂，株高为 325 厘米，穗位为 145 厘米。持绿性好，收获期单株叶片数 17.1，收获期单株枯叶片数 4.3。果穗筒形，穗长 22 厘米，穗行数 16~18，千粒重 350 克左右，籽粒半硬粒，含油量 8.1%左右。青贮品质优良，植株地上部中性洗涤纤维含量平均为 44.32%，酸性洗涤纤维含量平均为 23.46%，粗蛋白质含量 8.10%，含油量 8.1%。接种鉴定抗大斑病、小斑病、茎腐病、弯孢菌叶斑病，感丝黑穗病。抗倒性强。

产量表现：区域试验平均生物产量（干重）1 207千克/亩，比对照农大 108 增产 9.53%。生产试验平均生物产量（干重）1 248千克/亩，比对照农大 108 增产 11.24%。

栽培技术要点：具有较好的耐瘠性和耐旱性，对水肥没有严格要求，适应区较广。栽培密度在3 500~4 000株/亩。注意防治丝黑穗病。

审定意见：暂无审定意见。

39. 品种名称：中科青贮 1 号（区试代号：ZK65301）

审定编号：京审玉 2005022

申请者：北京中科华泰科技有限公司、河南科泰种业有限公司

育成单位：北京中科华泰科技有限公司、河南科泰种业有限公司

品种来源：CT02×CT203

CT02 是以（丹 9046×掖 8112）×90-8 为基础材料，经多代自交育成。CT203 是以（丹 340×掖 52106）为基础材料，经多代自交选育而成。

特征特性：青贮玉米单交种。北京地区春播播种至青饲采收 112.6 天。株型半紧凑，叶色中绿，茎秆较粗壮。全株叶片 21~22 片，平均株高 312 厘米，穗位 130 厘米。雄穗主轴与分枝的角度为中大，雄穗侧枝较长；花药淡紫色；花丝浅紫色。果穗粗大，籽粒半马齿型，黄色，红轴。苗期长势较旺。纤维品质优良，植株地上部中性洗涤纤维含量平均为 43.39%，酸性洗涤纤维含量平均为 21.14%，粗蛋白质含量 6.61%。接种鉴定抗大斑病、小斑病、茎腐病、弯孢菌叶斑病，感丝黑穗病、矮花叶病。抗倒性较好。

产量表现：区试平均生物产量（干重）1 242千克/亩，比对照农大 108 增产

12.58%。区试平均生物产量（鲜重）3 446千克/亩。生产试验平均生物产量（干重）1 270千克/亩，比对照农大108增产13.64%。

栽培技术要点：适宜种植密度3 500~4 000株/亩。精细整地、足墒下种，确保一播全苗和苗匀苗壮。种子要进行包衣或药剂拌种，预防丝黑穗病。肥水管理上苗期注意适当蹲苗，提高抗倒性。施好基肥、种肥，重施拔节期肥（氮磷钾微肥配合）。注意浇好抽雄水；遇到多雨寡照气候，要及时中耕散墒，降低田间湿度，预防和减轻病虫害发生；及时防治病虫害。

审定意见：暂无审定意见。

40. 品种名称：怀研青贮6号（区试代号：怀研6号）

审定编号：京审玉2005023

申请者：北京万农种子研究所有限公司

育成单位：北京万农种子研究所有限公司

品种来源：PN1×GY1145-4

PN1是以5003为母本，用478、自330、多79等自交系花粉混合杂交为基础材料，连续自交育成。GY1145-4是以1145单繁田中的一个杂株为基础材料，连续自交育成。

特征特性：青贮玉米单交种。北京地区春播播种至青饲采收113.3天。株型紧凑、叶片半上冲，株高270厘米，穗位高120厘米。穗长20厘米，穗粗5.1厘米，穗行数16~18行。籽粒黄色，硬粒型，千粒重350克。植株地上部中性洗涤纤维含量44.05%，酸性洗涤纤维含量23.03%，粗蛋白质含量9.03%。接种鉴定抗大斑病、小斑病、丝黑穗病、矮花叶病和茎腐病，感丝黑穗病。抗倒性强，保绿性好。

产量表现：区试生物（干重）平均亩产量1 183千克，比对照农大108增产7.35%。生产试验生物（干重）平均亩产1 341千克，比对照农大108增产18.67%。

栽培技术要点：一般种植密度5 000株/亩为宜，套种或直播均可，肥水管理以促为主，施好基肥、种肥，重施穗肥，酌施粒肥，及时防治病虫害，适时晚收。应通过包衣或拌种预防丝黑穗病。

审定意见：暂无审定意见。

41. 品种名称：北青贮一号（区试代号：北饲1号）

审定编号：京审玉2005024

选育单位：北京市兴业玉米高新技术研究所

品种来源：BX120×BX121

BX120选自齐319变异株；BX121选自H21变异株。

特征特性：青贮玉米单交种。北京地区春播播种至青饲采收113.3天左右，抽雄期、吐丝期比农大108稍晚。株型平展，植株繁茂，叶片宽大，株高为300厘米，穗位为135厘米。持绿性好，收获期单株叶片数为17.1，收获期单株枯叶片数为5.2。苗期长势中等，生长整齐。茎秆粗壮，抗倒性较好。果穗长筒形，穗长25厘米，穗粗6.5厘米，穗行数16~18，行粒数50，穗轴红色，籽粒黄白相间，半马齿型。青贮品质较好，植株地上部中性洗涤纤维含量44.8%，酸性洗涤纤维含量23.2%，粗蛋白质含量8.5%。接种鉴定抗大斑病、小斑病、弯孢菌叶斑病、抗茎腐病，感丝黑穗病和矮花叶病。抗倒性较强，保绿性好。

产量表现：区试生物产量（干重）1 186.7千克/亩，比对照农大108增产8.2%。生产试验生物产量（干重）1 263千克/亩，比对照农大108增产13.01%。

栽培技术要点：管理同一般大田生产，做青饲适宜种植密度为4 500株/亩，粮饲兼用时适宜种植密度为3 000株/亩。注意防治丝黑穗病。

适宜种植地区：北京地区春播种植。

42. 品种名称：北农青贮303（区试代号：北农303）

审定编号：京审玉2005025

申请者：北京农学院植物科学技术系

育成单位：北京农学院植物科学技术系

品种来源：H736760/2123

H736760是以86736/86760杂交组合为基础材料，经连续自交育成。2123是以从CIMMIT引进的POP14为基础材料，经连续自交育成。

特征特性：青贮玉米单交种。北京地区春播播种至青饲采收112.8天。苗期长势强，株型清秀，半紧凑，节间较长，叶片较宽，叶色浓绿，茎秆柔韧，株高300厘米，穗位100厘米。青贮品质较好，植株地上部中性洗涤纤维含量为41.94%，酸性洗涤纤维含量为20.91%，蛋白值含量为7.79%。接种鉴定抗大斑病、小斑病、弯孢菌叶斑病和茎腐病，感丝黑穗病和矮花叶病。抗倒性强，保绿性好。

产量表现：区试生物（干重）平均亩产量1 209.8千克，比对照农大108增产9.74%。生产试验生物（干重）平均亩产1 266千克，比对照农大108增产13.82%。

栽培技术要点：播种前应进行种子处理或包衣，防治丝黑穗病和矮花叶病。春播应适当晚播，最适播期5月10日左右，最适种植密度4 500~5 000株/亩。夏播尽量早播，适宜种植密度5 000~5 500株/亩。

审定意见：暂无审定意见。

43. 品种名称：三元青贮1号（区试代号：垦饲1号）

审定编号：京审玉2005026

申请者：北京三元农业有限公司种业分公司

育成单位：北京三元农业有限公司种业分公司

品种来源：406×21027

406是对原北京农业大学94406的后代定向选育而成。21027是以江苏农家种与自选系丰21的杂交后代为基础材料，经选株连续自交育成的自交系。

特征特性：青贮玉米单交种。北京地区春播播种至青饲采收113.3天左右，幼苗叶鞘紫色，叶片浓绿带紫晕，株高290厘米，穗位135厘米，叶片数25~26片，茎粗2.5~3厘米。株型半紧凑，果穗筒形，穗长23~24厘米，穗行数12~14行，果穗粗4.8~5厘米，穗轴红色，籽粒黄色，浅马齿型，千粒重330~350克。青贮品质较好，植株地上部中性洗涤纤维含量47.49%，酸性洗涤纤维含量25.81%，粗蛋白质含量8.99%。接种鉴定抗大斑病、小斑病、弯孢菌叶斑病，感丝黑穗病、茎腐病和矮花叶病。抗倒性较强，保绿性好。

产量表现：区试生物（干重）平均亩产量1 209.5千克，比对照农大108增产9.45%。生产试验生物（干重）平均亩产1 399千克，比对照农大108增产25.72%。

栽培技术要点：适于北京地区春播，也可在北京南部夏播，种植密度以4 500株/亩为宜。播前晒种，适墒播种，力争全苗。播前施足底肥，追肥前重后轻，注意大喇叭口期追施氮肥。加强栽培管理，合理施肥，避免偏施氮肥，及时中耕松土，注意雨季排涝。种子要进行包衣处理，预防茎腐病和丝黑穗病。

审定意见：暂无审定意见。

二、河北——青贮玉米品种审定信息（表2-3）

表2-3 冀审青贮玉米品种信息

序号	品种名称	审定编号	育成单位	停止推广年份
1	河农青贮256	冀审玉20209001号	河北农业大学 保定农丰种业经销有限公司	
2	方玉1201	冀审玉20209002号	河北德华种业有限公司	
3	方玉3201	冀审玉20209003号	河北德华种业有限公司	
4	祥玉19	冀审玉20209004号	河北德华种业有限公司 牡丹江市祥禾农业科学研究所	
5	祥玉19	冀审玉20199010号	河北德华种业有限公司 牡丹江市祥禾农业科学研究所	
6	隆丰211	冀审玉20199011号	甘肃隆丰祥种业有限公司	
7	兰德3318	冀审玉20180018号	河北兰德泽农种业有限公司	
8	秋硕008	冀审玉20180019号	河北秋硕种业有限公司	
9	巡青858	冀审玉20180020号	河北巡天农业科技有限公司	
10	东科301	冀审玉20180048号	辽宁东亚种业有限公司	
11	田丰318	冀审玉20180049号	张家口市田丰种业有限责任公司	
12	田丰青饲1号	冀审玉20180050号	张家口市田丰种业有限责任公司	
13	奔诚6号	冀审玉20170061号	河北奔诚种业有限公司	
14	宏瑞101	冀审玉20170062号	河北宏瑞种业有限公司	
15	津贮100	冀审玉20170063号	天津中天大地科技有限公司 河北大禹种业有限公司	
16	农研青贮2号	冀审玉20170064号	河间市国欣农村技术服务总会 北京市农业技术推广站	
17	洰丰185	冀审玉20170065号	河北洰丰种业有限公司 河北德农种业有限公司	
18	曲辰19号	冀审玉2014028号	云南曲辰种业有限公司	

（续表）

序号	品种名称	审定编号	育成单位	停止推广年份
19	华青 28	冀审玉 2013035 号	河北金科种业有限公司秦皇岛分公司	
20	双玉青贮 5 号	冀审玉 2012032 号	河北双星种业有限公司	
21	中瑞青贮 19	冀审玉 2010018 号	河北中谷金福农业科技有限公司	
22	桑草青贮 1 号	冀审玉 2010019 号	阳原县桑干河种业有限责任公司	
23	巡青 938	冀审玉 2009034 号	宣化巡天种业新技术有限责任公司	
24	长城饲玉 7 号	冀审玉 2009035 号	北京禾佳源农业技术开发有限公司	
25	东亚青贮 1 号	冀审玉 2009036 号	辽宁东亚种业有限公司	
26	青贮巡青 818	冀审玉 2008042 号	宣化巡天种业新技术有限责任公司	
27	青贮曲辰九号	冀审玉 2008043 号	云南曲辰种业有限公司	2015
28	青贮田青 88	冀审玉 2008044 号	张家口市田丰种业有限责任公司	2012
29	益农 103	冀审玉 2007032 号	北京益康农科技发展有限公司	2012
30	万青饲 1 号	冀审玉 2006045 号	河北省万全县华穗特用玉米种业有限责任公司	
31	巡青 518	冀审玉 2006046 号	宣化巡天种业新技术有限责任公司	

（一）2020 年河北审定品种

1. 品种名称：河农青贮 256

审定编号：冀审玉 20209001

申请者：河北农业大学

育成单位：河北农业大学、保定农丰种业经销有限公司

品种来源：DH66×R99

特征特性：幼苗叶鞘紫色。成株株型半紧凑，株高 298 厘米，穗位 127 厘米。从出苗到青贮收割 102 天左右。雄穗分枝 10 个，花药紫色，花丝红色。果穗筒形，穗轴红色。河北省农作物品种品质检测中心测定，2018 年，粗淀粉含量 23. 91%，中性洗涤纤维含量 44. 4%，酸性洗涤纤维含量 24. 2%，粗蛋白质含量 7. 86%；2019 年，粗淀粉（干基）含量 35. 71%，中性洗涤纤维含量 34. 9%，酸性洗涤纤维含量 19. 3%，粗蛋白质（干基）含量 8. 46%。河北省农林科学院植物保护研究所鉴定，2018 年，高抗禾谷镰孢茎腐病、禾谷镰孢穗腐病，抗小斑病，中抗弯孢叶斑病、南方锈病，感瘤黑粉病；2019 年，高抗禾谷镰孢茎腐病，抗弯孢叶斑病、瘤黑粉病，中抗小斑病、南方锈病。

产量表现：2018 年河北省夏播青贮组区域试验，平均亩生物产量 1 251. 6千克；2019 年自行开展区域试验，平均亩生物产量 1 653. 0千克。2019 年自行开展生产试验，平均亩生物产量1 287. 3千克。

栽培技术要点：夏播 6 月底前完成播种，适宜密度为5 000株/亩。一般亩施复合肥 30~40 千克作底肥，增施有机肥可调节土壤，最好农家肥与氮磷钾化学肥料配合施用，

拔节期亩追施尿素 35~40 千克。及时去除杂草，注意防治病虫害。

审定意见：该品种符合河北省玉米品种审定标准，审定通过。适宜在河北省邯郸市、邢台市、石家庄市、衡水市、沧州市，保定市中南部，夏播玉米区作青贮玉米种植。

2. 品种名称：方玉 1201

审定编号：冀审玉 20209002

申请者：河北德华种业有限公司

育成单位：河北德华种业有限公司

品种来源：F734×F716

特征特性：幼苗叶鞘紫色。成株株型半紧凑，株高 225 厘米，穗位 82 厘米，从出苗到青贮收割 93 天左右。雄穗分支 4~8 个，花药黄色，花丝浅紫色。果穗筒形，穗轴红色，穗长 18.5 厘米，穗行数 16~18。籽粒黄色，半马齿型。河北省农作物品种品质检测中心测定，2018 年，粗淀粉（干基）40.22%，中性洗涤纤维 38.4%，酸性洗涤纤维 21.0%，粗蛋白质（干基）7.92%；2019 年，粗淀粉（干基）42.45%，中性洗涤纤维 32.8%，酸性洗涤纤维 17.7%，粗蛋白质（干基）7.00%。河北省农林科学院植物保护研究所鉴定，2018 年，中抗大斑病、弯孢叶斑病，感小斑病、瘤黑粉病、南方锈病、禾谷镰孢穗腐病、禾谷镰孢茎腐病；2019 年，高抗禾谷镰孢茎腐病，抗弯孢叶斑病，感小斑病、禾谷镰孢穗腐病，高感瘤黑粉病。

产量表现：2018 年自行开展河北省早春青贮玉米组区域试验，平均亩生物产量 807.4 千克；2019 年同组区域试验，平均亩生物产量 914.8 千克。2019 年生产试验，平均亩生物产量 933.1 千克。

栽培技术要点：适宜播期为 3 月 15—30 日，适宜密度为5 500株/亩，高水肥地块可6 000~6500 株/亩。亩施控释肥或复混肥 40~50 千克作底肥，拔节期、大喇叭口期分别亩追施尿素 10 千克，抽雄后亩追施尿素 15~20 千克。地膜覆盖效果好，用播种一体机播种、施肥、覆膜、喷药一次作业完成。播种前使用苗前除草剂进行封闭除草，未进行封闭除草或封闭失败的田块，在玉米 3~5 叶期用苗后除草剂在玉米行间杂草上定向喷雾，应做到不重喷、不漏喷，以土壤表面湿润为宜。同时应注意防止除草剂药害。瘤黑粉病重发区慎用。

审定意见：该品种符合河北省玉米品种审定标准，审定通过。适宜在河北省秦皇岛市、唐山市、廊坊市、保定市及其以南地区作青贮玉米春播种植。

3. 品种名称：方玉 3201

审定编号：冀审玉 20209003

申请者：河北德华种业有限公司

育成单位：河北德华种业有限公司

品种来源：F967×H05

特征特性：幼苗叶鞘紫色。成株株型半紧凑，株高 284 厘米，穗位 104 厘米，从出苗到青贮收割 99 天左右。雄穗分支 2~7 个，花药浅紫色，花丝绿色。果穗锥形，穗轴红色，穗长 18.2 厘米，穗行数 16。籽粒黄色，马齿型。河北省农作物品种品质检测中心测定，2018 年，粗淀粉（干基）44.38%，中性洗涤纤维 32.1%，酸性洗涤纤维 15.9%，粗蛋白质（干基）7.76%；2019 年，粗淀粉（干基）37.11%，中性洗涤纤维 36.8%，酸性洗涤纤维 21.3%，粗蛋白质（干基）7.54%。河北省农林科学院植物保护研究所鉴定，2018 年，高抗禾谷镰孢茎腐病，中抗小斑病、弯孢叶斑病、禾谷镰孢穗腐病、南方锈病，感大斑病，高感瘤黑粉病；2019 年，高抗禾谷镰孢茎腐病、瘤黑粉病，抗弯孢叶斑病、禾谷镰孢穗腐病，中抗小斑病。

产量表现：2018 年自行开展河北省早春青贮玉米组区域试验，平均亩生物产量 848.0 千克；2019 年同组区域试验，平均亩生物产量 968.3 千克。2019 年生产试验，平均亩生物产量 989.6 千克。

栽培技术要点：适宜播期为 3 月 15—30 日，适宜密度为5 500株/亩。亩施控释肥或复混肥 40~50 千克作底肥，拔节期、大喇叭口期分别亩追施尿素 10 千克，抽雄后亩追施尿素 15~20 千克。地膜覆盖效果好。播种前使用苗前除草剂进行封闭除草，未进行封闭除草或封闭失败的田块，在玉米 3~5 叶期用苗后除草剂在玉米行间杂草上定向喷雾，应做到不重喷、不漏喷，以土壤表面湿润为宜。同时应注意防止除草剂药害。

审定意见：该品种符合河北省玉米品种审定标准，审定通过。适宜在河北省秦皇岛市、唐山市、廊坊市、保定市及其以南地区作青贮玉米春播种植。

4. 品种名称：祥玉 19

审定编号：冀审玉 20209004

申请者：河北德华种业有限公司

育成单位：河北德华种业有限公司、牡丹江市祥禾农业科学研究所

品种来源：X19×X10

特征特性：幼苗叶鞘浅紫色。成株株型半紧凑，株高 273 厘米，穗位 95 厘米，从出苗到青贮收割 100 天左右。雄穗分支 4~9 个，花药黄色，花丝浅紫色。果穗筒形，穗轴红色，穗长 20.6 厘米，穗行数 14~16。籽粒黄色，半马齿型。河北省农作物品种品质检测中心测定，2018 年，粗淀粉（干基）34.88%，中性洗涤纤维 43.7%，酸性洗涤纤维 22.1%，粗蛋白质（干基）7.34%；2019 年，粗淀粉（干基）44.62%，中性洗涤纤维 30.4%，酸性洗涤纤维 16.2%，粗蛋白质（干基）7.94%。河北省农林科学院植物保护研究所鉴定，2018 年，中抗大斑病、小斑病、弯孢叶斑病、瘤黑粉病、禾谷镰孢茎腐病、南方锈病，高感禾谷镰孢穗腐病；2019 年，高抗瘤黑粉病、禾谷镰孢茎腐病，抗弯孢叶斑病，中抗禾谷镰孢穗腐病，感小斑病。

产量表现：2018 年自行开展河北省早春青贮玉米组区域试验，平均亩生物产量 796.6 千克；2019 年同组区域试验，平均亩生物产量 933.5 千克。2019 年生产试验，平均亩生物产量 954.5 千克。

栽培技术要点：适宜播期为 4 月 20 日至 5 月 10 日，适宜密度为6 000株/亩。足墒下种，一播全苗，亩施控释肥或复混肥 40~50 千克作底肥，喇叭口期亩追施尿素 25 千克。注意防治田间杂草。

审定意见：该品种符合河北省玉米品种审定标准，审定通过。适宜在河北省秦皇岛市、唐山市、廊坊市、保定市及其以南地区作青贮玉米春播种植。

（二）2019年河北审定品种

1. 品种名称：祥玉19

审定编号：冀审玉20199010

申请者：河北德华种业有限公司

育成单位：河北德华种业有限公司、牡丹江市祥禾农业科学研究所

品种来源：X19×X10

特征特性：幼苗叶鞘紫色。成株株型半紧凑，株高268厘米，穗位92厘米，从出苗到青贮收割95天左右。雄穗分枝5~7个，花药黄色，花丝浅紫色。果穗筒形，穗轴红色，穗长20.6厘米，穗行数14~16。籽粒黄色，半马齿型。2017年北京农学院植物科学技术学院测定，淀粉含量35.78%，中性洗涤纤维含量36.65%，酸性洗涤纤维含量12.33%，粗蛋白质含量8.24%；2018年河北省农作物品种品质检测中心测定，粗淀粉（干基）含量49.55%，中性洗涤纤维含量28.0%，酸性洗涤纤维含量14.2%，粗蛋白质（干基）含量6.82%。2017年黑龙江省农业科学院植物保护研究所鉴定，抗茎腐病，中抗丝黑穗病、灰斑病、穗腐病，感大斑病；2018年吉林省农业科学院植物保护研究所鉴定，中抗茎腐病，感大斑病、弯孢叶斑病、丝黑穗病、玉米螟。

产量表现：2017年自行开展河北省北部农牧交错区饲用早熟组区域试验，平均亩生物产量1 124.7千克；2018年同组区域试验，平均亩生物产量1 078.1千克。2018年生产试验，平均亩生物产量1 073.6千克。

栽培技术要点：适宜播期为4月20日至5月10日，适宜密度为6 000株/亩左右。足墒播种，一播全苗。施足底肥，亩施控释肥或复合肥40~50千克，喇叭口期亩追施尿素25千克。注意防治病虫害。

审定意见：该品种符合河北省玉米品种审定标准，审定通过。适宜在河北省张家口市、承德市北部早熟区作春播饲用玉米种植。

2. 品种名称：隆丰211

审定编号：冀审玉20199011

申请者：河北德华种业有限公司

育成单位：甘肃隆丰祥种业有限公司

品种来源：H3×G12-1

特征特性：幼苗叶鞘紫色。成株株型半紧凑，株高276厘米，穗位90厘米，从出苗到青贮收割98天左右。雄穗分支3~7个，花药黄色，花丝红色。果穗筒形，穗轴红色，穗长23.0厘米，穗行数16左右，籽粒黄色，马齿型。2017年北京农学院植物科学技术学院测定，淀粉含量34.17%，中性洗涤纤维含量32.49%，酸性洗涤纤维含量12.46%，粗蛋白质含量8.21%；2018年河北省农作物品种品质检测中心测定，粗淀粉（干基）含量37.65%，中性洗涤纤维含量40.6%，酸性洗涤纤维含量20.5%，粗蛋白质（干基）含量7.65%。吉林省农业科学院植物保护研究所鉴定，2017年，中抗丝黑穗病、茎腐病、玉米螟，感大斑病、弯孢叶斑病；2018年，中抗大斑病、茎腐病、玉米螟，感弯孢叶斑病、丝黑穗病。

产量表现：2017年自行开展河北省北部农牧交错区饲用中早熟组区域试验，平均

亩生物产量1 158.7千克；2018年同组区域试验，平均亩生物产量1 068.5千克。2018年生产试验，平均亩生物产量1 083.7千克。

栽培技术要点：适宜播期为4月10日至5月10日，适宜密度为5 000株/亩左右。亩施农家肥2 000千克或磷酸二铵15~20千克、氯化钾10千克、尿素10~15千克，拔节期结合浇水亩追施尿素20千克，抽雄期或灌浆期结合浇水亩追施尿素20千克。注意防治病虫害。

审定意见：该品种符合河北省玉米品种审定标准，审定通过。适宜在河北省张家口市、承德市中北部中早熟区作春播饲用玉米种植。

（三）2018年河北审定品种

1. 品种名称：兰德3318

审定编号：冀审玉20180018

申请者：河北兰德泽农种业有限公司

育成单位：河北兰德泽农种业有限公司

品种来源：兆玉18×兆糯121

特征特性：幼苗叶鞘紫色。成株株型半紧凑，株高279厘米，穗位113厘米，全株叶片19~21片。生育期101天左右。雄穗分枝13~14个，花药黄色，花丝浅红色。果穗筒形，穗轴粉色，籽粒黄色，半硬粒型。收获时籽粒乳线47.4%。2016年河北省农作物品种品质检测中心测定，蛋白质8.84%，淀粉26.68%，中性洗涤纤维51.20%，酸性洗涤纤维25.28%。河北省农林科学院植物保护研究所鉴定，2015年，中抗小斑病、大斑病、弯孢叶斑病、茎腐病、丝黑穗病、纹枯病；2016年，抗小斑病，中抗弯孢叶斑病，茎腐病田间自然发病表现为高抗。

产量表现：2015年河北省夏播青贮组区域试验，平均亩产生物产量1 211.71千克；2016年同组区域试验，平均亩产生物产量1 178.8千克；2017年生产试验，平均亩产生物产量1 184.2千克。

栽培技术要点：适宜播期为6月上旬，适宜密度为5 000株/亩。一般在4~5片叶时定苗，定苗后加强管理。施足底肥，大喇叭口期亩追施尿素20~25千克，及时浇灌，适墒浇水。后期注意防治病虫害。

审定意见：该品种符合河北省玉米品种审定标准，通过审定。适宜在河北省邯郸市、邢台市、石家庄市、衡水市、沧州市，保定市中南部，夏播玉米区作青贮玉米种植。

2. 品种名称：秋硕008

审定编号：冀审玉20180019

申请者：河北秋硕种业有限公司

育成单位：河北秋硕种业有限公司

品种来源：XTA1621×XTB88

特征特性：幼苗叶鞘红色。成株株型较平展，株高291厘米，穗位137厘米，全株叶片数21片。生育期102天左右。雄穗分枝8个，花药黄色，花丝绿色。果穗筒形，穗轴红色，籽粒黄色，硬粒型。收获时籽粒乳线47.1%。2016年河北省农作物品种品质检测中心测定，蛋白质 8.94%，淀粉 24.83%，中性洗涤纤维 53.57%，酸性洗涤纤维 27.44%。河北省农林科学院植物保护研究所鉴定，2015 年，抗大斑病、弯孢叶斑病，中抗小斑病、茎腐病，感丝黑穗病、纹枯病；2016 年，抗弯孢叶斑病，中抗小斑病，茎腐病田间自然发病表现为高抗。

产量表现：2015 年河北省夏播青贮玉米组区域试验，平均亩产生物产量1 237.74千克；2016 年同组区域试验，平均亩产生物产量1 151.1千克；2017 年生产试验，平均亩产生物产量1 288.9千克。

栽培技术要点：适宜播期为 6 月 10 日左右，适宜密度为5 000株/亩。播种时亩施缓（控）释肥 40~50 千克，生育期间遇旱或发生虫害及时浇水、防治。

审定意见：该品种符合河北省玉米品种审定标准，通过审定。适宜在河北省邯郸市、邢台市、石家庄市、衡水市、沧州市，保定市中南部，夏播玉米区作青贮玉米种植。

3. 品种名称：巡青 858

审定编号：冀审玉 20180020

申请者：河北巡天农业科技有限公司

育成单位：河北巡天农业科技有限公司

品种来源：H41810×H41415

特征特性：幼苗叶鞘浅紫色。成株株型紧凑，株高 291 厘米，穗位 110 厘米，全株叶片数 21 片左右。生育期 100 天左右。雄穗分枝 10 个，花药黄色，花丝绿色。果穗筒形，穗轴白色，籽粒黄色，半马齿型。收获时籽粒乳线 50.8%。2017 年河北省农作物品种品质检测中心测定，蛋白质 6.38%，淀粉 35.28%，中性洗涤纤维 45.31%，酸性洗涤纤维 22.47%。河北省农林科学院植物保护研究所鉴定，2015 年，抗小斑病、弯孢叶斑病，中抗茎腐病，感大斑病、丝黑穗病、纹枯病；2017 年，高抗镰孢茎腐病，中抗小斑病、弯孢叶斑病，感禾谷镰孢穗腐病。

产量表现：2015 年河北省夏播青贮玉米组区域试验，平均亩产生物产量1 219.23千克；2017 年同组区域试验，平均亩产生物产量1 199.6千克；2017 年生产试验，平均亩产生物产量1 215.4千克。

栽培技术要点：适宜播期为 6 月中旬，适宜密度为5 000株/亩。亩施有机肥1 000~2 000千克或三元复合肥 25 千克、锌肥 1 千克作底肥，大喇叭口期结合浇水亩施尿素 15 千克，授粉结束后增施粒肥以提高粒重。

审定意见：该品种符合河北省玉米品种审定标准，通过审定。适宜在河北省邯郸市、邢台市、石家庄、衡水市、沧州市，保定市中南部，夏播玉米区作青贮玉米种植。

4. 品种名称：东科 301

审定编号：冀审玉 20180048

申请者：辽宁东亚种业有限公司

育成单位：辽宁东亚种业有限公司

品种来源：东 3887×东 3578

特征特性：幼苗叶鞘紫色。成株株型紧凑，株高 246 厘米，穗位 107 厘米，全株叶片数 21 片。生育期 100 天左右。雄穗分枝 10～15 个，花药紫色，花丝深紫色。果穗筒形，穗轴白色，籽粒黄色，马齿型。2016 年北京农学院品质检验结果，淀粉含量 18.85%，中性洗涤纤维含量 52.04%，酸性洗涤纤维含量 22.71%，粗蛋白质含量 8.24%。吉林省农业科学院植物保护研究所鉴定，2016 年，高抗茎腐病，抗大斑病、弯孢叶斑病，中抗丝黑穗病、玉米螟；2017 年，抗玉米螟、茎腐病，中抗大斑病，感弯孢叶斑病、丝黑穗病。

产量表现：2015 年张家口春播青贮组区域试验，平均亩产生物产量 1 011.6千克；2016 年同组区域试验，平均亩产生物产量 776.2 千克；2016 年生产试验，平均亩产生物产量 930.8 千克。

栽培技术要点：适宜播期为 5 月 15 日左右，适宜密度为6 000株/亩。亩施农家肥 2 000～3 000千克，控释肥 20～30 千克作底肥，合理追施氮、磷化肥及叶面肥。收获前 20 天禁用农药，保证青贮料安全。

审定意见：该品种符合河北省玉米品种审定标准，通过审定。适宜在河北省张家口市坝下丘陵及河川春播区作青贮玉米种植。

5. 品种名称：田丰 318

审定编号：冀审玉 20180049

申请者：张家口市田丰种业有限责任公司

育成单位：张家口市田丰种业有限责任公司

品种来源：Z1113×Z1118

特征特性：幼苗叶鞘紫色。成株株型紧凑，株高 259 厘米，穗位 99 厘米，全株叶片数 21 片。生育期 104 天左右。雄穗分枝 10 个左右，花药黄色，花丝红色。果穗筒形，穗轴红色，籽粒黄色，半硬粒型。2017 年北京农学院品质检验结果，淀粉含量 16.84%，中性洗涤纤维含量 53.24%，酸性洗涤纤维含量 31.52%，粗蛋白质含量 9.03%。吉林省农业科学院植物保护研究所鉴定，2016 年，抗大斑病，中抗茎腐病、玉米螟，感弯孢叶斑病、丝黑穗病；2017 年，中抗玉米螟、茎腐病，感弯孢叶斑病、丝黑穗病、大斑病。

产量表现：2015 年张家口春播青贮组区域试验，平均亩产生物产量 1 007.3千克；2016 年同组区域试验，平均亩产生物产量 841.3 千克；2017 年生产试验，平均亩产生物产量 1 335.0千克。

栽培技术要点：适宜播期为 5 月初至 5 月下旬，适宜密度为6 000株/亩。亩施复合肥 20～30 千克作底肥，大喇叭口期亩追施尿素 20～30 千克，及时浇水，注意防治病虫害。

审定意见：该品种符合河北省玉米品种审定标准，通过审定。适宜在河北省张家口坝下丘陵及河川春播区做青贮玉米种植。

6. 品种名称：田丰青饲 1 号

审定编号：冀审玉 20180050

申请者：张家口市田丰种业有限责任公司

育成单位：张家口市田丰种业有限责任公司

品种来源：S302×F80

特征特性：幼苗叶鞘紫色。成株株型紧凑，株高 264 厘米，穗位 119 厘米，全株叶片数 21 片左右。生育期 102 天左右。雄穗分枝 7 个左右，花药浅紫色，花丝粉红色。果穗长筒形，穗轴白色，籽粒黄色，半马齿型。2016 年北京农学院品质检验结果，淀粉含量 18. 96%，中性洗涤纤维含量 51. 45%，酸性洗涤纤维含量 23. 32%，粗蛋白质含量 8. 59%。吉林省农业科学院植物保护研究所鉴定，2015 年，高抗茎腐病，中抗玉米螟，感弯孢叶斑病、丝黑穗病、大斑病；2016 年，高抗丝黑穗病，抗茎腐病，中抗玉米螟，感弯孢叶斑病、大斑病。

产量表现：2013 年张家口春播青贮组区域试验，平均亩产生物产量1 143. 2千克；2015 年同组区域试验，平均亩产生物产量1 104. 7千克；2016 年生产试验，平均亩产生物产量 805. 5 千克。

栽培技术要点：适宜播期为 4 月下旬至 5 月下旬，适宜密度为6 000株/亩。亩施复合肥 20~30 千克作底肥，大喇叭口期亩追施氮肥 20~30 千克，及时浇水，注意防治病虫害。

审定意见：该品种符合河北省玉米品种审定标准，通过审定。适宜在河北省张家口市坝下丘陵及河川春播区作青贮玉米种植。

（四）2017 年河北审定品种

1. 品种名称：奔诚 6 号

审定编号：冀审玉 20170061

申请者：河北奔诚种业有限公司

育成单位：河北奔诚种业有限公司

品种来源：G064×M137

特征特性：幼苗叶鞘紫色。成株株型半紧凑，株高 284 厘米，穗位 115 厘米，全株叶片数 22。生育期 102 天左右。持绿性好，花药黄色，花丝粉红色。果穗筒形，穗轴白色，籽粒黄色。收获时籽粒乳线 46. 2%，收获生物体干物质含量 22. 5%。2016 年河北省农作物品种品质检测中心测定，粗蛋白质 8. 02%，淀粉 33. 79%，中性洗涤纤维 48. 20%，酸性洗涤纤维 24. 03%。河北省农林科学院植物保护研究所鉴定，2015 年，中抗大斑病、弯孢叶斑病、茎腐病、丝黑穗病、纹枯病，抗小斑病；2016 年抗小斑病、弯孢叶斑病，茎腐病田间自然发病表现为高抗。

产量表现：2015 年河北省夏播青贮玉米组区域试验，平均亩产生物产量1 265. 0千克；2016 年同组区域试验，平均亩产生物产量1 234. 0千克；2016 年生产试验，平均亩产生物产量1 190. 61千克。

栽培技术要点：适宜播期为 6 月上中旬，适宜密度为5 000株/亩。亩施优质腐熟农家肥2 000千克或三元素复合肥 25 千克作底肥，拔节孕穗期亩追施尿素 25 千克。及时中耕除草，防治病虫害。

审定意见：该品种符合河北省玉米品种审定标准，通过审定。适宜在河北省邯郸市、邢台市、石家庄市、衡水市、沧州市，保定市中南部，夏播玉米区作青贮玉米种植。

2. 品种名称：宏瑞 101

审定编号：冀审玉 20170062

申请者：河北宏瑞种业有限公司

育成单位：河北宏瑞种业有限公司

品种来源：武 9087×武 8031

特征特性：幼苗叶鞘紫色。成株株型紧凑，株高 283 厘米，穗位 123 厘米。生育期 103 天左右。持绿性好，花药黄色，花丝黄色。果穗中间型，穗轴白色，籽粒黄色。收获时籽粒乳线 45.8%，收获生物体干物质含量 22.6%。2016 年河北省农作物品种品质检测中心测定，粗蛋白质 8.15%，淀粉 33.28%，中性洗涤纤维 48.51%，酸性洗涤纤维 24.54%。河北省农林科学院植物保护研究所鉴定，2015 年，中抗弯孢叶斑病、茎腐病、丝黑穗病，抗小斑病、大斑病、纹枯病；2016 年中抗弯孢叶斑病，抗小斑病，茎腐病田间自然发病表现为高抗。

产量表现：2015 年河北省夏播青贮玉米组区域试验，平均亩产生物产量1 260.6千克；2016 年同组区域试验，平均亩产生物产量1 244.2千克；2016 年生产试验，平均亩产生物产量1 219.51千克。

栽培技术要点：适宜播期为 6 月上中旬，适宜密度为5 000株/亩左右。施足底肥，拔节期和大喇叭口期及时追肥。及时中耕除草，防治病虫害。

审定意见：该品种符合河北省玉米品种审定标准，通过审定。适宜在河北省邯郸市、邢台市、石家庄市、衡水市、沧州市，保定市中南部，夏播玉米区作青贮玉米种植。

3. 品种名称：津贮 100

审定编号：冀审玉 20170063

申请者：天津中天大地科技有限公司、河北大禹种业有限公司

育成单位：天津中天大地科技有限公司、河北大禹种业有限公司

品种来源：TG11×GTX100

特征特性：幼苗叶鞘紫色。成株株型半紧凑，株高 307 厘米，穗位 131 厘米。生育期 102 天左右。持绿性好，花药黄色，花丝红色。果穗筒形，穗轴红色，籽粒黄色。收获时籽粒乳线 47.0%，收获生物体干物质含量 21.2%。2016 年河北省农作物品种品质检测中心测定，粗蛋白质 7.35%，淀粉 27.44%，中性洗涤纤维 52.17%，酸性洗涤纤维 28.58%。河北省农林科学院植物保护研究所鉴定，2015 年，高抗弯孢叶斑病，中抗小斑病、茎腐病，抗纹枯病，感大斑病，高感丝黑穗病；2016 年中抗小斑病，抗弯孢叶斑病，茎腐病田间自然发病表现为高抗。

产量表现：2015 年河北省夏播青贮玉米组区域试验，平均亩产生物产量1 214.2千克；2016 年同组区域试验，平均亩产生物产量1 162.6千克，2016 年生产试验，平均亩产生物产量1 129.14千克。

栽培技术要点：适宜播期为 6 月中旬，适宜密度为5 000株/亩。亩施复合肥 15~25 千克作底肥，拔节后亩追施尿素 15~25 千克。

审定意见：该品种符合河北省玉米品种审定标准，通过审定。适宜在河北省邯郸

市、邢台市、石家庄市、衡水市、沧州市，保定市中南部，夏播玉米区作青贮玉米种植。

4. 品种名称：农研青贮 2 号

审定编号：冀审玉 20170064

申请者：河间市国欣农村技术服务总会

育成单位：河间市国欣农村技术服务总会、北京市农业技术推广站

品种来源：B12C80-1×黄 572

特征特性：幼苗叶鞘紫色。成株株型紧凑，株高 292 厘米，穗位 117 厘米。生育期 101 天左右。持绿性较好，花药绿色，花丝粉红色。果穗长筒形，穗轴红色，籽粒黄色。收获时籽粒乳线 47. 8%，收获生物体干物质含量 21. 2%。2016 年河北省农作物品种品质检测中心测定，粗蛋白质 8. 28%，淀粉 35. 4%，中性洗涤纤维 54. 02%，酸性洗涤纤维 22. 91%。河北省农林科学院植物保护研究所鉴定，2015 年，中抗小斑病、大斑病，丝黑穗病，抗弯孢叶斑病，感茎腐病、纹枯病；2016 年中抗小斑病，抗弯孢叶斑病，茎腐病田间自然发病表现为中抗。

产量表现：2015 年河北省夏播青贮玉米组区域试验，平均亩产生物产量1 188. 9千克；2016 年同组区域试验，平均亩产生物产量1 146. 8千克；2016 年生产试验，平均亩产生物产量1 130. 06千克。

栽培技术要点：适宜播期为 6 月中旬，适宜密度为5 000株/亩。施足底肥，合理追肥，及时防治病虫害。

审定意见：该品种符合河北省玉米品种审定标准，通过审定。适宜在河北省邯郸市、邢台市、石家庄市、衡水市、沧州市，保定市中南部，夏播玉米区作青贮玉米种植。

5. 品种名称：洰丰 185

审定编号：冀审玉 20170065

申请者：河北洰丰种业有限公司、河北德农种业有限公司

育成单位：河北洰丰种业有限公司、河北德农种业有限公司

品种来源：K202×H122

特征特性：幼苗叶鞘浅紫色。成株株型半紧凑，株高 284 厘米，穗位 108 厘米。生育期 102 天左右。持绿性较好，花药浅紫色，花丝浅紫。果穗筒形，穗轴白色，籽粒黄色。收获时籽粒乳线 46. 3%，收获生物体干物质含量 23. 5%。2016 年河北省农作物品种品质检测中心测定，粗蛋白质 8. 0%，淀粉 35. 32%，中性洗涤纤维 48. 58%，酸性洗涤纤维 22. 67%。河北省农林科学院植物保护研究所鉴定，2015 年，中抗大斑病、丝黑穗病、纹枯病，抗小斑病、弯孢叶斑病，感茎腐病；2016 年中抗弯孢叶斑病，抗小斑病，茎腐病田间自然发病表现为高抗。

产量表现：2015 年河北省夏播青贮玉米组区域试验，平均亩产生物产量1 248. 1千克；2016 年同组区域试验，平均亩产生物产量1 136. 4千克；2016 年生产试验，平均亩产生物产量1 018. 03千克。

栽培技术要点：适宜播期为 6 月 10—20 日，适宜密度为5 000株/亩。追肥以前轻、

中重、后补为原则，采取稳氮、增磷、补钾的措施。苗期注意防治黏虫，喇叭口期防治玉米螟。

审定意见：该品种符合河北省玉米品种审定标准，通过审定。适宜在河北省邯郸市、邢台市、石家庄市、衡水市、沧州市，保定市中南部，夏播玉米区作青贮玉米种植。

（五）2014 年河北审定品种

品种名称：曲辰 19 号

审定编号：冀审玉 2014028 号

申请者：云南曲辰种业有限公司

育成单位：云南曲辰种业有限公司

品种来源：(M54×M30)×水 165-9

特征特性：幼苗叶鞘紫色。成株株型紧凑，株高 253 厘米，穗位 124 厘米，全株叶片数 21 片左右，出苗至青贮收获 96 天左右。雄穗分枝 8 个左右，花药浅紫色，花丝浅紫色，穗轴白色。籽粒黄色，半马齿型。2013 年北京农学院植物科学技术学院测定，中性洗涤纤维含量 55. 93%，酸性洗涤纤维含量 22. 41%，粗蛋白质含量 9. 30%。吉林省农业科学院植物保护研究所鉴定，2012 年，高抗丝黑穗病，抗茎腐病，感大斑病、弯孢叶斑病、玉米螟；2013 年，抗茎腐病，中抗弯孢叶斑病、丝黑穗病、玉米螟，感大斑病。

产量表现：2012 年张家口青贮玉米组区域试验，鲜重平均亩产4 169. 8千克，干重平均亩产 652. 1 千克。2013 年同组区域试验，鲜重平均亩产6 121. 9千克，干重平均亩产1 140. 8千克。2013 年生产试验，鲜重平均亩产5 564. 3千克，干重平均亩产1 221. 8千克。

栽培技术要点：适时播种。适宜密度为6 000株/亩左右，行距 60 厘米，株距 35 厘米，留双株。

审定意见：建议在河北省张家口市坝上及坝下丘陵青贮玉米区种植。

（六）2013 年河北审定品种

品种名称：华青 28

审定编号：冀审玉 2013035 号

申请者：河北金科种业有限公司秦皇岛分公司

育成单位：河北金科种业有限公司秦皇岛分公司

品种来源：SR1×G87

特征特性：幼苗叶鞘紫色，成株株型半紧凑。株高 232 厘米，穗位 112 厘米，全株叶片数 10~18 片，出苗至青贮收获 99 天左右。雄穗分枝 18~22 个，花药浅紫色，花丝粉红色。穗轴红色。籽粒黄色，半马齿型。2012 年北京农学院品质检验结果，中性洗涤纤维含量 56. 94%，酸性洗涤纤维含量 33. 15%，粗蛋白质含量 10. 42%。吉林省农业科学院植物保护研究所抗病鉴定结果：2011 年鉴定，高抗茎腐病；中抗丝黑穗病、弯孢叶斑病；感玉米螟。2012 年鉴定，高抗茎腐病；中抗玉米螟；感大斑病、弯孢叶斑病、丝黑穗病。

产量表现：2011年青贮玉米组区域试验，鲜重平均亩产4 806.3千克，干重平均亩产879.6千克。2012年同组区域试验，鲜重平均亩产3 952.5千克，干重平均亩产650.6千克。2012年生产试验，鲜重平均亩产3 576.1千克，干重平均亩产499.7千克。

栽培技术要点：适宜种植密度为4 500株/亩。播种时施足氮磷钾底肥，追肥不宜过早，大喇叭口期比较适宜。

审定意见：适宜河北省张家口市坝上及坝下丘陵青贮玉米区种植。

（七）2012年河北审定品种

品种名称：双玉青贮5号

审定编号：冀审玉2012032号

申请者：河北双星种业有限公司

育成单位：河北双星种业有限公司

品种来源：S78×S1859

特征特性：幼苗叶鞘紫色。成株株型半紧凑，株高232厘米，穗位113厘米，全株叶片数21片左右，出苗至青贮收获101天左右。雄穗分枝10~18个，花药紫色，花丝粉红色。穗轴白色。籽粒黄色，半马齿型。

产量表现：2010年张家口市青贮玉米组区域试验，鲜重平均亩产5 224千克，干重平均亩产977千克；2011年同组区域试验，鲜重平均亩产4 802千克，干重平均亩产836千克。2011年生产试验，鲜重平均亩产4 823千克，干重平均亩产878千克。

栽培技术要点：张家口坝上地区在5月1日左右适时播种，适宜密度5 000株/亩左右。播种时亩施磷酸二铵15千克，在12~13片可见叶时结合中耕培土，追施尿素35千克/亩。

审定意见：用于青贮，建议在河北省张家口坝上及坝下丘陵青贮玉米区种植。

（八）2010年河北审定品种

1. 品种名称：中瑞青贮19

审定编号：冀审玉2010018号

申请者：河北中谷金福农业科技有限公司

育成单位：河北中谷金福农业科技有限公司

品种来源：B12×A4

特征特性：幼苗叶鞘紫色。成株株型半紧凑，株高257厘米，穗位120厘米，全株叶片数21片左右，出苗至青贮收获101天左右。雄穗分枝12~20个，花药紫色，花丝粉红色。果穗筒形，穗轴红色，穗长23厘米，籽粒浅黄色。2009年北京农学院茎叶品质检验，中性洗涤纤维含量62.34%，酸性洗涤纤维含量28.98%，粗蛋白质含量10.19%。河北省农林科学院植物保护研究所鉴定，2008年高抗矮花叶病、茎腐病和瘤黑粉病，抗小斑病，中抗大斑病，感弯孢菌叶斑病。2009年抗大斑病和茎腐病，中抗小斑病和弯孢菌叶斑病，感瘤黑粉病和丝黑穗病，高感矮花叶病。

产量表现：2008年张家口市青贮玉米组区域试验，平均亩产鲜重5 298千克；2009年同组区域试验，平均亩产鲜重4 709千克。2009年生产试验，平均亩产鲜重4 509千克。

栽培技术要点：4 月中下旬。适宜密度5 000株/亩左右。播种时，亩施磷酸二铵 15 千克。在 12~13 片可见叶时，结合中耕培土，亩追施尿素 35 千克。

审定意见：建议在张家口市坝上及坝下丘陵青贮玉米区种植。

2. 品种名称：桑草青贮 1 号

审定编号：冀审玉 2010019 号

申请者：阳原县桑干河种业有限责任公司

育成单位：阳原县桑干河种业有限责任公司

品种来源：敦选 8 号×东陵白

特征特性：幼苗叶鞘绿色。成株株型半紧凑，株高 242 厘米，穗位 89 厘米，全株叶片数 21 片左右，出苗至青贮收获 101 天左右。雄穗分枝 28 个左右，花药淡黄色，花丝青色。果穗筒形，穗轴白色，穗长 23 厘米，籽粒白色。2009 年北京农学院茎叶品质检验结果，中性洗涤纤维含量 59.7%，酸性洗涤纤维含量 28.41%，粗蛋白质含量 10.93%。河北省农林科学院植物保护研究所鉴定，2008 年抗茎腐病和弯孢菌叶斑病，中抗大斑病，感瘤黑粉病和小斑病，高感矮花叶病。2009 年抗大斑病和茎腐病，中抗弯孢菌叶斑病，感小斑病，高感瘤黑粉病和矮花叶病。

产量表现：2008 年张家口市青贮玉米组区域试验，平均亩产鲜重4 736千克；2009 年同组区域试验，平均亩产鲜重4 133千克。2009 年生产试验，平均亩产鲜重4 447 千克。

栽培技术要点：一般肥力情况下种植密度5 500~6 000株/亩，亩施有机肥2 500千克、磷酸二铵 15 千克作底肥。在小喇叭口期亩追施尿素 10~15 千克。

审定意见：建议在张家口市坝上及坝下丘陵青贮玉米区种植。

（九）2009 年河北审定品种

1. 品种名称：巡青 938

审定编号：冀审玉 2009034 号

申请者：宣化巡天种业新技术有限责任公司

育成单位：宣化巡天种业新技术有限责任公司

品种来源：X32×T38

特征特性：幼苗叶鞘紫色。株型半紧凑，株高 281 厘米，穗位 120 厘米，全株叶片数 25 片左右，出苗至青贮收获 100 天左右。雄穗分枝 10~15 个，花药黄色，花丝粉红色。果穗锥形，苞叶较长，穗轴红色。籽粒黄色。2008 年北京农学院测定秸秆品质，中性洗涤纤维 54.23%，酸性洗涤纤维 27.04%，粗蛋白质含量 9.37%。河北省农林科学院植物保护研究所鉴定，2007 年抗丝黑穗病，中抗大斑病、矮花叶病、茎腐病和弯孢霉叶斑病，感小斑病，高感瘤黑粉病。2008 年中抗矮花叶病、茎腐病和丝黑穗病，感大斑病、小斑病和弯孢霉叶斑病，高感瘤黑粉病。

产量表现：2007 年张家口市青贮玉米组区域试验，平均亩产鲜重4 663.4千克；2008 年同组区域试验，平均亩产鲜重4 962千克。2008 年生产试验，平均亩产鲜重4 976.8千克。

栽培技术要点：5 厘米地温稳定通过 12℃ 时播种，适宜种植密度6 000~

8 000 株/亩。底肥施农家肥1 000～2 000千克/亩，或氮磷钾三元复合肥 25 千克/亩，10～12 片叶重施拔节肥，施尿素 15 千克/亩。

审定意见：用于青贮，建议在河北省张家口市坝上青贮玉米区种植。

2. 品种名称：长城饲玉 7 号

审定编号：冀审玉 2009035 号

申请者：北京禾佳源农业技术开发有限公司

育成单位：北京禾佳源农业技术开发有限公司

品种来源：Met88×Me7

特征特性：幼苗叶鞘紫色。株型半紧凑，株高 255 厘米，穗位 101 厘米，全株叶片数 19 片左右，从出苗至青贮收获 101 天左右。雄穗分枝 10～15 个，花药黄色，花丝红色。果穗长锥形，穗轴红色。籽粒黄色，半马齿型，千粒重 351 克。2008 年北京农学院测定秸秆品质，中性洗涤纤维 54. 44%，酸性洗涤纤维 26. 41%，粗蛋白质 9. 05%。河北省农林科学院植物保护研究所鉴定，2007 年抗弯孢霉叶斑病，中抗大斑病、小斑病和丝黑穗病，感矮花叶病、茎腐病和瘤黑粉病。2008 年抗弯孢霉叶斑病，中抗大斑病和小斑病，感瘤黑粉病，抗茎腐病、丝黑穗病和矮花叶病。

产量表现：2007 年张家口市青贮玉米组区域试验，平均亩产鲜重4 235. 4千克；2008 年同组区域试验，平均亩产鲜重4 614. 7千克。2008 年生产试验，平均亩产鲜重4 573. 2千克。

栽培技术要点：种植密度为4 300～4 500株/亩，底施有机肥2 500千克/亩，磷酸二铵 15 千克/亩作种肥。在小喇叭口期施肥浇水。

审定意见：用于青贮，建议在河北省张家口市坝上青贮玉米区种植。

3. 品种名称：东亚青贮 1 号

审定编号：冀审玉 2009036 号

申请者：辽宁东亚种业有限公司

育成单位：辽宁东亚种业有限公司

品种来源：A801×K151

特征特性：幼苗叶鞘紫色，一般分蘖 3～6 个。成株株型半紧凑，叶距短，株高 248 厘米，穗位 104 厘米，全株叶片数 21～22，从出苗至青贮收获 102 天左右。雄穗分枝 16～20 个，花丝红色，花药绿色。果穗筒形，苞叶较长，穗轴红色。籽粒黑色，半马齿型，千粒重 321 克。2008 年北京农学院测定秸秆品质，中性洗涤纤维 56. 73%，酸性洗涤纤维 27. 71%，粗蛋白质 9. 04%。河北省农林科学院植物保护研究所鉴定，2007 年高抗矮花叶病，中抗弯孢霉叶斑病、大斑病、小斑病和茎腐病，感瘤黑粉病。2008 年中抗大斑病、小斑病、矮花叶病、茎腐病和丝黑穗病，感弯孢霉叶斑病和瘤黑粉病。

产量表现：2007 年张家口市青贮玉米组区域试验，平均亩产鲜重4 632. 5千克；2008 年同组区域试验，平均亩产鲜重4 276. 8千克。2008 年生产试验，平均亩产鲜重3 623. 3千克。

栽培技术要点：种植密度2 800株/亩为宜。基肥及种肥为施磷酸二铵 15 千克/亩、硫酸锌 1 千克/亩，有条件加施硫酸钾 2 千克/亩。在拔节期追施尿素 10～15 千克/亩。

审定意见：用于青贮，建议在河北省张家口市坝上青贮玉米区种植。

（十）2008年河北审定品种

1. 品种名称：青贮巡青818

审定编号：冀审玉2008042号

申请者：宣化巡天种业新技术有限责任公司

育成单位：宣化巡天种业新技术有限责任公司

品种来源：X79×T18

特征特性：幼苗叶鞘紫色。株型半紧凑，株高248厘米，全株19～20片叶。生育期96天左右。雄穗分枝10～12个，花药黄色，花丝粉红色。果穗锥形，籽粒黄色，硬粒型。北京农学院植物科学技术系测定，秸秆中性洗涤纤维含量55%，酸性洗涤纤维含量32.85%，粗蛋白质10.10%。河北省农林科学院植物保护研究所鉴定，2006年高感小斑病，高抗大斑病、茎腐病、瘤黑粉病、玉米螟，感弯孢霉叶斑病，中抗矮花叶病；2007年抗大斑病、茎腐病、瘤黑粉病，感小斑病、玉米螟，中抗弯孢霉叶斑病、丝黑穗病，高抗矮花叶病。

产量表现：2006年张家口市青贮玉米组区域试验平均亩产鲜重5 995千克，2007年同组区域试验平均亩产鲜重5 120.5千克。2007年生产试验平均亩产鲜重3 946.5千克。

栽培技术要点：5月中下旬5厘米地温稳定在12℃时播种。种植密度6 000～8000株/亩，施农家肥1 000～2 000千克/亩或氮磷钾三元复合肥25千克/亩作底肥，10～12片叶期重施拔节肥。

审定意见：建议在河北省张家口市坝上玉米区作青贮玉米种植。

2. 品种名称：青贮曲辰九号

审定编号：冀审玉2008043号

申请者：张家口市田丰种业有限责任公司

育成单位：云南曲辰种业有限公司

品种来源：215-99×M31×05212

特征特性：幼苗叶鞘紫色。成株株型半紧凑，株高247厘米，穗位145厘米，全株25片叶。叶片肥厚，叶距短，植株生长茂盛，茎秆粗壮。生育期96天左右。雄穗分枝16～17个，花丝浅粉色。果穗筒形，苞叶较长，穗轴白色。籽粒白色，马齿型。北京农学院植物科学技术系测定，秸秆中性洗涤纤维含量55.99%，酸性洗涤纤维含量31.88%，粗蛋白质11.05%。河北省农林科学院植物保护研究所鉴定，2006年抗大斑病、弯孢菌叶斑病、茎腐病，中抗矮花叶病、瘤黑粉病、丝黑穗病，感玉米螟，高感小斑病；2007年高抗大斑病、瘤黑粉病、小斑病、玉米螟、矮花叶病，抗茎腐病。

产量表现：2006年张家口市青贮玉米组区域试验平均亩产鲜重6 517.8千克，2007年同组区域试验平均亩产鲜重4 530.7千克。2007年生产试验平均亩产鲜重3 599.2千克。

栽培技术要点：苗期播种早或地块较湿的条件下播种应用药剂（速保利等）拌种，以防丝黑穗病。种植密度7 000～9 000株/亩。施农家肥1 000～1 500千克/亩，复合肥10千克/亩作底肥。追施分两次，第一次在5～7片展开叶时，追施尿素10～

20千克/亩，第二次在9~10片展开叶时，追施尿素30千克/亩。

审定意见：建议在河北省张家口市坝上玉米区作青贮玉米种植。

3. 品种名称：青贮田青88

审定编号：冀审玉2008044号

申请者：张家口市田丰种业有限责任公司

育成单位：张家口市田丰种业有限责任公司

品种来源：田88×田17

特征特性：幼苗叶鞘紫色。成株株型半紧凑，株高242厘米，全株24片叶。叶片肥厚，叶色深绿，叶距短，植株生长茂盛，茎秆粗壮。生育期96天左右。果穗锥形，苞叶较长，穗轴白色。籽粒白色，马齿型。北京农学院植物科学技术系测定，秸秆中性洗涤纤维含量54.4%，酸性洗涤纤维含量32.46%，粗蛋白质10.42%。河北省农林科学院植物保护研究所鉴定，2006年高抗弯孢霉叶斑病、茎腐病，抗大斑病、瘤黑粉病，中抗丝黑穗病，感小斑病、玉米螟，高感矮花叶病；2007年高抗大斑病、瘤黑粉病、小斑病、玉米螟，弯孢霉叶斑病，抗茎腐病、矮花叶病。

产量表现：2006年张家口市青贮玉米组区域试验平均亩产鲜重5 880.7千克，2007年同组区域试验平均亩产鲜重4 246.3千克。2007年生产试验平均亩产鲜重3 449.6千克。

栽培技术要点：5厘米地温稳定在12℃时播种。下湿地或地温较低时用药剂拌种，防治丝黑穗病。种植密度8 000株/亩左右。中等肥力地块，施农家肥1 000~1 500千克/亩、复合肥10千克/亩作底肥。在11~12片展开叶时，追施尿素30~40千克/亩。

审定意见：建议在河北省张家口市坝上玉米区作青贮玉米种植。

（十一）2007年河北省审定品种

品种名称：益农103

审定编号：冀审玉2007032号

申请者：北京益康农科技发展有限公司

育成单位：北京益康农科技发展有限公司

品种来源：512×70高4

特征特性：株型半紧凑，叶片深绿色，株高225厘米左右，穗位高97厘米左右，果穗筒形，双穗率较高。生育期98天左右。为青贮品种。北京农学院植物科学技术系测定结果，中性洗涤纤维含量54.92%，酸性洗涤纤维含量29.09%，粗蛋白质9.82%。2006年河北省农林科学院植物保护研究所抗病鉴定结果，感小斑病，中抗大斑病，感弯孢霉叶斑病，中抗矮花叶病、茎腐病，高抗瘤黑粉病、玉米螟。

产量表现：2004年张家口市青贮玉米组区域试验结果，生物体干重平均亩产780.6千克，比对照农大108增产27.3%。2005年同组区域试验结果，生物体干重平均亩产694.6千克，比对照农大108增产5.6%。2006年同组生产试验结果，生物体干重平均亩产1 126.1千克，比对照农大108增产35.1%。

栽培技术要点：选择肥水条件较好的地块或施肥充足的前茬为麦类、谷类、蔬菜的地块种植。播种前精选种子，拌种或种子包衣，防治丝黑穗病。种植密度4 000~4 500株/亩，植株籽粒含水率65%左右时收获，带穗青贮。

审定意见：建议在河北省张家口市坝上作为青玉米种植。

（十二）2006年河北审定品种

1. 品种名称：万青饲1号

审定编号：冀审玉2006045号

申请者：河北省万全县华穗特用玉米种业有限责任公司

育成单位：河北省万全县华穗特用玉米种业有限责任公司

品种来源：F01×F02

特征特性：幼苗长势健壮，成株株型较紧凑，叶色嫩绿。株高245厘米，穗位135厘米。花药黄色，花粉量大。果穗长筒形，穗轴白色，籽粒黄、白色相间。生育期100天，属中晚熟粮饲兼用型玉米单交种。经国家青贮玉米品质分析指定单位北京农学院植物科技系检测分析，中性洗涤纤维57.15%，酸性洗涤纤维29.20%，粗蛋白质11.69%。2005年河北省农林科学院植物保护研究所抗病鉴定结果，感小斑病，中抗大斑病，高感弯孢菌叶斑病，高感茎腐病，感瘤黑粉病，抗矮花叶病，高感玉米螟。

产量表现：2004年区域试验结果，平均亩产793千克（干重）；2005年区域试验结果，平均亩产796.2千克（干重）；2005年生产试验结果，平均亩产780.8千克。

栽培技术要点：5厘米地温稳定在12℃以上时播种，播种深度为4~5厘米，行距50厘米，株距26厘米，种植密度5 000株/亩左右。适当蹲苗，5~6片可见叶时定苗。增施有机底肥，在大喇叭口前期及时追施拔节肥。用无残毒农药防治叶斑病，玉米螟等病虫害。最佳适宜收获期在乳熟末期至蜡熟初期进行。

审定意见：建议在河北省张家口市坝上青贮玉米区域推广种植。

2. 品种名称：巡青518

审定编号：冀审玉2006046号

申请者：宣化巡天种业新技术有限责任公司

育成单位：宣化巡天种业新技术有限责任公司

品种来源：X79×X34

特征特性：幼苗叶鞘紫色，第一叶尖端形状长圆形。株型半紧凑，总叶片数21片，株高245厘米，穗位135厘米。叶片/茎秆为65%以上，根系发达，气生根较发达。花丝绿色，果穗筒形，穗轴红色，籽粒黄色，半马齿型。适宜青贮，生育期100天。经国家青贮玉米品质分析指定单位北京农学院植物科技系检测分析，中性洗涤纤维60.45%，酸性洗涤纤维32.12%，粗蛋白质10.59%。2005年河北省农林科学院植物保护研究所抗病鉴定结果，高抗小斑病，感大斑病，抗弯孢菌叶斑病，高感茎腐病，抗瘤黑粉病，高抗矮花叶病，抗玉米螟。

产量表现：2004年区域试验结果，平均亩产749.2千克（干重）；2005年区域试验结果，平均亩产682.8千克；2005年生产试验结果，平均亩产714.2千克。

栽培技术要点：5厘米地温稳定在10℃以上时即可播种，种植密度4 000株/亩为宜，青贮玉米适当密植，种植密度5 500株/亩。若粮饲兼用，可在籽粒乳线消失，苞叶黄熟时及时收获，此时植株青枝绿叶，正适宜收割青贮，过时营养和水分逐渐降低，若带穗青贮，应该在籽粒乳熟期收割粉碎青贮为好。

审定意见：建议在张家口市坝上青玉米区域推广种植。

三、黑龙江——青贮玉米品种审定信息（表 2-4）

表 2-4　黑审青贮玉米品种信息

序号	品种名称	审定编号	育成单位	停止推广年份
1	东青 3 号	黑审玉 20200058	东北农业大学	
2	金青 108	黑审玉 20200059	双城市金城农科所	
3	龙牧 7 号	黑审玉 20200060	黑龙江省农业科学院畜牧兽医分院	
4	东青 4 号	黑审玉 20200061	东北农业大学	
5	先玉 1791	黑审玉 20200062	铁岭先锋种子研究有限公司	
6	丰禾 015	黑审玉 20190036	双城市丰禾玉米研究所	
7	龙育 17	黑审玉 20190037	黑龙江省农业科学院草业研究所	
8	京科 968	黑审玉 20190038	北京市农林科学院玉米研究中心	
9	京科青贮 932	黑审玉 20190039	北京市农林科学院玉米研究中心	
10	吉龙 168	黑审玉 2018043	黑龙江省久龙种业有限公司	
11	龙育 15	黑审玉 2018044	黑龙江省农业科学院草业研究所 中国科学院青岛生物能源与过程研究所	
12	东青 2 号	黑审玉 2017052	东北农业大学	
13	吉龙 369	黑审玉 2017053	黑龙江省久龙种业有限公司	
14	龙育 13	黑审玉 2014048	黑龙江省农业科学院草业研究所 黑龙江菁菁农业科技发展有限公司	
15	中龙 1 号	黑审玉 2010032	中国农业科学院作物科学研究所 黑龙江省农业科学院作物育种研究所	
16	久龙 16	黑审玉 2010033	黑龙江省久龙种业有限公司	
17	龙育 8 号	黑审玉 2010034	黑龙江省农业科学院草业研究所	
18	杜玉 2 号	黑审玉 2010035	黑龙江省杜蒙县种子管理站	
19	北单 5 号	黑审玉 2010036	哈尔滨市北方玉米育种研究所	
20	龙单 58	黑审玉 2010037	黑龙江省农业科学院玉米研究所	
21	中东青 2 号	黑审玉 2010038	东北农业大学农学院 中国农业科学院作物科学研究所	
22	江单 5 号	黑审玉 2009042	黑龙江省农业科学院玉米研究所	
23	龙育 6 号	黑审玉 2009043	黑龙江省农业科学院草业研究所	

（续表）

序号	品种名称	审定编号	育成单位	停止推广年份
24	龙辐玉6号	黑审玉2008042	黑龙江省农业科学院玉米研究所	
25	丰禾5号	黑审玉2008044	双城市丰禾玉米研究所	
26	垦饲1号	黑审玉2007031	黑龙江省农垦科学院农作物开发研究所	
27	江单2号	黑审玉2007032	黑龙江省农业科学院玉米研究所	
28	江单3号	黑审玉2007033	黑龙江省农业科学院玉米研究所	
29	丰禾4号	黑审玉2007034	双城市丰禾玉米研究所	
30	中东青1号	黑审玉2005027	中国农业科学院作物育种研究所 东北农业大学农学院	
31	久龙7号	黑审玉2005028	黑龙江省久龙种业有限公司	
32	东青1号	黑审玉2004022	东北农业大学农学院	
33	阳光1号	黑审玉2004025	哈尔滨阳光农作物研究所	
34	长丰1号	黑审玉2002003	黑龙江省大庆市长丰农业科研所	

（一）2020年黑龙江审定品种

1. 品种名称：东青3号

审定编号：黑审玉20200058

申请者：东北农业大学

育成单位：东北农业大学

品种来源：以DN2VK为母本，DN1054为父本，杂交方法选育而成。

特征特性：青贮玉米品种。在适应区出苗至收获期（蜡熟初期）生育日数为113天左右，需≥10℃活动积温2 200℃左右。该品种幼苗期第一叶鞘紫色，叶片绿色，茎绿色。株高317厘米，穗位高118厘米，成株可见16片叶。果穗圆锥形，穗轴红色，穗长19.4厘米，穗粗4.7厘米，穗行数16~18，籽粒偏马齿型、黄色，百粒重35.5克。一年品质分析结果，中性洗涤纤维（干基）38.33%，酸性洗涤纤维（干基）27.82%，粗蛋白质（干基）8.78%，粗淀粉（干基）33.73%。三年抗病接种鉴定结果，中感（5+）大斑病，丝黑穗病发病率12.2%~21.4%，茎腐病发病率0.0%~5.6%。

产量表现：2017—2018年区域试验平均公顷生物产量82 119.0千克，较对照品种阳光1号增产8.8%；2019年生产试验平均公顷生物产量67 345.7千克，较对照品种阳光1号增产1.6%。

栽培技术要点：在适应区5月5日左右播种，选择中上等肥力地块，采用直播栽培方式，公顷保苗6.0万株左右。每公顷施基肥15吨左右，磷酸二铵225千克，硫酸钾105千克，拔节至孕穗期追施尿素每公顷300千克左右。幼苗生长快，及时铲趟管理，注意防虫，及时收获。肥水条件差的地块，种植密度不宜过大。注意大斑病和丝黑穗病防治。

审定意见：该品种符合黑龙江省玉米品种审定标准，通过审定。适宜在黑龙江省≥10℃活动积温2 350℃以上区域作为青贮品种种植。

2. 品种名称：金青 108

审定编号：黑审玉 20200059

申请者：双城市金城农科所

育成单位：双城市金城农科所

品种来源：以 CTJ 金 198 为母本，CTJ 金青 168 为父本，杂交方法选育而成。

特征特性：青贮玉米品种。在适应区出苗至收获期（蜡熟初期）生育日数为 113 天左右，需≥10℃活动积温2 200℃左右。该品种幼苗期第一叶鞘紫色，叶片绿色，茎绿色。株高 314 厘米，穗位高 127 厘米，成株可见 16 片叶。果穗圆筒形，穗轴红色，穗长 21. 5 厘米，穗粗 5. 2 厘米，穗行数 16～20，籽粒偏马齿型、黄色，百粒重 32. 0 克。一年品质分析结果，粗淀粉 41. 16%，粗蛋白质 8. 62%，中性洗涤纤维 27. 61%，酸性洗涤纤维 18. 98%。两年抗病接种鉴定结果，中感（5+）大斑病，丝黑穗病发病率 13. 0%～17. 6%，茎腐病发病率 2. 9%～3. 6%。

产量表现：2018—2019 年区域试验平均公顷产量73 734. 3千克，较对照品种阳光 1 号增产 4. 8%。

栽培技术要点：在适应区 5 月 5 日左右播种，选择中等肥力地块，采用直播栽培方式，公顷保苗 6. 0 万株左右。每公顷施基肥 15 吨左右，施磷酸二铵 225 千克，硫酸钾 105 千克，拔节至孕穗期追施尿素每公顷 300 千克左右。幼苗生长快，及时铲趟管理，注意防虫，及时收获。肥水条件差的地块，种植密度不宜过大。注意大斑病防治。

审定意见：该品种符合黑龙江省玉米品种审定标准，通过审定。适宜在黑龙江省≥10℃活动积温 2350℃以上区域作为青贮品种种植。

3. 品种名称：龙牧 7 号

审定编号：黑审玉 20200060

申请者：黑龙江省农业科学院畜牧兽医分院

育成单位：黑龙江省农业科学院畜牧兽医分院

品种来源：以 LM422 为母本，LM425 为父本，杂交方法选育而成。

特征特性：青贮玉米品种。在适应区出苗至收获期（蜡熟初期）生育日数为 123 天左右，需≥10℃活动积温2 520℃左右。该品种幼苗期第一叶鞘紫色，叶片绿色，茎绿色。株高 340 厘米，穗位高 170 厘米，成株可见 18 片叶。果穗圆锥形，穗轴白色，穗长 22 厘米，穗粗 5. 2 厘米，穗行数 16～18 行，籽粒偏马齿型、黄色，百粒重 30 克。一年品质分析结果，整株中性洗涤纤维 46. 28%，酸性洗涤纤维 28. 25%，粗淀粉 32. 30%，粗蛋白质 10. 43%。两年抗病接种鉴定结果，中感（5+）大斑病，丝黑穗病发病率 9. 8%，茎腐病发病率 17. 7%。

产量表现：2018—2019 年区域试验平均公顷产量58 527. 9千克，较对照品种龙辐玉号 5 增产 11. 1%。

栽培技术要点：在适应区 4 月 30 日左右播种，选择中等肥力地块，采用直播栽培方式，公顷保苗 6. 0 万株左右。每公顷施基肥 15 吨左右，磷酸二铵 300 千克，硫酸钾

120 千克，拔节至孕穗期追施尿素每公顷 220 千克左右。幼苗生长快，及时铲趟管理，注意防虫，及时收获。肥水条件差的地块，种植密度不宜过大。注意大斑病防治。

审定意见：该品种符合黑龙江省玉米品种审定标准，通过审定。适宜在黑龙江省≥10℃活动积温2 650℃以上区域作为青贮品种种植。

4. 品种名称：东青 4 号

审定编号：黑审玉 20200061

申请者：东北农业大学

育成单位：东北农业大学

品种来源：以 DN4206 为母本，DN101 为父本，杂交方法选育而成。

特征特性：青贮玉米品种。在适应区出苗至收获期（蜡熟初期）生育日数为 123 天左右，需≥10℃活动积温2 550℃左右。该品种幼苗期第一叶鞘紫色，叶片绿色，茎绿色。株高 291 厘米，穗位高 114 厘米，成株可见 18 片叶。果穗圆锥形，穗轴红色，穗长 21.5 厘米，穗粗 5.2 厘米，穗行数 16~18，籽粒偏马齿型、黄色，百粒重 38.2 克。一年品质分析结果，整株中性洗涤纤维（干基）48.93%，酸性洗涤纤维（干基）28.14%，粗蛋白质（干基）8.74%，粗淀粉（干基）52.47%。三年抗病接种鉴定结果，中感（5+）大斑病，丝黑穗病发病率 12.3%~15.4%，茎腐病发病率 0.0%~25.3%。

产量表现：2017—2018 年区域试验平均公顷生物产量85 871.8千克，较对照品种龙辐玉 5 号增产 10.3%；2019 年生产试验平均公顷生物产量71 182.5千克，较对照品种龙辐玉 5 号增产 6.0%。

栽培技术要点：在适应区 4 月 30 日左右播种，选择中上等肥力地块，采用直播栽培方式，公顷保苗 6.0 万株左右。每公顷施基肥 15 吨左右，磷酸二铵 225 千克，硫酸钾 105 千克，拔节至孕穗期追施尿素每公顷 300 千克左右。幼苗生长快，及时铲趟管理，注意防虫，及时收获。肥水条件差的地块，种植密度不宜过大。注意大斑病防治。

审定意见：该品种符合黑龙江省玉米品种审定标准，通过审定。适宜在黑龙江省≥10℃活动积温2 650℃以上区域作为青贮品种种植。

5. 品种名称：先玉 1791

审定编号：黑审玉 20200062

申请者：铁岭先锋种子研究有限公司

育成单位：铁岭先锋种子研究有限公司

品种来源：以 PH435Y 为母本，PH1TGM 为父本，杂交方法选育而成。

特征特性：青贮玉米品种。在适应区出苗至收获期（蜡熟初期）生育日数为 123 天左右，需≥10℃活动积温2 550℃左右。该品种幼苗期第一叶鞘紫色，叶片深绿色，茎绿色。株高 325 厘米，穗位高 125 厘米，成株可见 18 片叶。果穗锥形，穗轴红色，穗长 23.7 厘米，穗粗 4.9 厘米，穗行数 14~18，籽粒偏马齿型、黄色，百粒重 34.2 克。两年品质分析结果，整株粗蛋白质 6.25%~7.90%，粗淀粉 32.22%~35.74%，中性洗涤纤维 31.47%~65.40%，酸性洗涤纤维 24.10%~25.54%。三年抗病接种鉴定结果，丝黑穗病发病率 12.2%~26.7%，茎腐病发病率 0.0%~6.7%。

产量表现：2018—2019 年区域试验平均公顷生物产量 79 139.1 千克，较对照品种龙福玉 5 号增产 6.7%；2019 年生产试验平均公顷生物产量 73 189.1 千克，较对照品种龙福玉 5 号增产 9.5%。

栽培技术要点：在适应区 4 月 30 日左右播种，选择中上等肥力地块，采用直播栽培方式，公顷保苗 6.0 万株左右。每公顷施基肥 15 吨左右，磷酸二铵 225 千克，硫酸钾 105 千克，拔节至孕穗期追施尿素每公顷 300 千克左右。幼苗生长快，及时铲趟管理，注意防虫，及时收获。肥水条件差的地块，种植密度不宜过大。注意大斑病防治。

审定意见：该品种符合黑龙江省玉米品种审定标准，通过审定。适宜在黑龙江省≥10℃活动积温 2 650℃以上区域作为青贮品种种植。

（二）2019 年黑龙江审定品种

1. 品种名称：丰禾 015

审定编号：黑审玉 20190036

申请者：双城市丰禾玉米研究所

育成单位：双城市丰禾玉米研究所

品种来源：以 Q319 为母本，H850 为父本，杂交方法选育而成。

特征特性：青贮玉米品种。在适应区出苗至收获期（蜡熟初期）生育日数为 122 天左右，需≥10℃活动积温 2 500℃左右。该品种幼苗期第一叶鞘紫色，叶片绿色，茎绿色。株高 311 厘米，穗位高 125 厘米，成株可见 18 片叶。果穗筒形，穗轴红色，穗长 22.7 厘米，穗粗 5.2 厘米，穗行数 16～18，籽粒偏马齿型、黄色，百粒重 39.5 克。两年品质分析结果，中性洗涤纤维 42.32%～62.50%，酸性洗涤纤维 19.1%～34.32%，粗淀粉 6.91%～39.82%，粗蛋白质 6.9%～9.32%。两年抗病接种鉴定结果，中感大斑病，丝黑穗病发病率 3.2%～26.3%，茎腐病发病率 13.3%～9.8%。

产量表现：2016—2017 年区域试验平均公顷生物产量 86 460.45 千克，较对照品种龙辐玉 5 号增产 12.75%；2018 年生产试验平均公顷生物产量 90 390.8 千克，较对照品种龙辐玉 5 号增产 8.9%。

栽培技术要点：在适应区 4 月 30 日左右播种，选择中等肥力地块，采用直播栽培方式，公顷保苗 6.0 万株左右。每公顷施基肥 10～15 吨、硫酸钾和磷酸二铵各 150 千克左右，拔节至孕穗期追施尿素 300 千克左右。幼苗生长快，及时铲趟管理，注意防虫，及时收获。肥水条件差的地块，种植密度不宜过大。

审定意见：该品种符合黑龙江省玉米品种审定标准，通过审定。适宜在黑龙江省≥10℃活动积温 2 650℃以上区域作为青贮玉米种植。

2. 品种名称：龙育 17

审定编号：黑审玉 20190037

申请者：黑龙江省农业科学院草业研究所

育成单位：黑龙江省农业科学院草业研究所

品种来源：以 T08 为母本，T09 为父本，杂交方法选育而成。

特征特性：青贮玉米品种。在适应区出苗至收获期（蜡熟初期）生育日数为 122 天左右，需≥10℃活动积温 2 579℃左右。该品种幼苗期第一叶鞘紫色，叶片绿色，茎绿色。株高325厘米，穗位高145厘米，成株可见20片叶。果穗圆筒形，穗轴白色，穗长23.0厘米，穗粗5.5厘米，穗行数18~20，籽粒偏马齿型、黄色，百粒重37.6克。两年品质分析结果，粗蛋白质6.67%~7.44%，粗淀粉5.35%~27.52%，中性洗涤纤维44.44%~64.17%，酸性洗涤纤维24.7%~37.79%。三年抗病接种鉴定结果，中抗至中感大斑病，丝黑穗病发病率3.7%~13.0%，茎腐病发病率3.8%~10.6%。

产量表现：2016—2017年区域试验平均公顷生物产量88 314.8千克，较对照品种龙辐玉5号增产15.2%；2018年生产试验平均公顷生物产量89 005.9千克，较对照品种龙辐玉5号增产7.0%。

栽培技术要点：在适应区4月30日左右播种，选择中等以上肥力地块，采用清种、垄作栽培方式，公顷保苗6.0万株左右。每公顷施基肥10吨左右、磷酸二铵225千克左右、硫酸钾75千克左右；拔节至孕穗期追施尿素300千克左右。幼苗生长快，及时铲趟管理，注意防虫，及时收获。肥水条件差的地块，种植密度不宜过大。

审定意见：该品种符合黑龙江省玉米品种审定标准，通过审定。适宜在黑龙江省≥10℃活动积温2 650℃以上区域作青贮玉米种植。

3. 品种名称：京科968

审定编号：黑审玉20190038

申请者：北京市农林科学院玉米研究中心

育成单位：北京市农林科学院玉米研究中心

品种来源：以京724为母本，京92为父本，杂交方法选育而成。

特征特性：青贮玉米品种。在适应区出苗至收获期（蜡熟初期）生育日数为122天左右，需≥10℃活动积温2 500℃左右。第一叶鞘淡紫色，叶片绿色，茎绿色。株高306厘米，穗位高131厘米，成株可见18片叶。果穗筒形，穗轴白色，穗长20.2厘米，穗粗5.3厘米，穗行数16~18，籽粒半马齿型、黄色，百粒重38.8克。两年籽粒品质分析结果，容重776~796克/升，粗淀粉73.24%~75.55%，粗蛋白质10.04%~11.20%，粗脂肪3.56%~3.67%。青贮品质分析结果，粗蛋白质7.03%~8.32%，粗淀粉31.56%~39.26%，中性洗涤纤维33.70%~58.79%，酸性洗涤纤维13.25%~19.60%。三年抗病接种鉴定结果，中抗大斑病，丝黑穗病发病率15.8%~27.3%，茎腐病发病率0.0%~15.2%。

产量表现：2015—2016年区域试验平均公顷产量11 440.7千克，较对照品种郑单958增产10.8%；2017年生产试验平均公顷产量9 784.4千克，较对照品种郑单958增产6.6%；2018年青贮生产试验平均公顷生物产量80 393.5千克，较对照品种龙辐玉5号增产6.9%。

栽培技术要点：在适应区4月30日左右播种，选择中等以上肥力地块，采用人工或机械栽培方式，公顷保苗6.0万株左右。每公顷施基肥10~20吨、硫酸钾和磷酸二铵各200千克左右，拔节至孕穗期追施尿素每公顷200千克左右。幼苗生长快，及时铲趟管理，注意防虫，及时收获。肥水条件差的地块，种植密度不宜过大。

审定意见：该品种符合黑龙江省玉米品种审定标准，通过审定。适宜在黑龙江省≥10℃活动积温2 650℃以上区域作青贮玉米种植。

4. 品种名称：京科青贮 932

审定编号：黑审玉 20190039

申请者：北京中农三禾农业科技有限公司

育成单位：北京市农林科学院玉米研究中心

品种来源：以京 X005 为母本，京 MX1321 为父本，杂交方法选育而成。

特征特性：青贮玉米品种。青贮玉米品种。在适应区出苗至收获期（蜡熟初期）生育日数为 123 天左右，需≥10℃活动积温2 220℃左右。该品种幼苗期第一叶鞘紫色，叶片绿色，茎紫色。株高 325 厘米，穗位高 141 厘米，成株可见 16 片叶。果穗圆筒形，穗轴红色，穗长 23 厘米，穗粗 4.8 厘米，穗行数 14~18，籽粒半硬粒型、黄色，百粒重 38.5 克。两年品质分析结果，粗蛋白质 7.66%~8.05%，粗淀粉 32.13%~36.87%，中性洗涤纤维 36.34%~66.35%，酸性洗涤纤维 15.32%~26.70%。三年抗病接种鉴定结果，中抗至中感大斑病，丝黑穗病发病率 5.4%~11.8%，茎腐病发病率 1.1%~6.9%。

产量表现：2016—2017 年区域试验平均公顷生物产量79 512.3千克，较对照品种阳光 1 号增产 7.0%；2018 年生产试验平均公顷生物产量92 067.0千克，较对照品种阳光 1 号增产 9.1%。

栽培技术要点：在适应区 5 月 5 日左右播种，选择中等以上肥力地块，采用直播栽培方式，公顷保苗 6 万株左右。每公顷施基肥 15 吨左右、硫酸钾和磷酸二铵各 150 千克左右。拔节至孕穗期追施尿素 225 千克左右。幼苗生长快，及时铲趟管理，注意防虫，及时收获。肥水条件差的地块，种植密度不宜过大。

审定意见：该品种符合黑龙江省玉米品种审定标准，通过审定。适宜在黑龙江省≥10℃活动积温2 350℃以上区域作青贮玉米种植。

（三）2018 年黑龙江审定品种

1. 品种名称：吉龙 168

审定编号：黑审玉 2018043

申请者：黑龙江省久龙种业有限公司

育成单位：黑龙江省久龙种业有限公司

品种来源：以金 319 为母本，金 312 为父本，杂交方法选育而成。

特征特性：青贮玉米品种。在适应区出苗至收获期（蜡熟初期）需≥10℃活动积温2 350℃左右，生育日数为 118 天左右。该品种幼苗期第一叶鞘紫色，叶片绿色，茎绿色。株高 303 厘米，穗位高 131 厘米，成株可见 17 片叶。果穗圆筒形，穗轴红色，穗长 20.5 厘米，穗粗 5.1 厘米，穗行数 18 行左右，籽粒偏硬型、黄色，百粒重 33.5 克。两年品质分析结果，粗淀粉 6.33%，粗蛋白质 8.14%，粗纤维 22.04%，总糖 23.51%，水分 77.5%。三年抗病接种鉴定结果，中抗至中感大斑病，丝黑穗病发病率 14.1%~23.8%。

产量表现：2015—2016 年区域试验平均公顷生物产量74 302.5千克，较对照品种阳光 1 号增产 5.1%；2017 年生产试验平均公顷生物产量82 668.7千克，较对照品种阳光 1 号增产 6.2%。

栽培技术要点：在适应区5月1日左右播种，选择中上等肥力地块，采用直播栽培方式，公顷保苗6万株左右。每公顷施基肥15吨左右，硫酸钾和磷酸二铵分别为100千克、230千克，拔节至孕穗期追施尿素每公顷300千克左右。幼苗生长快，及时铲趟管理，注意防虫，及时收获。肥水条件差的地块，种植密度不宜过大。病害高发年份注意丝黑穗病和大斑病防治。

审定意见：该品种符合黑龙江省玉米品种审定标准，通过审定。适宜在黑龙江省≥10℃活动积温2 400℃以上区域作为青贮玉米种植。

2. 品种名称：龙育15

审定编号：黑审玉2018044

申请者：黑龙江省农业科学院草业研究所、中国科学院青岛生物能源与过程研究所

育成单位：黑龙江省农业科学院草业研究所、中国科学院青岛生物能源与过程研究所

品种来源：以T08为母本，T107为父本，杂交方法选育而成。

特征特性：青贮玉米品种。在适应区出苗至收获期（蜡熟初期）需≥10℃活动积温2 350℃左右，生育日数为118天左右。该品种幼苗期第一叶鞘紫色，叶片绿色，茎绿色。株高320厘米，穗位高125厘米，成株可见17片叶。果穗柱形，穗轴红色，穗长22.5厘米，穗粗5.5厘米，穗行数16~20，籽粒偏马齿型、黄色，百粒重36.7克。一年品质分析结果，粗蛋白质7.31%，粗纤维21.07%，总糖12.93%，水分72.10%，粗淀粉6.25%。三年抗病接种鉴定结果，中抗至中感大斑病，丝黑穗病发病率8.4%~9.3%。

产量表现：2015—2016年区域试验平均公顷生物产量77 258.5千克，较对照品种阳光1号增产8.8%；2017年生产试验平均公顷生物产量87 018.0千克，较对照品种阳光1号增产12.1%。

栽培技术要点：在适应区5月1日左右播种，选择中等以上肥力地块，采用清种、垄作栽培方式，公顷保苗6.0万株左右。每公顷施基肥磷酸二铵225千克左右，硫酸钾75千克左右，拔节期追施尿素每公顷300千克左右。幼苗生长快，及时铲趟管理，注意防虫，及时收获。肥水条件差的地块，种植密度不宜过大。

审定意见：该品种符合黑龙江省玉米品种审定标准，通过审定。适宜在黑龙江省≥10℃活动积温2 400℃以上区域作为青贮玉米种植。

（四）2017年黑龙江审定品种

1. 品种名称：东青2号

审定编号：黑审玉2017052

申请者：东北农业大学

育成单位：东北农业大学

品种来源：以DN6082为母本，CA87为父本，杂交方法选育而成。

特征特性：青贮玉米品种。在适应区出苗至收获生育日数为125天左右，需≥10℃活动积温2 580℃左右。幼苗期第一叶鞘紫色，叶片绿色，茎绿色。株高334厘米，穗位高140厘米，成株可见19片叶。果穗圆筒形，穗轴红色，穗长23.2厘米，穗粗5.1

厘米，穗行数 16～18，籽粒偏马齿型、黄色，百粒重 35.1 克。两年品质分析结果，茎叶含糖量 12.80%～13.34%，粗蛋白质 6.36%～7.92%，粗纤维 24.13%～24.58%。三年抗病接种鉴定结果，中抗至中感大斑病，丝黑穗病发病率 7.2%～17.9%。

产量表现：2014—2015 年区域试验平均公顷生物产量 84 439.6千克，较对照品种龙辐玉 5 号增产 11.2%；2016 年生产试验平均公顷生物产量 83 209.8千克，较对照品种龙辐玉 5 号增产 8.7%。

栽培技术要点：在适应区 4 月 28 日左右播种，选择中上等肥力地块，采用直播栽培方式，公顷保苗 6.0 万株左右。每公顷施有机肥 15 吨左右，底肥或种肥施磷酸二铵 225 千克，硫酸钾 105 千克，尿素 80 千克左右。拔节期追施尿素每公顷 300 千克左右。幼苗生长快，及时铲趟管理，注意防虫，及时收获。肥水条件差的地块，种植密度不宜过大。

审定意见：该品种符合黑龙江省青贮玉米品种审定标准，通过审定。适宜黑龙江省第一积温带作为青贮玉米种植。

2. 品种名称：吉龙 369

审定编号：黑审玉 2017053

申请者：黑龙江省久龙种业有限公司

育成单位：黑龙江省久龙种业有限公司

品种来源：以金青 333 为母本，金青 392 为父本，杂交方法选育而成。

特征特性：青贮玉米品种。在适应区出苗至收获期生育日数为 122 天左右，需≥10℃活动积温 2 480℃左右。该品种幼苗期第一叶鞘紫色，叶片绿色，茎绿色。株高 325 厘米，穗位高 123 厘米，成株可见 18 片叶左右。果穗圆筒形，穗轴粉色，穗长 20.9 厘米，穗粗 5.0 厘米，穗行数 16～18，籽粒偏硬粒型、黄色，百粒重 33.5 克。三年品质分析结果，水分 58.7%～80.5%，总糖（以葡萄糖计，干基）10.03%～16.28%，粗蛋白质（干基）6.33%～8.80%，粗纤维（干基）20.20%～25.68%。三年抗病接种鉴定结果，中感大斑病，丝黑穗病发病率 7.5%～13.8%。

产量表现：2014 年—2015 年区域试验平均公顷产量 79 189.3千克，较对照品种阳光 1 号平均增产 8.1%；2016 年生产试验平均公顷产量 71 877.8千克，较对照品种阳光 1 号平均增产 8.0%。

栽培技术要点：在适应区 5 月 1 日左右播种，选择中上等肥力地块，采用直播栽培方式，公顷保苗 6 万株左右。每公顷施有机肥 15 吨左右，硫酸钾和磷酸二胺分别施 100 千克、230 千克左右作基肥，拔节期追施尿素每公顷 300 千克左右。幼苗生长快，及时铲趟管理，注意防虫，及时收获。肥水条件差的地块，种植密度不宜过大。

审定意见：该品种符合黑龙江省玉米品种审定标准，通过审定。适宜黑龙江省第二积温带作为青贮玉米种植。

（五）2014 年黑龙江审定品种

品种名称：龙育 13

审定编号：黑审玉 2014048

申请者：黑龙江省农业科学院草业研究所、黑龙江菁菁农业科技发展有限公司

育成单位：黑龙江省农业科学院草业研究所、黑龙江菁菁农业科技发展有限公司

品种来源：以自选系 T79 为母本，自选系 GY368 为父本，杂交方法选育而成。

特征特性：青贮玉米品种。在适应区出苗至收获（蜡熟初期）生育日数 120 天左右，需≥10℃活动积温2 400℃左右。该品种幼苗期第一叶鞘紫色，叶片绿色，茎绿色。株高 330 厘米，穗位高 130 厘米，成株可见 15 片叶。果穗柱形，穗长 25.3 厘米，穗粗 5.5 厘米，穗行数 16~18，籽粒马齿型，百粒重 38.4 克。二年品质分析结果，粗蛋白质 7.20%~7.72%，粗纤维 24.29%~26.82%，总糖 12.70%~16.79%。三年抗病接种鉴定结果，大斑病 2~3 级，丝黑穗病发病率 7.7%~12.7%。

产量表现：2010—2011 年区域试验平均公顷产量72 089.7千克，较对照品种龙青 1 号增产 14.2%；2013 年生产试验平均公顷产量97 562.0千克，较对照品种龙青 1 号增产 10.8%。

栽培技术要点：在适应区 5 月 1 日左右播种，选择中等以上肥力地块，采用清种、垄作栽培方式，公顷保苗 5.0 万株左右。每公顷施底肥磷酸二铵 225 千克，硫酸钾 75 千克，拔节期追施尿素 300 千克。幼苗生长快，及时铲趟管理，及时收获。注意防治大斑病，注意防虫。

审定意见：该品种符合黑龙江省玉米品种审定标准，通过审定。适宜在黑龙江省第二积温带作为青贮玉米种植。

（六）2010 年黑龙江审定品种

1. 品种名称：中龙 1 号

审定编号：黑审玉 2010032

申请者：中国农业科学院作物科学研究所、黑龙江省农业科学院作物育种研究所

育成单位：中国农业科学院作物科学研究所、黑龙江省农业科学院作物育种研究所

品种来源：Lx9801×LX449

特征特性：青贮玉米品种。幼苗期第一叶鞘紫色，第一叶尖端形状圆到匙形、叶片绿色，茎绿色；株高 315 厘米、穗位高 150 厘米，果穗长柱形，穗轴红色，成株叶片数 17，穗长 25 厘米、穗粗 5.3 厘米，穗行数 16~18，籽粒马齿型、黄色，百粒重 37.8 克。品质分析结果，粗蛋白质 8.74%~8.77%，粗纤维 22.73%~28.83%，总糖 7.28%~7.70%。接种鉴定结果，大斑病 2~3 级；丝黑穗 5.4%~15.4%。在适应区出苗至青贮收获期为（乳熟末期至蜡熟初期）125 天左右，需≥10℃活动积温 2 600℃左右。

产量表现：2007—2008 年区域试验平均公顷63 399.4千克，较对照品种黑饲 1 号增产 13.83%；2009 年生产试验平均公顷产量 68 950.3 千克，较对照品种黑饲 1 号增产 9.1%。

栽培技术要点：在适应区 4 月 29 日至 5 月 5 日播种，选择中等以上肥力地块种植，采用垄作播栽培方式，公顷保苗 6 万株左右。基肥以有机肥为主，每公顷施肥 10~15 吨，底肥施磷酸二铵 225 千克、施硫酸钾 60~70 千克；在拔节期追施尿素 300 千克。及时铲趟管理，保证在玉米生长期间三铲三趟；在玉米乳熟末期至蜡熟初期收获。适应区域为黑龙江省第一积温带青贮种植。

审定意见：适宜黑龙江省第一积温带青贮种植。

2. 品种名称：久龙 16

审定编号：黑审玉 2010033

申请者：黑龙江省久龙种业有限公司

育成单位：黑龙江省久龙种业有限公司

品种来源：以金 1203 为母本、金 1314 为父本，杂交方法选育而成。

特征特性：青贮玉米品种。幼苗期第一叶鞘浅紫色，第一叶尖端形状圆形、叶片绿色，茎绿色；株高 310~330 厘米、穗位高 120 厘米，果穗圆锥形，穗轴粉色，成株叶片数 22 片，穗长 25 厘米、穗粗 5.6 厘米，穗行数 18，籽粒马齿型、黄色。蜡熟期全株品质分析结果，粗蛋白质 6.66%~7.61%，粗纤维 28.47%~28.58%，可溶性总糖 9.48%~19.48%，水分 72.2%~73.43%。成熟期籽粒品质检测结果，粗蛋白质 9.33%，粗脂肪 3.53%，粗淀粉 73.49%，赖氨酸 0.32%，容重 752 克/升。接种鉴定结果，大斑病 2~3 级，丝黑穗病发病率 16.8%~24.1%。在适应区青贮生育日数为 125 天左右，需≥10℃活动积温 2 600℃左右。

产量表现：2007—2008 年区域试验平均公顷产量 64 030.8 千克，较对照品种黑饲 1 号增产 10.8%；2009 年生产试验平均公顷产量 67 597.6 千克，较对照品种黑饲 1 号增产 8.9%。

栽培技术要点：适应区 4 月下旬播种，公顷保苗 5.5 万~6 万株。施足底肥，中等肥力地块施农家肥每公顷 15~20 吨。在施足底肥的基础上根据地力情况施种肥复合肥 225~300 千克，小苗 9~11 叶期追施尿素 300~350 千克。要注意播种质量，生长期间及时间苗、定苗和中耕除草，在籽粒乳熟末期至蜡熟初期（乳线在 1/2~1/3）收获。

审定意见：适宜黑龙江省第一积温带青贮种植。

3. 品种名称：龙育 8 号

审定编号：黑审玉 2010034

申请者：黑龙江省农业科学院草业所

育成单位：黑龙江省农业科学院草业所

品种来源：以自选系 T340 为母本，以自选系 T596 为父本杂交选育而成。

特征特性：青贮玉米品种。幼苗期第一叶鞘为紫色，第一叶尖端形状圆形、叶片绿色，茎绿色；株高 330 厘米，穗位高 135 厘米，果穗圆柱形，穗轴白色，成株叶片数 22，穗长 24.9 厘米、穗粗 5.6 厘米，穗行数 18~20，籽粒马齿型、黄色，百粒重 37.2 克。品质分析结果，蜡熟初期全株含粗蛋白质 7.53%~7.67%，粗纤维 25.74%~28.23%，可溶性总糖 8.05%~15.17%，水分 71.55%~71.70%。接种鉴定结果，大斑病 2 级，丝黑穗病发病率 9.1%~21.5%。在适应区出苗至青贮收获期 125 天左右，需≥10℃活动积温 2 600℃左右。

产量表现：2007—2008 年区域试验平均公顷产量 63 202.5 千克，较对照品种黑饲 1 号增产 10.2%；2009 年生产试验平均公顷产量 69 065.7 千克，较对照品种黑饲 1 号增产 11.2%。

栽培技术要点：在适应区5月1日左右播种，选择中等以上肥力地块种植，采用直播清种栽培方式，公顷保苗6万株左右。每公顷施底肥施磷酸二铵250千克；在拔节期追施尿素300千克。3~4片叶时间苗，5~6片叶时定苗。及时铲趟，在乳熟末期至蜡熟初期及时收获进行青贮。

审定意见：适宜黑龙江省第二、第三积温带青贮种植。

4. 品种名称：杜玉2号

审定编号：黑审玉2010035

申请者：黑龙江省杜蒙县种子管理站

育成单位：黑龙江省杜蒙县种子管理站

品种来源：以自育自交系D833为母本，自育自交系D39为父本杂交育成。

特征特性：青贮玉米品种。幼苗期第一叶鞘绿色，叶片绿色，茎绿色；株高320厘米、穗位高137厘米，果穗圆柱形，穗轴白色，成株叶片数21，穗长27厘米、穗粗5.5厘米，穗行数16，籽粒马齿型、黄色。品质分析结果，全株含粗蛋白质6.75%~7.81%，粗纤维26.74%~29.62%，可溶性总糖7.44%~12.93%，水分72.52%~72.7%。接种鉴定结果，大斑病2~3级；丝黑穗病发病率5.7%~9.7%。在适应区从出苗至青贮收获生育日数为120天左右，需≥10℃活动积温2 500℃左右；从出苗至籽粒成熟生育日数为126天左右，需≥10℃活动积温2 600℃左右。

产量表现：2006—2007年区域试验平均公顷产量79 314.4千克，较对照品种龙青1号增产9.1%；2008年生产试验平均公顷产量95 958.7千克，较对照品种龙青1号增产11.7%。

栽培技术要点：在适应区5月1—5日播种，选择中等以上肥力地块种植，采用直播栽培方式，公顷保苗6万株左右。每公顷施基肥及种肥施磷酸二铵225千克，硫酸锌15千克，硫酸钾37.5千克，结合灌水在拔节、抽雄期追施尿素300~450千克。植株较繁茂，需水肥量较大，需及时铲趟管理，保证在生长期间三铲三趟，在拔节、抽雄前及时灌水施肥。东部地区种植实行秋翻、秋耙、秋施肥、秋起垄；风沙干旱区种植实行春整地、深松、施肥、起垄镇压连续作业。乳熟末期至蜡熟初期及时收获进行青贮。植株较繁茂，需肥量较高，需氮磷钾配合施用，并保证追肥数量和灌水次数。

审定意见：适宜黑龙江省第二积温带青贮种植。

5. 品种名称：北单5号

审定编号：黑审玉2010036

申请者：哈尔滨市北方玉米育种研究所

育成单位：哈尔滨市北方玉米育种研究所

品种来源：以自育自交系BS268为母本，以外引系SN7391为父本、杂交育成。

特征特性：青贮玉米品种。幼苗期第一叶鞘紫红色，第一叶尖端圆形，叶片、茎均为绿色；株高290~320厘米，穗位高135厘米，果穗圆柱形，穗轴红色，成株叶片数16，穗长27厘米，穗粗5.4厘米，穗行数18~20，籽粒马齿型、黄色，百粒重39克。

品质分析结果，粗蛋白质（干基）7.72%~8.66%，粗纤维（干基）20.69%~26.70%，可溶性总糖（以葡萄糖计干基）12.83%~17.78%，水分72.1%~74.1%。接种鉴定结果，大斑病2~3级，丝黑穗病发病率4.9%~11.8%。在适应区出苗至青贮收获期生育日数为116天左右，需≥10℃活动积温2 500℃左右。

产量表现：2007—2008年区域试验平均公顷生物产量81 243.5千克，较对照品种龙青1号增产6.9%；2009年生产试验平均公顷产量84 903.5千克，较对照品种龙青1号增产12.6%。

栽培技术要点：在适应区4月底播种，选择中等以上肥力地块种植，采用垄作栽培方式，公顷保苗6万株左右。种肥每公顷施用磷酸二铵275千克，在拔节期追施尿素225千克。苗期生长快，需及时铲趟管理，保证在玉米生长期三铲三趟，在乳熟末期至蜡熟初期收获作青贮玉米。

审定意见：适宜黑龙江省第二积温带青贮种植。

6. 品种名称：龙单58

审定编号：黑审玉2010037

申请者：黑龙江省农业科学院玉米研究所

育成单位：黑龙江省农业科学院玉米研究所

品种来源：以HRQ210为母本，以HRQ78为父本，通过杂交方法选育而成。

特征特性：青贮玉米品种。幼苗期第一叶鞘绿色，叶片绿色，茎绿色；株高345厘米、穗位高120厘米，果穗圆柱形，穗轴红色，成株叶片数21，穗长24厘米、穗粗4.8~5.0厘米，穗行数14~16，籽粒马齿型、黄色。品质分析结果，全株含粗蛋白质7.43%~8.77%，粗纤维26.95%~27.22%，可溶性总糖12.30%~14.48%，水分73.0%~78.15%。接种鉴定结果，大斑病2~3级；丝黑穗病发病率4.6%~20.5%。在适应区出苗至成熟生育日数为120天，需≥10℃活动积温2 450℃左右。

产量表现：2007—2008年区试验平均公顷产量68 571.4千克，较对照品种阳光1号增产7.1%；2009年生产试验平均公顷产量85 203.8千克，较对照品种阳光1号增产10.7%。

栽培技术要点：在适应区4月末至5月初播种，选择中等以上肥力地块种植，采用垄作清种栽培方式，公顷保苗6.5万~7.0万株。种肥在起垄或播种时施下，追肥在拔节初期施下。中等以上肥力地块每公顷施种肥300~375千克，追尿素450~525千克。及时早铲早趟，早定苗，适时追肥，在乳熟末期至蜡熟初期人工或机械及时收获储存。生育前期及时管理，适时早追肥。

审定意见：适宜黑龙江省第二、第三积温带青贮种植。

7. 品种名称：中东青2号

审定编号：黑审玉2010038

申请者：东北农业大学农学院、中国农业科学院作物科学研究所

育成单位：东北农业大学农学院、中国农业科学院作物科学研究所

品种来源：以玉米自交系P138为母本，LX347为父本，杂交选育而成。

特征特性：青贮玉米品种。幼苗第一叶鞘紫色，第一叶尖端形状由圆到匙形，叶片绿色，茎绿色；株高310厘米，穗位高150厘米，果穗圆筒形，穗轴粉红色，成株叶片17

片，穗长21厘米，穗粗5.0厘米，穗行数16，籽粒马齿型、黄色。品质分析结果，全株粗蛋白质含量6.77%~9.07%，粗纤维26.38%~26.49%，可溶性总糖9.03%~16.44%，水分含量69.50%~77.84%。接种鉴定结果，大斑病2~3级，丝黑穗病发病率14.6%~18.0%。在适应区出苗至成熟生育日数为117天左右，需≥10℃活动积温2 400℃左右。

产量表现：2007—2008年区域试验平均公顷生物产量66 620.2千克，较对照品种阳光1号增产6.4%；2009年生产试验平均公顷生物产量81 544.6千克，比对照品种阳光1号增产6.3%。

栽培技术要点：在适应区4月25日至5月10日播种，选择中等以上肥力地块种植，采用穴播或机械点播等栽培方式，公顷保苗6万株左右。基肥以有机肥为主，每公顷10~15吨。同时施入磷酸二铵每公顷225千克，尿素每公顷150千克，钾肥225千克。拔节期5~10天追肥尿素每公顷225千克。田间管理同一般玉米生产田，乳熟末期至蜡熟初期进行采收。

审定意见：适宜黑龙江省第二、第三积温带青贮种植。

（七）2009年青贮玉米品种

1. 品种名称：江单5号

审定编号：黑审玉2009042

申请者：黑龙江省农业科学院玉米研究所

育成单位：黑龙江省农业科学院玉米研究所

品种来源：以JS5607为母本，JS5608为父本，杂交方法选育而成。

特征特性：青贮玉米品种。幼苗期第一叶鞘绿色，叶片绿色，茎绿色；株高304厘米、穗位高123厘米，果穗圆柱形，穗轴白色，成株叶片数20，穗长25.3厘米、穗粗5.4厘米，穗行数16~20，籽粒中齿型、黄色。品质分析结果，蜡熟初期全株粗蛋白质含量为7.28%~8.75%，粗纤维20.33%~23.05%，总糖13.04%~14.47%，水分68.0%~69.96%。接种鉴定结果，大斑病2级，丝黑穗病发病率8.5%~14.3%。在适应区出苗至青贮收获期生育日数为114天左右，需≥10℃活动积温2 246℃左右。

产量表现：2006—2007年区域试验平均公顷产量75 634.2千克，较对照品种阳光1号增产9.3%；2008年生产试验平均公顷产量为74 793.5千克，较对照品种阳光1号增产10.5%。

栽培技术要点：在适应区5月中上旬播种，公顷保苗6万株左右，中等肥力以上的地块施，种肥每公顷施磷酸二铵225~300千克，追尿素225~300千克。及时铲趟管理，适时追肥，籽粒达到乳熟末期至蜡熟初期时及时收获。

审定意见：适宜黑龙江省第二积温带青贮种植。

2. 品种名称：龙育6号

审定编号：黑审玉2009043

申请者：黑龙江省农业科学院草业研究所

育成单位：黑龙江省农业科学院草业研究所

品种来源：以外引自交系丹M26为母本，以自选系T596为父本杂交育成。

特征特性：青贮玉米品种。幼苗期第一叶鞘为紫色，第一叶尖端形状圆形、叶片绿色，茎绿色；株高 325 厘米，穗位高 140 厘米，果穗圆柱形，穗轴白色，成株叶片数 20，穗长 25.2 厘米、穗粗 5.4 厘米，穗行数 18~20，籽粒马齿型、黄色。品质分析结果，蜡熟初期全株含粗蛋白质 7.16%~7.27%，粗纤维 24.23%~30.02%，可溶性总糖 8.62%~14.94%，水分 72.50%~76.59%。接种鉴定结果，大斑病 2~3 级；丝黑穗病发病率 5.7%~13.9%。在适应区出苗至青贮收获期 119 天左右，需≥10℃活动积温 2 430℃左右。

产量表现：2006—2007 年区域试验平均公顷产量 79 284.6 千克，较对照品种龙青 1 号增产 9.8%；2008 年生产试验平均公顷产量 95 662.8 千克，较对照品种龙青 1 号增产 10.9%。

栽培技术要点：在适应区 5 月 1 日左右播种，公顷保苗 6 万株左右。底肥每公顷施磷酸二铵 225 千克，硫酸钾 40 千克；在拔节期追施尿素 300 千克。适宜在平川地及岗地种植。

审定意见：适宜黑龙江省第二积温带青贮种植。

（八）2008 年青贮玉米品种

1. 品种名称：龙辐玉 6 号

审定编号：黑审玉 2008042

申请者：黑龙江省农业科学院玉米研究所

育成单位：黑龙江省农业科学院玉米研究所

品种来源：以自育系辐 9673 为母本，外引系 340 为父本，杂交方法选育而成。

特征特性：青贮品种。幼苗期第一叶鞘紫色，第一叶尖端圆匙形、叶片绿色，茎绿色；株高 305.8 厘米、穗位高 136.4 厘米，果穗柱形，穗轴白色，成株叶片数 16~17，穗长 21.8 厘米，穗粗 6.0 厘米，穗行数 16~24，籽粒马齿型、黄色。品质分析结果，全株含粗蛋白质 7.9%~8.14%，粗纤维 24.38%~25.28%，总糖 8.22%~8.59%，水分 76.3%~77.19%。粗脂肪 4.27%~4.54%，粗淀粉 72.88%~75.09%，赖氨酸 0.27%~0.28%。接种鉴定结果，大斑病 2 级，丝黑穗病发病率 3.3%~5.4%。在适宜种植区出苗至蜡熟初期生育日数为 114 天左右，需≥10℃活动积温 2 240℃左右。

产量表现：2005—2006 年区域试验平均公顷生物产量 81 007.2 千克，较对照品种增产 14.5%；2007 年生产试验平均公顷生物产量 65 546.7 千克，较对照品种增产 6.6%。

栽培技术要点：在适宜区 5 月初播种，选择中等以上肥力地块种植，采用直播垄作栽培方式，公顷保苗 6 万株左右。施底肥磷酸二铵 225~300 千克/公顷，硫酸钾 50~75 千克/公顷，拔节期追施尿素 240~300 千克/公顷。应及时在 3 叶期间苗，4 叶期定苗；及时三铲三趟，按时追肥，适时收获。

审定意见：适宜黑龙江省第二积温带下限及第三积温带青贮种植。

2. 品种名称：丰禾 5 号

审定编号：黑审玉 2008044

申请者：双城市丰禾玉米研究所

育成单位：双城市丰禾玉米研究所

品种来源：以齐 319 为母本，以 H8415 为父本，杂交方法选育而成。

特征特性：青贮品种。幼苗期第一叶鞘紫色，第一叶尖端形状圆形、叶片浓绿色，茎粗壮；株高335厘米、穗位高115厘米，果穗长柱形，穗轴粉色，成株叶片数17，穗长23~25厘米，穗粗5.5米，穗行数18~20，籽粒偏马齿型、橙黄色。品质分析结果，全株含粗蛋白质7.58%~8.23%，粗纤维23.98%~26.1%，可溶性糖15.38，总糖23.76%，水分72.5%~72.04%。接种鉴定结果，大斑病2级，丝黑穗病发病率2.6%~8.7%。在适宜种植区出苗至成熟生育日数为115~120天，需≥10℃活动积温2 450℃左右。

产量表现：2005—2006年区域试验平均公顷产量77 168.3千克，较对照品种增产9.8%；2007年生产试验平均公顷产量75 881.4千克，较对照品种增产10.2%。

栽培技术要点：在适宜区4月20—25日播种，选择中等以上肥力地块种植，采用垄作栽培方式，公顷保苗6万~6.2万株。施标准磷肥作底肥550~600千克/公顷，施标准氮肥作追肥750~800千克/公顷，配合施硫酸钾100~150千克/公顷，增施农家肥，合理灌溉。机械精量播种或人工定苗均可，可采用化学除草，也可人工铲草二次，中耕二次。乳熟期收获。

审定意见：适宜黑龙江第一积温带青贮种植。

（九）2007年黑龙江审定品种

1. 品种名称：垦饲1号

审定编号：黑审玉2007031

申请者：黑龙江省农垦科学院农作物开发研究所

育成单位：黑龙江省农垦科学院农作物开发研究所

品种来源：以佳25为母本、佳30为父本杂交育成。

特征特性：该品种为青贮玉米。幼苗期第一叶鞘紫色，第一叶尖端形状匙形、叶片绿色。株高294厘米，穗位高111厘米，茎粗2.8厘米，绿叶数13~17。穗长24.8厘米，穗粗5.0厘米，穗行14~16，果穗筒形，穗轴白色，籽粒马齿型、黄色。品质分析结果，玉米全株（干基）含粗蛋白质7.58%~7.58%，粗纤维22.18%~18.39%，总糖11.09%~13.82%，水分65.8%~74.85%。接种鉴定结果，大斑病2~3级，丝黑穗病发病率3.7%~21.7%。自然发病率为大斑病0~1级，丝黑穗病发病率0%~1%。在适宜种植区从出苗到成熟生育日数112天左右，需≥10℃活动积温2 250℃左右。

产量表现：2003—2004年区域试验平均公顷生物产量77 780.6千克，较对照品种英国红和阳光1号增产13.3%；2005年生产试验平均公顷生物产量81 925.4千克，较对照阳光1号增产19.5%。

栽培技术要点：在适应区5月5—10日播种，选择中上等肥力地块种植，采用机械化栽培方式，公顷保苗7万~7.5万株。机械化施肥，施肥量（商品量），种肥磷酸二铵165千克/公顷，氯化钾45千克/公顷，追肥尿素181千克/公顷，N：P：K比为1.5：1：0.5。

审定意见：适宜第四积温带青贮种植。

2. 品种名称：江单2号

审定编号：黑审玉2007032

申请者：黑龙江省农业科学院玉米研究所

育成单位：黑龙江省农业科学院玉米研究所

品种来源：以 JS1 为母本、JS2 为父本杂交育成。

特征特性：该品种为青贮玉米。幼苗期第一叶鞘深紫色，第一叶尖端形状匙形、叶片深绿色，茎绿色；株高 330 厘米、穗位高 155 厘米，果穗圆柱形，穗轴粉色，成株叶片数 19，穗长 23 厘米，穗粗 5.3 厘米，穗行数 16~20，籽粒马齿型、黄色。品质分析结果，玉米全株粗蛋白质 7.58%~8.12%，粗纤维 21.05%~24.58%，总糖 14.02%~18.7%，水分 73.26%~74.9%。接种鉴定结果，大斑病 2~3 级，丝黑穗病发病率 1.0%~1.1%。在适宜种植区从出苗到成熟生育日数 125 天左右，需≥10℃活动积温 2 600℃左右。

产量表现：2004—2005 年区域试验平均公顷生物产量 81 962.1千克，较对照品种黑饲 1 号增产 14.0%；2006 年生产试验平均公顷生物产量 77 710.3千克，较对照品种黑饲 1 号增产 14.1%。

栽培技术要点：在适应区 4 月 25 日左右播种，公顷保苗 6 万株左右，中等肥力以上的地块施种肥磷酸二铵 225~300 千克/公顷，追施尿素 225~300 千克/公顷，及时铲趟管理，适时追肥，籽粒达到乳熟末期至蜡熟初期时及时收获。

审定意见：适宜黑龙江第一积温带青贮种植。

3. 品种名称：江单 3 号

审定编号：黑审玉 2007033

申请者：黑龙江省农业科学院玉米研究所

育成单位：黑龙江省农业科学院玉米研究所

品种来源：以 JS3 为母本，JS4 为父本杂交育成。

特征特性：该品种为青贮玉米，幼苗期第一叶鞘浅紫色，第一叶尖端形状圆形、叶片绿色，茎绿色；株高 325 厘米，穗位高 143 厘米，果穗圆柱形，穗轴白色，成株叶片数 18，穗长 25 厘米、穗粗 5.3 厘米，穗行数 16~20，籽粒硬粒形、橙黄色。品质分析结果，粗蛋白质质含量为 7.12%~7.36%，粗纤维 19.55%~25.98%，总糖 13.43%~13.52%，水分 69.34%~76.7%。接种鉴定结果，大斑病 2 级，丝黑穗病发病率 1.0%~12.6%。在适宜种植区生育日数为 112 天左右，需≥10℃活动积温2 250℃左右。

产量表现：2004—2005 年区域试验平均公顷产量80 028.3千克，较对照品种阳光 1 号增产 9.4%；2006 年生产试验平均公顷产量 86 570千克，较对照品种阳光 1 号增产 9.3%。

栽培技术要点：在适应区 5 月中上旬左右播种，公顷保苗 6 万株左右，中等肥力以上的地块施种肥磷酸二铵 225~300 千克/公顷，追尿素 225~300 千克/公顷，及时铲趟管理，适时追肥，籽粒达到乳熟末期至蜡熟初期时及时收获。

审定意见：适宜黑龙江第三积温带青贮种植。

4. 品种名称：丰禾 4 号

审定编号：黑审玉 2007034

申请者：双城市丰禾玉米研究所

育成单位：双城市丰禾玉米研究所

品种来源：以外引系齐319为母本、自选系H9420为父本杂交育成。

特征特性：该品种为青贮玉米。幼苗期第一叶鞘紫色，第一叶尖端形状圆形、叶片深绿色，茎淡紫色，株高327厘米，穗位高145厘米，果穗长筒形，穗轴淡粉色，叶片数17，穗长25厘米、穗粗5.4厘米，穗行数18~20，籽粒马齿型、黄色。品质分析结果，籽粒含粗蛋白质6.94%~8.11%，粗纤维24.48%~25.61%，可溶性糖10.76%~11.3%，水分73.97%~76.7%。接种鉴定结果，大斑病2级；丝黑穗病发病率2.1%~5.9%。在适宜种植区从出苗到成熟生育日数127左右，需≥10℃活动积温2 700℃左右。

产量表现：2004—2005年区域试验平均公顷生物产量77 051.4千克，较对照品种黑饲1号增产6.3%；2006年生产试验平均公顷生物产量74 086.6千克，较对照品种黑饲1号增产8.3%。

栽培技术要点：在适应区4月15日至5月1日播种，选择足水高肥力地块种植，采用70厘米垄作栽培方式，公顷保苗株数6.5万~7万株。施磷酸二铵作种肥200千克/公顷，生产中期追施尿素350千克/公顷。机械精量播种或人工定苗均可，可采用化学除草，也可人工铲草二次，中耕二次。

审定意见：适宜黑龙江第一积温带青贮种植。

（十）2005年黑龙江审定品种

1. 品种名称：中东青1号

审定编号：黑审玉2005027

申请者：中国农业科学院作物育种研究所、东北农业大学农学院

育成单位：中国农业科学院作物育种研究所、东北农业大学农学院

品种来源：齐319×V8

特征特性：出苗能力较强，幼苗健壮，幼苗芽鞘紫色，叶色中绿。株高345厘米，穗位高178厘米左右，茎粗2.7厘米，可见叶16片，绿叶数14，株型繁茂；花药浅紫色，花丝紫色，雄穗发达，分枝数26个左右，苞叶长度中等。果穗大小整齐一致，穗长22厘米左右，穗粗3.9厘米左右，穗行数16~18，穗轴粉色，果穗圆柱形，籽粒黄色、中硬型。品质分析结果，蜡熟初期全株含水量73.39%~77.17%，含糖量29.71%~10.86%，粗蛋白质含量5.74%~10.15%，粗纤维含量21.40%~28.2%。接种鉴定，大斑病2~3级，丝黑穗病发病率19.8%~20.0%。耐茎腐病和瘤黑粉病，抗逆性较强，不倒伏。在适宜地区出苗至蜡熟初期126天左右，需≥10℃活动积温2 750℃左右。

产量表现：2001—2002年区域试验平均公顷生物产量94 836.8千克，较对照品种中原单32增产61.3%；2003年生产试验公顷生物产量92 375.4千克，比对照品种辽源1号增产28.4%。

栽培技术要点：播种期为4月20日至5月5日，公顷保苗5.7万株左右。应选用中等以上肥力地块，穴播或机械点播，基肥以有机肥为主，每公顷10~15吨，同时施入磷酸二铵225千克/公顷，尿素150千克/公顷，钾肥225千克/公顷；拔节期5~10天追施尿素300千克/公顷。最佳采收期为乳熟末期至蜡熟初期。

审定意见：适宜黑龙江第一积温带上限青贮种植。

2. 品种名称：久龙 7 号

审定编号：黑审玉 2005028

申请者：黑龙江省久龙种业有限公司

育成单位：黑龙江省久龙种业有限公司

品种来源：金 6002×金 503

特征特性：幼苗早发性好，幼苗深绿色，叶鞘紫色。叶深绿色，成株叶片 22 片，株型紧凑。株高 340 厘米，穗位高 140 厘米，雄花分枝中等，花丝绿色，花药浅紫色，果穗苞叶长度适中，有剑叶。果穗长锥形，穗长 28 厘米，穗行数 14，行粒数 46，穗粗 5 厘米，穗轴粉色，籽粒黄色、中齿形，百粒重 43 克，容重 690 克/升。品质分析结果，粗蛋白质含量 7.14%～9.22%，粗脂肪含量 3.75%～3.80%，淀粉含量 73.69%～76.92%，赖氨酸含量 0.25%～0.29%，接种鉴定，玉米大斑病 2～3 级，丝黑穗病发病率 14.8%～18.1%。在适宜种植区从出苗至成熟生育日数 127 天，需≥10℃活动积温2 750℃。

产量表现：2003 年区域试验平均公顷生物产量119 410千克，较对照品种辽原 1 号增产 17.2%；2004 年继续区域试验平均公顷生物产量73 618千克，较对照品种黑饲 1 号增产 4.4%；两年平均公顷生物产量96 514千克，平均比对照增产 10.8%；2004 年生产试验平均公顷生物产量73 492.7千克，较对照品种黑饲 1 号增产 6.3%。

栽培技术要点：4 月下旬播种，公顷保苗 6 万株左右。施足底肥，中等肥力地块施种肥复合肥 300 千克/公顷，追施尿素 300 千克/公顷。

审定意见：适宜黑龙江省第一积温带上限青贮栽培。

（十一）2004 年黑龙江审定品种

1. 品种名称：东青 1 号

审定编号：黑审玉 2004022

申请者：东北农业大学农学院

育成单位：东北农业大学农学院

品种来源：L288×齐 319

特征特性：青贮玉米品种，幼苗芽鞘紫色，植株整齐度好，花药浅紫色，花丝绿色。成株株高 320 厘米，穗位 140 厘米。叶色中绿，茎粗 2.7 厘米，绿叶数 12，果穗圆柱形，穗长 27 厘米左右，穗粗 4 厘米左右，穗行数 16。籽粒黄色。蜡熟初期全株品质分析结果，粗蛋白质（干基）含量为 9.69%～10.41%、可溶性总糖（干基）含量为 6.02%～7.95%、粗纤维（干基）含量为 16.83%～24.69%、水分含量为 70.8%～75.73%。接种鉴定，大斑病 2 级，丝黑穗发病率 17.6%～19.8%。出苗至青贮收获期为（乳熟末期至蜡熟初期）120 天左右，需活动积温2 500℃左右。

产量表现：2001—2002 年区域试验平均公顷产量78 946.4千克，较对照品种中原单 32 增产 18.2%；2003 年生产试验平均公顷产量65 214.5千克，较对照品种中原单 32 增产 13.9%。

栽培技术要点：4 月 20 日至 5 月 5 日播种，公顷保苗57 000株左右。中等以上肥力地块，秋翻秋起垄。基肥以有机肥为主，每公顷 10～15 吨，同时施磷酸二铵 225 千克/

公顷、施尿素150千克/公顷、施钾肥225千克/公顷。在拔节期5~10天追施尿素300千克/公顷。

审定意见：适宜黑龙江省第二积温带青贮栽培。

2. 品种名称：阳光1号

审定编号：黑审玉2004025

申请者：哈尔滨阳光农作物研究所

育成单位：哈尔滨阳光农作物研究所

品种来源：合81162×金黄59

特征特性：青贮玉米品种，幼苗出苗快，基部和叶鞘边缘紫红色，叶色中绿，株型较紧凑。成株株高310~350厘米，穗位120~140厘米。果穗长筒形，穗长22~25厘米，穗粗4.6~5.0厘米，穗行数12~14，百粒重35~40克。籽粒马齿型、橙黄色，容重690~740克/升。蜡熟初期全株品质分析结果，粗蛋白质（干基）含量为7.06%，可溶性总糖（干基）含量为8.23%，粗纤维（干基）含量为25.54%、水分含量为68.2%。接种鉴定，大斑病2级，丝黑穗发病率3.2%~16.0%。出苗至青贮收获期为（乳熟末期至蜡熟初期）105~110天，需活动积温2 350~2 400℃。

产量表现：2001—2002年区域试验平均公顷产量71 182.0千克，较对照品种中原单32增产10.7%；2003年生产试验平均公顷产量78 521.7千克，较对照品种中原单32增产6.0%。

栽培技术要点：4月25日至5月5日播种，公顷保苗60 000株左右。中等以上肥力地块，基肥以有机肥为主，每公顷15~20吨，施磷酸二铵250千克/公顷，尿素75千克/公顷，硫酸钾100千克/公顷。拔节至孕穗期追施尿素300千克/公顷。

审定意见：适宜黑龙江省第二积温带下限及第三积温带青贮栽培。

（十二）2002年黑龙江审定品种

品种名称：长丰1号

审定编号：黑审玉2002003

申请者：黑龙江省大庆市长丰农业科研所

育成单位：黑龙江省大庆市长丰农业科研所

品种来源：9316×9312

特征特性：种子出苗能力强，叶鞘紫色，叶片绿色，花丝粉色，花药黄色，气生根发达。株高260厘米，穗位高92厘米，叶片数22，半紧凑型。果穗柱形，穗长21厘米，穗行数16~18行，行粒数43粒，百粒重34克左右。籽粒黄色，半马齿型，穗轴红色。籽粒蛋白质含量为9.77%，脂肪含量为4.62%，淀粉为73.71%，赖氨酸为0.25%，容重750克/升。接种鉴定，大斑病2级，丝黑穗病率6.7%~9.1%，抗茎腐病，抗逆性较好。生育日数为125天左右，需活动积温2 700℃。活秆成熟，果穗收获后秸秆可作青贮饲料。

产量表现：2000—2001年黑龙江省区域试验平均亩产629.8千克，较对照品种本玉9增产12.8%；2001年黑龙江省生产试验亩产650.7千克，较对照品种本育9增产11.1%。

栽培技术要点：4月下旬播种。一般肥力地块清种保苗每亩3 300株，高水肥地块每亩4 000株。磷酸二铵10千克/亩，硫酸钾6~8千克/亩。尿素23千克/亩。种植密度不低于3 000株/亩。

审定意见：适宜黑龙江第一积温带上限。

四、吉林——青贮玉米品种审定信息（表2-5）

表2-5 吉审青贮玉米品种信息

序号	品种名称	审定编号	育成单位	停止推广年份
1	翔育761	吉审玉20206003	吉林省鸿翔农业集团鸿翔种业有限公司	
2	京科青贮568	吉审玉20196001	吉林省鸿翔农业集团鸿翔种业有限公司 北京市农林科学院玉米研究中心	
3	京华678	吉审玉20196002	吉林省鸿翔农业集团鸿翔种业有限公司 北京市农林科学院玉米研究中心	

（一）2020年吉林审定品种

品种名称：翔育761

审定编号：吉审玉20206003

申请者：吉林省鸿翔农业集团鸿翔种业有限公司

育成单位：吉林省鸿翔农业集团鸿翔种业有限公司

品种来源：XYM231×XYF860

特征特性：中晚熟青贮玉米品种，出苗至成熟120天，与对照京科青贮301熟期相同。幼苗叶鞘紫色，叶片绿色，叶缘紫色，花药绿色，颖壳绿色，花丝绿色。株型半紧凑，株高310厘米，穗位高133厘米，成株叶片数18。果穗筒形，穗长21.0厘米，穗行数16~18，穗轴粉色，籽粒黄色、半马齿型。接种鉴定，中抗大斑病，感灰斑病，感丝黑穗病，中抗茎腐病，中抗穗腐病。全株中性洗涤纤维含量平均36.8%，酸性洗涤纤维含量平均18.3%，粗蛋白质含量8.8%，淀粉含量30.4%。

产量表现：2018—2019年参加绿色通道试验，两年区域试验平均公顷生物产量（干重）23 672.8千克，比对照京科青贮301增产5.0%；2019年生产试验平均公顷生物产量（干重）24 340.1千克，比对照京科青贮301增产4.1%。

栽培技术要点：中等肥力以上地块栽培，4月下旬至5月上旬播种，一般保苗5.5万~6.0万株/公顷。施足农家肥，底肥施复合肥400~600千克/公顷，追肥施尿素300千克/公顷。

审定意见：该品种符合吉林省玉米品种审定标准，通过审定。适宜吉林省玉米中晚熟区作青贮玉米种植。注意防治灰斑病和丝黑穗病。

（二）2019年吉林审定品种

1. 品种名称：京科青贮568

审定编号：吉审玉20196001

申请者：吉林省鸿翔农业集团鸿翔种业有限公司

育成单位：吉林省鸿翔农业集团鸿翔种业有限公司、北京市农林科学院玉米研究中心

品种来源：京 F420×京 2416

特征特性：中晚熟品种，出苗至青贮收获 118 天，比对照京科青贮 301 晚 1 天。幼苗叶鞘紫色，叶片深绿色，叶缘紫色，花药紫色，颖壳绿色。株型半紧凑，株高 298 厘米，穗位高 137 厘米，成株叶片数 19~21。花丝浅紫色，果穗筒形，穗长 23 厘米，穗行数 14~16，穗轴红色，籽粒黄色、硬粒型。接种鉴定，中抗大斑病，感灰斑病，感丝黑穗病，中抗茎腐病，中抗穗腐病。全株中性洗涤纤维含量 42.0%，酸性洗涤纤维含量 19.2%，粗蛋白质含量 8.5%，粗淀粉含量 25.3%。

产量表现：2017—2018 年参加绿色通道试验，两年区域试验平均公顷生物产量（干重）24 136.5千克，比对照京科青贮 301 增产 9.2%；2018 年生产试验平均公顷生物产量（干重）26 443.0千克，比对照京科青贮 301 增产 8.2%。

栽培技术要点：中等肥力以上地块栽培，4 月下旬至 5 月上旬播种，一般保苗 5.5 万~6.0 万株/公顷。施足农家肥，底肥一般施用复合肥 400~600 千克/公顷，追肥一般施用尿素 300 千克/公顷。

审定意见：该品种符合吉林省玉米品种审定标准，通过审定。适宜吉林省玉米中晚熟区种植。注意防治灰斑病和丝黑穗病。

2. 品种名称：京华 678

审定编号：吉审玉 20196002

申请者：吉林省鸿翔农业集团鸿翔种业有限公司

育成单位：吉林省鸿翔农业集团鸿翔种业有限公司、北京市农林科学院玉米研究中心

品种来源：京 BD110893×KC7

特征特性：中晚熟品种，出苗至青贮收获 117 天，与对照京科青贮 301 熟期相同。幼苗叶鞘紫色，叶片深绿色，叶缘紫色，花药浅紫色，颖壳绿色。株型半紧凑，株高 259 厘米，穗位高 105 厘米，成株叶片数 19~21。花丝紫色，果穗筒形，穗长 19 厘米，穗行数 14~16，穗轴白色，籽粒黄色、半硬粒型。接种鉴定，中抗大斑病，感灰斑病，抗丝黑穗病，中抗茎腐病，中抗穗腐病。全株中性洗涤纤维含量 41.4%，酸性洗涤纤维含量 20.1%，粗蛋白质含量 8.5%，粗淀粉含量 25.7%。

产量表现：2017—2018 年参加绿色通道试验，两年区域试验平均公顷生物产量（干重）23 032.2千克，比对照京科青贮 301 增产 4.4%；2018 年生产试验平均公顷生物产量（干重）25 274.9千克，比对照京科青贮 301 增产 3.3%。

栽培技术要点：中等肥力以上地块栽培，4 月下旬至 5 月上旬播种，一般保苗 5.5 万~6.0 万株/公顷。施足农家肥，底肥一般施用复合肥 300 千克/公顷，追肥一般施用尿素 300 千克/公顷。

审定意见：该品种符合吉林省玉米品种审定标准，通过审定。适宜吉林省玉米中晚熟区种植。注意防治灰斑病。

五、辽宁——青贮玉米品种审定信息（表 2-6）

表 2-6 辽审青贮玉米品种信息

序号	品种名称	审定编号	育成单位	停止推广年份
1	辽单 5802	辽审玉 20200254	辽宁省农业科学院玉米研究所	
2	辽单 712	辽审玉 20200255	辽宁省农业科学院玉米研究所	

1. 品种名称：辽单 5802

审定编号：辽审玉 20200254

申请者：辽宁省农业科学院玉米研究所

选育者：辽宁省农业科学院玉米研究所

品种来源：辽 6a110×S121

特征特性：辽宁省春播青贮收获生育期 118 天，与对照同期。籽粒完熟生育期 132 天。品种株型半紧凑，株高 326 厘米左右，穗位 140 厘米左右，成株约 20 片叶。果穗筒形，穗长约 20.9 厘米，穗行数 18～20，穗轴白色，籽粒黄色、籽粒类型为马齿型，百粒重约 37.0 克，出籽率 83.0%。青贮收获期全株保持绿色叶片数 15.0，绿色叶片数所占比例 71.0%，乳线位置 50.9%。经鉴定，抗大斑病，感灰斑病，抗穗腐病，中抗茎腐病，抗丝黑穗病。经测定，2018 年籽粒粗蛋白质含量 7.2%，中性洗涤纤维含量 39.6%，酸性洗涤纤维 19.1%，淀粉含量 29.3%；2019 年籽粒粗蛋白质含量 8.3%，中性洗涤纤维含量 36.7%，酸性洗涤纤维 18.9%，淀粉含量 32.2%。

产量表现：2018 年参加辽宁省玉米品种联合体试验青贮组区域试验，初试平均每亩生物产量 4 695.1 千克，比对照雅玉 26 增产 0.2%，2019 年复试平均每亩生物产量 4 558.6 千克，比对照雅玉 26 增产 1.5%；干物质产量 1 486.6 千克，比对照增产 6.9%。2019 年参加同组生产试验，平均每亩生物产量 4 731.2 千克，比对照雅玉 26 增产 6.2%。

栽培技术要点：应选择肥力较好的地块种植。适宜清种，保苗 4 500 株/亩。播种前可采用种子包衣剂拌种或药剂拌种防治地下害虫；放赤眼蜂防治玉米螟虫。

审定意见：该品种符合辽宁省玉米品种审定标准，通过审定。适宜在辽宁省青贮玉米类型区种植。

2. 品种名称：辽单 712

审定编号：辽审玉 20200255

申请者：辽宁省农业科学院玉米研究所

选育者：辽宁省农业科学院玉米研究所

品种来源：辽 4935×辽 7309

特征特性：辽宁省春播青贮收获生育期 118 天，与对照同期。品种株型半紧凑，株高 332 厘米左右，穗位 150 厘米左右，成株约 20 片叶。经鉴定，中抗大斑病，感灰斑病，抗穗腐病，抗茎腐病，高抗丝黑穗病。经测定，2018 年粗蛋白质含量 8.1%，中性洗涤纤维含量 38.0%，酸性洗涤纤维含量 18.9%，淀粉含量 30.8%；2019 年粗蛋白质含量 8.1%，中性洗涤纤维含量 41.5%，酸性洗涤纤维含量 21.1%，淀粉含量 28.8%。

产量表现：2018 年参加辽宁省玉米品种联合体试验青贮组区域试验，初试平均亩产4 778.7千克，比对照雅玉 26 增产 2.0%，2019 年复试平均亩产4 538.8千克，比对照雅玉 26 增产 1.1%。2019 年参加同组生产试验，平均亩产4 559.6千克，比对照雅玉 26 增产 2.4%。

栽培技术要点：喜肥水，应选择肥力中等以上地块种植。适宜清种，保苗 4 500 株/亩。播种前可采用种子包衣剂拌种或药剂拌种防治地下害虫；放赤眼蜂防治玉米螟虫。

审定意见：该品种符合辽宁省玉米品种审定标准，通过审定。适宜在辽宁省青贮玉米类型区种植。

六、内蒙古——青贮玉米品种审定信息（表 2-7）

表 2-7　蒙审青贮玉米品种信息

序号	品种名称	审定编号	育成单位	停止推广年份
1	烁秋 189	蒙审玉（饲）2020001 号	内蒙古烁秋农牧业有限公司	
2	S158	蒙审玉（饲）2019001 号	内蒙古蒙新农种业有限责任公司	
3	金岭青贮 386	蒙审玉（饲）2019002 号	内蒙古金岭青贮玉米种业有限公司	
4	蒙青贮 260	蒙审玉（饲）2019003 号	内蒙古蒙草生态环境（集团）股份有限公司	
5	蒙种 719	蒙审玉（饲）2019004 号	内蒙古种星种业有限公司	
6	盛泰 99	蒙审玉（饲）2019005 号	达拉特旗天利和种子有限责任公司	
7	CM89	蒙审玉（饲）2018001 号	葫芦岛市明玉种业有限责任公司	
8	明玉 6 号	蒙审玉（饲）2018002 号	葫芦岛市明玉种业有限责任公司	
9	胜丰青贮 2 号	蒙审玉（饲）2018003 号	鄂尔多斯市胜丰种业有限公司	
10	禾为贵 998	蒙审玉（饲）2018004 号	内蒙古禾为贵种业有限公司	
11	人禾青贮 818	蒙审玉（饲）2018005 号	通辽市人禾农业发展有限公司	

（续表）

序号	品种名称	审定编号	育成单位	停止推广年份
12	东单 70	蒙审玉（饲）2018006 号	辽宁东亚种业有限公司	
13	东单 6531	蒙审玉（饲）2018007 号	辽宁东亚种业有限公司	
14	东单 11 号	蒙审玉（饲）2018008 号	辽宁东亚种业有限公司	
15	东单 1501	蒙审玉（饲）2018009 号	辽宁富友种业有限公司	
16	美锋 969	蒙审玉（饲）2018010 号	辽宁富友种业有限公司 辽宁东亚种业科技股份有限公司	
17	蒙青贮 268	蒙审玉（饲）2018011 号	内蒙古蒙草生态环境（集团）股份有限公司	
18	种星青贮 178	蒙审玉（饲）2018012 号	内蒙古种星种业有限公司	
19	利禾 763	蒙审玉（饲）2018013 号	内蒙古利禾农业科技发展有限公司	
20	金岛 5	蒙审玉（饲）2018014 号	葫芦岛市种业有限责任公司	
21	潞鑫二号	蒙审玉（饲）2018015 号	山西鑫农奥利种业有限公司	
22	鼎玉 678	蒙审玉（饲）2018016 号	四川新丰种业有限公司	
23	北玉 1522	蒙审玉（饲）2018017 号	沈阳北玉种子科技有限公司 酒泉大漠种业有限公司	
24	齐丰 688	蒙审玉（饲）2018018 号	黑龙江齐丰农业科技有限公司	
25	泓丰 2119	蒙审玉（饲）2018019 号	北京新实泓丰种业有限公司	
26	雨禾 2 号	蒙审玉（饲）2018020 号	葫芦岛市种业有限责任公司	
27	大京九 12	蒙审玉（饲）2017001 号	河南省大京九种业有限公司	
28	合饲 4 号	蒙审玉（饲）2017002 号	内蒙古农业大学农学院	
29	钧凯青贮 909	蒙审玉（饲）2017003 号	宁夏钧凯种业有限公司 内蒙古西蒙种业有限公司	
30	西蒙 919	蒙审玉（饲）2017004 号	内蒙古西蒙种业有限公司 宁夏钧凯种业有限公司	

（续表）

序号	品种名称	审定编号	育成单位	停止推广年份
31	先单 405	蒙审玉（饲）2017005 号	甘肃先农国际农业发展有限公司	
32	金艾 588	蒙审玉（饲）2016001 号	内蒙古金葵艾利特种业有限公司	
33	青贮 808	蒙审玉（饲）2016002 号	巴彦淖尔市农牧业科学研究院	
34	佰青 131	蒙审玉（饲）2016003 号	北京佰青源畜牧业科技发展有限公司	
35	大京九 26	蒙审玉（饲）2016004 号	北京大京九农业开发有限公司	
36	云瑞 21	蒙认玉（饲）2016001 号	内蒙古真金种业科技有限公司	
37	金艾 581	蒙审玉（饲）2015001 号	内蒙古金葵艾利特种业有限公司	
38	东单 606	蒙认玉（饲）2014001 号	辽宁东亚种业有限公司	
39	曲辰九号	蒙认玉（饲）2014002 号	云南曲辰种业有限公司	
40	北青贮 1 号	蒙认玉（饲）2014003 号	通辽市厚德种业有限责任公司	
41	双玉青贮 5 号	蒙认玉（饲）2014004 号	河北双星种业有限公司	
42	奥玉青贮 5102	蒙认玉（饲）2014005 号	北京奥瑞金种业股份有限公司	
43	中瑞青贮 19	蒙认玉（饲）2014006 号	河北中谷金福农业科技有限公司	
44	桂青贮 1 号	蒙认玉（饲）2013001 号	广西壮族自治区玉米研究所	
45	文玉 3 号	蒙审玉（饲）2013001 号	北京佰青源畜牧业科技发展有限公司	
46	宁禾 0709	蒙审玉（饲）2013002 号	宁夏农林科学院农作物研究所 宁夏农垦局良种繁育经销中心	
47	西蒙青贮 707	蒙审玉（饲）2013003 号	内蒙古西蒙种业有限公司	
48	合饲 1 号	蒙审玉（饲）2012001 号	内蒙古农业大学农学院	
49	吉农大青饲 1 号	蒙认饲 2011001 号	吉林农业大学	

（续表）

序号	品种名称	审定编号	育成单位	停止推广年份
50	宏博 2160	蒙认饲 2011002 号	内蒙古宏博种业科技有限公司	
51	辽单青贮 625	蒙认饲 2011003 号	辽宁东亚种业有限公司	
52	伊单 76	蒙认饲 2010001 号	鄂尔多斯市农业科学研究所	
53	中农大青贮 67	蒙认饲 2009001 号	九原区种子有限责任公司	
54	三元青贮 1 号	蒙认饲 2009002 号	北京三元农业有限公司种业分公司	
55	北农 208	蒙认饲 2009003 号	北京市农业技术推广站	
56	金刚青贮 50	蒙认饲 2009004 号	辽阳金刚种业有限公司	
57	中农大青贮 GY4515	蒙认饲 2008001 号	北京中农大康科技开发有限公司	
58	德翔 1 号	蒙认饲 2008002 号	北京德农种业有限公司赤峰分公司	
59	晋单青贮 42	蒙认饲 2008003 号	内蒙古种星种业有限公司	
60	金饲 13 号	蒙认饲 2008004 号	通辽金山种业科技有限责任公司	
61	京科青贮 516	蒙认饲 2008005 号	北京市农林科学院玉米研究中心	
62	真金青贮 31	蒙认饲 2007002 号	鄂尔多斯市达拉特旗种子公司	
63	真金青贮 32	蒙认饲 2007003 号	鄂尔多斯市达拉特旗种子公司	
64	伊单 410	蒙认饲 2007004 号	鄂尔多斯市农业科学研究所 鄂尔多斯市满世通科技种业有限公司	
65	大京九 23	蒙认饲 2007007 号	河南省大京九种业有限公司	
66	金饲 10 号	蒙认饲 2006002 号	通辽金山种业科技有限责任公司	
67	科饲一号	蒙认饲 2005001 号	中国科学院遗传与发育生物学研究所	
68	中北 410	蒙认饲 2005002 号	山西北方种业股份有限公司	
69	真金青贮 1 号	蒙认饲 2005003 号	鄂尔多斯市达拉特种子公司	
70	金坤 9 号	蒙认玉 2004003 号	内蒙古金坤种业有限公司	
71	科多四号	蒙认饲 2004004 号	中国科学院遗传与发育生物学研究所	
72	东 陵 白	蒙认饲 2004005 号	呼和浩特市种子管理站	
73	英 国 红	蒙认饲 2004006 号	呼和浩特市种子管理站	
74	科青 1 号	蒙认玉 2004008 号	中国科学院遗传与发育生物学研究所	
75	科多八号	蒙认玉 2004009 号	中国科学院遗传与发育生物学研究所	

（一）2020 年内蒙古审定品种

品种名称：烁秋 189

审定编号：蒙审玉（饲）2020001 号

申请者：内蒙古烁秋农牧业有限公司

育成单位：内蒙古烁秋农牧业有限公司

品种来源：SQ253×SQ22

特征特性：出苗至收获 121 天。幼苗叶片绿色，叶鞘浅紫色，叶缘绿色，第一叶圆形。株型半紧凑，株高 337 厘米，穗位 136 厘米，收获时平均绿叶片数 12 片，雄穗一级分枝 5~7 个。

产量表现：2015 年自行开展试验，平均亩产鲜重 5 763.6 千克，比对照增产 22.18%；2016 年自行开展试验，平均亩产鲜重 5 712.6 千克，比对照增产 25.40%；2017 年参加饲用玉米生产试验，平均亩产鲜重 4 968.8 千克，比对照东单 606 减产 0.9%；亩产干重 1 943.9 千克，比对照增产 8.5%，干物质含量 39.1%。

栽培技术要点：4 月 25 日左右，地表温度稳定在 10℃以上时播种。根据地力条件保苗4 500株/亩左右。施种肥磷酸二铵 15~20 千克/亩、硫酸钾 5 千克/亩，追施尿素 20~25 千克/亩。

审定意见：该品种符合内蒙古自治区玉米品种审定标准，通过审定。适宜在内蒙古自治区青贮玉米区种植。

（二）2019 年内蒙古审定品种

1. 品种名称：S158

审定编号：蒙审玉（饲）2019001 号

申请者：内蒙古蒙新农种业有限责任公司

育成单位：内蒙古蒙新农种业有限责任公司

品种来源：以 M2057 为母本、N1935 为父本杂交选育而成。母本选于 21~26 集团，用 5 个瑞德血缘自交系组建的小群体，经连续混合授粉加代选育之后，选单株，经连续自交 6 代以上选育而成的自交系；父本选于 21~27 集团，用 5 个热带血缘自交系组建的小群体，经连续混合授粉得加代选育之后，选单株，经连续自交 6 代以上选育而成的自交系。

特征特性：出苗至收获 122 天。幼苗叶片绿色，叶鞘浅紫色，叶缘紫色，第一叶圆形。株型半紧凑型，株高 291 厘米，穗位 120 厘米，收获时平均绿叶片数 11 片。护颖紫色，花药黄色，花丝绿色，雄穗一级分枝 5~9 个。接种鉴定，抗大斑病、丝黑穗病，中抗弯孢叶斑病、玉米螟、茎腐病。品质分析，中性洗涤纤维含量 37.1%，酸性洗涤纤维含量 16.3%，粗蛋白质含量 8.3%，淀粉含量 33.6%。

产量表现：2016 年自行开展试验，平均亩产鲜重4 792.2千克，比对照增产 6.9%；亩产干重1 782.6千克，比对照增产 5.0%。2017 年参加青贮玉米区域试验，平均亩产鲜重4 824.8千克，比对照增产 6.6%；亩产干重1 732.1千克，比对照增产 1.0%。2018 年参加青贮玉米生产试验，平均亩产鲜重4 504.7千克，比对照减产 2.1%；亩产干重1 546.7千克，比对照增产 3.7%。

栽培技术要点：4 月下旬至 5 月上旬播种；保苗5 000～5 500株/亩；施底肥磷酸二铵 25 千克/亩，追肥施尿素 25 千克/亩。大喇叭口期应注意防治玉米螟。

审定意见：通过审定，适宜在内蒙古自治区青贮玉米种植区种植。

2. 品种名称：金岭青贮 386

审定编号：蒙审玉（饲）2019002 号

申请者：内蒙古金岭青贮玉米种业有限公司

育成单位：内蒙古金岭青贮玉米种业有限公司

品种来源：以 J792 为母本、JL9159 为父本杂交选育而成。母本是以铁 7922 变异株为基础材料，经 8 代连续自交选育而成；父本是以丹 9195×丹 599 杂种 F_1 代再回交丹 599 一次，经多代自交选育而成。

特征特性：出苗至收获 122 天。幼苗叶片黄绿色，叶鞘绿色，叶缘绿色，第一叶圆形。株型半紧凑型，株高 304 厘米，穗位 143 厘米，收获时平均绿叶片数 13 片。花丝绿色，雄穗一级分枝 28 个。接种鉴定，中抗大斑病、弯孢叶斑病、丝黑穗病、茎腐病、玉米螟。品质分析，中性洗涤纤维含量 40. 2%，酸性洗涤纤维含量 19. 6%，粗蛋白质含量 8. 5%，淀粉含量 26. 7%。

产量表现：2016 年自行开展试验，平均亩产鲜重4 865. 5千克，比对照增产 6. 8%；亩产干重1 664. 5千克。2017 年参加青贮玉米区域试验，平均亩产鲜重4 738. 1千克，比对照增产 4. 7%；亩产干重1 723. 8千克，比对照增产 0. 5%。2018 年参加青贮玉米生产试验，平均亩产鲜重4 766. 1千克，比对照增产 3. 6%；亩产干重 1 586. 3千克，比对照增产 6. 3%。

栽培技术要点：4 月下旬至 5 月上旬，当地表温度稳定在 10℃ 以上时播种；保苗4 000～4 500株/亩；施用氮磷钾复合肥 25～30 千克/亩，拔节期追施尿素 30～35 千克/亩。种植密度不宜过大，防止倒伏。

审定意见：通过审定，适宜在内蒙古自治区青贮玉米种植区种植。

3. 品种名称：蒙青贮 260

审定编号：蒙审玉（饲）2019003 号

申请者：内蒙古蒙草生态环境（集团）股份有限公司

育成单位：内蒙古蒙草生态环境（集团）股份有限公司

品种来源：以 188 为母本、182 为父本杂交选育而成。母本来源于黄早 4 和丹 340 二环系；父本来源于 78599。

特征特性：出苗至收获 122 天。幼苗叶片绿色，叶鞘绿色，叶缘绿色，第一叶卵圆形。株型半紧凑，株高 299 厘米，穗位 147 厘米，收获时平均绿叶片数 14 片。雄穗一级分枝 10 个以上。接种鉴定，感大斑病、丝黑穗病，抗弯孢叶斑病、玉米螟，中抗茎腐病。品质分析，中性洗涤纤维含量 39. 1%，酸性洗涤纤维含量 17. 5%，粗蛋白质含量 8. 2%，淀粉含量 29. 3%。

产量表现：2016 年自行开展试验，平均亩产鲜重5 501. 1千克，比对照增产 8. 4%；亩产干重1 870. 4千克，比对照增产 8. 7%。2017 年参加青贮玉米区域试验，平均亩产鲜重5 242. 9千克，比对照增产 15. 9%；亩产干重1 939. 8千克，比对照增产 13. 1%。

2018年参加青贮玉米生产试验，平均亩产鲜重4 633.0千克，比对照增产0.7%；亩产干重1 551.9千克，比对照增产4.0%。

栽培技术要点：地表温度在10℃以上时播种；保苗5 000株左右/亩；施肥50千克/亩以上，底肥为P、K肥20千克左右；追肥为7~9片叶时追施氮肥30千克左右。该品种喜水肥，旱地使用会出现不同程度减产；注意防治大斑病，丝黑穗病高发区慎用。

审定意见：通过审定，适宜在内蒙古自治区青贮玉米种植区种植。

4. 品种名称：蒙种719

审定编号：蒙审玉（饲）2019004号

申请者：内蒙古种星种业有限公司

育成单位：内蒙古种星种业有限公司

品种来源：以D6为母本、G26改为父本杂交选育而成。母本以美国杂交种为基础材料，采用系谱法，连续自交7代选育而成；父本以热带杂交种/昌七-2为基础材料，采用系谱法，连续自交7代选育而成。

特征特性：出苗至收获122天。幼苗叶片绿色，叶鞘绿色。株型半紧凑，株高318厘米，穗位146厘米，收获时平均绿叶片数14片。护颖绿色，花药黄色，花丝紫色。接种鉴定，感大斑病、弯孢叶斑病、玉米螟，抗丝黑穗病、茎腐病。品质分析，中性洗涤纤维含量41.1%，酸性洗涤纤维含量19.8%，粗蛋白质含量8.4%，淀粉含量27.0%。

产量表现：2016年自行开展试验，平均亩产鲜重5 274.3千克，比对照增产10.7%；干重亩产1 848.0千克，比对照增产10.4%。2017年参加青贮玉米区域试验，平均亩产鲜重5 462.3千克，比对照增产20.7%；亩产干重1 852.1千克，比对照增产8.0%。2018年参加青贮玉米生产试验，平均亩产鲜重4 605.5千克，比对照增产0.1%；亩产干重1 602.5千克，比对照增产7.4%。

栽培技术要点：4月末至5月初播种；保苗4 500株/亩；施足底肥，施磷酸二铵种肥30千克/亩以上，大喇叭口期追施尿素30千克/亩为宜。注意防治大斑病、弯孢叶斑病、玉米螟。

审定意见：通过审定，适宜在内蒙古自治区青贮玉米种植区种植。

5. 品种名称：盛泰99

审定编号：蒙审玉（饲）2019005号

申请者：达拉特旗天利和种子有限责任公司

育成单位：达拉特旗天利和种子有限责任公司

品种来源：以838为母本、H163为父本组配而成。母本是以487×9140杂交后代为基础材料选育而成；父本是以四川双流试验站提供的高抗川农种质×美系材料的杂交一代自由授粉单株种子为基础材料选育而成。

特征特性：出苗至收获121天。幼苗叶片绿色，叶鞘紫色。株型半紧凑，株高358厘米，穗位165厘米，收获时平均绿叶片数13片。接种鉴定，中抗大斑病、弯孢叶斑病，感丝黑穗病，抗茎腐病、玉米螟。品质分析，中性洗涤纤维含量42.35%，酸性洗涤纤维含量 18.23%，粗蛋白质含量 8.19%，淀粉含量 28.26%。

产量表现：2015 年自行开展试验，平均亩产鲜重5 339.8千克，比对照增产 9.8%。2016 年自行开展试验，平均亩产鲜重5 532.1千克，比对照增产 14.6%；亩产干重1 987.8千克，比对照增产 14.1%。2017 年参加青贮玉米生产试验，平均亩产鲜重5 092.4千克，比对照增产 1.6%；亩产干重1 788.0千克，比对照减产 0.2%。

栽培技术要点：一般 4 月 20 日至 5 月 10 日播种；保苗4 000~4 500株/亩；施磷酸二铵 20~25 千克/亩，硫酸钾 5~10 千克/亩，尿素 30~40 千克/亩。抽雄后 45 天左右，蜡熟期收获。注意防治丝黑穗病。

审定意见：通过审定，适宜在内蒙古自治区青贮玉米种植区种植。

（三）2018 年内蒙古审定品种

1. 品种名称：CM89

审定编号：蒙审玉（饲）2018001 号

申请者：葫芦岛市明玉种业有限责任公司

育成单位：葫芦岛市明玉种业有限责任公司

品种来源：以明 2325 为母本、M104 为父本组配而成。母本是以掖 107×铁 7922 为基础材料选育而成；父本是以丹 598×178 为基础材料选育而成。

特征特性：出苗至收获 121 天，与对照东单 606 同期。幼苗叶鞘紫色，叶片绿色，叶缘紫色，第一叶椭圆形。株型半紧凑，株高 339 厘米，穗位 161 厘米，收获时平均绿叶片数 12。护颖紫色，花药绿色，花丝绿色，雄穗一级分枝 7 个。果穗筒形，红轴，穗长 18.8 厘米，穗行数 16~18，行粒数 41。籽粒马齿型，黄色。接种鉴定，感大斑病（7S），中抗弯孢叶斑病（5MR），感丝黑穗病（14.3%S），中抗茎腐病（15.2%MR），抗玉米螟（3.9R）[①]。淀粉含量 22.07%，中性洗涤纤维含量 47.34%，酸性洗涤纤维含量 16.35%，粗蛋白质含量 7.63%。

产量表现：2015 年自行开展试验，平均亩产鲜重5 655.6千克，比对照增产 10.9%；2016 年自行开展试验，平均亩产鲜重5 709.0千克，比对照增产 12.1%；2017 年参加饲用玉米生产试验，平均亩产鲜重5 562.8千克，比对照增产 11.0%；平均亩产干重2 223.0千克，比对照增产 24.1%。

栽培技术要点：4 月 15 日至 5 月 5 日播种；保苗5 000株/亩。播种时，施优质农家肥2 000~3 000千克/亩作基肥，施复合肥 20~25 千克/亩，锌肥 1~1.5 千克/亩，9~12 片叶追施尿素 30 千克/亩。或播前一次施玉米专用肥 50~60 千克/亩。种子包衣防治地下害虫；注意防治大斑病、丝黑穗病、玉米螟。

审定意见：通过审定，适宜在内蒙古自治区青贮玉米种植区种植。

2. 品种名称：明玉 6 号

审定编号：蒙审玉（饲）2018002 号

---

① R 是 resistance，指抗病性。抗病分 1、3、5、7、9 五个等级，1：highly resistance，HR，高抗；3：resistance，R，抗；5：moderately resistance，MR，中抗；7：susceptible，S，感；9：highly susceptible，HS，高感。

申请者：葫芦岛市明玉种业有限责任公司

育成单位：葫芦岛市明玉种业有限责任公司

品种来源：以明2325为母本、明984为父本组配而成。母本是用掖107×铁7922为基础材料选育而成；父本来源于丹598变异株。

特征特性：出苗至收获121天，与对照东单606同期。幼苗叶片绿色，叶鞘紫色，叶缘紫色，第一叶圆形。株型紧凑，株高350厘米，穗位169厘米，收获时平均绿叶片数12。护颖紫色，花药绿色，花丝绿色，雄穗一级分枝9个。果穗长锥形，穗轴红色，穗长18.4厘米，穗行数16~20，行粒数41。籽粒半马齿型，黄色。接种鉴定，感大斑病（7S），感弯孢叶斑病（7S），感丝黑穗病（21.9%S），抗茎腐病（9.4%R），中抗玉米螟（4.1MR）。淀粉含量26.77%，中性洗涤纤维含量43.43%，酸性洗涤纤维含量14.97%，粗蛋白质含量7.88%。

产量表现：2015年自行开展试验，平均亩产鲜重5 594.8千克，比对照增产8.8%；2016年自行开展试验，平均亩产鲜重5 823.1千克，比对照增产14.3%；2017年参加饲用玉米生产试验，平均亩产鲜重5 239.7千克，比对照增产4.6%；平均亩产干重2 085.6千克，比对照增产16.4%。

栽培技术要点：4月15日至5月5日播种；保苗5 000株/亩；播种时，施氮磷钾复合肥30~40千克/亩，拔节期追施尿素50~60千克/亩。种子包衣防治丝黑穗病和地下害虫；注意防治大斑病、弯孢叶斑病、玉米螟。

审定意见：通过审定，适宜在内蒙古自治区青贮玉米种植区种植。

3. 品种名称：胜丰青贮2号

审定编号：蒙审玉（饲）2018003号

申请者：鄂尔多斯市胜丰种业有限公司

育成单位：鄂尔多斯市胜丰种业有限公司

品种来源：以S16为母本、F62为父本杂交选育而成。母本是以7922/PH4CV为基础材料选育而成；父本是以沈137/K14为基础材料选育而成。

特征特性：出苗至收获121天，与对照东单606同期。幼苗叶鞘紫色，叶片绿色，叶缘紫色。株型半紧凑，株高320厘米，穗位134厘米，收获时平均绿叶片数11。果穗锥形，红轴，穗行数16~18。籽粒半马齿型，黄色。接种鉴定，中抗大斑病（5MR），抗弯孢叶斑病（3R），中抗丝黑穗病（6.9%MR），中抗茎腐病（17.1%MR），抗米螟（3.8R）。淀粉含量35.85%，中性洗涤纤维含量33.48%，酸性洗涤纤维含量12.47%，粗蛋白质含量8.52%。

产量表现：2015年自行开展试验，平均亩产鲜重5 386.8千克，比对照增产8.3%；2016年自行开展试验，平均亩产鲜重5 534.3千克，比对照增产6.6%；2017年参加饲用玉米生产试验，平均亩产鲜重4 486.1千克，比对照减产10.5%；平均亩产干重1 835.5千克，比对照增产2.5%。

栽培技术要点：4月20日至5月10日播种；根据地力条件保苗4 500~5 000株/亩；氮磷钾配合施用，施磷酸二铵15~20千克/亩，硫酸钾5~10千克/亩，尿素20~40千克/亩。抽雄后45天左右，籽粒乳线下落近1/2位置，即蜡熟期收获。

审定意见：通过审定，适宜在内蒙古自治区青贮玉米种植区种植。

4. 品种名称：禾为贵998

审定编号：蒙审玉（饲）2018004号

申请者：内蒙古禾为贵种业有限公司

育成单位：内蒙古禾为贵种业有限公司

品种来源：HY018×HY118。母本HY018是用PH6WC与7922杂交后，然后与PH6WC连续2代回交选出优良穗行，经连续自交7代选育而出；父本HY118为PHB1M与昌7-2杂交选系。

特征特性：出苗至收获121天，与对照东单606同期。幼苗叶片绿色，叶鞘浅紫色，叶缘紫色，第一叶圆形。株型半紧凑，株高302厘米，穗位122厘米，收获时平均绿叶片数11。护颖绿紫色，花药紫色，花丝绿色，雄穗一级分枝7~9个。果穗长筒形，红轴，穗长22.5厘米，穗行数18~20，行粒数42。籽粒马齿型，黄色。接种鉴定，感大斑病（7S），中抗弯孢叶斑病（5MR），中抗丝黑穗病（10.0%MR），抗茎腐病（8.3%R），抗玉米螟（2.8R）。淀粉含量26.16%，中性洗涤纤维含量43.13%，酸性洗涤纤维含量15.99%，粗蛋白质含量7.91%。

产量表现：2015年自行开展试验，平均亩产鲜重6 042.0千克，比对照增产9.7%；2016年自行开展试验，平均亩产鲜重6 165.1千克，比对照增产6.0%；2017年参加饲用玉米生产试验，平均亩产鲜重5 313.5千克，比对照增产6.0%；平均亩产干重1 991.3千克，比对照增产11.2%。

栽培技术要点：适宜地区4月下旬至5月上旬，地温稳定在10℃以上时可播种；保苗4 000~4 500株/亩；施优质农家肥2 000千克/亩，底肥施玉米专用肥20千克/亩，大喇叭口期追施尿素30~40千克/亩；针对玉米不同需水时期灵活掌握灌溉，保证关键生长发育期的水分供应。地温低于10℃时播种影响种子出苗，多雨季节注意预防倒伏；注意防治大斑病。

审定意见：通过审定，适宜在内蒙古自治区青贮玉米种植区种植。

5. 品种名称：人禾青贮818

审定编号：蒙审玉（饲）2018005号

申请者：通辽市人禾农业发展有限公司

育成单位：通辽市人禾农业发展有限公司

品种来源：以RS002为母本、HS015为父本杂交组配而成。母本是以（R01×H01）为基础连续自交8代育成；父本是以（H03×H0308）为基础连续自交6代育成。

特征特性：出苗至收获121天，与对照东单606同期。幼苗叶鞘紫色，叶片绿色。株型半紧凑，株高317厘米，穗位149厘米，收获时平均绿叶片数13。护颖绿色，花药浅紫色，花丝紫色，雄穗一级分枝5~7个。果穗筒形，粉轴，穗长20.2厘米，穗行数16~18，行粒数42。籽粒马齿型，黄色。接种鉴定，抗大斑病（3R），感弯孢叶斑病（7S），抗丝黑穗病（3.6%R），中抗茎腐病（14.3%MR），中抗玉米螟（4.4MR）。淀粉含量27.84%，中性洗涤纤维含量44.14%，酸性洗涤纤维含量15.49%，粗蛋白质含量7.89%。

产量表现：2015年自行开展试验，平均亩产鲜重5 655.9千克，比对照增产

11.5%；2016年自行开展试验，平均亩产鲜重5 287.0千克，比对照增产11.3%；2017年参加饲用玉米生产试验，平均亩产鲜重5 074.1千克，比对照增产1.2%；平均亩产干重2 014.1千克，比对照增产12.4%。

栽培技术要点：4月末至5月初播种；保苗4 500株/亩；施种肥磷酸二铵15千克/亩或复合肥30千克/亩，拔节期追施尿素20~25千克/亩，花期追施尿素10千克/亩。播种前进行种子包衣，防治地下害虫；注意防治弯孢叶斑病。

审定意见：通过审定，适宜在内蒙古自治区青贮玉米种植区种植。

6. 品种名称：东单70

审定编号：蒙审玉（饲）2018006号

申请者：辽宁东亚种业有限公司

育成单位：辽宁东亚种业有限公司

品种来源：以A801为母本、LD61为父本杂交育成。母本是以9042/（9046/墨黄9）为材料连续自交6代选育而成；父本是以丹340天然杂株为材料连续自交6代选育而成。

特征特性：出苗至收获121天，与对照东单606同期。幼苗叶鞘紫色，叶片深绿色，叶缘紫色，第一叶圆形。株型半紧凑，株高320厘米，穗位143厘米，收获时平均绿叶片数11。护颖绿紫色，花药绿色，雄穗一级分枝10~14个。果穗锥形，红轴，穗长26厘米，穗行数20~22，行粒数40。籽粒马齿型，黄色。接种鉴定，感大斑病（7S），抗弯孢叶斑病（3R），抗丝黑穗病（4.0%R），抗茎腐病（5.9%R），中抗玉米螟（4.3MR）。淀粉含量25.9%，中性洗涤纤维含量43.82%，酸性洗涤纤维含量14.8%，粗蛋白质含量8.2%。

产量表现：2015年自行开展试验，平均亩产鲜重6 787.0千克，比对照增产11.8%；2016年自行开展试验，平均亩产鲜重6 876.3千克，比对照增产11.5%；2017年参加饲用玉米生产试验，平均亩产鲜重5 302.9千克，比对照增产5.8%；平均亩产干重1 884.1千克，比对照增产5.2%。

栽培技术要点：4月15日左右播种；保苗5 000株/亩；基施腐熟的有机肥5 000千克/亩、磷酸二铵40千克/亩，特别在6叶期、拔节期、大喇叭口期追施尿素25千克/亩。播前种子应进行包衣处理，以便减轻病虫害，早管理、勤除草，适时灌溉；注意防治大斑病。

审定意见：通过审定，适宜在内蒙古自治区青贮玉米种植区种植。

7. 品种名称：东单6531

审定编号：蒙审玉（饲）2018007号

申请者：辽宁东亚种业有限公司

育成单位：辽宁东亚种业有限公司、辽宁东亚种业科技股份有限公司

品种来源：以PH6WC（选）为母本、83B28为父本杂交组配而成。母本是以PH6WC繁殖田中发现的变异株为材料经多代自交选育而成；父本是由国外杂交种中的特异植株为材料经多代自交选育而成。

特征特性：出苗至收获121天，与对照东单606同期。幼苗叶鞘紫色，叶片绿色，叶缘紫色，第一叶椭圆形。株型紧凑，株高308厘米，穗位121厘米，收获时平均绿叶片数11。护颖绿紫色，花药绿色，花丝绿色，雄穗一级分枝5~7个。果穗筒形，红轴，

穗长20厘米，穗行数16~20，行粒数40。籽粒半马齿型，黄色。接种鉴定，中抗大斑病（5MR），中抗弯孢叶斑病（5MR），高抗丝黑穗病（0%HR），中抗茎腐病（16.7%MR），中抗玉米螟（5.2MR）。淀粉含量32.03%，中性洗涤纤维含量38.95%，酸性洗涤纤维含量13.72%，粗蛋白质含量8.96%。

产量表现：2015年自行开展试验，平均亩产鲜重6 373.3千克，比对照增产5.0%；2016年自行开展试验，平均亩产鲜重6 465.1千克，比对照增产5.0%；2017年参加饲用玉米生产试验，平均亩产鲜重3 987.7千克，比对照减产20.4%；平均亩产干重1 876.4千克，比对照增产4.8%。

栽培技术要点：4月15日左右播种；保苗5 000株/亩；基施腐熟的有机肥5 000千克/亩、磷酸二铵40千克/亩，特别在6叶期、拔节期、大喇叭口期追施尿素25千克/亩。播前种子应进行包衣处理，以便减轻病虫害，早管理、勤除草，适时灌溉。

审定意见：通过审定，适宜在内蒙古自治区青贮玉米种植区种植。

8. 品种名称：东单11号

审定编号：蒙审玉（饲）2018008号

申请者：辽宁东亚种业有限公司

育成单位：辽宁东亚种业有限公司

品种来源：以LD143为母本、LD61为父本组配而成。母本是利用5003与2-083杂交经7代自交与测交相结合选育而成的二环系；父本是以丹340的天然杂株为材料经连续自交6代选育而成。

特征特性：出苗至收获121天，与对照东单606同期。幼苗叶片绿色，叶鞘浅紫色，叶缘紫色，第一叶椭圆形。株型半紧凑，株高328厘米，穗位145厘米，收获时平均绿叶片数13。护颖绿色，花药黄色，花丝绿色，雄穗一级分枝12~14个。果穗筒形，红轴，穗长25厘米，穗行数20~22，行粒数44。籽粒半马齿型，黄色。接种鉴定，中抗大斑病（5MR），中抗弯孢叶斑病（5MR），高抗丝黑穗病（0%HR），中抗茎腐病（12.5%MR），抗玉米螟（2.4R）。淀粉含量28.48%，中性洗涤纤维含量41.61%，酸性洗涤纤维含量14.62%，粗蛋白质含量8.19%。

产量表现：2015年自行开展试验，平均亩产鲜重6 769.2千克，比对照增产11.5%；2016年自行开展试验，平均亩产鲜重6 764.4千克，比对照增产9.9%；2017年参加饲用玉米生产试验，平均亩产鲜重5 578.2千克，比对照增产11.3%；平均亩产干重2 045.0千克，比对照增产14.2%。

栽培技术要点：4月15日左右播种；亩保苗5 000株。基施腐熟的有机肥5 000千克/亩、磷酸二铵40千克/亩，特别在6叶期、拔节期、大喇叭口期追施尿素25千克/亩。播前种子应进行包衣处理，以便减轻病虫害，早管理、勤除草，适时灌溉。

审定意见：通过审定，适宜在内蒙古自治区青贮玉米种植区种植。

9. 品种名称：东单1501

审定编号：蒙审玉（饲）2018009号

申请者：辽宁东亚种业有限公司

育成单位：辽宁富友种业有限公司

品种来源：以 XS6538 为母本、F309 为父本杂交选育而成。母本是以先玉 335 为基础材料选育而成；父本是以丹 340 杂热带材料 EO1 为基础材料选育而成。

特征特性：出苗至收获 121 天，与对照东单 606 同期。幼苗叶鞘紫色，叶片绿色，叶缘紫色，第一叶圆形。株型半紧凑，株高 317 厘米，穗位 128 厘米，收获时平均绿叶片数 12。护颖绿紫色，花药绿色，花丝绿色，雄穗一级分枝 10 个。果穗锥形，红轴，穗长 21 厘米，穗行数 16~20，行粒数 40。籽粒半马齿型，黄色。接种鉴定，中抗大斑病（5MR），中抗弯孢叶斑病（5MR），感丝黑穗病（13.8%S），中抗茎腐病（19.1%MR），抗玉米螟（5.3R）。淀粉含量 31.76%，中性洗涤纤维含量 38.43%，酸性洗涤纤维含量 14.82%，粗蛋白质含量 8.53%。

产量表现：2015 年自行开展试验，平均亩产鲜重6 487.7千克，比对照增产 6.7%；2016 年自行开展试验，平均亩产鲜重6 395.5千克，比对照增产 3.7%；2017 年参加饲用玉米生产试验，平均亩产鲜重 5 188.0 千克，比对照增产 3.5%；平均亩产干重 1 957.5千克，比对照增产 9.3%。

栽培技术要点：4 月 15 日左右播种；保苗5 000株/亩；基施腐熟的有机肥5 000千克/亩、磷酸二铵 40 千克/亩，特别在 6 叶期、拔节期、大喇叭口期追施尿素 25 千克/亩。播前种子应进行包衣处理，以便减轻病虫害，早管理、勤除草，适时灌溉；注意防治丝黑穗病。

审定意见：通过审定，适宜在内蒙古自治区青贮玉米种植区种植。

10. 品种名称：美锋 969

审定编号：蒙审玉（饲）2018010 号

申请者：辽宁东亚种业有限公司

育成单位：辽宁富友种业有限公司、辽宁东亚种业科技股份有限公司

品种来源：以 TR212 为母本、G1026 为父本组配而成。母本是用 AM33×X7937 复合交后代连续自交 8 代选育而成；父本是用 KX664×(340/5216) 后代连续自交 8 代选育而成。

特征特性：出苗至收获 121 天，与对照东单 606 同期。幼苗叶鞘紫色，叶片绿色，叶缘紫色，第一叶圆形。株型半紧凑，株高 325 厘米，穗位 120 厘米，收获时平均绿叶片数 12。护颖绿色，花药浅紫色，花丝浅紫色，雄穗一级分枝 4~10 个。果穗筒形，红轴，穗长 20 厘米，穗行数 16~20，行粒数 40。籽粒马齿型，黄色。接种鉴定，感大斑病（7S），中抗弯孢叶斑病（5MR），感丝黑穗病（16.0%S），中抗茎腐病（18.3%MR），中抗玉米螟（5.3MR）。淀粉含量 28.46%，中性洗涤纤维含量 42.53%，酸性洗涤纤维含量 14.55%，粗蛋白质含量 8.22%。

产量表现：2015 年自行开展试验，平均亩产鲜重6 667.4千克，比对照增产 9.9%；2016 年自行开展试验，平均亩产鲜重6 490.3千克，比对照增产 5.3%；2017 年参加饲用玉米生产试验，平均亩产鲜重 5 426.2 千克，比对照增产 8.3%；平均亩产干重 2 050.9千克，比对照增产 14.5%。

栽培技术要点：4 月 15 日左右播种；保苗5 000株/亩；基施腐熟的有机肥5 000千克/亩、磷酸二铵 40 千克/亩，特别在 6 叶期、拔节期、大喇叭口期追施尿素 25 千克/

亩。播前种子应进行包衣处理，以便减轻病虫害，早管理、勤除草，适时灌溉；注意防治大斑病、丝黑穗病。

审定意见：通过审定，适宜在内蒙古自治区青贮玉米种植区种植。

11. 品种名称：蒙青贮 268

审定编号：蒙审玉（饲）2018011 号

申请者：内蒙古蒙草生态环境（集团）股份有限公司

育成单位：内蒙古蒙草生态环境（集团）股份有限公司

品种来源：以 14 为母本、67 为父本杂交选育而成。母本经 BM 与 6wc 二环系多次自交选育而成；父本是经美国杂交种多次自交选育而成。

特征特性：出苗至收获 121 天，与对照东单 606 同期。幼苗叶片绿色，叶鞘浅紫色，叶缘绿色，第一叶圆形。株型半紧凑，株高 308 厘米，穗位 122 厘米，收获时平均绿叶片数 13。护颖绿色，花药紫色，花丝青色，雄穗一级分枝大于 10 个。果穗长筒形，红轴，穗长 21 厘米，穗行数 16～18，行粒数 40。籽粒马齿型，黄色。接种鉴定，中抗大斑病（5MR），中抗弯孢叶斑病（5MR），抗丝黑穗病（2.9%R），中抗茎腐病（13.9%MR），中抗玉米螟（4.5MR）。淀粉含量 31.16%，中性洗涤纤维含量 38.37%，酸性洗涤纤维含量 13.58%，粗蛋白质含量 8.41%。

产量表现：2015 年自行开展试验，平均亩产鲜重 5 841 千克，比对照增产 11.4%；2016 年自行开展试验，平均亩产鲜重 5 501.1 千克，比对照增产 5.4%；2017 年参加饲用玉米生产试验，平均亩产鲜重 5 084.1 千克，比对照增产 1.4%；平均亩产干重 1 892.4 千克，比对照增产 5.7%。

栽培技术要点：地表温度在 10℃以上时播种；根据地力条件保苗 5 000 株/亩左右；施肥在 50 千克/亩以上。底肥为 P、K 肥 20 千克/亩左右；追肥为 7～9 片叶时追施氮肥 30 千克/亩左右。本品种喜水肥，旱地使用会不同程度减产。

审定意见：通过审定，适宜在内蒙古自治区青贮玉米种植区种植。

12. 品种名称：种星青贮 178

审定编号：蒙审玉（饲）2018012 号

申请者：内蒙古种星种业有限公司

育成单位：内蒙古种星种业有限公司

品种来源：以 D8 为母本、G26 改为父本杂交育成。母本是以美国杂交种为基础材料连续自交 7 代选育而成；父本是以热带杂交种昌七-2 为选育材料连续自交 7 代选育而成。

特征特性：出苗至收获 121 天，与对照东单 606 同期。幼苗叶片深绿色，叶鞘紫色，第一叶卵圆形。株型半紧凑，株高 343 厘米，穗位 170 厘米，收获时平均绿叶片数 11。护颖绿色，花药黄色，花丝浅紫色。果穗筒形，穗长 25.5 厘米，穗行数 16～18，行粒数 43。籽粒马齿型，黄色。接种鉴定，抗大斑病（3R），抗弯孢叶斑病（3R），高抗丝黑穗病（0%HR），中抗茎腐病（19.4%MR），中抗玉米螟（5.8MR）。淀粉含量 26.39%，中性洗涤纤维含量 44.39%，酸性洗涤纤维含量 17.07%，粗蛋白质含量 8.41%。

产量表现：2015 年自行开展试验，平均亩产鲜重 5 274.3 千克，比对照增产 5.7%；

2016 年自行开展试验，平均亩产鲜重5 274. 3千克，比对照增产 4. 6%；2017 年参加饲用玉米生产试验，平均亩产鲜重 5 038. 5 千克，比对照增产 0. 5%；平均亩产干重1 775. 7千克，比对照减产 0. 9%。

栽培技术要点：4 月末至 5 月初播种，种子包衣处理；留苗4 500株/亩；施足底肥，施种肥磷酸二铵 25 千克/亩以上，大喇叭口期追施尿素 30 千克/亩为宜。确保全苗，加强中后期肥水管理。

审定意见：通过审定，适宜在内蒙古自治区青贮玉米种植区种植。

13. 品种名称：利禾 763

审定编号：蒙审玉（饲）2018013 号

申请者：内蒙古利禾农业科技发展有限公司

育成单位：内蒙古利禾农业科技发展有限公司

品种来源：以 RA008 为母本、G8358 为父本选育而成。母本来源于 PH6WC 与 PH6JM 杂交后选育的二环系；父本来源于沈 137 与 PH4CV 杂交后选育的二环系。

特征特性：出苗至收获 121 天，与对照东单 606 同期。幼苗叶片绿色，叶鞘浅紫色，叶缘紫色，第一叶椭圆形。株型紧凑，株高 329 厘米，穗位 131 厘米，收获时平均绿叶片数 12。护颖绿紫色，花药紫色，花丝紫色，雄穗一级分枝 5～7 个。果穗柱形，轴粉，穗长 19. 3 厘米，穗行数 16～18，行粒数 39。籽粒马齿型，黄色。接种鉴定，中抗大斑病（5MR），中抗弯孢叶斑病（5MR），抗丝黑穗病（3. 1% R），抗茎腐病（7. 7%R），中抗玉米螟（4. 8MR）。淀粉含量 27. 53%，中性洗涤纤维含量 43. 50%，酸性洗涤纤维含量 16. 54%，粗蛋白质含量 7. 86%。

产量表现：2015 年自行开展试验，平均亩产鲜重 5 650. 8 千克，比对照增产 13. 3%；2016 年自行开展试验，平均亩产鲜重5 768. 2千克，比对照增产 10. 6%；2017 年参加饲用玉米生产试验，平均亩产鲜重5 195. 3千克，比对照增产 3. 7%；平均亩产干重1 972. 4千克，比对照增产 10. 1%。

栽培技术要点：选择中上等肥力地块种植，4 月 20 日左右播种；中等肥力地块一般适宜密度为4 000株/亩；施种肥二铵 10～15 千克/亩，有机肥1 000千克/亩左右；追肥以氮肥为主，配合增施磷钾肥，分两次施肥为宜，即拔节期追施尿素 20 千克/亩左右，大喇叭口期追施尿素 15 千克/亩左右。生育期间根据降水情况灌水 2～3 次。

审定意见：通过审定，适宜在内蒙古自治区青贮玉米种植区种植。

14. 品种名称：金岛 5

审定编号：蒙审玉（饲）2018014 号

申请者：葫芦岛市种业有限责任公司

育成单位：葫芦岛市种业有限责任公司

品种来源：以 JD9882 为母本、JD7412 为父本选育而成。母本是以美国杂交种为基础材料选育而成；父本是用 9046/340 为基础材料选育而成。

特征特性：出苗至收获 121 天，与对照东单 606 同期。幼苗叶片绿色，叶鞘紫色，叶缘绿色，第一叶圆形。株型半紧凑，株高 311 厘米，穗位 131 厘米，收获时平均绿叶片数 12。护颖紫色，花药紫色，花丝粉色，雄穗一级分枝 7～9 个。果穗长锥形，红轴，穗长23厘米，穗行数16~18，行粒数40。籽粒半马齿型，黄色。接种鉴定，抗大斑病（3R），中抗弯孢叶斑病（5MR），抗丝黑穗病（3.2%R），中抗茎腐病（12.8%MR），中抗玉米螟（5.3MR）。淀粉含量28.61%，中性洗涤纤维含量42.16%，酸性洗涤纤维含量16.31%，粗蛋白质含量8.20%。

产量表现：2015年自行开展试验，平均亩产鲜重5 578.6千克，比对照增产5.5%；2016年自行开展试验，平均亩产鲜重5 128.6千克，比对照增产4.8%；2017年参加饲用玉米生产试验，平均亩产鲜重5 105.5千克，比对照增产1.9%；平均亩产干重1 787.9千克，比对照减产0.2%。

栽培技术要点：一般在4月20日至5月15日期间播种；一般为4 500~5 000株/亩；施农家肥2 500千克/亩左右作底肥，30千克/亩复合肥作种肥（注意种肥隔离），大喇叭口期追尿素25~30千克/亩。

审定意见：通过审定，适宜在内蒙古自治区青贮玉米种植区种植。

15. 品种名称：潞鑫二号

审定编号：蒙审玉（饲）2018015号

申请者：山西鑫农奥利种业有限公司

育成单位：山西鑫农奥利种业有限公司

品种来源：以运系98-8为母本、运系98-16为父本组配而成。母本是以运系9611×478为基础材料选育而成；父本是以兰卡斯特种质混粉群体与P群种质混粉群体为基础材料连续自交10代稳定而成。

特征特性：出苗至收获121天，与对照东单606同期。幼苗叶片绿色，叶鞘紫色，叶缘浅紫色，第一叶圆形到匙形。株型半紧凑，株高330厘米，穗位134厘米，收获时平均绿叶片数11。护颖紫色，花药绿色，花丝浅紫色，雄穗一级分枝2~5个。果穗筒形，红轴，穗长23厘米，穗行数16~18，行粒数40。籽粒半马齿型，黄色。接种鉴定，中抗大斑病（5MR），感弯孢叶斑病（7S），感丝黑穗病（16.0%S），中抗茎腐病（19.4%MR），抗玉米螟（3.7R）。淀粉含量29.54%，中性洗涤纤维含量40.81%，酸性洗涤纤维含量14.40%，粗蛋白质含量8.27%。

产量表现：2015年自行开展试验，平均亩产鲜重5 259.1千克，比对照增产7.17%；2016年自行开展试验，平均亩产鲜重5 283.6千克，比对照增产8.0%；2017年参加饲用玉米生产试验，平均亩产鲜重4 875.9千克，比对照减产2.7%；平均亩产干重2 089.2千克，比对照增产16.6%。

栽培技术要点：4月下旬至5月上旬（地温稳定在12℃以上时）播种；种植密度为4 500~5 000株/亩；基肥施氮磷钾复合肥35~50千克/亩，拔节期追施尿素10~15千克/亩，大喇叭口期追施尿素20千克/亩。注意防治弯孢叶斑病、丝黑穗病、玉米螟。

审定意见：通过审定，适宜在内蒙古自治区青贮玉米种植区种植。

16. 品种名称：鼎玉678

审定编号：蒙审玉（饲）2018016号

申请者：四川新丰种业有限公司

育成单位：四川新丰种业有限公司

品种来源：以 D487 为母本、D983 为父本杂交而成。母本是以 D4×A801/D717 为基础材料选育而成；父本是以 LZ1×丹 598 为基础材料选育而成。

特征特性：出苗至收获 121 天，与对照东单 606 同期。幼苗叶鞘紫色，叶片绿色，叶缘紫色，第一叶尖到圆形。株型半紧凑，株高 325 厘米，穗位 143 厘米，收获时平均绿叶片数 12。护颖绿色，花药浅紫色，花丝浅紫色，雄穗一级分枝 8~19 个。果穗筒形，粉轴，穗长 22.7 厘米，穗行数 18~22，行粒数 44。籽粒半马齿型，黄色。接种鉴定，中抗大斑病（5MR），中抗弯孢叶斑病（5MR），感丝黑穗病（10.5%S），中抗茎腐病（10.3% MR），抗玉米螟（2.2R）。淀粉含量 32.56%，中性洗涤纤维含量 37.95%，酸性洗涤纤维含量 13.07%，粗蛋白质含量 8.00%。

产量表现：2015 年自行开展试验，平均亩产鲜重5 246.3千克，比对照增产 6.9%；2016 年自行开展试验，平均亩产鲜重5 373.0千克，比对照增产 9.9%；2017 年参加饲用玉米生产试验，平均亩产鲜重5 433.3千克，比对照增产 8.4%；平均亩产干重1 795.6千克，比对照增产 0.2%。

栽培技术要点：4 月下旬至 5 月上旬（地温稳定在 12℃以上时）播种；种植密度为4 500~5 000株/亩；基肥施氮磷钾复合肥 20~30 千克/亩，拔节期追施尿素 40~50 千克/亩。密度不宜超过5 000株/亩；注意防治丝黑穗病、玉米螟。

审定意见：通过审定，适宜在内蒙古自治区青贮玉米种植区种植。

17. 品种名称：北玉 1522

审定编号：蒙审玉（饲）2018017 号

申请者：沈阳北玉种子科技有限公司

育成单位：沈阳北玉种子科技有限公司、酒泉大漠种业有限公司

品种来源：以 BY1513 为母本、BY583 为父本组配而成。母本来源于美国血缘 78599 选系；父本来源于丹 360×Vs51 的二环选系。

特征特性：出苗至收获 121 天，与对照东单 606 同期。幼苗叶片深绿色，叶鞘紫色，第一叶卵形。株型半紧凑，株高 326 厘米，穗位 143 厘米，收获时平均绿叶片数 12。护颖绿色紫尖，花药黄色，花丝绿色。果穗长筒形，红轴，穗长 25 厘米，穗行数 18~20，行粒数 43。籽粒深马齿型，黄色。接种鉴定，中抗大斑病（5MR），感弯孢叶斑病（7S），高抗丝黑穗病（0% HR），中抗茎腐病（17.1% MR），中抗玉米螟（4.3MR）。淀粉含量 31.80%，中性洗涤纤维含量 38.47%，酸性洗涤纤维含量 14.80%，粗蛋白质含量 8.06%。

产量表现：2015 年参加饲用玉米区域试验，平均亩产鲜重5 888.3千克，比组均值增产 9.6%；2016 年参加饲用玉米区域试验，平均亩产鲜重5 532.1千克，比对照增产 14.6%；2017 年参加饲用玉米生产试验，平均亩产鲜重5 178.8千克，比对照增产 9.3%；平均亩产干重1 739.9千克，比对照增产 2.4%。

栽培技术要点：4 月下旬至 5 月上旬播种；采用大、小行覆膜种植，大行 80 厘米，小行 30 厘米，株距 24.2~26.9 厘米，采用玉米精量播种机覆膜、播种、种肥同时进行，适宜种植密度为4 500~5 000株/亩；施肥深度应达 10 厘米左右。按照测土配方施

肥，攻秆肥，拔节期结合头水用田园机追施尿素总量的1/3；攻穗肥，玉米抽穗前10~15天（大喇叭期），可追施尿素总量的2/3；攻粒肥，玉米果穗抽丝后，根据植株长势，适时追施粒肥，此次施肥可防止叶片早衰。注意及时查苗，放苗；针对玉米不同需水时期灵活掌握灌溉，保证关键生长发育期的水分供应；根据病虫害发生情况预测预报及时使用高效低毒农药进行防治；注意防治弯孢叶斑病。

审定意见：通过审定，适宜在内蒙古自治区青贮玉米种植区种植。

18. 品种名称：齐丰688

审定编号：蒙审玉（饲）2018018号

申请者：黑龙江齐丰农业科技有限公司

育成单位：黑龙江齐丰农业科技有限公司

品种来源：以18F为母本、DN为父本组配而成。母本是以美国杂交种78599为基础材料选育而成；父本是以连87变异株为基础材料选育而成。

特征特性：出苗至收获121天，与对照东单606同期。幼苗叶片绿色，叶鞘浅紫色，叶缘绿色。株型半紧凑，株高327厘米，穗位170厘米，收获时平均绿叶片数11。果穗长筒形，红轴，穗长20厘米，穗行数14~16，行粒数38。籽粒马齿型，黄色。接种鉴定，感大斑病（7S），抗弯孢叶斑病（3R），中抗丝黑穗病（5.4%MR），中抗茎腐病（14.7%MR），抗玉米螟（3.7R）。淀粉含量25.4%，中性洗涤纤维含量44.4%，酸性洗涤纤维含量16.13%，粗蛋白质含量8.03%。

产量表现：2015年参加饲用玉米区域试验，平均亩产鲜重5 962.1千克，比组均值增产11.0%；2016年参加饲用玉米区域试验，平均亩产鲜重4 933.3千克，比对照增产2.2%；2017年参加饲用玉米生产试验，平均亩产鲜重5 278.5千克，比对照增产11.4%；平均亩产干重1 727.0千克，比对照增产1.6%。

栽培技术要点：当10厘米地温稳定在10~12℃时即可播种，尽量早播，争取一播全苗；一般肥水条件下保苗4 500~5 000株/亩，高水肥条件下保苗4 500株/亩；小喇叭口期防治玉米螟。不耐盐碱，适度蹲苗，拔节期浇水时注意大风天气；注意防治大斑病。

审定意见：通过审定，适宜在内蒙古自治区青贮玉米种植区种植。

19. 品种名称：泓丰2119

审定编号：蒙审玉（饲）2018019号

申请者：北京新实泓丰种业有限公司

育成单位：北京新实泓丰种业有限公司

品种来源：以D7306为母本、L9097为父本杂交选育而成。母本是以M54与丹988杂交的F_1代为基础材料选育而成；父本是经（昌7-2×丹340）杂交获得F_1代，与一引进红轴材料YK1杂交，自交选择到S5代。与引进父本系S121杂交，经连续自交稳定成。

特征特性：出苗至收获121天，与对照东单606同期。幼苗叶片绿色，叶鞘紫色，叶缘绿色，第一叶尖到圆形。株型半紧凑，株高318厘米，穗位124厘米，收获时平均绿叶片数13。护颖绿色，花药浅紫色，花丝粉色，雄穗一级分枝7~9个。果穗长筒形，红轴，穗长19.7厘米，穗行数16~18，行粒数39。籽粒半马齿型，黄色。接种鉴定，中抗大斑病（5MR），中抗弯孢叶斑病（5MR），高抗丝黑穗病（0%HR），抗茎腐病（8.6%R），抗玉米螟（3.2R）。淀粉含量24.30%，中性洗涤纤维含量46.99%，酸性洗涤纤维含量19.45%，粗蛋白质含量8.46%。

产量表现：2015年参加饲用玉米区域试验，平均亩产鲜重5 921.0千克，比组均值增产10.2%；2016年参加饲用玉米区域试验，平均亩产鲜重5 208.8千克，比对照增产7.9%；2017年参加饲用玉米生产试验，平均亩产鲜重5 146.5千克，比对照增产8.6%；平均亩产干重1 821.6千克，比对照增产7.2%。

栽培技术要点：4月下旬至5月上旬5~10厘米耕层温度稳定在8~10℃时播种；保苗4 500~5 000株/亩；施种肥磷酸二铵20千克/亩，追肥施尿素20千克/亩。注意防治玉米螟。

审定意见：通过审定，适宜在内蒙古自治区青贮玉米种植区种植。

20. 品种名称：雨禾2号

审定编号：蒙审玉（饲）2018020号

申请者：葫芦岛市种业有限责任公司

育成单位：葫芦岛市种业有限责任公司

品种来源：以W909为母本、JD142为父本组配而成。母本是以美国杂交种PN78599为基础材料选育而成；父本是用Lx9801自交系变异株为基础材料选育而成。

特征特性：出苗至收获121天，与对照东单606同期。幼苗叶片绿色，叶鞘紫色，叶缘绿色，第一叶圆形。株型半紧凑，株高347厘米，穗位168厘米，收获时平均绿叶片数13。护颖紫色，花药紫色，花丝紫色，雄穗一级分枝10~12个。果穗长筒形，红轴，穗长22厘米，穗行数16~18，行粒数40。籽粒半马齿型，黄白色。接种鉴定，抗大斑病（3R），中抗弯孢叶斑病（5MR），抗丝黑穗病（2.6%R），抗茎腐病(7.7%R)，中抗玉米螟（5.8MR）。淀粉含量30.22%，中性洗涤纤维含量39.83%，酸性洗涤纤维含量15.31%，粗蛋白质含量8.56%。

产量表现：2015年参加饲用玉米区域试验，平均亩产鲜重5 470.7千克，比组均值增产6.5%；2016年参加饲用玉米区域试验，平均亩产鲜重5 020.2千克，比对照增产4.0%；2017年参加饲用玉米生产试验，平均亩产鲜重5 125.6千克，比对照增产8.2%；平均亩产干重1 879.5千克，比对照增产10.6%。

栽培技术要点：4月20日至5月15日期间播种；栽培密度为4 500~5 000株/亩；施农家肥2 500千克/亩左右作底肥，30千克/亩复合肥作种肥（注意种肥隔离），大喇叭口期追尿素25~30千克/亩。

审定意见：通过审定，适宜在内蒙古自治区青贮玉米种植区种植。

（四）2017年内蒙古审定品种

1. 品种名称：大京九12

审定编号：蒙审玉（饲）2017001号

申请者：河南省大京九种业有限公司

育成单位：河南省大京九种业有限公司

品种来源：河南省大京九种业有限公司

特征特性：出苗至成熟126天，比对照东单606早1天。幼苗叶鞘紫色，叶片绿色，颖壳绿色，雄穗一级分枝10~14个，花药黄色，花丝浅紫色。株型半紧凑，株高307厘米，穗位高125厘米，总叶片数19，收获时平均叶片数12。果穗筒形，穗轴白色，穗长20厘米，穗粗5.2厘米，穗行数14~18，行粒数38。籽粒黄色、半硬粒至半马齿型，百粒重38.0克。接种鉴定，高抗茎腐病（3.7%HR），抗大斑病（3R），中抗丝黑穗病（7.6%MR），中抗玉米螟（5.7MR），感弯孢叶斑病（7S）。籽粒淀粉含量32.18%，中性洗涤纤维含量38.47%，酸性洗涤纤维含量16.77%，粗蛋白质含量8.71%，品质为一级。

产量表现：2014年参加饲用玉米区域试验，平均亩产鲜重5 915.3千克，比组均值增产3.4%；2015年参加饲用玉米区域试验，平均亩产鲜重5 152.4千克，比组均值增产0.3%；2016年参加饲用玉米生产试验，平均亩产鲜重4 485.9千克，比对照增产4.9%；干重亩产1 639.3千克，比对照增产10.5%。

栽培技术要点：4月下旬到5月上旬（地温稳定在12℃以上时）播种；栽培密度4 500~5 000株/亩；底施氮磷钾复合肥40千克/亩，拔节期追施15~20千克/亩尿素；植株生长势强，种植密度不宜超过5 000株/亩。注意防治玉米螟。

审定意见：通过审定，适宜在内蒙古自治区青贮玉米种植区种植。

2. 品种名称：合饲4号

审定编号：蒙审玉（饲）2017002号

申请者：内蒙古农业大学农学院

育成单位：内蒙古农业大学农学院

品种来源：L0823×L98-7

特征特性：出苗至成熟127天，与对照东单606同期。幼苗叶鞘绿色，叶片绿色，颖壳绿色，雄穗一级分枝11个，花药紫色，花丝红色。株型半紧凑，株高303厘米，穗位高133厘米，总叶片数20，收获时平均叶片数12。果穗柱形，穗轴粉色，穗长20.5厘米，穗粗5.6厘米，穗行数18~20，行粒数40，穗粒数704，出籽率78.8%。籽粒黄色、马齿型，百粒重35.6克。接种鉴定，抗茎腐病（6.0% R），抗玉米螟（3.4R），中抗丝黑穗病（9.0%MR），感大斑病（7S），感弯孢叶斑病（7S）。籽粒淀粉含量33.85%，中性洗涤纤维含量38.07%，酸性洗涤纤维含量16.37%，粗蛋白质含量8.34%，品质为一级。

产量表现：2014年参加饲用玉米区域试验，平均亩产鲜重6 250.2千克，比组均值增产9.3%；2015年参加饲用玉米区域试验，平均亩产鲜重5 822.0千克，比组均值增产13.4%；2016年参加饲用玉米生产试验，平均亩产鲜重4 535.0千克，比对照增产6.0%；亩产干重1 607.6千克，比对照增产8.4%。

栽培技术要点：4月下旬至5月上旬播种；栽培密度4 000~4 500株/亩；底肥磷酸二铵25千克/亩，追肥尿素25千克/亩。注意防治玉米螟、大斑病、弯孢叶斑病。

审定意见：通过审定，适宜在内蒙古自治区青贮玉米种植区种植。

3. 品种名称：钧凯青贮909

审定编号：蒙审玉（饲）2017003号

申请者：宁夏钧凯种业有限公司、内蒙古西蒙种业有限公司

育成单位：宁夏钧凯种业有限公司、内蒙古西蒙种业有限公司

品种来源：Xm12×Xm09

特征特性：出苗至成熟126天，比对照东单606早1天。幼苗叶鞘紫色，叶片深绿色，颖壳绿色，花药粉色，花丝紫色。株型半紧凑，株高315厘米，穗位高138厘米，总叶片数23，收获时平均叶片数11。果穗长筒形，穗轴红色，穗长23厘米，穗粗5.1厘米，穗行数16.8，行粒数43，穗粒数722，出籽率82.5%。籽粒黄色、偏硬粒型，百粒重34.5克。接种鉴定，高抗丝黑穗病（0%HR），高抗茎腐病（0%HR），中抗大斑病（5MR），中抗弯孢叶斑病（5MR），中抗玉米螟（4.5MR）。籽粒淀粉含量33.26%，中性洗涤纤维含量37.17%，酸性洗涤纤维含量14.61%，粗蛋白质含量8.33%，品质为一级。

产量表现：2014年参加饲用玉米区域试验，平均亩产鲜重6 028.8千克，比组均值增产5.4%；2015年参加饲用玉米区域试验，平均亩产鲜重5 543.5千克，比组均值增产8.0%；2016年参加饲用玉米生产试验，平均亩产鲜重4 712.1千克，比对照增产10.2%；干重亩产1 634.8千克，比对照增产10.2%。

栽培技术要点：适时早播（当地5~10厘米耕层温度稳定通过12℃时即可播种），田间土壤墒情以手握成团，扔下即散为最好，适宜的播种时间是4月下旬至5月上旬；采用大、小行覆膜种植，大行80厘米，小行30厘米，株距24.2~26.9厘米，采用玉米精量播种机覆膜、播种、种肥同时进行，适宜种植密度为67 500~75 000株/公顷；施肥深度应达10厘米左右，按照测土配方施肥，攻秆肥，拔节期结合头水用田园机追施尿素总量的1/3，攻穗肥，玉米抽穗前10~15天（大喇叭期），可追施尿素总量的2/3，攻粒肥，玉米果穗抽丝后，根据植株长势，适时追施粒肥，（以速效肥碳酸氢铵为主），此次施肥可防止叶片早衰；及时查苗，放苗；中耕灭草与化学灭草相结合；针对玉米不同需水时期灵活掌握灌溉，保证关键生长发育期的水分供应，玉米拔节期（6月上旬）、大喇叭口期（7月上旬）、抽雄开花期（7月下旬）、籽粒灌浆期（8月中旬）均需要灌水。注意根据病虫害发生情况预测预报及时使用高效低毒农药进行防治。

审定意见：通过审定，适宜在内蒙古自治区青贮玉米种植区种植。

4. 品种名称：西蒙919

审定编号：蒙审玉（饲）2017004号

申请者：内蒙古西蒙种业有限公司、宁夏钧凯种业有限公司

育成单位：内蒙古西蒙种业有限公司、宁夏钧凯种业有限公司

品种来源：Xm35×Xm68

特征特性：出苗至成熟124天，比对照东单606早3天。幼苗叶鞘紫色，叶片绿色，颖壳绿紫色，雄穗一级分枝7个，花药黄色，花丝黄色。株型半紧凑，株高311厘米，穗位高122厘米，总叶片数23，收获时平均叶片数12。果穗长筒形，穗轴红色，穗长23厘米，穗粗5.1厘米，穗行数16~18，行粒数46，穗粒数622，出籽率83.8%。

籽粒黄色、马齿型，百粒重 34.6 克。接种鉴定，高抗丝黑穗病（0%HR），抗弯孢叶斑病（3R），抗茎腐病（7.4%R），中抗大斑病（5MR），感玉米螟（6.1S）。籽粒淀粉含量 34.52%，中性洗涤纤维含量 36.3%，酸性洗涤纤维含量 15.51%，粗蛋白质含量 8.38%，品质为一级。

产量表现：2014 年参加饲用玉米区域试验，平均亩产鲜重6 570.1千克，比组均值增产 14.9%；2015 年参加饲用玉米区域试验，平均亩产鲜重5 871.2千克，比组均值增产 14.3%；2016 年参加饲用玉米生产试验，平均亩产鲜重4 702.6千克，比对照增产 10.0%；干重亩产1 698.4千克，比对照增产 14.5%。

栽培技术要点：4 月 15 日左右播种；栽培密度5 000株/亩；基施腐熟的有机肥5 000千克/亩、磷二铵 40 千克/亩，特别在 6 叶期、拔节期、大喇叭口期追施尿素 25 千克；播前种子应进行包衣处理，以便减轻病虫害，早管理、勤除草，适时灌溉。注意防治玉米螟。

审定意见：通过审定，适宜在内蒙古自治区青贮玉米种植区种植。

5. 品种名称：先单 405

审定编号：蒙审玉（饲）2017005 号

申请者：甘肃先农国际农业发展有限公司

育成单位：甘肃先农国际农业发展有限公司

品种来源：XN198×XN015

特征特性：出苗至成熟 127 天，与对照东单 606 同期。幼苗叶鞘紫色，叶片绿色，颖壳绿色，雄穗一级分枝 9~13 个，花药浅紫色，花丝浅紫色。株型半紧凑，株高 339 厘米，穗位高 161 厘米，总叶片数 23，收获时平均叶片数 14。果穗长筒形，穗轴粉红色，穗长 21.5 厘米，穗粗 4.8 厘米，穗行数 16~18，行粒数 42，穗粒数 657，出籽率 86.8%。籽粒黄色、半马齿型，百粒重 36.6 克。接种鉴定，高抗茎腐病（0%HR），抗丝黑穗病（2.3%R），抗玉米螟（2.9R），中抗大斑病（5MR），感弯孢叶斑病（7S）。籽粒淀粉含量 36.60%，中性洗涤纤维含量 34.31%，酸性洗涤纤维含量 14.38%，粗蛋白质含量 8.64%，品质为一级。

产量表现：2014 年参加饲用玉米区域试验，平均亩产鲜重6 145.8千克，比组均值增产 7.5%；2015 年参加饲用玉米区域试验，平均亩产鲜重5 599.4千克，比组均值增产 9.1%；2016 年参加饲用玉米生产试验，平均亩产鲜重4 698.3千克，比对照增产 9.9%；干重亩产1 626.3千克，比对照增产 9.7%。

栽培技术要点：4 月下旬或 5~10 厘米地温稳定通过 10~12℃时即可播种；一般保苗4 000~4 500株/亩；施足底肥，一般施磷酸二铵 30 千克/亩，追肥尿素 30~40 千克/亩，钾肥 10 千克/亩；适时中耕蹲苗，成熟后及时采收。注意红蜘蛛和玉米螟的防治，注意防治弯孢叶斑病。

审定意见：通过审定，适宜在内蒙古自治区青贮玉米种植区种植。

（五）2016 年内蒙古审定品种

1. 品种名称：金艾 588

审定编号：蒙审玉（饲）2016001 号

申请者：内蒙古金葵艾利特种业有限公司

育成单位：内蒙古金葵艾利特种业有限公司

品种来源：以 823155 为母本、823181 为父本杂交选育而成。母本是经 X1035 与昌 7-2 杂交经 7 代自交选育而成；父本是经 78599 与 F349 杂交用 F349 回交后经 6 代自交选育而成。

特征特性：幼苗叶片绿色，叶鞘紫色。植株为半紧凑型，株高 358 厘米，穗位 176 厘米，收获时 14 片叶。雄穗的一级分枝 5~8 个，护颖绿色，花药淡紫色。雌穗的花丝淡紫色。果穗锥形，红轴，穗长 19.8 厘米，穗粗 5.4 厘米，穗行数 18 行。籽粒为马齿型、黄色。2015 年北京农学院测定，中性洗涤纤维 42.21%，酸性洗涤纤维 19.70%，粗蛋白质 8.50%，淀粉 27.89%。2015 年吉林省农业科学院植物保护研究所人工接种、接虫抗性鉴定，感大斑病（7S），感弯孢叶斑病（7S），中抗丝黑穗病（7.9%MR），中抗茎腐病（10.2%MR），中抗玉米螟（6.9MR）。

产量表现：2013 年参加饲用玉米区域试验，平均亩产鲜重5 696.7千克，比对照金山 12 增产 15.5%。出苗至收获 125 天，与对照同期。2014 年参加饲用玉米区域试验，平均亩产鲜重6 383.3千克，比组均值增产 10.8%。出苗至收获 126 天，与对照东单 606 同期。2015 年参加饲用玉米生产试验，平均亩产鲜重5 685.5千克，比对照东单 606 增产 8.7%。出苗至收获 124 天，比对照晚 6 天。

栽培技术要点：播期为 4 月 20 日左右。密度为3 800~4 500株/亩。施种肥二铵 15~20 千克/亩，有机肥1 000千克/亩左右，大喇叭口期追施尿素 35 千克/亩。

审定意见：通过审定，适宜内蒙古自治区青贮玉米种植区种植。

2. 品种名称：青贮 808

审定编号：蒙审玉（饲）2016002 号

申请者：巴彦淖尔市农牧业科学研究院

育成单位：巴彦淖尔市农牧业科学研究院

品种来源：以 8201 为母本、B910 为父本杂交选育而成。

特征特性：幼苗叶片绿色，叶鞘紫色。植株半紧凑，株高 332 厘米，穗位 162 厘米，收获时 13 片叶。雄穗的一级分枝 10 个，护颖绿色，花药粉色。雌穗的花丝紫色。果穗长筒形，红轴，穗长 22 厘米，穗粗 5.1 厘米，穗行数 16~18 行。籽粒偏硬粒型、黄色。2015 年北京农学院测定，中性洗涤纤维 41.19%，酸性洗涤纤维 20.43%，粗蛋白质 8.76%，淀粉 28.94%。2015 年吉林省农业科学院植物保护研究所人工接种、接虫抗性鉴定，感大斑病（7S），中抗弯孢叶斑病（5MR），中抗丝黑穗病（6.7%MR），中抗茎腐病（10.9%MR），中抗玉米螟（5.8MR）。

产量表现：2013 年参加饲用玉米区域试验，平均亩产鲜重5 546.3千克，比对照金山 12 增产 12.4%。出苗至收获 126 天，比对照晚 1 天。2014 年参加饲用玉米区域试验，平均亩产鲜重5 964.5千克，比组均值增产 3.5%。出苗至收获 126 天，与对照东单 606 同期。2015 年参加饲用玉米生产试验，平均亩产鲜重5 689.5千克，比对照东单 606 增产 8.8%。出苗至收获 123 天，比对照晚 5 天。

栽培技术要点：播期为 4 月下旬至 5 月上旬。密度为4 500~5 000株/亩。

审定意见：通过审定，适宜内蒙古自治区青贮玉米种植区种植。

3. 品种名称：佰青 131

审定编号：蒙审玉（饲）2016003 号

申请者：北京佰青源畜牧业科技发展有限公司

育成单位：北京佰青源畜牧业科技发展有限公司

品种来源：以 A3 为母本、A28 为父本杂交选育而成。母本是由美国引进的综合种箭秆群体，经多代自交选育出的具有亚热血缘的自交系；父本来源于引自缅甸的美 888 杂交种分离群体。

特征特性：幼苗叶片绿色，叶鞘紫色。植株半紧凑，株高 342 厘米，穗位 170 厘米，收获时 16 片叶。雄穗的花药紫色。雌穗的花丝浅粉色。果穗筒形，白轴，穗长 18 厘米，穗粗 6 厘米，穗行数 18～22。籽粒硬粒型、黄色。2015 年北京农学院测定，中性洗涤纤维 41.01%，酸性洗涤纤维 24.83%，粗蛋白质 9.35%，淀粉 29.1%。2015 年吉林省农业科学院植物保护研究所人工接种、接虫抗性鉴定，中抗大斑病（5MR），抗弯孢叶斑病（3R），中抗丝黑穗病（5.1%MR），中抗茎腐病（10.4%MR），感玉米螟（7.3S）。

产量表现：2013 年参加饲用玉米区域试验，平均亩产鲜重7 072.8千克，比对照金山 12 增产 43.3%。出苗至收获 122 天，与对照同期。2014 年参加饲用玉米区域试验，平均亩产鲜重6 817.4千克，比组均值增产 18.3%。出苗至收获 125 天，比对照东单 606 早 1 天。2015 年参加饲用玉米生产试验，平均亩产鲜重7 021.5千克，比对照东单 606 增产 36.3%。出苗至收获 124 天，比对照晚 6 天。

栽培技术要点：播期为 4 月 20 日至 5 月 15 日。密度为4 200 株/亩左右。施 4 吨/亩有机肥或 25 千克/亩复合肥作底肥，缺磷土壤施过磷酸钙 30～40 千克/亩，缺钾土壤亩施氯化钾 5～10 千克/亩，并于拔节期和大喇叭口期看地力情况进行追肥，追肥以速效氮肥为主，施 10～15 千克/亩尿素。

审定意见：通过审定，适宜内蒙古自治区青贮玉米种植区种植。

4. 品种名称：大京九 26

审定编号：蒙审玉（饲）2016004 号

申请者：北京大京九农业开发有限公司

育成单位：河南省大京九种业有限公司

品种来源：以 9889 为母本、2193 为父本杂交选育而成。母本是以黄改群体为基础材料，由黄早四、铁 7922、9444、京 7 黄、昌 7-2 混合授粉，经 9 代连续自交选育而成；父本选自美国杂交种 78599 优良单株，经连续 10 代自交选育而成。

特征特性：幼苗叶片绿色，叶鞘紫色。植株半紧凑，株高 337 厘米，穗位 161 厘米，收获时 13 片叶。雄穗为一级分枝 6～8 个，护颖绿色，花药黄色。雌穗为花丝紫红色。果穗白轴，穗长 22 厘米，穗行数 16～18。籽粒马齿型、黄色。2015 年北京农学院测定，中性洗涤纤维 39.45%，酸性洗涤纤维 17.34%，粗蛋白质 7.89%，淀粉 30.85%。2015 年吉林省农业科学院植物保护研究所人工接种、接虫抗性鉴定，感大斑病（7S），感弯孢叶斑病（7S），中抗丝黑穗病（7.0%MR），中抗茎腐病（13.3%

MR)，中抗玉米螟（6.8MR）。

产量表现：2013 年参加饲用玉米区域试验，平均亩产鲜重5 496.2千克，比对照金山 12 增产 11.4%。出苗至收获 125 天，比对照晚 3 天。2014 年参加饲用玉米区域试验，平均亩产鲜重6 115.9千克，比组均值增产 6.2%。出苗至收获 125 天，比对照东单 606 早 1 天。2015 年参加饲用玉米生产试验，平均亩产鲜重5 757.0千克，比对照东单 606 增产 10.1%。出苗至收获 124 天，比对照晚 6 天。

栽培技术要点：播期为 5 厘米地温稳定≥10℃时即可播种。密度为5 000株/亩左右。底施氮磷钾复合肥 40 千克/亩，拔节期尿素施 15~20 千克/亩。

审定意见：通过审定，适宜内蒙古自治区青贮玉米种植区种植。

5. 品种名称：云瑞 21

审定编号：蒙认玉（饲）2016001 号

申请者：内蒙古真金种业科技有限公司

育成单位：云南省农业科学院粮食作物研究所

品种来源：以 YML23 为母本、CML147-3-2-1-1-1 为父本杂交选育而成。母本是利用从南非引进的优良玉米杂交种 H23，采用系谱法中选育出的二环系；父本是利用从国际玉米小麦改良中心（CIMMYT）引进的热带种质 CML147，采用穗行法经多代连续自交选育而成。

特征特性：幼苗叶片绿色，叶鞘绿色。植株为披散型，株高 340 厘米，穗位 155 厘米，收获时 13 片叶。雄穗的护颖绿色，花药黄色。雌穗的花丝白色。果穗为柱形，白轴，穗长 21 厘米，穗粗 4.8 厘米，穗行数 14~16。籽粒为马齿型、白色。2015 年北京农学院测定，中性洗涤纤维 45.12%，酸性洗涤纤维 22.28%，粗蛋白质含量 8.58%，淀粉 24.87%。2015 年吉林省农业科学院植物保护研究所人工接种、接虫抗性鉴定，中抗大斑病（5MR），抗弯孢叶斑病（3R），感丝黑穗病（10.8%S），中抗茎腐病（11.8%MR），感玉米螟（7.2S）。

产量表现：2014 年参加饲用玉米区域试验，平均亩产鲜重6 227.2千克，比组均值增产 8.1%。出苗至收获 126 天，与对照东单 606 同期。2015 年参加饲用玉米生产试验，平均亩产鲜重5 709.2千克，比对照东单 606 增产 9.2%。出苗至收获 123 天，比对照晚 5 天。

栽培技术要点：播期为 4 月底 5 月初。密度为4 000~5 000株/亩。

审定意见：通过审定，适宜内蒙古自治区青贮玉米种植区种植。

（六）2015 年内蒙古审定品种

品种名称：金艾 581

审定编号：蒙审玉（饲）2015001 号

申请者：内蒙古金葵艾利特种业有限公司

育成单位：内蒙古金葵艾利特种业有限公司

品种来源：以 W1722 为母本、J02 为父本杂交选育而成。母本是以 C8605-2/墨黄 9 为基础材料连续自交 6 代选育而成；父本来源于昌 7-2×196。

特征特性：幼苗叶片绿色，叶鞘紫色。植株紧凑型，株高 328 厘米，穗位 151 厘米米，13 片叶。雄穗为一级分枝 12~18 个，护颖绿色，花药淡紫色。雌穗为花丝淡紫色。果穗筒形，白轴，穗长 21.0 厘米，穗粗 5.4 厘米，穗行数 16~20。

产量表现：2012 年参加饲用玉米区域试验，亩产鲜重5 217.7千克，比对照金山 12 增产 5.8%。2013 年参加饲用玉米区域试验，亩产鲜重5 637.0千克，比对照金山 12 增产 14.2%。2014 年参加饲用玉米生产试验，亩产鲜重5 904.8千克，比对照东单 606 增产 7.3%。

栽培技术要点：播期为 4 月 20 日左右。密度为保苗4 500~5 000株/亩。以氮肥为主，配合增施磷钾肥，分两次施肥为宜，即拔节期追施尿素 20 千克/亩左右，大喇叭口期追施尿素 15 千克/亩左右。

审定意见：通过审定，适宜内蒙古自治区青贮玉米种植区种植。

（七）2014 年内蒙古审定品种

1. 品种名称：东单 606

审定编号：蒙认玉（饲）2014001

申请者：辽宁东亚种业有限公司

育成单位：辽宁东亚种业有限公司

品种来源：A801×A6159

特征特性：幼苗叶片绿色，叶鞘紫色。植株半紧凑型，株高 318 厘米，穗位 138 厘米；收获时平均绿叶片数 13。雄穗为一级分枝 16~23 个，护颖绿色，花药淡紫色。雌穗为花丝淡紫色。果穗筒形，红轴，穗长 24.4 厘米，穗粗 4.8 厘米，穗行数 16~20，出籽率 81.3%。籽粒半马齿型、黄色。

产量表现：2012 年参加饲用玉米区域试验，平均生物产量鲜重为5 405.7千克/亩，比对照金山 12 增产 9.6%。2013 年参加饲用玉米生产试验，平均生物产量鲜重为5 186.8千克/亩，比对照金山 12 增产 12.6%。

栽培技术要点：播期为 4 月下旬末到 5 月上旬。密度为清种保苗4 500株/亩。足施底肥（农家肥2 000~3 000千克/亩），复合肥 20~25 千克/亩，重施拔节肥尿素 25~30 千克/亩。

审定意见：通过审定，内蒙古自治区青贮玉米种植区种植。

2. 品种名称：曲辰九号

审定编号：蒙认玉（饲）2014002

申请者：云南曲辰种业有限公司

育成单位：云南曲辰种业有限公司

品种来源：215-99×M31×SC122

特征特性：幼苗叶片绿色，叶鞘浅紫色。植株半紧凑型，株高 345 厘米，穗位 164 厘米；收获时平均绿叶片数 16。雄穗为一级分枝 11 个，护颖绿紫色，花药黄色。雌穗为花丝紫色。果穗为筒形，白轴，穗长 19.7 厘米，穗粗 4.8 厘米，穗行数 12~14，出籽率 82.8%。籽粒马齿型、白色。

产量表现：2012 年参加饲用玉米区域试验，平均生物产量鲜重为5 736.4千克/亩，比对照金山 12 增产 16.3%。2013 年参加饲用玉米生产试验，平均生物产量鲜重为

5 347.7千克/亩，比对照金山 12 增产 16.1%。

栽培技术要点：播期为 4 月底 5 月中旬。密度为6 000株/亩。施足底肥，种肥磷酸二铵 15 千克/亩或复合肥 20~25 千克/亩，追施尿素 30 千克/亩。

审定意见：通过审定，适宜内蒙古自治区青贮玉米种植区种植。

3. 品种名称：北青贮 1 号

审定编号：蒙认玉（饲）2014003 号

申请者：通辽市厚德种业有限责任公司

育成单位：张东彪、郎书文

品种来源：BS135×9801

特征特性：幼苗叶片绿色，叶鞘浅紫色。植株半紧凑型，株高 336 厘米，穗位 151 厘米；收获时平均绿叶片数 12。雄穗为一级分枝 7 个，护颖绿色，花药黄色。雌穗为花丝浅紫色。果穗锥形，红轴，穗长 18.9 厘米，穗粗 4.8 厘米，穗行数 12~16，出籽率 83.8%。籽粒半马齿型、黄色。

产量表现：2012 年参加饲用玉米区域试验，平均生物产量鲜重为5 186.9千克/亩，比对照金山 12 增产 5.1%。2013 年参加饲用玉米生产试验，平均生物产量鲜重为 5 075.4千克/亩，比对照金山 12 增产 10.2%。

栽培技术要点：播种期为 4 月末至 5 月初。密度为保苗4 000株/亩左右。亩施种肥磷酸二铵 15 千克/亩，大喇叭口期追施尿素 25 千克/亩以上，并在此期防玉米螟一次。

审定意见：通过审定，适宜内蒙古自治区青贮玉米种植区种植。

4. 品种名称：双玉青贮 5 号

审定编号：蒙认玉（饲）2014004 号

申请者：河北双星种业有限公司

育成单位：河北双星种业有限公司

品种来源：S78×S1859

特征特性：幼苗叶片绿色，叶鞘紫色。植株半紧凑型，株高 317 厘米，穗位 161 厘米；收获时平均绿叶片数 14。雄穗为一级分枝 9 个，护颖紫色，花药紫色。雌穗为花丝粉红色。果穗长锥形，白轴，穗长 24 厘米，穗粗 5.6 厘米，穗行数 16~18，出籽率 85%。籽粒半马齿型、黄色。

产量表现：2012 年参加饲用玉米区域试验，平均生物产量鲜重为5 790.9千克/亩，比对照金山 12 增产 17.4%。2013 年参加饲用玉米生产试验，平均生物产量鲜重为 5 227.7千克/亩，比对照金山 12 增产 13.5%。

栽培技术要点：播期为 5 月 1 日左右。密度为5 000株/亩。播种时，施磷酸二铵 15 千克/亩，在 12~13 片可见叶时，结合中耕培土，追施尿素 35 千克/亩。

审定意见：通过审定，适宜内蒙古自治区青贮玉米种植区种植。

5. 品种名称：奥玉青贮 5102

审定编号：蒙认玉（饲）2014005 号

申请者：北京奥瑞金种业股份有限公司

育成单位：北京奥瑞金种业股份有限公司

品种来源：OSL019×OSL047

特征特性：幼苗叶片深绿色，叶鞘紫色。植株半紧凑型，株高329厘米，穗位184厘米；收获时平均绿叶片数15。雄穗为护颖浅紫色，花药黄色。果穗筒形，红轴，穗长23厘米，穗行数18。籽粒为半硬粒型、黄色。

产量表现：2012年参加饲用玉米区域试验，平均生物产量鲜重为6 252.6千克/亩，比对照金山12增产26.7%。2013年参加饲用玉米生产试验，平均生物产量鲜重为5 334.7千克/亩，比对照金山12增产15.8%。

栽培技术要点：播期为4月下旬至5月上旬。密度为3 000~3 300株/亩。施足底肥，施农家肥3 000千克/亩左右、复合肥（N、P_2O_5、K_2O总含量45%）30千克/亩、锌肥1.5千克/亩。大喇叭口期，追施尿素30千克/亩。

审定意见：通过审定，适宜内蒙古自治区青贮玉米种植区种植。

6. 品种名称：中瑞青贮19

审定编号：蒙认玉（饲）2014006号

申请者：北京未名凯拓作物设计中心有限公司

育成单位：河北中谷金福农业科技有限公司

品种来源：B12×A4

特征特性：幼苗叶片绿色，叶鞘紫色。植株半紧凑型，株高329厘米，穗位150厘米；收获时平均绿叶片数14。雄穗为一级分枝12~20个，花药紫色。雌穗为花丝粉红色。果穗长筒形，红轴，穗长23厘米，穗粗5.8厘米，穗行数18~20，出籽率85.0%。籽粒半马齿型、黄色。

产量表现：2012年参加饲用玉米区域试验，平均生物产量鲜重为5 382.9千克/亩，比对照金山12增产9.1%。2013年参加饲用玉米生产试验，平均生物产量鲜重为5 170.8千克/亩，比对照金山12增产12.3%。

栽培技术要点：播期为5月1日左右。密度为4 500~5 000株/亩。播种时，施磷酸二铵15千克/亩，在12~13片可见叶时，结合中耕培土，追施尿素35千克/亩。

审定意见：通过审定，适宜内蒙古自治区青贮玉米种植区种植。

（八）2013年内蒙古认定品种

品种名称：桂青贮1号

审定编号：蒙认玉（饲）2013001号

申请者：广西壮族自治区玉米研究所

育成单位：广西壮族自治区玉米研究所

品种来源：以农大108为母本、CML161为父本组配而成。母本引自中国农业大学；父本是广西玉米研究所从国际玉米小麦改良中心（CIMMYT）引进的自交系经适应性鉴定，自交选择2代选育而成。

特征特性：幼苗叶片绿色，叶鞘紫色。植株半紧凑型，株高322厘米，穗位158厘米，收获时绿叶片数13。雄穗为一级分枝10~15个，护颖紫色，花药黄色。雌穗为花丝红色。果穗筒形，红、白轴相杂，穗长20~25厘米，穗粗4.8厘米，穗行数16~18。籽粒硬粒型、黄色。

产量表现：2012 年参加饲用玉米区域试验，平均生物产量5 323.6千克/亩，比对照金山 12 增产 7.9%。

栽培技术要点：要求土壤温度稳定达到 10℃以上时播种。种植密度4 000～4 500株/亩。施氮 18 千克/亩、$P_2O_5$7.5 千克/亩和 K_2O18 千克/亩。

审定意见：通过审定，适宜内蒙古自治区青贮玉米种植区种植。

（九）2013 年内蒙古审定品种

1. 品种名称：文玉 3 号

审定编号：蒙审玉（饲）2013001 号

申请者：北京佰青源畜牧业科技发展有限公司

育成单位：北京佰青源畜牧业科技发展有限公司

品种来源：C5-1×A26-6

特征特性：叶片绿色，叶鞘浅紫色。植株平展型，株高 342 厘米，穗位 175 厘米。雄穗一级分枝 13 个，护颖浅紫色，花药黄色。花丝浅紫色。果穗长筒形，红轴，穗长 17 厘米，穗粗 5.2 厘米，穗行数 14～18，行粒数 44，出籽率 88.2%。籽粒半马齿型、黄色。2012 年北京农学院植物科学技术学院（北京）测定，中性洗涤纤维 53.79%，酸性洗涤纤维 20.46%，粗蛋白质 7.87%。2012 年吉林省农业科学院植物保护研究所人工接种、接虫抗性鉴定，感大斑病（7S），感弯孢病（7S），感丝黑穗病（16.0%S），中抗茎腐病（13.9%MR），中抗玉米螟（5.3MR）。

产量表现：2010 年参加饲用玉米区域试验，平均生物产量6 296.0千克/亩，比对照金山 12 增产 24.9%。2011 年参加饲用玉米区域试验，平均生物产量5 884.9千克/亩，比对照金山 12 增产 23.0%。

栽培技术要点：播期为 4 月 15 日至 5 月 20 日。密度为3 800～4 500株/亩。施 4 吨/亩有机肥或 25 千克/亩复合肥作底肥，缺磷土壤施过磷酸钙 30～40 千克/亩，缺钾土壤施氯化钾 5～10 千克/亩，并于拔节期和大喇叭口期看地力情况进行追肥，追肥以速效氮肥为主，施 10～15 千克/亩尿素。

审定意见：通过审定，适宜内蒙古自治区青贮玉米种植区种植。

2. 品种名称：宁禾 0709

审定编号：蒙审玉（饲）2013002 号

申请者：宁夏农林科学院农作物研究所、宁夏农垦局良种繁育经销中心

育成单位：宁夏农林科学院农作物研究所、宁夏农垦局良种繁育经销中心

品种来源：PY148×PY268

特征特性：叶片绿色，叶鞘浅紫色。植株半紧凑型，株高 320 厘米，穗位 149 厘米。雄穗一级分枝 10 个，护颖绿紫色，花药浅紫色。花丝黄紫色。果穗长筒形，红轴，穗长 21.5 厘米，穗粗 5.3 厘米，穗行数 16～18，行粒数 41，出籽率 83.8%。籽粒马齿型、黄色。2013 年北京农学院植物科学技术学院（北京）测定，中性洗涤纤维 50.20%，酸性洗涤纤维 24.98%，粗蛋白质 9.42%。2012 年吉林省农业科学院植物保护研究所人工接种、接虫抗性鉴定，中抗大斑病（5MR），中抗弯孢病（5MR），中抗丝黑穗病（9.4%MR），抗茎腐病（6.2%R），中抗玉米螟（5.8MR）。

产量表现：2011 年参加饲用玉米区域试验，平均生物产量5 341.2千克/亩，比对照金山 12 增产 11.6%。2012 年参加饲用玉米区域试验，平均生物产量5 697.5千克/亩，比对照金山 12 增产 15.5%。

栽培技术要点：播期为 4 月中旬左右播种，需要地膜覆盖种植。密度为保苗5 000~5 500株/亩。基肥一般施优质农家肥3 000千克/亩以上、纯氮 12.0 千克/亩、五氧化二磷 6.9~13.8 千克/亩、氧化钾 3.0 千克/亩、硫酸锌 1.0~2.0 千克/亩。全生育期追肥 2 次以上，并结合喷药喷洒锌等微肥。一般在玉米拔节期施拔节肥和穗肥，用纯氮 12.0 千克/亩、五氧化二磷 6.9~13.8 千克/亩、氧化钾 3.0 千克/亩。玉米开花后施粒肥，用纯氮 4.6 千克/亩。后期脱肥地块可随灌水补施氮肥。

审定意见：通过审定，适宜内蒙古自治区青贮玉米种植区种植。

3. 品种名称：西蒙青贮 707

审定编号：蒙审玉（饲）2013003 号

申请者：内蒙古西蒙种业有限公司

育成单位：内蒙古西蒙种业有限公司

品种来源：XM41×XM86

特征特性：叶片绿色，叶鞘绿色。植株半紧凑型，株高 311 厘米，穗位 134 厘米。雄穗一级分枝 7 个，护颖绿紫色，花药黄色。花丝黄色。果穗长筒形，红轴，穗长 23 厘米，穗粗 5.1 厘米，穗行数 16~18，行粒数 46，出籽率 83.8%。籽粒马齿型、黄色。2013 年北京农学院植物科学技术学院（北京）测定，中性洗涤纤维 49.67%，酸性洗涤纤维 21.94%，粗蛋白质 9.40%。2012 年吉林省农业科学院植物保护研究所人工接种、接虫抗性鉴定，感大斑病（7S），感弯孢病（7S），中抗丝黑穗病（9.6%MR），中抗茎腐病（18.6%MR），感玉米螟（6.4S）。

产量表现：2011 年参加饲用玉米区域试验，平均生物产量6 016.5千克/亩，比对照金山 12 增产 25.7%。2012 年参加饲用玉米区域试验，平均生物产量 5 814.0 千克/亩，比对照金山 12 增产 17.8%。

栽培技术要点：播期为 4 月 15 日左右。密度为保苗3 000~3 500株/亩。基施腐熟的有机肥5 000千克/亩，磷酸二铵 40 千克/亩，特别在 6 叶期、拔节期、大喇叭口期追施尿素 25 千克/亩。

审定意见：通过审定，适宜内蒙古自治区青贮玉米种植区种植。

（十）2012 年内蒙古审定品种

品种名称：合饲 1 号

审定编号：蒙审玉（饲）2012001 号

申请者：内蒙古农业大学农学院

育成单位：内蒙古农业大学农学院

品种来源：L21×丹 598

特征特性：幼苗叶片绿色，叶鞘绿色。植株半紧凑型，株高 283 厘米，穗位 114 厘米，19 片叶。雄穗：护颖绿色，花药紫色，一级分枝 11 个。雌穗花丝黄色。果穗锥形，粉轴，穗长 19.5 厘米，穗粗 4.6 厘米，穗行数 16~18，行粒数 41，出籽率 77.8%。

籽粒马齿型、黄色。

产量表现：2010 年参加饲用玉米区域试验，平均生物产量5 115.5千克/亩，比对照金山 12 增产 1.5%；干重产量1 589.1千克/亩，比对照减产 8.0%。2011 年参加饲用玉米区域试验，平均生物产量4 955.5千克/亩，比对照金山 12 增产 3.5%；干重产量1 859.4千克/亩，比对照增产 7.7%。

栽培技术要点：保苗3 500~3 800 株/亩。

审定意见：通过审定，适宜内蒙古自治区青贮玉米种植区种植。

（十一）2011 年内蒙古认定品种

1. 品种名称：吉农大青饲 1 号

审定编号：蒙认饲 2011001 号

申请者：吉林农业大学

育成单位：吉林农业大学

品种来源：以 L16 为母本，G599 为父本杂交选育而成。母本来源于 8112×丹 340 的二环系；父本来源于 78599。

特征特性：植株平展型，株高 316 厘米，穗位 140 厘米，收获时 13 片绿叶。雄穗一级分枝 7~9 个，护颖紫色，花药黄色。雌穗花丝浅红色。果穗柱形，白轴，穗长 25 厘米。籽粒马齿型、黄色。

产量表现：2009 年参加内蒙古自治区饲用玉米区域试验，平均生物产量4 841.2千克/亩，比对照金山 12 减产 0.1%；干重产量1 422.4千克/亩，比对照增产 0.5%。2010 年参加内蒙古自治区饲用玉米区域试验，平均生物产量5 314.1千克/亩，比对照金山 12 增产 5.4%；干重产量1 927.8千克/亩，比对照增产 11.6%。

栽培技术要点：保苗 4.5 万~5.0 万株/公顷。

审定意见：通过审定，适宜内蒙古自治区鄂尔多斯市、呼和浩特市、赤峰市、通辽市≥10℃活动积温2 800℃以上适宜区种植。

2. 品种名称：宏博 2106

审定编号：蒙认饲 2011002 号

申请者：内蒙古宏博种业科技有限公司

育成单位：内蒙古宏博种业科技有限公司

品种来源：以 B1709 为母本，H1864B 为父本选育而成。母本是以 8723×4866 为材料经连续自交 8 代选育而成；父本是以农大 108×L90 为材料经连续自交 8 代选育而成。

特征特性：植株平展型，株高 358 厘米，穗位 140 厘米，收获时 14 片绿叶。果穗筒形，白轴，穗长 18.5 厘米，穗粗 5.2 厘米，行粒数 40，穗行数 16~18。籽粒马齿型、黄色，百粒重 35.0 克。

产量表现：2009 年参加内蒙古自治区饲用玉米区域试验，平均生物产量5 139.8千克/亩，比对照金山 12 增产 5.4%；干重产量1 465.3千克/亩，比对照增产 3.5%。2010 年参加内蒙古自治区饲用玉米区域试验，平均生物产量5 548.9千克/亩，比对照金山 12 增产 10.1%；干重产量1 961.0千克/亩，比对照增产 13.6%。

栽培技术要点：保苗4 000~4 500株/亩。

审定意见：通过审定，适宜内蒙古自治区鄂尔多斯市、呼和浩特市、赤峰市、通辽市≥10℃活动积温2 800℃以上适宜区种植。

3. 品种名称：辽单青贮625

审定编号：蒙认饲2011003号

申请者：辽宁东亚种业有限公司

育成单位：辽宁省农业科学院玉米研究所

品种来源：以辽88为母本，沈137为父本选育而成。母本来源于7922×1061；父本引自沈阳市农业科学院。

特征特性：幼苗叶片深绿色，叶鞘紫色。植株半紧凑型，株高320厘米，穗位142厘米，收获时14片绿叶。雄穗一级分枝18个，护颖绿色，花药淡紫色。雌穗花丝浅紫色。果穗长筒形，穗长23厘米，穗行数18~22，行粒数45。籽粒马齿型、黄色，百粒重34.2克。

产量表现：2009年参加内蒙古自治区饲用玉米区域试验，平均生物产量5 463.5千克/亩，比对照金山12增产12.1%；干重产量1 460.2千克/亩，比对照增产3.2%。2010年参加内蒙古自治区饲用玉米区域试验，平均生物产量5 562.0千克/亩，比对照金山12增产10.4%；干重产量1 873.5千克/亩，比对照增产8.5%。

栽培技术要点：保苗4 000~4 500株/亩。

审定意见：通过审定，适宜内蒙古自治区鄂尔多斯市、呼和浩特市、赤峰市、通辽市≥10℃活动积温2 800℃以上适宜区种植。

（十二）2010年内蒙古认定品种

品种名称：伊单76

审定编号：蒙认饲2010001号

申请者：鄂尔多斯市农业科学研究所

育成单位：鄂尔多斯市农业科学研究所

品种来源：以L825为母本，G276为父本杂交选育而成。母本是以国外杂交种为基础材料连续多代自交选育而成，属瑞德类血缘。

特征特性：幼苗叶片绿色，叶鞘浅紫色，叶缘绿色，第一叶卵圆形。植株半紧凑型，株高305cm，穗位119cm，22片叶。雄穗一级分枝6~7个，护颖绿色，花药黄色。雌穗花丝绿色。果穗长筒形，白轴，穗长23.4厘米，穗粗5.0厘米，穗行数14~16，行粒数47.3，穗粒数733，出籽率86.5%。籽粒马齿型、黄色，百粒重33.9克。

产量表现：2008年参加内蒙古自治区饲用玉米区域试验，平均鲜重产量5 922.5千克/亩，比对照金山12增产1.3%；干重产量1 689.7千克/亩，比对照增产0.4%。2009年参加内蒙古自治区饲用玉米区域试验，平均鲜重产量5 208.0千克/亩，比对照金山12增产6.8%；干重产量1 493.2千克/亩，比对照增产5.5%。

栽培技术要点：保苗4 500株/亩左右。

审定意见：通过审定，适宜内蒙古自治区鄂尔多斯市、呼和浩特市、赤峰市、通辽市≥10℃活动积温2 800℃以上地区种植。

（十三）2009年内蒙古认定品种

1. 品种名称：中农大青贮67

审定编号：蒙认饲2009001号

申请者：九原区种子有限责任公司

育成单位：九原区种子有限责任公司

品种来源：以1147为母本，Sy10469为父本杂交选育而成。母本来源于78599；父本来源于SynD. 0. Cu高油群体。

特征特性：幼苗叶片绿色，叶鞘浅绿色，叶缘绿色，第一叶圆形。植株平展型，株高342厘米，穗位169厘米，总叶片数23片。雄穗一级分枝8~12个，护颖浅紫色，花药浅紫色。雌穗花丝浅紫色。果穗筒形，白轴，穗长22厘米，穗粗4.8厘米，穗行数16，行粒数40，穗粒数604，出籽率86%。籽粒马齿型、黄色，百粒重27.1克。

产量表现：2007年参加内蒙古自治区饲用玉米区域试验，平均生物产量7 170.2千克/亩，比对照东陵白增产6.8%。平均生育期126天。

栽培技术要点：青贮种植保苗5 500株/亩左右。

审定意见：通过审定，适宜内蒙古自治区呼和浩特市、鄂尔多斯市、赤峰市、通辽市≥10℃活动积温2 700℃以上地区种植。

2. 品种名称：三元青贮1号（区试代号：垦饲1号）

审定编号：蒙认饲2009002号

申请者：北京三元农业有限公司种业分公司

育成单位：北京三元农业有限公司种业分公司

品种来源：以406为母本，21027为父本杂交选育而成。母本来源于94406的杂交后代；父本是以京七黄和矮81杂交后代为材料经连续定向自交选育而成。

特征特性：幼苗叶片绿色，叶鞘紫色，叶缘紫色，第一叶长椭圆形。植株半紧凑型，株高341厘米，穗位165厘米，总叶片数24片。雄穗一级分枝12个，护颖浅紫色，花药浅粉色。雌穗花丝粉色。果穗长筒形，白轴，穗长22厘米，穗粗4.8厘米，穗行数14，行粒数40，穗粒数560，出籽率87%。籽粒马齿型、黄色，百粒重39.0克。

产量表现：2007年参加内蒙古自治区饲用玉米区域试验，平均生物产量7 720千克/亩，比对照东陵白增产14.99%。平均生育期131天，比对照晚1天。

栽培技术要点：保苗4 200~4 300株/亩。

审定意见：通过审定，适宜内蒙古自治区呼和浩特市、鄂尔多斯市、赤峰市、通辽市≥10℃活动积温2 800℃以上地区种植。

3. 品种名称：北农208

审定编号：蒙认饲2009003号

申请者：北京市农业技术推广站

育成单位：北京市农业技术推广站

品种来源：以7922为母本，2193为父本杂交选育而成。母本引自铁岭市农业科学院；父本是以78599为材料经连续10代自交选育而成。

特征特性：幼苗叶片绿色，叶鞘紫色，叶缘绿色。植株半紧凑型，株高329厘米，穗位160厘米，总叶片21~23片。雄穗一级分枝7~9个，护颖绿色，花药黄色。雌穗花丝绿色。果穗长筒形，白轴，穗长19~22厘米，穗粗4~5厘米，穗行数14~16，行粒数40，出籽率83%。籽粒半马齿型、黄色，百粒重34.8克。

产量表现：2006年参加内蒙古自治区饲用玉米区域试验，平均生物产量5 316.7千克/亩，比对照东陵白增产11.1%。2007年参加内蒙古自治区饲用玉米区域试验，平均生物产量7 343.9千克/亩，比对照东陵白增产9.4%。平均生育期126天。

栽培技术要点：保苗4 000~4 500株/亩。

审定意见：通过审定，适宜内蒙古自治区呼和浩特市、鄂尔多斯市、赤峰市、通辽市≥10℃活动积温2 700℃以上地区种植。

4. 品种名称：金刚青贮50

审定编号：蒙认饲2009004号

申请者：辽阳金刚种业有限公司

育成单位：辽阳金刚种业有限公司

品种来源：以2104-1-6为母本，9965为父本杂交选育而成。母本是以（丹598×9321）为材料连续自交选育而成；父本是以（8904×8411）为材料连续自交选育而成。

特征特性：幼苗叶片绿色，叶鞘紫色，叶缘紫色。植株半紧凑型，株高308厘米，穗位154厘米，收获时叶片13片。雄穗护颖绿色，花药淡黄色。雌穗花丝浅绿色。果穗筒形，白轴，穗长23.2厘米，穗行数18~22。籽粒马齿型、黄色。

产量表现：2005年参加国家青贮玉米区域试验，内蒙古试点平均生物产量1 549.4千克/亩，比对照农大108增产25.1%。2006年参加国家青贮玉米区域试验，内蒙古试点平均生物产量1 446.8千克/亩，比对照农大108增产31.8%。平均生育期135天，比对照晚3天。

栽培技术要点：保苗4 500株/亩左右。

审定意见：通过审定，适宜内蒙古自治区呼和浩特市≥10℃活动积温2 900℃以上地区种植。

（十四）2008年内蒙古认定品种

1. 品种名称：中农大青贮GY4515

审定编号：蒙认饲2008001号

申请者：北京中农大康科技开发有限公司

育成单位：北京中农大康科技开发有限公司

品种来源：以By815为母本、S1145为父本选育而成。母本By815来源于北农大高油群体（BHOC13）；父本S1145来源于美国杂交种78599。

特征特性：幼苗叶片深绿色，叶鞘紫色，叶缘紫色。植株半紧凑型，株高306~313厘米，穗位143~154厘米，叶片22~23片。雄穗颖壳浅紫色，花药浅紫色。果穗长筒形，白轴，穗长23厘米，穗粗5.2厘米，穗行数16，出籽率84%。籽粒半马齿型、黄色，百粒重35.3克。

产量表现：2004年参加国家东华北青贮玉米区域试验，内蒙古试点生物产量

1 289.2千克/亩，比对照农大108增产12.2%。生育期133天，比对照晚1天。2005年参加国家东华北青贮玉米区域试验，内蒙古试点生物产量1 419.1千克/亩，比对照农大108增产16.0%。生育期135天，比对照晚1天。

栽培技术要点：粮食生产用保苗3 000~3 300株/亩为宜；粮饲兼用保苗3 500株/亩左右为宜；饲用保苗4 000株/亩左右为宜。

审定意见：通过审定，适宜内蒙古自治区呼和浩特市≥10℃活动积温3 000℃以上地区种植。

2. 品种名称：德翔1号

审定编号：蒙认饲2008002号

申请者：北京德农种业有限公司赤峰分公司

育成单位：北京德农种业有限公司赤峰分公司

品种来源：以GX315为母本、交51为父本组配而成。母本GX315以辽501为基础材料采用系谱法经6代以上自交育成；父本交51引自贵州省农业科学院。

特征特性：幼苗叶片深绿色，叶鞘绿色，第一叶近圆形。植株半紧凑型，株高320~330厘米，穗位180~190厘米，叶片20~22片。雄穗护颖浅紫色，花药浅紫色。雌穗花丝绿色。果穗锥形，白轴，穗长20.5厘米，穗粗5.8厘米，穗行数16~18，行粒数37~38，穗粒数635，出籽率79.6%。籽粒硬粒型、黄色，百粒重35.7克。

产量表现：2006年参加内蒙古自治区饲用玉米区域试验，平均生物产量6 503.1千克/亩，比对照东陵白增产35.9%。平均生育期127天，比对照晚2天。2007年参加内蒙古自治区饲用玉米区域试验，平均生物产量9 151.6千克/亩，比对照东陵白增产36.3%。

栽培技术要点：保苗3 800~4 000株/亩为宜。

审定意见：通过审定，适宜内蒙古自治区呼和浩特市、鄂尔多斯市、赤峰市、通辽市≥10℃活动积温2 800℃以上地区种植。

3. 品种名称：晋单青贮42

审定编号：蒙认饲2008003号

申请者：内蒙古种星种业有限公司

育成单位：内蒙古种星种业有限公司

品种来源：以Q928为母本、Q929为父本组配而成。母本Q928来源为（928×丹340）×（联87×丹341）杂交后代连续自交6代选育而成；父本Q929来源为929×（大319-2×V187）连续自交6代选育而成。

特征特性：幼苗叶片绿色，叶鞘紫色，叶缘绿色，第一叶圆形。植株半紧凑型，株高340厘米，穗位179厘米。雄穗颖壳淡绿色，花药粉红色。雌穗花丝粉红色。果穗长筒形，红轴，穗长25~27厘米，穗粗5.2厘米，穗行数18。籽粒半马齿型、黄色，百粒重38.3克。

产量表现：2004年参加国家青贮玉米区域试验，内蒙古试点生物产量1 217.8千克/亩，比对照农大108增产9.8%。

栽培技术要点：保苗3 500株/亩左右为宜。

审定意见：通过审定，适宜内蒙古自治区呼和浩特市≥10℃活动积温2 800℃以上地区种植。

4. 品种名称：金饲 13 号

审定编号：蒙认饲 2008004 号

申请者：通辽金山种业科技有限责任公司

育成单位：通辽金山种业科技有限责任公司

品种来源：以 7327GL 为母本、H19-1-1 为父本杂交选育而成。母本 7327GL 以热带血缘 7327 为基础材料，采用系谱法自交 9 代选育而成；父本 H19-1-1 引自丹东市种子管理站。

特征特性：幼苗叶片绿色，叶鞘紫色，第一叶匙形。植株平展型，株高 325 厘米，穗位 165 厘米，穗上叶 7 片。雄穗一级分枝 13~15 个，护颖紫色，花药黄色。雌穗花丝紫色。果穗长柱形，紫轴，穗长 23~25 厘米，穗粗 4.5~4.8 厘米，穗行数 14~18，行粒数 45~50，出籽率 84.4%。籽粒偏马齿型、深黄色，百粒重 32.0 克。

产量表现：2005 年参加内蒙古自治区饲用玉米区域试验，平均生物产量7 569.6千克/亩，比对照东陵白增产 31.5%。2006 年参加内蒙古自治区饲用玉米区域试验，平均生物产量6 166.7千克/亩，比对照东陵白增产 28.9%。平均生育期 124 天，比对照东陵白早 1 天。

栽培技术要点：保苗4 500株/亩左右为宜。

审定意见：通过审定，适宜内蒙古自治区呼和浩特市、鄂尔多斯市、赤峰市、通辽市≥10℃活动积温2 800℃以上地区种植。

5. 品种名称：京科青贮 516

审定编号：蒙认饲 2008005 号

申请者：北京市农林科学院玉米研究中心

育成单位：北京市农林科学院玉米研究中心

品种来源：以 MC0303 为母本、MC30 为父本选育而成。母本 MC0303 用 9042×京 89，再与 9046 杂交组成三交种，连续自交选育而成；父本 MC30 以 1145×1141 为基础材料连续自交选育而成。

特征特性：幼苗叶片深绿色，叶缘紫色。植株半紧凑型，株高 320 厘米，穗位 141 厘米，叶片 19~21 片。雄穗护颖紫色，花药黄色。果穗长筒形，红轴，穗长 20~25 厘米，穗粗 5.0 厘米，穗行数 14~16。籽粒半马齿型、浅黄色。

产量表现：2005 年参加国家青贮玉米区域试验，内蒙古试点平均干重产量1 368.1千克/亩，比对照农大 108 增产 10.5%。2006 年参加国家青贮玉米区域试验，内蒙古试点平均干重产量1 176.8千克/亩，比对照农大 108 增产 7.2%。平均生育期 135 天，比对照晚 2 天。

栽培技术要点：保苗4 500~5 000株/亩为宜。

审定意见：通过审定，适宜内蒙古自治区呼和浩特市≥10℃活动积温3 000℃以上地区种植。

（十五）2007年内蒙古认定青贮玉米品种

1. 品种名称：真金青贮31

审定编号：蒙认饲2007002号

申请者：鄂尔多斯市达拉特旗种子公司

育成单位：鄂尔多斯市达拉特旗种子公司

品种来源：以墨T611为母本、白72为父本组配成的青饲玉米杂交种。母本墨T611是从墨西哥引进的白粒玉米群体Tuxpeno96中选育而来，父本白72是由（辽巨311×7922）的杂交种经二环系选育，6个世代自交选育而来。

特征特性：植株半紧凑型，平均株高357厘米，穗位高183.3厘米，叶片浓绿。籽粒白色。

产量表现：2005年参加内蒙古自治区饲用玉米区域试验，平均生物产量8 141.1千克/亩，比对照东陵白增产45.77%。平均生育期126天，比对照早1天。2006年参加内蒙古自治区饲用玉米区域试验，平均生物产量5 507.7千克/亩，比对照东陵白增产15.11%。平均生育期129天，比对照晚4天。

栽培技术要点：播期为当地10厘米耕层温度稳定通过8℃时播种。密度为保苗4 000株/亩左右。施农家肥2 000千克/亩作基肥，30千克/亩复合肥作种肥，大喇叭口期追施速效氮肥40千克/亩。

审定意见：暂无审定意见。

2. 品种名称：真金青贮32

审定编号：蒙认饲2007003号

申请者：鄂尔多斯市达拉特旗种子公司

育成单位：鄂尔多斯市达拉特旗种子公司

品种来源：以墨T611为母本、刍多11为父本组配成的青饲玉米杂交种。母本墨T611从墨西哥引进的白粒玉米群体Tuxpeno96中选育而来，父本刍多11是由（爆裂玉米×大刍草）杂交后代用爆裂玉米回交一代连续自交6个世代选育而成。

特征特性：植株平均株高350.7厘米，穗位高170厘米，平均每株有1~3个有效茎，每个茎上可结2~3个小果穗。籽粒白色。

产量表现：2005年参加内蒙古自治区饲用玉米区域试验，平均生物产量7 940千克/亩，比对照东陵白增产42.17%。2006年参加内蒙古自治区饲用玉米区域试验，平均生物产量5 842.6千克/亩，比对照东陵白增产22.11%。平均生育期127天，比对照晚2天。

栽培技术要点：密度为保苗4 000株/亩左右。施农家肥2 000千克/亩作基肥，30千克/亩复合肥作种肥，大喇叭口期追施速效氮肥40千克/亩。

审定意见：暂无审定意见。

3. 品种名称：伊单410

审定编号：蒙认饲2007004号

申请者：鄂尔多斯市农业科学研究所、鄂尔多斯市满世通科技种业有限公司

育成单位：鄂尔多斯市农业科学研究所、鄂尔多斯市满世通科技种业有限公司

品种来源：以 G521 为母本、G010 为父本育成的粮饲兼用玉米杂交种。母本 G521 以品综 1 号为基础材料，父本 G010 以美国杂交种为选育材料，采用系谱法经 6 代以上连续自交选育而成。

特征特性：幼苗叶片绿色，叶鞘紫色，第一叶圆形。植株平展型，株高 305 厘米，穗位高 145 厘米，叶片 21~23 片。雄穗护颖紫色，花药紫色。雌穗花丝黄色。果穗长柱形，穗长 23 厘米，穗粗 4.6 厘米，穗行数 14~16，穗轴红色。籽粒马齿型、黄色。

产量表现：2005 年参加内蒙古自治区饲用玉米区域试验，平均生物产量 5 692.50 千克/亩，比对照东陵白增产 1.92%。2006 年参加内蒙古自治区饲用玉米区域试验，平均生物产量5 431.8千克/亩，比对照东陵白增产 13.52%，籽粒产量 570.3 千克/亩。平均生育期 124 天，比对照早 1 天。

栽培技术要点：播期为当地 10 厘米耕层土壤温度稳定通过 10℃时播种，播种前进行种子包衣处理。密度为保苗4 000株/亩为宜。

审定意见：通过审定，适宜内蒙古自治区呼和浩特市、鄂尔多斯市、赤峰市、通辽市≥10℃活动积温2 800℃以上的种植区种植。

4. 品种名称：大京九 23

审定编号：蒙认饲 2007007 号

申请者：河南省大京九种业有限公司

育成单位：河南省大京九种业有限公司

品种来源：以 9383 为母本、115 为父本组配而成的玉米杂交种。母本 9383 以丹 340 为母本、8112 变异株为父本杂交后育成的稳定自交系，父本 115 以美国杂交种 78599 为基础材料，连续 5 代自交选育而成。

特征特性：幼苗叶片深绿色，叶鞘紫色，叶缘紫色，第一叶圆倒匙形。植株半紧凑型，株高 336 厘米，穗位高 155 厘米，收获时绿叶片 14 片。雄穗护颖紫色，花药黄色。雌穗花丝红色。果穗圆筒形，穗长 22 厘米，穗粗 4.5 厘米，穗行数 13，行粒数 42，穗粒数 560，穗轴粉红色。籽粒半马齿型、橘黄色，百粒重 29.02 克，出籽率 83.5%。

产量表现：2005 年参加内蒙古自治区玉米中晚熟组预备试验，平均生物产量 6 237.1千克/亩，比对照东陵白增产 11.7%。2006 年参加内蒙古自治区饲用玉米区域试验，平均生物产量5 900.2千克/亩，比对照东陵白增产 23.3%，籽粒产量 460.7 千克/亩。平均生育期 127 天，比对照晚 2 天。

栽培技术要点：播期为当地 10 厘米耕层土壤温度稳定通过 8℃时播种，播前进行种子晒种和包衣处理。密度为保苗4 000株/亩为宜。

审定意见：通过审定，适宜内蒙古自治区呼和浩特市、赤峰市、通辽市、鄂尔多斯市≥10℃活动积温2 600℃以上的种植区种植。

（十六）2006 年内蒙古认定品种

品种名称：金饲 10 号

审定编号：蒙认饲 2006002 号

申请者：通辽金山种业科技有限责任公司

育成单位：通辽金山种业科技有限责任公司

品种来源：以自选系金自 1014 为母本，外引系 H19-1 为父本杂交选育而成。母本金自 1014 以热带血缘为基础材料的选系，父本 H19-1 引自辽宁省丹东市种子管理站。

特征特性：幼苗叶鞘深紫色，叶深绿色。植株半紧凑型，株高 333.7 厘米，穗位高 161.4 厘米，叶片 12 片，叶缘大波曲，叶尖下披。雄穗一级分枝 13~15 个，护颖紫色，花药黄色，花粉量充足。雌穗长柱形，穗长 22 厘米，穗粗 4.6 厘米，穗行数 16~18，行粒数 50，出籽率 84.4%，花丝紫色。籽粒偏硬粒、黄色，百粒重 32.0 克。

产量表现：2004 年参加内蒙古自治区饲用组区域试验，平均生物产量4 985.2千克/亩，比对照东陵白增产 12.3%，平均生育期 133 天，比对照东陵白晚 1 天。2005 年参加内蒙古自治区饲用组区域试验，平均生物产量6 182.41千克/亩，比对照东陵白增产 10.70%，平均生育期 120 天，比对照东陵白早 1 天。

栽培技术要点：种植密度为4 500株/亩以上；种肥施磷酸二铵 15 千克/亩以上，大喇叭口期追施尿素 30 千克/亩以上。

审定意见：通过认定，内蒙古自治区≥10℃的活动积温2 800℃以上的地区种植。

（十七）2005 年内蒙古认定品种

1. 品种名称：科饲一号

审定编号：蒙认饲 2005001 号

申请者：中国科学院遗传与发育生物学研究所

育成单位：中国科学院遗传与发育生物学研究所

品种来源：由野生多年生大刍草与一年生大刍草杂交中选育的纯系 9009 为父本，与自育栽培玉米选 909409 为母本进行种间杂交选育而成。

特征特性：植株高度为 35~42 厘米，为丛生型，分蘖力强，收割时一般具有 3~5 个分蘖，茎粗 2~3 厘米，气生根发达。叶长 70~100 厘米，叶片数目多，叶色浓绿，叶宽达 6~8 厘米。雌穗部分雌花序上着生雄花序。雌穗长 8~12 厘米，穗轴扁平，穗行数为 2，互生于穗轴两侧，具有硬稃，雌穗数个至数十个簇生于叶腋内。

产量表现：2003 年参加内蒙古饲用玉米区域试验，生物产量平均为7 133千克/亩，比对照东陵白增产 32%。2004 年在饲用玉米区试中生物产量平均亩产为5 376.9千克，比对照东陵白增产 21.0%。

栽培技术要点：对土壤适应性广，耐盐碱，土壤 pH 值在 5.5~8.5 范围均可种植。其栽培技术与管理措施与玉米相同。内蒙古在 5 月中上旬播种。播种方式可采用点播或条播。种植密度以2 600~3 000株/亩为宜。其行株距大致为 60 厘米×40 厘米或 70 厘米×30 厘米。播种量 1.5~2.0 千克/亩，在南方用于青刈，播量比青贮增加 30%，相应密度可增加到4 000~4 500株/亩。该杂交种前期（拔节前）生长稍慢，拔节后生长迅速，因此重点抓好苗期管理。

审定意见：通过认定，内蒙古≥10℃活动积温2 700℃以上积温区种植，积温较低的地区可覆膜种植。

2. 品种名称：中北 410

审定编号：蒙认饲 2005002 号

申请者：山西北方种业股份有限公司

育成单位：山西北方种业股份有限公司

品种来源：于2000年用SN915为母，YH-1为父本组配而成。自交系SN915是北方公司于1997—2000年经过七代从美国杂交种3382材料中自交选育而成，父本YH-1是具有热带血缘的种群中选出的一个优良自交系。

特征特性：幼苗叶鞘紫色，叶片绿色，叶缘青色。植株株型半紧凑，株高309厘米，穗位143厘米，成株叶片17～19片。雄穗花药紫色，颖壳紫色。雌穗花丝红色，果穗筒形，穗长21.2厘米，穗行数14～16，穗轴白色。籽粒黄色、硬粒型。

产量表现：2004年参加内蒙古自治区饲用作物区试生物产量5 226.9千克/亩，较对照东陵白增产17.8%。

栽培技术要点：在东华北春玉米区中等以上肥力土壤上栽培，适宜密度为4 500～5 500株/亩，注意北纬40°以北地区应地膜覆盖，注意防治丝黑穗病、矮花叶病。

审定意见：通过认定，内蒙古≥10℃活动积温2 750～3 100℃地区作为青贮玉米种植。

3. 品种名称：真金青贮1号

审定编号：蒙认饲2005003号

申请者：鄂尔多斯市达拉特种子公司

育成单位：鄂尔多斯市达拉特种子公司

品种来源：dz9×dz35

父母本均为自选系。母本dz9为Reid血统，选自B73×87-1，为系谱法选育。父本为旅大红骨血统系选自T35×热带资源系。2000年夏用部分晚熟自交系对两系进行测配。

特征特性：株型半紧凑型，株高310厘米左右，叶色浓绿，持绿性特好，茎秆“之”字形程度弱，韧性强，抗倒伏，穗下叶有花青苷显色。雄穗分枝18～20个，侧枝与主轴夹角大。雌穗穗位145厘米左右，果穗锥形，穗长24厘米，穗粗5.8厘米，穗行数18～20，穗轴红色。籽粒黄色、马齿型。

产量表现：2003年区域试验的生物产量为4 956.2千克/亩。2004年区域试验的生物产量为4 845.2千克/亩，较对照冬陵白增产9.2%。

栽培技术要点：5月初播种，播前进行种子包衣处理。保苗4 500～5 000株/亩。施足底肥，有条件地区应施农家肥2 500千克/亩。种肥以磷酸二铵为主，15千克/亩。追施尿素15～20千克/亩。大喇叭口期注意防治螟虫。

审定意见：通过认定，内蒙古≥10℃活动积温2 700℃以上地区种植。

（十八）2004年内蒙古认定品种

1. 品种名称：金坤9号

审定编号：蒙认饲2004003号

申请者：内蒙古金坤种业有限公司

育成单位：内蒙古金坤种业有限公司

品种来源：金190×120-1

特征特性：幼苗叶鞘紫色。株高366厘米，总叶片22～24片。穗位高185厘米，果穗圆筒形，略扁，穗粗 5.5 厘米，穗长 25.6 厘米，穗行数 18~20，行粒数 45.2，穗轴浅红色。籽粒黄色、半马齿型，百粒重 36.4 克，出籽率 86.3%。氨基酸 5.042%，粗蛋白质 7.291%，总糖 34.32%，粗纤维 22.22%，脂肪 3.255%，水分 72.985%，灰分 4.91%。高抗大斑病（1 级 HR），高抗小斑病（1 级 HR），高抗纹枯病（1 级 HR），高抗茎腐病（1 级 HR），高抗黑粉病（1 级 HR），抗穗粒腐病（R），抗丝黑穗病（R），高抗病毒病（1 级 HR）。

产量表现：2002 年区试的平均株高 396 厘米，生物产每亩6 395.2千克，比对照品种东陵白增产 31.36%。2003 年区试的平均株高 340 厘米，生物产量每亩6 221.6千克，比对照品种东陵白增产 24.2%。2002—2003 年参加内蒙古自治区生产试验，平均每亩生物产量6 308.4千克，比对照品种东陵白增产 27.78%。

栽培技术要点：选择中上等肥力土地种植，留苗4 500~5 000株/亩，施足底肥，适时浇水追肥和中耕除草，9 月上旬至中旬，果穗生长到乳熟期后，及时进行加工青贮。可作粮饲兼用品种，适时早播，覆膜种植，留苗3 500~4 000株/亩，重施喇叭口期的攻穗肥，补施吐丝前期的攻粒肥，及时浇水。

审定意见：通过认定，活动积温2 900℃以上地区覆膜种植。

2. 品种名称：科多四号

审定编号：蒙认饲 2004004 号

申请者：中国科学院遗传与发育生物学研究所

育成单位：中国科学院遗传与发育生物学研究所

品种来源：南校 8 号×紫多 114-1

特征特性：主茎秆高 349.7 厘米，蘖茎为 288 厘米。幼苗叶色浓绿，叶鞘为绿色或浅紫色，单株叶片平均为 28.7 片，叶面积 549.51 厘米（83.26 厘米×8.46 厘米），叶片上冲，平均分蘖数 1.39，有效率 28.1%~72.1%。花药黄绿色。多果穗，平均单株有果穗 3.62 个，有效果穗 1.88 个。穗位高 178.9 厘米，花丝紫色，苞叶长 28~32.5 厘米，秃顶度 0.85 厘米，行粒数为 35~43 粒，穗粒重 134.48 克。百粒重 22.38~27.21 克。马齿型或爆裂型，白色或紫色，中性洗涤纤维含量 53.77%，酸性洗涤纤维含量 27.09%，粗蛋白质含量 10.84%。高抗大斑病（HR），抗小斑病（R），感丝黑穗病（S），中抗矮花叶病（MR），抗纹枯病（R）。

产量表现：生物产量5 832.4千克，比对照增产 45.5%。

栽培技术要点：该品种具有强分枝性，可适当减少播种量，手播时 3 千克/亩，机播时 2 千克/亩。行株距一般 65 厘米×20 厘米，3 000株/亩左右。该品种喜水肥，不宜在贫瘠的地块种植，要在中等以上地块种植，每亩施5 000千克有机肥作底肥，在拔节期和抽穗前各追化肥 30 千克/亩，同时及时灌水，封垄前要中耕培土，利于灌溉与排涝，增强抗倒性，拔节前若遇干旱应浇水，该品种具有强分枝性，定苗时不能去分枝。抽雄后 30~40 天即乳熟期或蜡熟前期即可收割，过早收割影响产量，过晚收割黄叶增多影响质量。

审定意见：通过认定，适宜≥10℃有效积温在2 800℃以上的区域种植，整株青贮。

3. 品种名称：东陵白

审定编号：蒙认饲 2004005 号

申请者：呼和浩特市种子管理站

育成单位：呼和浩特市种子管理站

品种来源：东陵白属农家品种

特征特性：植株株型松散，株高 355.2 厘米，穗位 167.6 厘米，穗长 25 厘米左右，单株叶重 0.22 千克、茎穗重 1.22 千克、单株重 1.44 千克。叶片较宽，叶色较绿。粗蛋白质 6.53%，粗脂肪 3.26%，粗纤维 22.48%，总糖 16.52%。

产量表现：2002 年在呼和浩特市安排三个点试验，平均株高 342.5 厘米，生物产量为6 395.2千克/亩。2003 年参加内蒙古自治区饲用作物区试，3 点平均生物产量为5 405.3千克/亩。2003 年平均生物产量为4 966.9千克/亩。

栽培技术要点：适时播种，耕作层地温稳定在 12℃适时播种，播种深度为 5 厘米，播种过早、种得过深，地温太低，出苗缓慢，易感染丝黑穗等病害。种植密度5 000~5 500株/亩，最高不超过7 500株/亩。增施有机肥，配施氮磷钾肥。重施大喇叭口肥及适时浇水。

审定意见：通过认定，适宜≥10℃有效积温在2 800℃以上的区域种植，整株青贮。

4. 品种名称：英国红

审定编号：蒙认饲 2004006 号

申请者：呼和浩特市种子管理站

育成单位：呼和浩特市种子管理站

品种来源：常规种

特征特性：株高 280~310 厘米，叶片长势较强。

产量表现：2002 年在呼和浩特市安排三个点试验，生物产量为4 674.9千克/亩。2003 年参加内蒙古自治区饲用作物区试，3 点平均生物产量为4 404.8千克/亩。2003 年平均生物产量为4 362.4千克/亩。

栽培技术要点：适时播种，5 厘米地温稳定在 12℃时为适播期，适宜播种深度为 5 厘米。种植密度5 500~6 000株/亩，最高不宜超过7 000株/亩。增施有机底肥，配施氮磷钾肥。重施大喇叭口肥。

审定意见：通过认定，适宜≥10℃有效积温在2 800℃以上的区域种植，整株青贮。

5. 品种名称：科青 1 号

审定编号：蒙认玉 2004008 号

申请者：北京市种子公司

育成单位：中国科学院遗传与发育生物学研究所

品种来源：南校八号×314314

特征特性：叶色深绿，叶片 26 片，叶片宽厚，叶宽 13~14 厘米。株高 300~350 厘米。穗位 227 厘米。籽粒黄白粒。粗蛋白质含量 12.62%，中性洗涤纤维含量 51.86%，酸性洗涤纤维含量 24.52%，蛋白质含量 9.75%。中抗大斑病（MR 病级 3 级），抗小斑病（R 病级 3 级），抗丝黑穗病（R 病级 4.3 级），抗矮花叶病（R 病情指数 10.4 级），抗纹枯病（R 病级 38. 1）。

产量表现：2003 年参加通辽市区试，平均亩产4 971. 1千克，比对照增产 24%。2002—2003 年参加通辽市生产试验产量分别为5 115千克和4 312. 5千克。

栽培技术要点：4 月下旬播种，该品种具有强分枝性，可适当减少播种量，手播时 3 千克/亩，机播时 2 千克/亩，夏播时要适当增加播种量，因高温下播种，分枝性减弱。种植密度4 500株/亩左右。不宜在贫瘠的地块种植，要在中等以上地块种植，每亩施5 000千克有机肥作底肥，在拔节期和抽穗前各追化肥 30 千克/亩，同时及时灌水，封垄前要中耕培土，利于灌溉与排涝，增强抗倒性，拔节前若遇干旱应浇水。抽雄后 30~40 天即乳熟期或蜡熟前期即可收割，过早收割影响产量，过晚收割黄叶增多影响质量。

审定意见：通过认定，≥10℃有效积温2 750℃以上地区种植。

6. 品种名称：科多八号

审定编号：蒙认玉 2004009 号

申请者：北京市种子公司

育成单位：中国科学院遗传与发育生物学研究所

品种来源：南校八号×85028502

特征特性：平均株高 350 厘米，22 片叶。每茎上有 2~3 个分枝，每茎上有 2~3 个小果穗。白色小籽粒。中性洗涤纤维含量 51. 93%，酸性洗涤纤维含量 25. 86%，粗蛋白质含量 9. 36%。抗大斑病（R 病级 3），抗小斑病（R 病级 3 级），高感丝穗病（HS 发病率 50. 0%），抗矮花叶病（S 病情指数 33. 3），中抗纹枯病（MR 病级 45. 7）。

产量表现：2003 年参加内蒙古饲用作物试验，生物产量5 620. 6千克，比对照增产 40. 2%。2002—2003 年参加通辽市生产试验亩产分别为5 130千克和5 912. 5千克。

栽培技术要点：该品种具有强分枝性，可适当减少播种量，手播时 2 千克/亩，机播时 3 千克/亩。行株距一般 65 厘米×20 厘米，4 000株/亩左右。不耐贫瘠，在中等以上地块种植，每亩施5 000千克有机肥作底肥，在拔节期和抽穗前各追化肥 30 千克/亩，同时及时灌水。拔节前若遇干旱应浇水，定苗时不能去分枝。抽雄后 30~40 天即乳熟期或蜡熟前期即可收割，过早收割影响产量，过晚收割黄叶增多影响质量。

审定意见：通过认定，≥10℃活动积温2 800℃以上。

七、宁夏——青贮玉米品种审定信息（表 2-8）

表 2-8　宁审青贮玉米品种信息

序号	品种名称	审定编号	育成单位	停止推广年份
1	兴贮 88	宁审玉 20200015	宁夏农垦贺兰山种业有限公司	
2	银玉 238	宁审玉 20200016	宁夏农林科学院农作物研究所	
3	贺丰 5 号	宁审玉 20200017	宁夏贺丰种业有限公司	
4	JK929	宁审玉 20190007	宁夏钧凯种业有限公司	

（续表）

序号	品种名称	审定编号	育成单位	停止推广年份
5	裕农 126	宁审玉 20190019	郑州裕农种业科技有限公司	
6	宁单 46 号	宁审玉 20180009	宁夏农林科学院农作物研究所 宁夏润丰种业有限公司	
7	宁单 34 号	宁审玉 20170004	宁夏昊玉种业有限公司	
8	宁单 36 号	宁审玉 20170006	宁夏钧凯种业有限公司	
9	SN211	宁审玉 20170013	辽宁东亚种业有限公司	
10	大京九 26	宁审玉 20170015	河南省大京九种业有限公司	
11	宁单 30 号	宁审玉 20160003	宁夏丰禾种苗有限公司	
12	宁单 31 号	宁审玉 20160004	宁夏农林科学院农作物研究所 宁夏农垦局良种繁育经销中心	
13	中夏玉 4 号	宁审玉 2012013	中国农业大学国家玉米改良中心 宁夏农林科学院作物所	
14	中农大青贮 67	宁审玉 2008004	中国农业大学国家玉米改良中心	
15	青试 01	宁审玉 2007004	国家玉米改良中心	
16	中北青贮 410	宁审玉 2006007	山西北方种业股份有限公司	

（一）2020 年宁夏审定品种

1. 品种名称：兴贮 88

审定编号：宁审玉 20200015

申请者：宁夏农垦贺兰山种业有限公司

育成单位：宁夏农垦贺兰山种业有限公司

品种来源：Nk539×Nk599

特征特性：幼苗叶鞘紫色，叶片绿色，株型紧凑，成株 18~24 片叶，株高 280 厘米，穗位高 126 厘米，茎粗 3.0 厘米，雄穗分枝 11~16 个，颖壳浅紫色，花药黄绿色，雌穗花丝浅紫色，果穗锥形，双穗率 2.8%，穗长 22 厘米，穗粗 4.8 厘米，穗行数 18，行粒数 38~41，百粒重 24 克，出籽率 78%，穗轴白色，籽粒黄色、马齿型。2019 年北京农学院植物科学技术学院青贮玉米品质测定，中性洗涤纤维 39.5%，酸性洗涤纤维 20.5%，粗蛋白质 8.2%，淀粉 28.1%。

产量表现：2017 年区域试验 4 点（2 增 2 减），增产点率 50%，鲜物质平均亩产 4 975.2千克，较对照桂青贮 1 号增产 3.1%，干物质平均亩产 1 427.6千克；2018 年区域试验 4 点（3 增 1 减），增产点率 75%，鲜物质平均亩产 5 915.5千克，较对照桂青贮 1 号增产 8.2%，增产显著，干物质平均亩产量 2 093.5千克，籽粒重 576.4 千克/亩；两年区域试验鲜物质平均亩产 5 445.4千克，平均增产 5.7%，干物质平均亩产 1 760.6 千克。2019 年生产试验 5 点（5 增），增产点率 100%，鲜物质平均亩产 6 061.2千克，较对照增产 8.6%；干物质平均亩产 1 954.0千克，较对照增产 3.6%；籽粒平均亩产 530.4 千克，较对照增产 2.5%。

栽培技术要点：①4 月 10—20 日露地种植，根据土壤墒情采用单粒播种机播种或人工播种。②行距 50 厘米，株距 26 厘米，密度4 500~5 000株/亩。③重施基肥，秋季施农家肥2 000~3 000千克/亩，控释肥 20~30 千克/亩；合理追施氮、磷化肥及叶面肥。④种子包衣或苗期喷施抗病毒类农药可有效防治矮花叶病。收获前 20 天禁用农药，保证青贮料安全。⑤适期青贮收获。

审定意见：适宜宁夏南部山区≥10℃有效积温2 500℃以上（海拔1 800米以下）地区春播青贮单种。

2. 品种名称：银玉 238

审定编号：宁审玉 20200016

申请者：宁夏农林科学院农作物研究所

育成单位：宁夏农林科学院农作物研究所

品种来源：NW09816×DZ093-1

特征特性：幼苗叶鞘基部绿色，株型紧凑，叶片宽大深绿色，全株 21 片叶，收获时绿叶数 14。株高 277 厘米，穗位高 127 厘米，雄穗分枝 6~8 个，颖壳绿色，花药黄色，雌穗花丝绿色，双穗率 4.4%，倒伏率 0.5%，无空秆，果穗筒形，穗轴白色，籽粒黄色、马齿型，穗行数 18~22，籽粒灌浆结实好。2019 年北京农学院植物科学技术学院青贮玉米品质测定，中性洗涤纤维 36.2%，酸性洗涤纤维 18.1%，粗蛋白质 7.8%，淀粉 31.2%，品质一级。

产量表现：2017 年区域试验 4 点均增产，增产点率 100%，鲜物质平均亩产 5 377.8千克，较对照桂青贮 1 号增产 11.1%，干物质平均亩产1 489.2千克；2018 年区域试验 4 点均增产，增产点率 100%，鲜物质平均亩产5 985.7千克，较对照桂青贮 1 号增产 10.3%，增产显著，干物质平均亩产2 061.9千克，籽粒平均亩产 658.0 千克；两年区域试验鲜物质平均亩产5 681.8千克，平均增产 10.7%，干物质平均亩产1 775.6千克。2019 年生产试验 5 点均增产，增产点率 100%，鲜物质平均亩产6 245.7千克，较对照正大 12 号增产 11.9%；干物质平均亩产2 002.9千克，较对照正大 12 号增产 6.2%；籽粒平均亩产 547.7 千克，较对照正大 12 号增产 5.8%。

栽培技术要点：①全膜双垄沟侧播 4 月 10 日前后播种，露地 4 月 20 日前后播种。②密度为4 500~5 000株/亩，地力差、海拔高、半冷凉区种植密度4 000~4 500株/亩。③农家肥和部分磷酸二铵结合秋季机械翻耕整地作基肥深施。全生育期施纯氮 15~20 千克/亩，五氧化二磷 8~10 千克/亩，氧化钾 5 千克/亩，硫酸锌 1 千克/亩；氮肥总量 1/3 作底肥、2/3 在拔节期至吐丝期遇降雨追施，磷、钾、锌肥全部作底肥；或选用控释肥+磷钾锌肥一次性随播种机施。④籽粒灌浆至乳线达到 1/2~2/3、干物质含量 30% 左右为最佳青贮收获期。

审定意见：适宜宁夏南部山区≥10℃有效积温2 500℃以上（海拔1 800米以下）地区春播青贮单种。

3. 品种名称：贺丰5号

审定编号：宁审玉20200017

申请者：宁夏贺丰种业有限公司

育成单位：宁夏贺丰种业有限公司

品种来源：W418×W316

特征特性：幼苗第一片叶呈椭圆形，叶鞘紫色，叶片深绿，株型紧凑，株高324厘米，穗位高151厘米，全株21片叶，收获时绿叶14片，雄穗分枝7~8个，颖壳绿色，花药黄色，雌穗花丝粉色，穗长20.8厘米，穗粗5.4厘米，穗行数18，行粒数36，单穗粒重136.8克，百粒重31.1克，出籽率81.2%，果穗长锥形，穗轴红色，籽粒黄色、半马齿型。2015年北京农学院植物科学技术学院测定，中性洗涤纤维含量37.43%，酸性洗涤纤维含量14.09%，粗蛋白质含量7.67%，淀粉含量32.87%。

产量表现：2013年区域试验8点（4增4减），增产点率50%，平均鲜物质亩产5 787.0千克，干物质亩产1 770.1千克，鲜物质产量较对照增产1.6%；2014年区域试验7点（5增2减），增产点率62.5%，平均鲜物质亩产7 665.4千克，干物质亩产2 335.1千克，鲜物质产量较对照桂青贮1号增产3.1%；两年区域平均鲜物质亩产6 726.2千克，干物质亩产2 052.6千克，鲜物质产量较对照桂青贮1号增产2.4%。2015年生产试验5点均增产，增产点率100%，平均鲜物质亩产6 003.6千克，干物质平均亩产2 368.8千克，鲜物质产量较试验平均值增产3.2%。

栽培技术要点：①播种期为4月15日，机械或人工播种，播深5~7厘米，注意保墒。②单种，采用等行种植，行距50厘米、株距26厘米，密度5 000株/亩。③加强肥水及田间管理，5月下旬结合中耕除草及时间苗、定苗，在确保底肥的基础上，拔节期施磷酸二铵10千克/亩，尿素10千克/亩；结合培土灌水，吐丝前期追施尿素10千克/亩，追肥后灌水；幼苗期切忌灌水；7月底至8月上旬结合灌水追施尿素5~10千克/亩。④轮作倒茬并及时深翻或发病初期喷施40%克瘟散乳剂500~1 000倍液、50%退菌特可湿性粉剂800倍液可防治大斑病，用63%克福戊种衣剂包衣防治丝黑穗病，苗期喷施抗病毒类农药可有效防治矮花叶病；大喇叭口期防玉米螟。⑤籽粒灌浆至乳线达到1/2~2/3，及时收割加工制作青贮。

审定意见：适宜宁夏引扬黄灌区≥10℃有效积温2 700℃以上（海拔1 500米以下）地区春播青贮种植。

（二）2019年宁夏审定品种

1. 品种名称：JK929

审定编号：宁审玉20190007

申请者：宁夏钧凯种业有限公司

育成单位：宁夏钧凯种业有限公司

品种来源：XM344×XM71

特征特性：幼苗第一片叶呈椭圆形，叶鞘紫色，叶片绿色，株型紧凑，株高268厘米，穗位高121厘米，全株20片叶，雄穗分枝5个，颖壳绿色，花药紫色，雌穗花丝紫色，双穗率4.5%，空秆率2.5%，倒伏率3.0%，果穗长筒形，穗长20.3厘米，穗粗5.4厘米，穗行数18，行粒数39，单穗粒重226克，百粒重38.4克，出籽率88.4%，穗轴红色，籽粒黄色、马齿型。2018年北京农学院植物科学技术学院青贮玉米品质检验测定，淀粉含量30.83%，中性洗涤纤维含量35.4%，酸性洗涤纤维含量13.8%，粗蛋白质含量8.2%。2018年农业农村部谷物品质监督检验测试中心（北京）测定，容重730克/升，粗蛋白质9.29%，粗脂肪4.13%，粗淀粉74.88%，赖氨酸0.27%。生育期142天，较对照中原单32晚熟1天，属青贮型中晚熟杂交玉米品种。2018年中国农业科学院作物科学研究所接种鉴定，高抗腐霉茎腐病，抗丝黑穗病、大斑病、瘤黑粉病。该品种田间生长整齐，出苗快，苗势强，吐丝快，散粉畅，结实性好，抗病、抗倒伏，丰产稳产，品质优，适应性强。

产量表现：2016年区域试验10点（5点增产，5点减产），增产点率50%，鲜物质平均亩产5 365.7千克，较对照桂青贮1号减产1.7%，干物质平均亩产2 115.1千克；2017年区域试验4点（3点增产，1点减产），增产点率75%，鲜物质平均亩产5 416.9千克，较对照桂青贮1号增产11.8%，干物质亩产1 510.9千克；两年区域试验鲜物质平均亩产5 386.8千克，平均增产5.1%。2018年生产试验4点均增产，增产点率100%，鲜物质平均亩产5 818.2千克，较对照桂青贮1号增产7.4%。

栽培技术要点：①播期为4月10—25日，地表10厘米土壤温度稳定在10℃时，机械或人工播种，播深5厘米，注意保墒。②单种，采用等行距种植，行距50厘米，株距27厘米，密度5 000株/亩。③重施农家肥，合理配施氮磷钾肥及微肥，土壤肥力中等以上，足施有机底肥，带够种肥，苗肥施磷肥15千克/亩，追施尿素30~40千克/亩，全生育期灌水3~4次。④种子包衣或苗期喷施抗病毒类农药可有效防治矮花叶病；大喇叭口期心叶投颗粒杀虫剂防玉米螟。⑤收获时间不宜过早，最好在乳线1/2~3/4时期收获。

审定意见：同意在宁夏≥10℃有效积温2 600℃以上地区春播青贮种植。

2. 品种名称：裕农126

审定编号：宁审玉20190019

申请者：郑州裕农种业科技有限公司

育成单位：郑州裕农种业科技有限公司

品种来源：yn26×yn18

特征特性：幼苗叶鞘基部浅紫色，叶片绿色，株型半紧凑，全株22片叶，株高311厘米，穗位高151厘米，茎粗3.3厘米，雄穗分枝8~12个，颖壳浅绿色，花药绿色，花粉黄色，雌穗花丝淡绿色，双穗率0.3%，穗长24.5厘米，穗粗4.5厘米，穗行数16，行粒数46，百粒重35.8克，出籽率85.5%，果穗长锥形，穗轴白色，籽粒黄色、半马齿型。2017年北京农学院植物科学技术学院青贮玉米品质测定，中性洗涤纤维41.58%，酸性洗涤纤维15.87%，粗蛋白质8.00%，淀粉29.33%。品质一级。生育期139天，较对照桂青贮1号晚熟1天，属青贮型晚熟杂交玉米品种。2017年中国农业科学院田间接种抗性鉴定，高抗腐霉茎腐病，抗大斑病、小斑病，中抗丝黑穗病，高感矮花叶病。

产量表现：2015年区域试验10点（7点增产，3点减产），增产点率70%，鲜物质平均亩产6 543.5千克，干物质亩产2 219.0千克，鲜物质产量较对照桂青贮 1 号增产5.0%；2016 年区域试验 10 点（5 点增产，5 点减产），增产点率 50%，鲜物质平均亩产5 588.9千克，干物质亩产2 131千克，鲜物质产量较对照桂青贮 1 号增产 2.4%；两年区域试验鲜物质平均亩产6 066.2千克，平均增产 3.7%；干物质平均亩产2 175千克。2017 年生产试验 7 点（6 点增产，1 点减产），增产点率 85.7%，鲜物质平均亩产5 820.6千克，干物质亩产2 200.9千克，鲜物质产量较对照桂青贮 1 号增产 5.4%。

栽培技术要点：①4 月 10—20 日，露地种植，根据土壤墒情采用单粒播种机播种或人工播种。②行距 50 厘米，株距 26 厘米，密度4 500~5 000株/亩。③重施基肥，秋季施农家肥2 000~3 000千克/亩，控释肥 20~30 千克/亩；合理追施氮磷化肥及叶面肥。④种子包衣或苗期喷施抗病毒类农药可有效防治矮花叶病。收获前 20 天禁用农药，保证青贮料安全。⑤适期青贮收获。

审定意见：同意在宁夏引扬黄灌区≥10℃有效积温2 800℃以上地区春播青贮单种。

（三）2018 年宁夏审定品种

品种名称：宁单 46 号

审定编号：宁审玉 20180009

申请者：宁夏农林科学院农作物研究所、宁夏润丰种业有限公司

育成单位：宁夏农林科学院农作物研究所、宁夏润丰种业有限公司

品种来源：自育系 QM03×自育系 9H373

特征特性：幼苗叶鞘浅紫色，叶片深绿，株型半紧凑，全株 21~22 片叶，收获时绿叶 16 片，株高 299 厘米，穗位高 148 厘米，茎秆粗壮，雄穗分枝 9~12 个，颖壳浅紫色，花药黄色，花丝黄紫色，果穗长筒形，双穗率 2.8%，穗长 19.9 厘米，穗粗 5.2 厘米，穗行数 16，行粒数 39，红轴，黄粒，半马齿型。2017 年北京农学院植物科学技术学院青贮玉米品质检验测定，中性洗涤纤维 44.73%，酸性洗涤纤维 18.51%，粗蛋白质 8.14%，淀粉 26.65%。2017 年农业部谷物品质监督检验测试中心籽粒品质测定，容重 741 克/升，粗蛋白质 9.70%，粗脂肪 3.55%，粗淀粉 74.44%，赖氨酸 0.27%。生育期 140 天，与对照桂青贮 1 号熟期相同，属青贮型晚熟杂交玉米品种。2017 年中国农业科学院作物科学研究所抗病性接种鉴定，中抗大、小斑病，高抗丝黑穗病，感腐霉茎腐病，高感矮花叶病。该品种拔节后长势强，植株高大，生物产量高，持绿性好。

产量表现：2015 年区域试验 10 点（6 增 4 减），增产点率 60%，鲜物质平均亩产6 162.8千克，干物质亩产 2 241.8 千克，鲜物质产量较对照桂青贮 1 号减产 0.1%；2016 年区域试验 10 点（6 增 4 减），增产点率 60%，平均鲜物质亩产5 596.3千克，干物质亩产2 109.8千克，鲜物质产量较对照桂青贮 1 号增产 2.5%；两年区域试验鲜物质平均亩产5 879.5千克，平均增产 1.2%；干物质平均亩产2 175.8千克。2017 年生产试验 7 点（5 增 2 减），增产点率 71%，鲜物质平均亩产 5 760.9 千克，干物质亩产2 203.8千克，鲜物质产量较对照桂青贮 1 号增产 4.4%。

栽培技术要点：①单种，积温较低地区建议地膜覆盖种植，密度5 000株/亩以下。②地表 5 厘米土壤温度稳定在 12℃时，4 月中旬播种，用种 2.5 千克/亩，机播精量播种，播后酌情镇压保全苗。③重施农家肥，科学配方施用氮磷钾肥及锌等微肥，播种前

施基肥，全生育期追肥 2 次以上，并结合喷药喷洒锌等微肥。④适时早中耕、早定苗，种子包衣或苗期喷施抗病毒类农药可有效防治矮花叶病、茎腐病，苗期防治地老虎为害，大喇叭口期以后施用低残留高效的杀菌和杀虫剂防治玉米螟、蚜虫、叶斑病等。收获前 20 天禁用农药，保证青贮料安全。⑤6 月下旬至 8 月中旬及时灌水，促进生长发育和增加籽粒灌浆，维持植株鲜活状态，延缓衰老，适期青贮收获。

审定意见：同意在宁夏≥10℃有效积温2 800℃以上的地区春播青贮种植。

（四）2017 年宁夏审定品种

1. 品种名称：宁单 34 号

审定编号：宁审玉 20170004

申请者：宁夏昊玉种业有限公司

育成单位：宁夏昊玉种业有限公司

品种来源：HY6×HY8

特征特性：幼苗叶鞘基部深紫色，叶片深绿色，株型紧凑，全株 22 片叶，株高 307 厘米，穗位高 142.7 厘米，茎粗 3.5 厘米，雄穗分枝 8～13 个，颖壳淡紫色，花药紫色，花粉黄色，雌穗花丝淡紫色，双穗率 12.6%，果穗长锥形，穗长 22.5 厘米，穗粗 5.5 厘米，穗行数 16，行粒数 45，百粒重 33.5 克，出籽率 83.5%，穗轴白色，籽粒黄色、半马齿型。2016 年北京农学院植物科学技术学院青贮玉米品质测定，中性洗涤纤维 34.44%，酸性洗涤纤维 13.08%，粗蛋白质 8.87%，淀粉 36.41%，品质一级。2016 年农业部谷物品质监督检验测试中心测定，容重 748 克/升，粗蛋白质 10.68%，粗脂肪 4.05%，粗淀粉 73.43%，赖氨酸 0.31%。生育期 133 天，较对照桂青贮 1 号早熟 1 天，属晚熟青贮型杂交品种。2016 年中国农业科学院接种鉴定，中抗大斑病、腐霉茎腐病，感小斑病，高感丝黑穗病、矮花叶病。该品种苗势旺盛，生长整齐，抗寒，耐旱，根系发达，茎秆坚韧，丰产性好，适应性强。

产量表现：2014 年区域试验 8 点（5 增 3 减），鲜物质平均亩产7 484.9千克，干物质平均亩产2 048.3千克，鲜物质产量较对照桂青贮 1 号增产 0.7%；2015 年区试 10 点（8 增 2 减），鲜物质平均亩产6 672.7千克，干物质平均亩产2 248千克，鲜物质产量较对照桂青贮 1 号增产 8.1%；两年鲜物质平均亩产7 078.8千克，平均增产 4.4%，干物质平均亩产2 148.2千克。2016 年生产试验鲜物质平均亩产5 695.7千克，较试验平均值增产 1.7%。

栽培技术要点：①4 月 10—20 日露地种植，根据土壤墒情采用单粒播种机播或人工播种。②行距 50 厘米，株距 26 厘米，密度4 500～5 000株/亩。③重施基肥，秋季施农家肥2 000～3 000千克/亩，控释肥 20～30 千克/亩；合理追施氮磷化肥及叶面肥。④种子包衣或苗期喷施抗病毒类农药可有效防治矮花叶病。收获前 20 天禁用农药，保证青贮料安全。⑤适期青贮收获。

审定意见：同意在宁夏引扬黄灌区≥10℃有效积温2 800℃以上地区春播青贮单种。

2. 品种名称：宁单 36 号

审定编号：宁审玉 20170006

申请者：宁夏钧凯种业有限公司

育成单位：宁夏钧凯种业有限公司

品种来源：xm35×xm69

特征特性：幼苗叶鞘基部紫色，叶片深绿色，株型紧凑，成株23片叶，收获时持绿叶片19片，株高324厘米，穗位高183.3厘米，茎粗3.3厘米，雄穗分枝7~10个，颖壳淡紫色，花药黄色，花粉黄色，雌穗花丝淡紫色，双穗率28%，果穗长筒形，穗轴红色，籽粒黄色、半马齿型。2016年北京农学院植物科学技术学院青贮玉米品质测定，中性洗涤纤维34.54%，酸性洗涤纤维13.90%，粗蛋白质8.37%，淀粉36.29%，品质一级。生育期134天，较对照桂青贮1号早熟1天，属晚熟青贮型杂交品种。2016年中国农业科学院接种鉴定，中抗大斑病、丝黑穗病，高抗腐霉茎腐病，感小斑病，高感矮花叶病。

产量表现：2014年区域试验8点均增产，鲜物质平均亩产8 507.3千克，干物质平均亩产1 857.2千克，鲜物质产量较对照桂青贮1号增产17.1%；2015年区域试验10点（8增2减），鲜物质平均亩产6 524.9千克，干物质平均亩产2 428.6千克，鲜物质产量较对照桂青贮1号增产4.7%；两年鲜物质平均亩产7 516.1千克，平均增产9.4%，干物质平均亩产2 142.9千克。2016年生产试验鲜物质平均亩产5 783.2千克，较试验平均值增产3.2%。

栽培技术要点：①4月10—20日露地种植，根据土壤墒情采用单粒机播或人工播种。②行距50厘米，株距27厘米，密度4 500~5 000株/亩。③重施基肥，秋季施农家肥2 000~3 000千克/亩，控释肥20~30千克/亩；合理追施氮磷肥及叶面肥。④种子包衣或苗期喷施抗病毒类农药可有效防治矮花叶病，收获前20天禁用农药，保证青贮料安全。⑤适期青贮收获。

审定意见：同意在宁夏引扬黄灌区≥10℃有效积温2 800℃以上地区春播单种。

3. 品种名称：SN211

审定编号：宁审玉20170013

申请者：宁夏金三元农业科技有限公司

育成单位：辽宁东亚种业有限公司

品种来源：S109×N7391

特征特性：幼苗叶鞘紫色，叶片绿色，株型紧凑，全株23片叶，株高298.1厘米，穗位高145.1厘米，茎粗3.3厘米，雄穗分枝12~17个，颖壳绿色，花药紫色，花粉黄色，雌穗花丝淡紫色，果穗长筒形，穗长19.6厘米，穗粗5.1厘米，穗行数18~20，行粒数38，百粒重34.6克，出籽率80.1%，穗轴红色，籽粒黄色、马齿型。2016年北京农学院植物科学技术学院青贮玉米品质测定，中性洗涤纤维37.75%，酸性洗涤纤维18.58%，粗蛋白质9.02%，淀粉33.25%，品质一级。2016农业部谷物品质监督检验测试中心测定，籽粒容重729克/升，粗蛋白质10.09%，粗脂肪4.67%，粗淀粉70.98%，赖氨酸0.32%。生育期132天，与对照桂青贮1号熟期相同，属晚熟青贮型杂交品种。2016年中国农业科学院作物科学研究所接种鉴定，中抗大斑病、腐霉茎腐病，高抗丝黑穗病，感小斑病，高感矮花叶病。该品种穗位整齐，根系发达，茎秆坚硬，活秆成熟，稳产性好，适应性广。

产量表现：2014 年区域试验 8 点（6 增 2 减），鲜物质平均亩产7 731.2千克，干物质平均亩产2 396.8千克，鲜物质产量较对照中原单 32 增产 4.0%；2015 年区域试验 10 点（4 增 6 减），鲜物质平均亩产6 069.2千克，鲜物质产量较对照桂青贮 1 号减产 2.6%，干物质平均亩产2 187.2千克；两年区域试验鲜物质平均亩产6 900.2千克，平均增产 0.7%，干物质平均亩产2 292千克。2016 年生产试验 8 点（7 增 1 减），鲜物质平均亩产5 811.4千克，较试验平均值增产 3.7%。

栽培技术要点：①4 月 10—20 日露地种植，根据土壤墒情采用单粒机播或人工播种。②行距 50 厘米，株距 26 厘米，密度4 500~5 000株/亩。③重施基肥，秋季施农家肥2 000~3 000千克/亩，控释肥 20~30 千克/亩；合理追施氮磷化肥及叶面肥。④种子包衣或苗期喷施抗病毒类农药可有效防治矮花叶病。收获前 20 天禁用农药，保证青贮料安全。⑤适期青贮收获。

审定意见：同意在宁夏引扬黄灌区≥10℃有效积温2 800℃以上地区春播青贮单种。

4. 品种名称：大京九 26

审定编号：宁审玉 20170015

申请者：宁夏种子工作站

育成单位：河南省大京九种业有限公司

品种来源：9889×2193

特征特性：幼苗叶鞘基部淡紫色，叶片深绿色，株型半紧凑，全株 21 片叶，株高 306.2 厘米，穗位高 148.9 厘米，茎粗 3.0 厘米，雄穗分枝 6~10 个，颖壳绿色，花药淡紫色，花粉黄色，雌穗花丝淡紫色，果穗长筒形，双穗率 4.2%，穗长 22.0 厘米，穗粗 4.9 厘米，穗行数 16，行粒数 39，百粒重 34.2 克，出籽率 81.2%，穗轴白色，籽粒黄色、半马齿型。2016 年北京农学院植物科学技术学院青贮玉米品质测定，淀粉 33.49%，中性洗涤纤维 37.64%，酸性洗涤纤维 16.50%，粗蛋白质 8.59%，品质一级。生育期 134 天，与对照品种桂青贮 1 号同期，属晚熟青贮型品种。2016 年中国农业科学院作物科学研究所接种鉴定，中抗大斑病，高抗腐霉茎腐病，感小斑病、丝黑穗病，高感矮花叶病。该品种苗势旺盛，生长整齐，抗寒，耐旱，根系发达，茎秆坚韧，果穗大且均匀，结实性好，丰产性好，适应性强。

产量表现：2014 年区域试验 8 点（4 增 4 减），鲜物质平均亩产7 282千克，干物质平均亩产2 106.8千克；鲜物质产量较中原单 32 减产 2.1%。2015 年区域试验 10 点（8 增 2 减），鲜物质平均亩产6 573.3千克，较桂青贮 1 号增产 5.5%，干物质平均亩产 2 449.3千克；两年鲜物质平均亩产6 927.7千克，平均增产 1.7%，干物质平均亩产 2 278.1千克。2016 年生产试验鲜物质平均亩产5 711.4千克，较试验平均值增产 2%。

栽培技术要点：①4 月 10—30 日露地种植，根据土壤墒情采用单粒机播或人工播种。②行距 55~60 厘米，株距 26 厘米，密度4 500~5 000株/亩。③重施基肥，秋季施农家肥2 000~3 000千克/亩，施后深翻；苗期追施控释肥 30~40 千克/亩；合理追施氮磷化肥及叶面肥。④种子包衣或苗期喷施抗病毒类农药可有效防治矮花叶病。收获前 20 天禁用农药，保证青贮料安全。⑤适期青贮收获。

审定意见：同意在宁夏引扬黄灌区≥10℃有效积温2 800℃以上地区春播种植。

（五）2016年宁夏审定品种

1. 品种名称：宁单30号

审定编号：宁审玉20160003

申请者：宁夏丰禾种苗有限公司

育成单位：宁夏丰禾种苗有限公司

品种来源：z6596×z1254

特征特性：幼苗叶鞘基部淡紫色，叶片深绿色，株型紧凑，全株22片叶，株高347.3厘米，穗位高167.6厘米，茎粗3.2厘米，雄穗分枝7~11个，颖壳淡紫色，花药紫色，花粉黄色，雌穗花丝淡紫色，果穗筒形，双穗率34.6%，穗长21.2厘米，穗粗4.9厘米，穗行数17，行粒数40，百粒重23.8克，出籽率77.5%，穗轴白色，籽粒黄色、马齿型。2015年北京农学院植物科学技术学院青贮玉米品质测定，中性洗涤纤维47.36%，酸性洗涤纤维21.20%，粗蛋白质8.16%，淀粉22.56%，品质二级。生育期133天，比对照桂青贮1号晚熟1天，属晚熟青贮型杂交品种。2015年中国农业科学院田间接种抗性鉴定，抗小斑病、腐霉茎腐病，感丝黑穗病、大斑病，高感矮花叶病。该品种苗势旺盛，生长整齐，抗寒，耐旱，根系发达，茎秆坚韧，丰产性好，适应性强。

产量表现：2013年区域试验平均鲜物质亩产6 183.6千克，干物质亩产1 910.1千克，鲜物质产量较对照桂青贮1号增产8.5%；2014年区域试验平均鲜物质亩产7 395千克，干物质亩产2 007.5千克，鲜物质产量较对照桂青贮1号减产0.5%；两年区域试验平均鲜物质亩产6 789.3千克，干物质亩产1 958.8千克，鲜物质产量较对照桂青贮1号增产4%。2015年生产试验鲜物质平均亩产5 880.6千克，较对照平均值增产1.0%。

栽培技术要点：①4月10—20日露地种植，根据土壤墒情采用单粒播种机播种或人工播种。②行距50厘米，株距26厘米，密度4 500~5 000株/亩。③重施基肥，秋季施农家肥2 000~3 000千克/亩，控释肥20~30千克/亩；合理追施氮磷化肥及叶面肥。④种子包衣或苗期喷施抗病毒类农药可有效防治矮花叶病。收获前20天禁用农药，保证青贮料安全。⑤适期青贮收获。

审定意见：同意在宁夏引扬黄灌区≥10℃有效积温2 800℃以上地区春播青贮单种。

2. 品种名称：宁单31号

审定编号：宁审玉20160004

申请者：宁夏农林科学院农作物研究所、宁夏农垦局良种繁育经销中心

育成单位：宁夏农林科学院农作物研究所、宁夏农垦局良种繁育经销中心

品种来源：自育系PY148×自育系PY268

特征特性：幼苗叶鞘红色，叶片深绿色，株型半紧凑，全株22片叶，收获时绿叶15片，株高320厘米，穗位高159厘米，雄穗分枝9~12个，颖壳绿色，花药浅紫色，雌穗花丝黄紫色，双穗率36%，空秆率4.7%，果穗长筒形，穗长19.6厘米，穗粗4.8厘米，穗行数17，行粒数37，穗轴红色，籽粒黄色、半马齿型。2015年北京农学院植物科学技术学院青贮玉米品质检验测定，中性洗涤纤维40.39%，酸性洗涤纤维18.40%，粗蛋白质8.20%，淀粉29.61%，品质一级。生育期133天，比对照桂青贮1

号早熟 1 天，属中晚熟青贮型杂交品种。2015 年中国农业科学院作物科学研究所抗病性接种鉴定，抗小斑病，中抗腐霉茎腐病、丝黑穗病，感大斑病，高感矮花叶病。该品种幼苗长势强，植株高大，生物产量高，持绿性好，品质优。

产量表现：2013 年区域试验鲜物质平均亩产5 883. 6千克，干物质平均亩产1 843. 4千克，鲜物质产量较对照桂青贮 1 号增产 3. 3%；2014 年区域试验鲜物质平均亩产8 507. 3千克，干物质平均亩产1 857. 2千克，鲜物质产量较对照桂青贮 1 号增产 17. 0%；两年区域试验鲜物质平均亩产7 195. 5千克，干物质平均亩产1 850. 3千克，鲜物质产量较对照桂青贮 1 号增产 10. 15%。2015 年生产试验鲜物质平均亩产5 936. 3千克，较对照平均值增产 2. 0%。

栽培技术要点：①播期为 4 月中旬，地表 5 厘米土壤温度稳定在 12℃时进行，亩播量 2. 5 千克，机播或人工精量点播，一次性保全苗。②单种，密度5 000株/亩。③重施农家肥，科学均衡配方氮磷钾肥及锌等微肥，播种前施基肥，全生育期追肥 2 次以上，并结合喷药喷洒锌等微肥。④6 月底至 8 月上旬及时灌水，籽粒灌浆期适时补灌可增加灌浆，并维持植株鲜活状态，延缓衰老。⑤适时早中耕、早定苗，种子包衣或苗期喷施抗病毒类农药可有效防治矮花叶病、丝黑穗病，苗期防治地老虎为害，大喇叭口期后施用低残留高效的杀菌和杀虫剂防治玉米螟、蚜虫、叶部斑病等。收获前 20 天禁用农药，保证青贮料安全。⑥适期青贮收获。

审定意见：同意在宁夏引扬黄灌区≥10℃有效积温2 800℃以上的地区春播青贮单种。

（六）2012 年宁夏审定品种

品种名称：中夏玉 4 号

审定编号：宁审玉 2012013

申请者：中国农业大学国家玉米改良中心、宁夏农林科学院作物所

育成单位：中国农业大学国家玉米改良中心、宁夏农林科学院作物所

品种来源：以 87162×昌 7-2 杂交选育而成。

特征特性：幼苗叶鞘绿色，叶片绿色，株型紧凑，株高 290 厘米，基茎深紫色，茎粗 2. 5 厘米，穗位 160 厘米，全株 21 片叶，叶片宽大、嫩绿，收获期绿叶 11～13 片，雄穗花粉黄色，颖壳紫红色，雌穗锥形，花丝红色，穗轴红色，籽粒黄色、马齿型。2010 年国家玉米改良中心测试，全株青贮中性洗涤纤维 43%，酸性洗涤纤维 22%，全株青贮粗蛋白质 8. 2%。冬麦后复种全株青贮生育期 90 天，较对照中原单 32 早熟 5～7 天，属中早熟青贮型杂交品种。田间高抗大、小斑病，中抗玉米螟、瘤黑粉病，抗矮花叶病。该品种高秆大穗，持绿性好，抗倒伏，后期耐低温，苗势旺，籽粒灌浆速度快。

产量表现：2008 年区域试验全株生物产量平均亩产5 328. 06千克，较对照中原单 32 增产 14. 01%；全株干物质产量平均亩产1 189. 98千克，较对照中原单 32 增产 14. 73%。2009 年区域试验生物产量平均亩产5 300. 6千克，较对照中原单 32 增产 12. 45%；干物质产量平均亩产1 271. 68千克，较对照中原单 32 增产 8. 84%。2010 年区域试验生物产量平均亩产4 410. 30千克，干物质产量平均亩产1 039. 9千克，分别较对照中原单 32 增产 8. 20%和 16. 50%。三年区域试验生物鲜产量平均亩产5 012. 99千克，

较对照中原单 32 增产 11.55%；干物质产量平均亩产1 167.19千克，较对照中原单 32 增产 13.36%。2010 年生产试验全株生物产量平均亩产4 257.68千克，较对照中原单 32 增产 12.71%；干物质产量平均亩产1 108.80千克，较对照中原单 32 增产 16.32%。

栽培技术要点：①施足底肥，抢墒早播。冬麦后机械免耕直播，施磷酸二铵 10 千克/亩，尿素 10 千克/亩，硫酸钾 5 千克/亩。②播深合理，紧贴湿土。播深 5~6 厘米，将种子播到湿土上。③优化模式，合理密植。采用机械穴播，适宜密度5 000~5 500 株/亩。④中耕深施肥。拔节期结合机械中耕施尿素 10 千克/亩，磷酸二铵 10 千克/亩。⑤适时适量灌水。灌好冬麦收获前的麦黄水，为适时早播创造条件，拔节期、抽雄期、灌浆期适时灌水，确保田间灌水不积水，严防倒伏。⑥苗期防治地老虎。⑦适时晚收获。10 月上旬将地表 5 厘米以上部分刈割青贮。

审定意见：暂无审定意见。

（七）2008 年宁夏审定品种

品种名称：中农大青贮 67

审定编号：宁审玉 2008004

申请者：宁夏农林科学院作物所

育成单位：中国农业大学国家玉米改良中心

品种来源：美国 78599×SynD. O. Cu 高油群体 Sy10469

特征特性：幼苗叶鞘浅紫色，叶片绿色，叶缘绿色，叶鞘浅绿色，株型半紧凑，植株高大，基部茎秆粗壮，株高 330~350 厘米，基部茎粗 2.53 厘米，穗位 170 厘米。叶茎张角 35°，23 片叶，叶片嫩绿，枯叶少，绿叶数多，收获期绿叶 13~15 片，枯叶 2~3 片，雄穗花粉量大，分枝 8~12，花药浅紫色，颖壳浅紫色，花丝浅紫色，果穗筒形，穗轴白色，穗长 22 厘米，穗行数 16，行粒数 40，秃尖 1.2 厘米，籽粒黄色，硬粒型，千粒重 278.1 克。2008 年经农业部谷物品质监督检验测试中心（北京）测定，全株青贮含水分 4.3%，粗蛋白质 7.77%，粗脂肪 16 毫克/克，中性洗涤纤维 57.7%，酸性洗涤纤维 42.6%。生育期 145 天，出苗至最佳青贮收获期 120 天，青贮品种。保绿性好，籽粒成熟期全株仍青枝绿叶、碧绿多汁。抗倒伏能力强，抗霜霉病、抗大、小斑病，耐红蜘蛛，轻感黑粉病。

产量表现：2006 年区试青贮鲜物质产量平均亩产 6 085.6 千克，较对照增产 22.8%；青贮干物质产量平均亩产2 024.6千克，较对照增产 38.1%；2007 年区试青贮鲜物质产量平均亩产6 633.1千克，较对照增产 31.0%；青贮干物质平均亩产2 036.0千克，较对照增产 35.7%。两年区试生物产量平均亩产6 359.4千克，较对照增产 26.9%；干物质平均亩产2 030.3千克，较对照增产 36.9%。

栽培技术要点：①适期播种，合理密植。根据加工需要分期播种，灌区 4 月中旬至 6 月上旬，采用宽、窄行，青贮种植密度5 500株/亩。②严把播种质量，确保全苗。做到均匀整地，底肥深施（农家肥和磷肥），播深合理（5~6 厘米）、紧贴湿土，种、氮肥分离、播后压实，确保苗全、苗齐、苗壮。③加强肥水及田间管理。5 月中、下旬结合中耕除草及时间苗、定苗。在确保底肥的基础上，拔节期施磷酸二铵 10 千克/亩，尿素 10 千克/亩，结合追肥壅土、灌水；吐丝前期追施尿素 10 千克/亩，追肥后灌水；幼苗期间切忌灌水；7月底至8月上旬结合灌水追施尿素5~10千克/亩。④适时收获。8月底至9月初籽粒灌浆乳线期达到1/2~3/4，乳熟末期至蜡熟初期及时收割加工制作青贮。

审定意见：适宜宁夏引黄灌区、扬黄灌区种植。

（八）2007年宁夏审定品种

品种名称：青试01

审定编号：宁审玉2007004

申请者：宁夏农林科学院农作物研究所

育成单位：国家玉米改良中心

品种来源：国家玉米改良中心以1145×C957杂交育成。

特征特性：幼苗深绿色，叶鞘紫色，长势较强。株型半紧凑，全株22片叶，植株高大，单种株高310厘米左右，穗位153厘米，基部茎粗2.2厘米，花药红色，雄穗分枝8~12个，雌穗花丝红色，果穗长筒形，穗轴白色，籽粒黄白相间，半马齿型，穗长20.8厘米，穗粗4.8厘米，秃尖2.3厘米，穗行数16~18，行粒数47，百粒重28.1克。2007年经农业部谷物品质监督检验测试中心（北京）测定，粗蛋白质（干基）6.97%，中性洗涤纤维56.55%，酸性洗涤纤维30.24%。生育期140天，青贮品种。抗倒伏能力强，抗霜霉病，抗大、小斑病，耐红蜘蛛，轻感黑粉病。

产量表现：2004年春播青贮区域试验鲜物质亩产5 990千克，较对照中原单32号增产11.0%；干物质亩产1 570千克，较对照中原单32号增产25.8%。2005年春播青贮区域试验鲜物质亩产7 250千克，较对照中原单32号增产12.8%；干物质亩产2 100千克，较中原单32号增产12.3%；两年青贮区域试验平均鲜物质亩产6 620千克，较对照中原单32号增产11.9%；干物质平均亩产1 840千克，较对照中原单32号增产17.5%。

栽培技术要点：①选择地势平坦，灌排通畅，土壤有机质丰富，肥力水平较高的土地种植。②4月15日至6月中旬，亩播3.5千克，采用机械点播或人工开沟播种播深5厘米，单种密度4 500~5 500株/亩。③整地播种前施磷酸二铵10千克/亩、尿素15千克/亩，6月15日前后追施尿素25千克/亩，磷酸二铵10千克/亩。并于生长前期增施钾、锌等微肥。④出苗后要及时中耕除草，间苗、定苗要去弱留壮，坚持3叶间、5叶定，不要留双苗，严格按照确定的密度留苗。适时防治地下害虫、黏虫、玉米螟、蚜虫和红蜘蛛。⑤带棒青贮时，在生物产量达到最大时为最佳收获时期。

审定意见：适宜宁夏引黄灌区、扬黄灌区种植。

（九）2006年宁夏审定品种

品种名称：中北青贮410

审定编号：宁审玉2006007

申请者：宁夏巨丰种苗公司

育成单位：山西北方种业股份有限公司

品种来源：山西北方种业股份有限公司2001年杂交选育而成。

特征特性：幼苗叶鞘紫色，叶片绿色，叶缘青色，田间整齐度稍差，株型半紧凑，茎秆较细，成株叶片17~19片，青贮收获时保绿性一般，植株较高317厘米，穗位高149厘米，茎粗2.5厘米；单株鲜重1 148克，单株干重300克，单穗重154克，果穗较长，筒形，穗长20.0厘米，穗粗4.8厘米，秃尖2.0厘米，千粒重280克，穗行数14~16，籽粒黄色、马齿型，穗轴白色，花药紫色，颖壳紫色，花丝红色。2006年经农业部谷物品质监督检验测试中心（北京）测定，秸秆含粗蛋白质6.02%，中性洗涤纤维54.68%，酸性洗涤纤维32.38%。生育期142天，青贮品种。丰产性、稳产性和生态适应较好，抗霜霉病、大小斑病、茎腐病，轻感丝黑穗、黑粉病，抗倒伏。

产量表现：2004年春播单种青贮区域试验青贮鲜亩产6 145.9千克，较对照中原单32增产13.8%，干物质亩产1 471.7千克，较对照中原单32增产18.1%，籽粒亩产728.6千克，较对照中原单32减产11.3%；2005年春播单种青贮区域试验青贮鲜亩产7 020.2千克，较对照中原单32增产9.2%，干物质亩产2 070.7千克，较对照中原单32增产10.9%，籽粒亩产870.6千克，增产2.8%；两年区试平均青贮鲜亩产6 583.05千克，较对照中原单32增产11.3%，干物质亩产1 771.2千克，较对照中原单32增产13.8%，籽粒亩产799.6千克，较对照中原单32减产4.1%。

栽培技术要点：①精细选地、整地。要求选择杂草少，灌排畅通的中、上等地块种植，并进行秋翻耕，灌足冬水。②施足基肥，分期追肥要求重施底肥，分期追肥。基施有机肥5 000千克/亩，磷酸二铵15~17千克/亩，带种肥磷酸二铵5千克/亩。玉米生长关键时期及时灌水、追肥。③适期播种，合理密植。春播播量2.5千克/亩（单种）。④其他管理措施与一般玉米相同。

审定意见：适宜宁夏引黄灌区单种青贮种植。

八、山东——青贮玉米品种审定信息（表2-9）

表2-9　鲁审青贮玉米品种信息

序号	品种名称	审定编号	育成单位	停止推广年份
1	泰青饲6号	鲁审玉20206060	泰安市农业科学研究院	
2	山农饲玉1号	鲁审玉20206061	山东农业大学	
3	美德002	鲁审玉20206062	德州市德农种子有限公司	
4	鲁单258	鲁审玉20196069	山东省农业科学院玉米研究所	
5	鲁单256	鲁审玉20196070	山东省农业科学院玉米研究所	
6	禾丰饲玉3号	鲁审玉20196071	淄博禾丰种业科技股份有限公司 山东理工大学农业工程与食品科学学院	
7	饲玉2号	鲁审玉20186038	山东农业大学	

（一）2020年山东审定品种

1. 品种名称：泰青饲6号

审定编号：鲁审玉20206060

申请者：泰安市农业科学研究院

育成单位：泰安市农业科学研究院

品种来源：一代杂交种，组合为Jlz13125×ct99。母本Jlz13125是黄旅系材料选育；父本ct99是国外杂交种选育。

特征特性：株型半紧凑，夏播青贮生育期101天，收获时籽粒乳线位置51%，平均干物质含量35.8%，比雅玉青贮8号早熟5天，全株叶片20片，幼苗叶鞘浅紫色，花丝紫色，花药黄色，雄穗分枝8~10个。区域试验结果，株高274.9厘米，穗位119.4厘米，倒伏率2.27%、倒折率0.05%，空秆率1.47%，籽粒黄色。2018年经山东农业大学植物保护学院抗病性接种鉴定，高抗瘤黑粉病，抗南方锈病，中抗小斑病、弯孢叶斑病、茎腐病。2018年经北京农学院品质分析，全株淀粉含量27.2%，中性洗涤纤维含量43.1%，酸性洗涤纤维含量22.2%，粗蛋白质含量8.5%。青贮品质好。

产量表现：2017年青贮玉米品种（4 500株/亩）自主区域试验，平均亩产干重1 449.0千克，比对照雅玉青贮8号增产11.9%；2018年青贮玉米品种（4 500株/亩）自主区域试验，平均亩产干重1 379.3千克，比对照雅玉青贮8号增产6.6%；2018年生产试验平均亩产干重1 350.3千克，比对照雅玉青贮8号增产6.9%。

栽培技术要点：适宜密度为4 500株/亩左右，其他管理措施同一般大田。

审定意见：适宜山东省种植利用。

2. 品种名称：山农饲玉1号

审定编号：鲁审玉20206061

申请者：山东农业大学

育成单位：山东农业大学

品种来源：一代杂交种，组合为16675×CP526。母本16675是CL313/1145为基础材料自交选育；父本CP526是Lx9801的异交株自交选育。

特征特性：株型半紧凑，夏播青贮生育期102天，收获时籽粒乳线位置50%，平均干物质含量37.7%，比对照雅玉青贮8号早熟5天，全株叶片20~21片，幼苗叶鞘浅紫色，花丝红色，花药浅紫色，雄穗分枝10个左右。区域试验结果，株高300.4厘米，穗位108.5厘米，倒伏率0.9%，倒折率0.6%，空秆率0.5%，籽粒浅黄色。2018年经山东农业大学植物保护学院抗病性接种鉴定，抗小斑病、弯孢叶斑病、瘤黑粉病和南方锈病，中抗茎腐病、粗缩病。2018年经北京农学院品质分析，淀粉含量27.0%，中性洗涤纤维含量43.0%，酸性洗涤纤维含量20.9%，粗蛋白质含量8.3%。青贮品质好。

产量表现：2017年青贮玉米品种（4 500株/亩）自主区域试验，平均亩产干重1 446.0千克，比对照雅玉青贮8号增产11.3%；2018年青贮玉米品种（4 500株/亩）自主区域试验，平均亩产干重1 400.8千克，比对照雅玉青贮8号增产8.2%；2018年生产试验平均亩产干重1 352.6千克，比对照雅玉青贮8号增产7.1%。

栽培技术要点：适宜密度为4 500株/亩左右，其他管理措施同一般大田。

审定意见：适宜山东省种植利用。

3. 品种名称：美德002

审定编号：鲁审玉20206062

申请者：德州市德农种子有限公司

育成单位：德州市德农种子有限公司

品种来源：一代杂交种，组合为 MZ1×OZ1。母本 MZ1 是美国杂交种多代自交选育；父本 OZ1 是西班牙杂交种多代自交选育。

特征特性：株型半紧凑，夏播青贮生育期 101 天，收获时籽粒乳线位置 56%，平均干物质含量 37.7%，比对照雅玉青贮 8 号早熟 5 天，全株叶片 21 片，幼苗叶鞘浅紫色，花丝红色，花药浅红色，雄穗分枝 6~11 个。区域试验结果，株高 274.7 厘米，穗位 105.3 厘米，倒伏率 0.35%，倒折率 0.02%，空秆率 0.78%，籽粒浅黄色。2019 年经山东农业大学植物保护学院抗病性接种鉴定，高抗瘤黑粉病，中抗南方锈病，感小斑病、茎腐病、弯孢叶斑病。2018 年经北京农学院品质分析，全株淀粉含量 29.9%，中性洗涤纤维含量 39.4%，酸性洗涤纤维含量 17.4%，粗蛋白质含量 8.3%。青贮品质好。

产量表现：2017 年青贮玉米品种（4 500株/亩）自主区域试验，平均亩产干重1 376.3千克，比对照雅玉青贮 8 号增产 6.4%；2018 年青贮玉米品种（4 500株/亩）自主区域试验，平均亩产干重1 357.1千克，比对照雅玉青贮 8 号增产 5.9%；2018 年生产试验平均亩产干重1 338.0千克，比对照雅玉青贮 8 号增产 6.0%。

栽培技术要点：适宜密度为每亩4 500株左右，其他管理措施同一般大田。

审定意见：适宜山东省种植利用。

（二）2019 年山东审定品种

1. 品种名称：鲁单 258

审定编号：鲁审玉 20196069

申请者：山东省农业科学院玉米研究所

育成单位：山东省农业科学院玉米研究所

品种来源：一代杂交种，组合为 Lx2056/Lx2478。母本 Lx2056 是国外杂交种经多代自交选育；父本 Lx2478 是黄改系/P 群的二环系经多代自交选育。

特征特性：株型半紧凑，夏播青贮生育期 102 天，收获时籽粒乳线位置 46.6%，平均干物质含量 35.4%，比对照雅玉青贮 8 号早熟 6 天，全株叶片 19 片，幼苗叶鞘浅紫色，花丝黄绿色，花药浅紫色，雄穗分枝 7~9 个。试验结果，株高 282.4 厘米，穗位 113.3 厘米，倒伏率 0.72%，倒折率 0.02%，空秆率 0.6%，籽粒黄色。2018 年经河北省农林科学院植物保护研究所抗病性接种鉴定，高抗瘤黑粉病、茎腐病，抗小斑病，中抗南方锈病，感弯孢叶斑病、穗腐病。2018 年经北京农学院品质分析结果，淀粉含量 32.1%，中性洗涤纤维 38.4%，酸性洗涤纤维 16.5%，粗蛋白质 8.5%。青贮品质好。

产量表现：2017—2018 年青贮玉米品种（4 500株/亩）自主试验，两年平均亩产干重1 400.4千克，比对照雅玉青贮 8 号增产 8.7%；2018 年青贮玉米品种自主生产试验，平均亩产干重1 329.4千克，比对照雅玉青贮 8 号增产 5.3%。

栽培技术要点：适宜密度为4 500株/亩左右，其他管理措施同一般大田。

审定意见：适宜山东省种植利用。

2. 品种名称：鲁单256

审定编号：鲁审玉20196070

申请者：山东省农业科学院玉米研究所

育成单位：山东省农业科学院玉米研究所

品种来源：一代杂交种，组合为Lx2044/Lx2478。母本Lx2044是先锋杂交种经多代自交选育；父本Lx2478是黄改系/P群的二环系经多代自交选育。

特征特性：株型半紧凑，夏播青贮生育期101天，收获时籽粒乳线位置51%，平均干物质含量38.0%，比对照雅玉青贮8号早熟6天，全株叶片20片，幼苗叶鞘紫色，花丝绿色，花药浅紫色，雄穗分枝5~8个。试验结果，株高303厘米，穗位126厘米，倒伏率2.0%，倒折率0.0%，空秆率0.3%，籽粒黄色。2018年经河北省农林科学院植物保护研究所抗病性接种鉴定，抗弯孢叶斑病、茎腐病，中抗小斑病，感瘤黑粉病、穗腐病和南方锈病。2018年经北京农学院品质分析结果，淀粉含量31.0%，中性洗涤纤维38.3%，酸性洗涤纤维15.9%，粗蛋白质8.4%。青贮品质好。

产量表现：2016年参加山东省青贮玉米品种区域试验，平均亩产干重1 398.0千克，比对照雅玉青贮8号增产7.7%；2017年进行青贮玉米品种自主试验，平均亩产干重1 491.0千克，比对照雅玉青贮8号增产13.0%；2017年青贮玉米品种自主生产试验，平均亩产干重1 512.2千克，比对照雅玉青贮8号增产10.1%。

栽培技术要点：适宜密度为4 500株/亩左右，其他管理措施同一般大田。

审定意见：适宜山东省种植利用。

3. 品种名称：禾丰饲玉3号

审定编号：鲁审玉20196071

申请者：淄博禾丰种业科技股份有限公司、山东理工大学农业工程与食品科学学院

育成单位：淄博禾丰种业科技股份有限公司、山东理工大学农业工程与食品科学学院

品种来源：一代杂交种，组合为HF8622B/昌7-698。母本HF8622B是以DH351/郑58为基础材料自交选育；父本昌7-698是以四个先锋自交系为基础材料自交选育。

特征特性：株型紧凑，持绿性好，夏播青贮生育期101天，收获时乳线位置49.5%，干物质含量39.6%，比对照雅玉青贮8号早熟4天，全株叶片22片，幼苗叶鞘紫色，花丝绿色，花药绿色，雄穗分枝10~12个。株高292.3厘米，穗位101.3厘米，倒伏率1.23%，倒折率0.03%，空秆率0.7%，籽粒浅黄色。2018年经山东农业大学植保学院抗病接种鉴定，抗弯孢叶斑病、茎腐病和瘤黑粉病，中抗小斑病，感南方锈病。2018年经北京农学院品质分析，淀粉含量32.3%，中性洗涤纤维38.2%，酸性洗涤纤维14.4%，粗蛋白质8.9%，青贮品质好。

产量表现：2017—2018年青贮玉米品种（4 500株/亩）自主试验，两年平均亩产干重为1 390.4千克，比对照雅玉青贮8号增产7.2%；2018年青贮玉米品种自主生产试验，平均亩产干重为1 326.8千克，比对照雅玉青贮8号增产5.1%。

栽培技术要点：适宜密度为4 500株/亩左右，其他管理措施同一般大田。

审定意见：适宜山东省种植利用。

（三）2018 年山东审定品种

品种名称：饲玉 2 号

审定编号：鲁审玉 20186038

申请者：山东农业大学

育成单位：山东农业大学

品种来源：一代杂交种，组合为 C428/C434。母本 C428 是 178、齐 319、1145 等与国外杂交种组成的遗传群体连续自交育成，父本 C434 来源于［（昌 7-2/CL313）S5/昌 7-2/3/昌 7-2］S4，利用与抗粗缩病连锁的分子标记进行了辅助选择。

特征特性：株型半紧凑，夏播青贮生育期 102 天，收获时籽粒乳线位置 50%，平均干物质含量 37.9%，比雅玉青贮 8 号早 5 天，全株叶片 21 片，幼苗叶鞘浅紫色，花丝红色，花药浅红色，雄穗分枝 6～10 个。株高 313 厘米，穗位 138.6 厘米，倒伏率 2.3%，倒折率 0.0，空秆率 0.1%，种子颜色为浅黄色。2017 年山东农业大学植保学院抗病鉴定结果，高抗茎腐病，抗小斑病、弯孢叶斑病、瘤黑粉病和粗缩病，中抗穗腐病，感南方锈病。2017 年经北京农学院进行品质分析结果为，淀粉含量 31.04%，中性洗涤纤维含量 39.92%，酸性洗涤纤维含量 17.19%，粗蛋白质含量 8.44%，青贮品质好。

产量表现：2016 年参加山东省青贮玉米品种区域试验，平均亩产干重 1 422.6千克，比对照雅玉青贮 8 号增产 9.6%；2017 年自主进行青贮玉米品种区域试验，平均亩产干重1 500千克，比对照雅玉青贮 8 号增产 14.0%；2017 年自主进行生产试验平均亩产干重1 531.4千克，比对照雅玉青贮 8 号增产 11.4%。

栽培技术要点：适宜密度为4 500株/亩左右，其他管理措施同一般大田。

审定意见：适宜山东省种植利用。

九、山西——青贮玉米品种审定信息（表 2-10）

表 2-10　晋审青贮玉米品种信息

序号	品种名称	审定编号	育成单位	停止推广年份
1	宁单 34 号	晋审玉 20200116	宁夏昊玉种业有限公司	
2	太育 1405	晋审玉 20180086	山西太育种业有限公司	
3	太玉 511	晋审玉 2010033	太原三元灯现代农业发展有限公司	
4	大丰青贮 1 号	晋审玉 2010034	山西大丰种业有限公司	
5	牧玉 2 号	晋审玉 2010035	山西省农业科学院畜牧兽医研究所	
6	晋饲育 1 号	晋审玉 2008022	山西省农业科学院农作物品种资源研究所	

（一）2020 年山西审定品种

品种名称：宁单 34 号

审定编号：晋审玉 20200116

申请者：山西潞玉种业股份有限公司

育成单位：宁夏昊玉种业有限公司

品种来源：HY6×HY8

2017年通过宁夏回族自治区审定（宁审玉20170004）。

特征特性：山西春播中晚熟玉米区生育期132天左右，与对照中北410相当。株型紧凑，总叶片22片，株高326厘米，穗位140厘米。果穗长锥形，穗轴白色，穗长22.5厘米，穗行数16，行粒数45，籽粒黄色、半马齿型，百粒重33.5克。

产量表现：2018年、2019年自行开展青贮玉米品种区域试验，2018年亩产（干重）1 565.5千克，比对照中北410增产8.8%；2019年亩产（干重）1 502.5千克，比对照中北410增产5.5%；两年平均亩产1 534.0千克，比对照增产7.1%。2019年生产试验，平均亩产（干重）1 523.1千克，比对照中北410增产5.9%。

栽培技术要点：适宜播期为4月下旬至5月上旬；留苗4 500株/亩；一般施复合肥80千克/亩作底肥，大喇叭口期追施尿素20~30千克/亩。

审定意见：该品种符合山西省玉米品种审定标准，适宜在山西青贮玉米主产区种植。

（二）2018年山西审定品种

品种名称：太育1405

审定编号：晋审玉20180086

申请者：山西太育种业有限公司

育成单位：山西太育种业有限公司

选育人员：郭锐

品种来源：TY20×TY8

特征特性：山西春播早熟玉米区生育期132天左右，比对照大丰30晚2天。幼苗第一叶叶鞘浅紫色，叶尖端匙形，叶缘紫色。株型半紧凑，总叶片21片左右，株高320厘米，穗位119厘米，雄穗主轴与分枝角度小，侧枝姿态直，一级分枝5个，最高位侧枝以上的主轴长29厘米，花药绿色，颖壳绿色，花丝绿色，果穗中间型，穗轴粉红色，穗长21厘米，穗行18行左右，行粒数39，籽粒橘黄色，粒型半马齿型，籽粒顶端橘黄色，百粒重39.0克，出籽率85.5%。

2015年、2016年山西农业大学抗病性接种鉴定综合结果，感丝黑穗病，抗大斑病，中抗茎腐病，抗穗腐病，中抗矮花叶病。2017年乌兰察布市易马农牧科技有限公司检测，全株粗蛋白质7.09%，全株淀粉38.86%，全株中性洗涤纤维39.21%，全株酸性洗涤纤维22.55%。

产量表现：2015年、2016年参加山西春播早熟玉米区区域试验，2015年亩产840.0千克，比对照大丰30增产14.5%，2016年亩产897.8千克，比对照大丰30增产10.4%，两年平均亩产868.9千克，比对照增产12.5%。2017年自行开展青贮玉米生产试验，平均亩产（干物质）1 421.3千克，比对照永玉3号增产10.9%。

栽培技术要点：适宜播期为4月下旬至5月上旬；留苗4 500株/亩左右；一般施复合肥30千克/亩作底肥，拔节期追施尿素15千克/亩；宜采用宽窄行种植；注意防治丝黑穗病。

审定意见：该品种符合山西省玉米品种审定标准，通过审定。适宜在山西春播早熟玉米区作青贮玉米种植。

（三）2010 年山西审定品种

1. 品种名称：太玉 511

审定编号：晋审玉 2010033

申请者：太原三元灯现代农业发展有限公司

育成单位：太原三元灯现代农业发展有限公司

品种来源：H06-71×H06-136

特征特性：幼苗第一叶呈椭圆形，叶鞘紫色，叶色深绿。株型半紧凑，株高 312 厘米，穗位 145 厘米，雄穗分枝 11 个，花丝紫色，花药粉色，果穗筒形，穗长 23.5 厘米，穗行数 16~18，行粒数 42。

产量表现：2008—2009 年参加山西青贮玉米品种区域试验，2008 年鲜重亩产 4 742.8千克，比对照中北 410（下同）增产 4.7%，2009 年鲜重亩产6 235.0千克，比对照增产 21.4%，两年平均亩产5 488.9千克，比对照增产 13.6%。

栽培技术要点：留苗3 500株/亩左右；施农家肥1 000千克/亩，过磷酸钙 50 千克/亩作底肥，中期追尿素 25 千克/亩；后期追尿素 10 千克/亩。

审定意见：适宜山西省青贮玉米主产区。

2. 品种名称：大丰青贮 1 号

审定编号：晋审玉 2010034

申请者：山西大丰种业有限公司

育成单位：山西大丰种业有限公司

品种来源：559×555

特征特性：幼苗第一叶圆勺形，叶鞘花青苷显色强，叶色深绿，叶缘紫色，叶背有紫晕。株型半紧凑，株高 316 厘米，穗位 146 厘米，雄穗发达，花粉量大，花丝红色，果穗筒形，穗轴白色。穗长 23.7 厘米，穗行数 12~14，行粒数 39.4，籽粒黄色，半马齿型。

产量表现：2008—2009 年参加山西青贮玉米品种区域试验，2008 年鲜重亩产 4 717.4千克，2009 年鲜重亩产4 912.3千克，两年平均亩产4 814.9千克。

栽培要点：留苗3 800~4 000株/亩；施足农家肥，施 40 千克/亩硝酸磷肥作基肥；拔节期追施尿素 10~15 千克/亩。

审定意见：适宜山西青贮玉米主产区。

3. 品种名称：牧玉 2 号

审定编号：晋审玉 2010035

申请者：山西省农业科学院畜牧兽医研究所

育成单位：山西省农业科学院畜牧兽医研究所

品种来源：562×554

特征特性：株型平展，株高 317 厘米，穗位 143 厘米，雄穗发达，花粉量大，雌雄协调，花丝青色，果穗筒形，穗轴红色。穗长 21.6 厘米，穗行数 14～16，行粒数 36.4，籽粒黄色，半硬粒型。

产量表现：2008—2009 年参加山西青贮玉米品种区域试验，2008 年鲜重亩产 4 819.2千克，比对照中北 410（下同）增产 6.4%，2009 年鲜重亩产5 392.7千克，比对照增产 5.0%，两年平均亩产5 105.9千克，比对照增产 5.7%。

栽培要点：留苗3 500～3 800 株/亩；施足农家肥，施 40 千克/亩硝酸磷肥作基肥；拔节期追施尿素 10～15 千克/亩。

审定意见：适宜山西青贮玉米主产区。

（四）2008 年山西审定品种

品种名称：晋饲育 1 号

审定编号：晋审玉 2008022

申报单位：山西省农业科学院农作物品种资源研究所

育成单位：山西省农业科学院农作物品种资源研究所

品种来源：JP-1×PC723。JP-1 来源于从中国农业科学院引进的热带群体 pob43/温带种质 02-18，PC723 来源于农家种紫多穗。

特征特性：幼苗淡紫色，叶鞘紫色，苗期长势较强；株高 340 厘米，穗位高 195 厘米，株型半紧凑，全株 20～21 片叶，花丝、花药均为黄色，茎秆粗状，果穗锥形，穗长 20 厘米，粒行数 12～14，单穗粒重 135 克左右，穗轴白色。籽粒红色，长楔、硬粒型，百粒重 26.0 克左右。

抗病鉴定：2005 年和 2007 年经山西省农业科学院植物保护研究所接种鉴定，综合评价为抗青枯病、穗腐病，感大斑病、粗缩病，高感丝黑穗病、矮花叶病。

品质分析：2005 年北京农学院植物科学技术系检测中心检测，中性洗涤纤维为 38.4%，酸性洗涤纤维为 20.07%，粗蛋白质为 10.2%。

产量表现：2005—2007 年参加山西省青贮玉米区域试验，平均亩产鲜重分别为 5 281.4千克和 697.3 千克，分别比对照增产 16.8%和 42.8%，两年平均亩产鲜重6 127 千克，比对照增产 30.3%。

栽培要点：留苗3 000～3 500株/亩；施足底肥，浇足底水，重施有机肥，氮肥和磷钾肥搭配使用；分蘖前追施尿素 5 千克/亩以达到壮苗、促蘖的作用；抽雄期结合浇水追施尿素 20～30 千克/亩，注意防治玉米丝黑穗病。

审定意见：适宜山西各地作为青贮玉米种植，丝黑穗病易发区禁用。

十、陕西——青贮玉米品种审定信息（表 2-11）

表 2-11　陕审青贮玉米品种信息

序号	品种名称	审定编号	育成单位	停止推广年份
1	大唐 12	陕审玉 2020072 号	陕西大唐种业股份有限公司	
2	登峰 705	陕审玉 2020073 号	杨凌登峰种业有限公司	

（续表）

序号	品种名称	审定编号	育成单位	停止推广年份
3	铁研 53	陕审玉 2020074 号	铁岭市农业科学院	
4	大唐 8 号	陕审玉 2019060 号	陕西大唐种业股份有限公司	
5	大唐 9 号	陕审玉 2019061 号	陕西大唐种业股份有限公司	
6	华亦 1204	陕审玉 2017039 号	钱自更	
7	先玉 1267	陕审玉 2017040 号	铁岭先锋种子研究有限公司	
8	兴民 28	陕审玉 2017041 号	陕西兴民种业有限公司	
9	兴民 3388	陕审玉 2015045 号	陕西兴民种业有限公司	
10	秦鑫 630	陕审玉 2015046 号	西安市鑫丰种业有限公司	
11	秋润 100	陕审玉 2015047 号	陕西高农种业有限公司	
12	宝单 8 号	陕审玉 2012032 号	陕西九丰农业科技有限公司	
13	秦龙青贮 1 号	陕审玉 2009016 号	陕西秦龙绿色种业有限公司	

（一）2020 年陕西审定品种

1. 品种名称：大唐 12

审定编号：陕审玉 2020072 号

申请者：陕西大唐种业股份有限公司

育成单位：陕西大唐种业股份有限公司

品种来源：H61×G05

特征特性：幼苗叶鞘浅紫红色，叶片深绿色，叶缘紫红色，雄花分枝数多且分枝长，花药黄色，颖壳紫色，花丝淡红色。株型半紧凑，叶片较稀疏、宽大；成株叶片数 19~20 片。株高 290 厘米，穗位高 120 厘米。果穗长锥形，穗长 18.4 厘米，穗行数 16.0，行粒数 36.0，百粒重 35 克。穗轴红色，籽粒黄色、半马齿型，两年区试平均生育期 115 天，较对照早 0.5 天。高抗南方锈病和瘤黑粉病，中抗茎腐病和小斑病，感弯孢叶斑病。经北京农学院植物科学技术学院检测，全株淀粉含量 31.6%，中性洗涤纤维含量 37.6%，酸性洗涤纤维含量 28.85%，粗蛋白质含量 8.19%。

产量表现：两年区试平均干物质亩产 1 531.64千克，鲜物质亩产4 421.99千克。

栽培技术要点：春播 4 月上中旬、夏播 6 月 15 日前后播种为宜；密度4 500株/亩，注意防治病虫害，在胚乳线达到 50%时及时收获、入窖。

审定意见：经陕西省农作物品种审定委员会第五十四次会议审定通过，适宜西安、宝鸡、咸阳、渭南、铜川和榆林 6 地市青贮玉米区种植。

2. 品种名称：登峰 705

审定编号：陕审玉 2020073 号

申请者：杨凌登峰种业有限公司

育成单位：杨凌登峰种业有限公司

品种来源：登峰3号×青1

特征特性：幼苗叶鞘紫色，叶色深绿。株高309.2厘米，穗位高140.5厘米，成株叶片数21~22，雄穗分枝13个，花药紫色，花丝浅红色。穗长17~19厘米，每穗18~20行，穗粗5.5厘米，穗轴红色。籽粒黄色中间型，千粒重302克。两年区试平均生育期115.7天，较对照早0.6天。高抗南方锈病，抗瘤黑粉病，中抗茎腐病、小斑病和弯孢叶斑病。经北京农学院植物科学技术学院检测，全株淀粉含量32.5%，中性洗涤纤维含量36.1%，酸性洗涤纤维含量18.78%，粗蛋白质含量8.4%。

产量表现：两年区试平均干物质亩产1 484.0千克，鲜物质亩产4 481.1千克。

栽培技术要点：春播4月底5月初，适宜密度4 500株/亩，夏播6月上中旬，适宜密度4 500株/亩。注意防治病虫害。

审定意见：经陕西省农作物品种审定委员会第五十四次会议审定通过，适宜西安、宝鸡、咸阳、渭南、铜川和榆林6地市青贮玉米区种植。

3. 品种名称：铁研53

审定编号：陕审玉2020074号

申请者：铁岭市农业科学院

育成单位：铁岭市农业科学院

品种来源：铁0320-2×铁0255-2

特征特性：幼苗叶鞘紫色，叶片绿色，叶缘白色，苗势强。株型紧凑，株高322厘米，穗位154厘米，成株叶片21~24片。花丝绿色，花药绿色，颖壳绿色。果穗锥形，穗柄中，苞叶中，穗长19.5厘米，穗行数16~18，穗轴白色，籽粒黄色，粒型为马齿型，百粒重42.7克，出籽率78.1%。该品种生长旺盛，生物产量高，淀粉含量高。出苗至青贮收获期平均为90天，比对照雅玉8号早2天。抗南方锈病，中抗茎腐病、小斑病和瘤黑粉病，感弯孢叶斑病。经农业农村部农产品质量检验测试中心（沈阳）测定，籽粒容重748.6克/升，粗蛋白质含量10.00%，粗脂肪含量4.40%，粗淀粉含量73.90%，赖氨酸含量0.28%。

产量表现：两年区试平均亩产1 091.4千克。

栽培技术要点：适宜播期为5月10—30日，种植密度4 500株/亩，注意防治病虫害。

审定意见：经陕西省农作物品种审定委员会第五十四次会议审定通过，适宜西安、宝鸡、咸阳、渭南、铜川和榆林6地市青贮玉米区种植。

（二）2019年陕西审定品种

1. 品种名称：大唐8号

审定编号：陕审玉2019060号

申请者：陕西大唐种业股份有限公司

育成单位：陕西大唐种业股份有限公司

品种来源：T3105×D3109

特征特性：春播青贮生育期120天，夏播青贮生育期110天，叶色浓绿，叶片厚，全株21~22片叶，株型半紧凑。株高320厘米，穗位高150厘米，果穗筒形，穗长20

厘米，穗粗 6.0 厘米，穗行数 16~20，行粒数 35 左右，穗轴白色，活秆成熟，品质优，耐旱、耐瘠薄、气生根发达，抗倒伏，属中晚熟品种。淀粉含量 31.88%，中性洗涤纤维含量 38.79%，酸性洗涤纤维含量 16.35%，粗蛋白质含量 8.69%。抗茎腐病、小斑病、弯孢叶斑病、瘤黑粉病，高抗南方锈病。全株淀粉含量 36.8%，中性洗涤纤维含量 32.3%，酸性洗涤纤维含量 13.1%，粗蛋白质含量 8.6%。

产量表现：两年区试干物质平均亩产 1 536.85 千克，鲜物质平均亩产 4 640.72 千克。

栽培技术要点：春播 4 月上中旬，夏播 6 月 15 日前播种为宜；密度4 500株/亩；注意防治病虫害，在胚乳线达到 50%时及时收获、入窖。

审定意见：经陕西省农作物品种审定委员会第五十二次会议审定通过，适宜西安、宝鸡、咸阳、渭南、铜川和榆林 6 地市青贮玉米区种植。

2. 品种名称：大唐 9 号

审定编号：陕审玉 2019061 号

申请者：陕西大唐种业股份有限公司

育成单位：陕西大唐种业股份有限公司

品种来源：T934×D956

特征特性：青贮生育期春播 120 天，夏播生育期 110 天。叶片浓绿，全株 21~22 片叶，株型半紧凑，该品种株高 319 厘米，穗位 144 厘米。果穗筒形，穗长 20 厘米，穗粗 4.8 厘米，穗行数 16~18，行粒数 38，穗轴粉红色，穗位以上叶片节间长，通风透光性好，根部气生根发达。经检测，全株淀粉含量 36.8%，中性洗涤纤维含量 32.3%，酸性洗涤纤维含量 13.1%，粗蛋白质含量 8.6%。经鉴定，高抗南方锈病、小斑病和瘤黑粉病，中抗弯孢叶斑病，抗茎腐病。

产量表现：两年区试干物质平均亩产 1 496.35 千克，鲜物质平均亩产 4 728.38 千克。

栽培技术要点：春播 4 月上中旬，夏播 6 月 15 日前播种为宜，密度4 500株/亩，注意防治病虫害。

审定意见：经陕西省农作物品种审定委员会第五十二次会议审定通过，适宜西安、宝鸡、咸阳、渭南、铜川和榆林 6 地市青贮玉米区种植。

（三）2017 年陕西审定品种

1. 品种名称：华亦 1204

审定编号：陕审玉 2017039 号

申请者：钱自更

育成单位：钱自更

品种来源：Q101×Q102

特征特性：该品种春播全生育期 120 天左右，夏播生育期 95 天左右。幼苗叶鞘紫色，成株株型紧凑，叶片上举，株高 2.9 米左右，穗位 1.1 米左右，抗倒伏性能好。叶片浓绿，成株叶片 21 片，雄花分枝 8~10 个，颖壳红色，花药黄红色，花丝绿色。果穗筒形，长 22~25 厘米，直径 5~7 厘米，穗轴红色，穗行数 18~22，行粒数 42 左右，籽粒半马齿型，出籽率87%，千粒重387克。经抗病性鉴定，抗穗粒腐病和小斑病，中抗茎腐病，感大斑病。经品质检测，中性洗涤纤维含量28.68%，酸性洗涤纤维含量13.92%，粗蛋白质含量9.83%，粗淀粉含量50.8%。

产量表现：两年区试平均亩产1 036.8千克。

栽培技术要点：春播种在4月20日以前，夏播种在6月15日以前；留苗4 000株/亩，行距60厘米，株距27厘米，用种量2.5~3千克/亩。早收或晚收，都会影响产量和品质。

审定意见：经陕西省农作物品种审定委员会第五十次会议审定通过，适宜陕西青贮玉米区种植。

2. 品种名称：先玉1267

审定编号：陕审玉2017040号

申请者：铁岭先锋种子研究有限公司

育成单位：铁岭先锋种子研究有限公司

品种来源：PH1DP8×PH1N2D

特征特性：生育期96天左右（青贮收获）。幼苗叶鞘浅紫色，叶色浓绿，长势强。成株高（关中夏播）298.7厘米左右，穗位高114.5厘米左右。叶片宽大，茎秆粗壮，株型半紧凑。花丝绿色，花药黄色。果穗粗大，结实性好。籽粒黄色，商品性好。植株保绿度好，收获时绿叶片。经抗病性鉴定，抗穗腐病和小斑病，中抗茎腐病，高感大斑病。经品质检测，中性洗涤纤维含量34.23%，酸性洗涤纤维含量12.54%，粗蛋白质含量8.37%，淀粉含量36.12%。

产量表现：两年区试平均生物产量（干重）亩产1 049.4千克。

栽培技术要点：①6月上中旬，冬小麦收获后夏播或套种。中等肥力以上地块种植，适宜种植密度4 500~5 000株/亩。②播种前施足底肥和种肥，应氮磷钾肥配合使用；及时间苗、定苗，中耕、除草，苗期注意控水蹲苗，浇好孕穗灌浆水，做好穗期玉米螟防治和大斑病防治。③作为青贮玉米，最佳收获期为籽粒乳线达1/2时。

审定意见：经陕西省农作物品种审定委员会第五十次会议审定通过，适宜陕西青贮玉米区种植。

3. 品种名称：兴民28

审定编号：陕审玉2017041号

申请者：陕西兴民种业有限公司

育成单位：陕西兴民种业有限公司

品种来源：XM克-1×XM-1-13

特征特性：春播生育期115天左右，夏播生育期95天左右，幼苗叶鞘紫色，叶片绿色，苗期长势较弱，株型紧凑，株高270厘米，穗位高110厘米左右，花药黄色，果穗筒形，穗长25厘米左右，穗行数18~20，穗轴红色，籽粒黄色，半马齿型，出籽率89%，千粒重380克，籽粒品质好，茎叶保绿性好。高抗茎腐病、高抗穗粒腐病、抗大斑病、高抗小斑病。中性洗涤纤维42.71%；酸性洗涤纤维13.85%；粗蛋白质7.12%；淀粉33.98%；品质分级一级。

产量表现：两年区试平均生物产量（干重）亩产1 276.2千克。

栽培技术要点：①足墒播种，适宜密度4 000~4 500株/亩。②施肥应掌握氮磷钾配合施用，重视拔节肥。③在大喇叭口至散粉期如遇干旱应及时进行灌溉。④注意及时防治玉米螟和黏虫。

审定意见：经陕西省农作物品种审定委员会第五十次会议审定通过，适宜陕西青贮玉米区种植。

（四）2015年陕西审定品种

1. 品种名称：兴民3388

审定编号：陕审玉2015045号

申请者：陕西兴民种业有限公司

育成单位：陕西兴民种业有限公司

品种来源：SY68×SY56

特征特性：幼苗叶鞘紫色，叶片绿色，苗期生长势强；株型较紧凑，株高280厘米左右，穗位120厘米左右，叶片20片左右，根系发达，茎秆粗壮，花丝淡紫色，花药黄色；果穗筒形，穗长23厘米左右，穗行数18左右，粒籽黄色，粒型半马齿型，千粒重380克，出籽率89%。经品质检测，中性洗涤纤维含量42.36%，酸性洗涤纤维含量14.12%，粗蛋白质含量7.88%，淀粉含量33.29%，品质分级一级。经抗病性鉴定，高抗穗腐病，抗大斑病，中抗茎腐病、小斑病。

产量表现：两年区试平均生物产量1 347.4千克。

栽培技术要点：夏播在6月15日前播种为宜，最迟不要超过6月20日。5足墒播种，适宜密度4 000株/亩左右。施肥应掌握氮磷钾配合施用，重视拔节肥。在大喇叭口至散粉期如遇干旱应及时进行灌溉。注意及时防治玉米螟和黏虫。

审定意见：适宜陕西省青贮玉米区种植。

2. 品种名称：秦鑫630

审定编号：陕审玉2015046号

申请者：西安市鑫丰种业有限公司

育成单位：西安市鑫丰种业有限公司

品种来源：旅选-1×鑫选9-2

特征特性：生育期130天，幼苗叶鞘浅紫色，叶色绿，生长势强，株型平展，叶片斜挺，穗位整齐一致，株高300厘米，穗位高115厘米，叶片21~23叶，根系发达，抗病性强，雄穗分枝9~11个，花药紫色，活秆成熟。果穗筒形，粉红轴，穗长25厘米，穗行数16~18。籽粒黄色，半马齿型，千粒重340克。经品质检测，中性洗涤纤维含量26.36%，酸性洗涤木质素含量12.56%，粗蛋白质含量7.98%，淀粉含量43.5%，水分7.66%。经抗病性鉴定，抗茎腐病、穗粒腐病和小斑病，感大斑病。

产量表现：两年区试平均生物产量1 194.5千克。

栽培技术要点：播期为4月20日至6月5日，尽量提前早播。一般中等肥力留苗4 000株/亩。施肥以氮肥为主，氮磷钾配合施入，磷钾锌肥主要作底肥施用。施足底肥，重施农家肥，苗期施尿素10千克/亩，大喇叭口期施尿素25千克/亩。

审定意见：适宜陕西省关中和陕南青贮玉米区种植。

3. 品种名称：秋润 100

审定编号：陕审玉 2015047 号

申请者：陕西高农种业有限公司

育成单位：陕西高农种业有限公司

品种来源：高 401×高 406

特征特性：幼苗叶鞘紫色，叶片绿色，叶缘紫色，第一叶匙形。株型平展，株高 300~320 厘米，穗位高 155 厘米，成株绿叶数 18~20，叶色浓绿、雄穗分枝 10~15 个，花药黄色，颖壳紫色，花粉量大，散粉期 7~8 天，穗位叶倒数第 5~6 片，花丝红色。根系发达，抗倒伏。果穗筒形，籽粒黄色，半硬粒型，穗轴红色，穗行数 16~18，排列整齐，穗粗 4.8 厘米，穗长 20~25 厘米，每穗 14~16 行，每行 35 粒以上，千粒重 300 克以上。经品质检测，中性洗涤纤维含量 43.50%，酸性洗涤纤维含量 24.12%，粗蛋白质含量 7.88%，籽粒粗淀粉含量 74.44%。经抗病性鉴定，抗穗粒腐病，中抗茎腐病、大斑病和小斑病。

产量表现：两年区试平均生物产量1 182.3千克。

栽培技术要点：夏播 6 月 15 日以前播种，留苗4 000株/亩。

审定意见：适宜陕西青贮玉米区种植。

（五）2012 年陕西审定品种

品种名称：宝单 8 号

审定编号：陕审玉 2012032

申请者：陕西九丰农业科技有限公司

育成单位：陕西九丰农业科技有限公司

品种来源：5102-1×9812

特征特性：苗期叶鞘浅紫色，叶片深绿色，苗期长势中等；株型紧凑，株高 300 厘米，穗位高 110 厘米，叶片 22 片左右，穗上叶 6~7 片上冲，穗下叶 15~16 片斜挺。根系发达，茎秆粗壮，雄穗主轴长，雄穗平均分枝 14 个，颖壳绿色，花药黄色，花粉量大，花丝粉红色；果穗长筒，穗长 25 厘米，穗行数 16~18，籽粒马齿型，橘红色，出籽率 85%，千粒重 375 克。抗病性鉴定结果，中抗茎腐病，抗穗粒腐、大斑病，高抗小斑病。品质分析结果，中性洗涤纤维 42.7%，酸性洗涤纤维 17.26%，粗蛋白质（干基）9.75%。

产量表现：两年青贮玉米区域试验，平均生物学产量（干重）1 154.7千克/亩。

栽培技术要点：夏播在 6 月 10 日前播种为宜，最迟不超过 6 月 15 日。每亩条播 2.5 千克。留苗4 000~4 500株/亩。氮磷钾肥配合施用，重施拔节肥，在抽雄散粉期注意灌水。

审定意见：适宜陕西省青贮玉米区种植。

（六）2009 年陕西审定品种

品种名称：秦龙青贮 1 号（HD5554）

审定编号：陕审玉 2009016 号

申请者：陕西秦龙绿色种业有限公司

育成单位：陕西秦龙绿色种业有限公司

品种来源：E055×F154

特征特性：生育期 96 天左右（青贮收获）。幼苗叶鞘紫色，叶色浓绿，长势强。成株高（关中夏播）285 厘米左右，穗位高 120 厘米左右。叶片宽大，穗上叶近直立，茎秆粗壮，株型紧凑。花丝淡红色，花药黄色。果穗粗大，结实性好。籽粒黄色，商品性好。耐旱、耐阴雨。保绿度好，收获时绿叶片 15~16 片。经西北农林科技大学植保学院鉴定，高抗穗粒腐病和大、小斑病，感茎腐病。经北京农学院检测，中性洗涤纤维 44.14%，酸性洗涤纤维 22.44%，粗蛋白质含量（干基）7.76%。

产量表现：一般生物产量（干重）亩产1 390千克左右。

栽培技术要点：播前施足底肥和种肥。注意氮磷钾配合施用。一般留苗4 000株/亩为宜，不可过密。拔节孕穗重施追肥一次。其他管理措施参照普通玉米进行。

审定意见：适宜陕西青贮玉米区种植。

十一、福建——青贮玉米品种审定信息（表 2-12）

表 2-12 闽审青贮玉米品种信息

序号	品种名称	审定编号	育成单位	停止推广年份
1	耀青青贮 4 号	闽审玉 2011005	广西南宁耀洲种子有限责任公司	
2	闽青青贮 1 号	闽审玉 2011006	福建省农业科学院作物研究所	
3	明青贮 1 号	闽审玉 2010001	福建省三明市农业科学研究所 福建六三种业有限责任公司	2018
4	花单 1 号	闽审玉 2007003	广西壮族自治区农业职业技术学院	
5	渝青青贮 1 号	闽审玉 2007004	重庆市农业科学院玉米研究所	2013
6	新青青贮 3 号	闽审玉 2007005	广西南宁耀洲种子有限责任公司	2013

（一）2011 年福建审定品种

1. 品种名称：耀青青贮 4 号

审定编号：闽审玉 2011005

申请者：福建省农业科学院作物研究所

育成单位：广西南宁耀洲种子有限责任公司

品种来源：（B01×A04）F1×F02（B01 来源于自交系 118×自交系 119，A04 来源于自交系 60-6 变异株，父本 F02 来源于 478×百育）

特征特性：该品种春播出苗至采青日数 85.8 天，比对照雅玉青贮 8 号长 1.1 天，平均株高 302.4 厘米，穗位高 144.3 厘米，株型半紧凑，籽粒乳线位置 68.27%，平均绿叶数 12.5 片，两年区试田间调查抗大斑病、小斑病、茎腐病，感纹枯病。2010 年福建省粮油中心检验站检测，耀青青贮 4 号粗蛋白质含量为 8.4%，中性洗涤纤维含量为

53.2%，酸性洗涤纤维含量为22.0%。

产量表现：2008年参试，平均亩生物产量（鲜重）3 958.7千克，比对照增产8.14%，增产极显著。2009年续试，平均亩生物产量（鲜重）3 711.9千克，比对照增产3.01%。两年平均亩生物产量（鲜重）3 835.3千克，比对照增产5.58%。2009年全省青贮玉米品种生产试验，平均亩生物产量（鲜重）3 438.2千克，比对照增产5.43%。

栽培技术要点：春播一般在3月中旬到4月上旬，秋播在7月中旬至8月中旬，适宜密度4 000~4 500株/亩。施足基肥，巧施苗肥，重施攻秆肥。及时培土。生产上注意防治纹枯病、玉米螟等病虫害，适时收割。

审定意见：耀青青贮4号属青贮玉米三交种。春播出苗至采收86天左右，比对照雅玉青贮8号迟1天；生物产量较高，田间调查纹枯病发生较重。适宜福建省青贮玉米产区种植，栽培上应注意防治纹枯病，防止倒伏（折），适时收获。经审核，符合福建省农作物品种审（认）定规定，通过审定。

2. 品种名称：闽青青贮1号

审定编号：闽审玉2011006

申请者：福建省农业科学院作物研究所

育成单位：福建省农业科学院作物研究所

品种来源：4779×青2（母本4779来源于掖478×7922的后代姐妹系4779-1和4779-2姐妹交后代，父本青2来源于青饲2号）

特征特性：该品种春播出苗至采青日数平均为85.5天，比对照雅玉青贮8号长0.8天。株型半紧凑，平均株高304.1厘米，穗位高134.6厘米，籽粒乳线位置70.3%，平均绿叶数12.3片。两年区试田间调查抗大斑病、小斑病、茎腐病，中感纹枯病。2010年经福建省粮油中心检验站检测，粗蛋白质含量8.7%、中性洗涤纤维含量55.8%、酸性洗涤纤维含量23.8%。

产量表现：2008年参加福建省青贮玉米多点试验，平均亩生物产量（鲜重）3 921.9千克，比对照增产7.13%，增产极显著。2009年续试，平均亩生物产量（鲜重）3 749.1千克，比对照增产4.04%，增产不显著。两年平均亩生物产量（鲜重）3 835.5千克，比对照增产5.59%。2009年福建省青贮玉米生产试验，平均亩生物产量（鲜重）3 769.9千克，比对照增产6.86%。

栽培技术要点：春播一般在3月中旬到4月上旬，秋播在7月中旬至8月中旬，适宜密度4 000~4 500株/亩。施足基肥，巧施苗肥，重施攻秆肥，及时培土。注意防治纹枯病、玉米螟等病虫害，适时收割。

审定意见：闽青青贮1号属青贮玉米单交种。春播出苗至采收86天左右，比对照雅玉青贮8号迟1天；生物产量较高，田间调查纹枯病中等发生。适宜福建省青贮玉米产区种植，栽培上应注意防治纹枯病，防止倒伏（折），适时收获。经审核，符合福建省农作物品种审（认）定规定，通过审定。

（二）2010年福建审定品种

品种名称：明青贮1号（原名明饲1号）

审定编号：闽审玉2010001

申请者：福建省三明市农业科学研究所

育成单位：福建省三明市农业科学研究所、福建六三种业有限责任公司

品种来源：自选系 NH44-1×自选系 GY647-3

特征特性：该品种属半紧凑型青贮玉米品种。春播出苗至采收 85.7 天，比对照雅玉青贮 8 号长 1 天；株高 285.1 厘米，穗位高 130.5 厘米，籽粒乳线位置 69.9%，含水量 74.33%，平均绿叶数 12.0。果穗长锥形，果柄较长，穗轴粉红，籽粒黄白相间，半马齿型，穗长 23~28 厘米，穗宽 4.7~5.3 厘米，苞叶 8 层。两年区试田间调查高抗茎腐病，抗锈病、小斑病、玉米螟，感大斑病和纹枯病。经福建省农业科学院中心实验室品质测定，全株粗蛋白质含量 7.62%，酸性洗涤纤维含量 27.8%，中性洗涤纤维含量 58.2%。

产量表现：2008 年参加福建省青贮玉米多点试验，平均亩生物产量（鲜重）3 958.7千克，比对照雅玉青贮 8 号增产 8.14%，达极显著水平；2009 年续试，平均亩生物产量（鲜重）3 711.6千克，比对照雅玉青贮 8 号增产 3.01%，增产不显著。两年区试平均亩生物产量（鲜重）3 835.2千克，比对照增产 5.58%。2009 年福建省生产试验，亩平均生物产量（鲜重）3 889.4千克，比对照雅玉青贮 8 号增产 10.25%。

栽培技术要点：春播一般在 3 月底到 4 月上旬，秋播在 7 月中旬到 8 月上旬。每穴播 2~3 粒，种植密度控制在4 000~4 500株/亩。施足基肥，巧施苗肥，重施攻秆肥、注重穗肥用。全生长期亩施纯氮 20.00 千克、磷 6.67 千克、钾 13.34 千克左右，氮磷钾比例为 3：1：2，其中氮肥施用比例基肥 36%、苗肥 10%、拔节肥 30%、穗肥 24%。生长期注意中耕除草，保持土壤疏松通气。注意综合防治病虫害。适时收获。

审定意见：明青贮 1 号是青贮玉米单交种。春播出苗至采收 86 天左右，比对照雅玉青贮 8 号长 1 天；生物产量较高；感大斑病和纹枯病。适宜福建省青贮玉米产区种植，栽培上应注意防治大斑病和纹枯病，防止倒伏（折），适时采收。经审核，符合福建省农作物品种审（认）定规定，通过审定。

（三）2007 年福建审定品种

1. 品种名称：花单 1 号

审定编号：闽审玉 2007003

申请者：福建省南平市农业科学研究所

育成单位：广西壮族自治区农业职业技术学院

品种来源：南 60-1×花 83-2

特征特性：春播平均出苗至收获日数 82.9 天，比对照农大 108 迟熟 1.7 天。平均株高 274.7 厘米，穗位高 129.7 厘米，株型半紧凑，籽粒乳线位置 75.71%，单株平均绿叶数 11.3 片。两年区试田间表现高感纹枯病，中抗玉米螟，室内接菌鉴定高感小斑病、大斑病。

产量表现：2004 年参加福建省青贮玉米区试，平均亩生物产量鲜重 3 928.0千克，比对照农大 108 增产 19.95%，达极显著水平；2005 年续试，平均亩生物产量鲜重 3 245.2千克，比对照农大 108 增产 25.58%，达极显著水平。2006 年福建省青贮玉米生产试验，平均亩生物产量鲜重3 119.6千克，比对照增产 27.7%。

栽培技术要点：一般春播在3月中旬至4月上旬，秋播在7月中旬至8月中旬。每亩种植3 500~4 000株为宜，种植规格以25厘米×60厘米或30厘米×50厘米为宜。地力差、施肥不足的宜密些；地力强，施肥水平高的宜稀些。田间管理掌握“施足基肥，及时追肥、除草、松土、培土、防治地下害虫”，做好“攻头、培穗、保尾”的施肥技术，及时排灌溉。以玉米籽实乳熟末期至蜡熟期及时收获，具体宜掌握在籽实体蜡熟而植株下部叶片尚未变黄时收割最为适宜。

审定意见：花单1号属青贮玉米杂交新品种，春播出苗至收获日数83天左右，比对照农大108迟熟2天。丰产性好，高感纹枯病、小斑病、大斑病。适宜福建省青贮玉米产区种植，栽培上应注意加强穗肥的施用，提高植株保绿度，加强病虫害防治，适时收割。经审核，符合福建省品种审定规定，通过审定。

2. 品种名称：渝青青贮1号

审定编号：闽审玉2007004

申请者：福建省农业科学院作物研究所

育成单位：重庆市农业科学院玉米研究所

品种来源：白4011×F269-9

特征特性：春播出苗至收获平均日数81.9天，比对照农大108迟熟0.7天。平均株高297.2厘米，穗位高143.2厘米，株型半紧凑，籽粒乳线位置76.09%，单株平均绿叶数11.5片。两年区试田间表现感纹枯病，中抗玉米螟，室内接菌鉴定感小斑病、高感大斑病。

产量表现：2004年参加福建省青贮玉米区试，平均亩生物产量鲜重3 807.1千克，比对照农大108增产16.25%，达极显著水平；2005年续试，平均亩生物产量鲜重3 033.5千克，比对照农大108增产17.39%，达极显著水平。2006年福建省青贮玉米生产试验，平均亩生物产量鲜重3 193.6千克，比对照增产30.8%。

栽培技术要点：福建省春种一般在3月中旬到4月上旬，秋季在7月中下旬到8月；每穴播种2~3粒，播种不宜太深，覆土2~3厘米。春季一般植4 000~4 200株/亩，秋季密度可适当加大些。施足基肥，一般施土杂肥500~800千克/亩或生物有机肥200千克/亩，过磷酸钙40~50千克/亩；轻施苗肥，适施拔节肥，用尿素、氯化钾各10~15千克/亩分两期追施；重施攻苞肥，在喇叭口期根据长势、长相施尿素15~20千克/亩。春播应注意排水，大喇叭口期以及抽雄前10天，花后20天确保土壤湿润，保持田间持水量70%~80%，拔节期和灌浆期遇旱应及时补水。及时综合防治病虫害。授粉后18~20天收获。

审定意见：渝青青贮1号属青贮玉米杂交新品种，春播出苗至收获平均日数82天左右，比对照农大108迟熟1天。丰产性较好。感纹枯病、小斑病，高感大斑病。适宜福建省青贮玉米产区种植，栽培上应注意防止倒伏，适时收获。经审核，符合福建省品种审定规定，通过审定。

3. 品种名称：新青青贮3号

审定编号：闽审玉2007005

申请者：南平市长富牧草开发有限公司

育成单位：广西南宁耀洲种子有限责任公司

品种来源：(H01×I06)×F02

特征特性：春播出苗至收获平均日数82.7天，比对照农大108迟熟1.5天。平均株高287.2厘米，穗位高116.4厘米，株型半紧，籽粒乳线位置76.26%，单株平均绿叶数11.2片。区试田间表现感纹枯病，中抗玉米螟，室内接菌鉴定感小斑病、中感大斑病。

产量表现：2004年参加福建省青贮玉米区试，平均亩生物产量鲜重3 935.5千克，比对照农大108增产20.18%，增产极显著；2005年续试，平均亩生物产量鲜重3 153.5千克，比对照农大108增产22.02%，达极显著水平。2006年福建省青贮玉米生产试验，平均亩生物产量鲜重3 173.1千克，比对照增产29.9%。

栽培技术要点：选用土壤肥力较好，排灌方便的水旱田，按1.5米包沟起畦；结合施鸡粪200千克/亩或生物有机肥150千克/亩，过磷酸钙50千克/亩作基肥。春种一般在3月中旬到4月上旬，秋季在7月中下旬到8月上旬；每穴播种2~3粒，在3叶期进行间定苗，每穴留1株。春季一般植3 900株/亩左右，秋季密度可适当加大些，以确保较高的产量。定苗后结合中耕除草施尿素4~5千克/亩，氯化钾5~7千克/亩；8~9叶时施尿素、氯化钾各14~16千克/亩作攻秆肥，并进行中耕培土和适当灌水；在大喇叭口期（11~13叶）施尿素、氯化钾各8~12千克/亩作攻穗肥。及时综合病虫害防治。授粉后18~20天，即乳熟期时收获。

审定意见：新青青贮3号属青贮玉米杂交新品种，春播出苗至收获平均日数83天左右，比对照农大108迟熟2天。丰产性好，感纹枯病、小斑病、中感大斑病。适宜福建省青贮玉米产区种植，栽培上应注意加强壮秆肥及穗肥的施用，适时收获。经审核，符合福建省品种审定规定，通过审定。

十二、甘肃——青贮玉米品种审定信息（表2-13）

表2-13 甘审青贮玉米品种信息

序号	品种名称	审定编号	育成单位	停止推广年份
1	金穗1915	甘审玉20200019	白银金穗种业有限公司	
2	璐玉3947	甘审玉20200084	张掖璐玉农业科技有限公司 张掖市绿禾农产品营销有限公司	
3	恩喜爱1号	甘审玉20200085	北票市兴业玉米高新技术研究所	
4	禾贮9号	甘审玉20200086	甘肃禾丰源种业有限责任公司	
5	河农1号	甘审玉20200087	河西学院 张掖市建国作物种质创新育种工作室	
6	玉研612	甘审玉20200088	张掖市玉源农业科技研发中心	
7	玉研661	甘审玉20200089	张掖市玉源农业科技研发中心	

（续表）

序号	品种名称	审定编号	育成单位	停止推广年份
8	绵白 001	甘审玉 20200090	四川禾创种业有限公司 绵阳汉飞种业有限公司	
9	兴盛青贮 188	甘审玉 20200091	武威兴盛种业有限公司	
10	H6662	甘审玉 20200092	甘肃博奥农业发展有限公司	
11	北农青贮 368	甘审玉 20200093	北京农学院	
12	强硕 90	甘审玉 20200094	张掖市金种源种业有限责任公司 大连强硕农作物研究所 河南德圣种业有限公司	
13	强硕 98	甘审玉 20200095	北京聚京成农业发展有限公司	
14	豫单 1851	甘审玉 20200132	河南农业大学	
15	武科青贮 107	甘审玉 20190065	武威市农业科学研究院 甘肃武科种业科技有限责任公司	
16	酒 685	甘审玉 20190066	酒泉市农业科学研究院	
17	陇青贮 1 号	甘审玉 20190067	甘肃省农业科学院作物研究所	
18	陇青贮 2 号	甘审玉 20190068	甘肃省农业科学院作物研究所	
19	胜玉 629	甘审玉 20190069	酒泉市胜丰向日葵研究所	
20	和恒 5258	甘审玉 20190070	甘肃和恒农业技术有限公司	
21	飞宇 1516	甘审玉 20190071	榆林市飞宇种业有限公司	

（一）2020 年甘审品种

1. 品种名称：金穗 1915

审定编号：甘审玉 20200019

申请者：白银金穗种业有限公司

育成单位：白银金穗种业有限公司

品种来源：GE6A19×GE5A2。原代号金穗 715

特征特性：出苗至成熟 139 天，比对照豫玉 22 早熟 8 天。幼苗叶鞘紫色，叶片绿色，叶缘紫色。株型中间型，株高 325 厘米，穗位高 120 厘米，成株叶片 19~20 片。茎基紫色，花药紫色，颖壳绿色。花丝淡紫色，果穗筒形，穗长 20 厘米，穗行数 18~20，行粒数 38，穗轴紫色，籽粒黄色、马齿型，百粒重 41 克。接种鉴定，中抗禾谷镰孢茎腐病和大斑病，感禾谷镰孢穗腐病和丝黑穗病。粗蛋白质含量 8.2%，中性洗涤纤维含量 31.6%，酸性洗涤纤维含量 15.9%，淀粉含量 35.4%。

产量表现：2017—2018 年开展青贮玉米品种区域试验，干物质平均亩产 1 904.1千克，比对照豫玉 22 减产 2.7%。籽粒平均亩产 990.3 千克，比对照豫玉 22 减产 2.9%。生产试验中，干物质平均亩产 1 958.5千克，比对照先玉 335 增产 0.8%。

栽培技术要点：4 月中下旬播种，旱作区种植密度4 500株/亩，灌溉区种植密度6 000株/亩。施肥，基肥应施氮磷钾复合肥 40 千克/亩；追肥，拔节期施 20 千克/亩，大喇叭口期施 30 千克/亩。

审定意见：适宜在甘肃省作春播青贮玉米种植。

2. 品种名称：璐玉 3947

审定编号：甘审玉 20200084

申请者：张掖璐玉农业科技有限公司、张掖市绿禾农产品营销有限公司

育成单位：张掖璐玉农业科技有限公司、张掖市绿禾农产品营销有限公司

品种来源：Ly1389×Ly1556

特征特性：出苗至成熟 133 天（乳线达生育期），比对照豫玉 22 号早熟 2 天。幼苗叶鞘浅紫色，叶片绿色，叶缘紫色。株型半紧凑，株高 297 厘米，穗位高 136 厘米，成株叶片数 20~22 片。茎基绿色，花药浅紫色，颖壳绿色。花丝紫色，果穗筒形，穗长 21.9 厘米，穗行数 16~18 行，行粒数 36.3 粒，穗轴红色，籽粒黄色、马齿型，百粒与重 46.2 克。接种鉴定，抗禾谷镰孢茎腐病，中抗禾谷镰孢穗腐病，抗大斑病，感丝黑穗病。整株粗蛋白质含量 8.7%，中性洗涤纤维含量 35.8%，酸性洗涤纤维含量 18.6%，淀粉含量 32.4%。

产量表现：2018—2019 年开展青贮玉米品种区域试验，平均亩产干物质2 181.8千克，比对照豫玉 22 号增产 2.8%；2019 年生产试验平均亩产干物质2 317.8千克，比对照豫玉 22 号增产 12.4%。

栽培技术要点：4 月中旬播种，种植密度5 000~5 500株/亩。施肥，基肥应施磷酸二铵 15 千克/亩；追肥，拔节期施尿素 25 千克/亩。注意在丝黑穗病流行区种植时，应做好防治工作。

审定意见：适宜在甘肃省作春播青贮玉米种植。

3. 品种名称：恩喜爱 1 号

审定编号：甘审玉 20200085

申请者：甘肃经禾种业有限公司

育成单位：北票市兴业玉米高新技术研究所

品种来源：BY108×BY208

特征特性：出苗至成熟 138 天，比对照豫玉 22 号晚熟 2 天。幼苗叶鞘紫色，叶片绿色，叶缘紫色。株型半紧凑，株高 319 厘米，穗位高 135 厘米，成株叶片 22 片。茎基紫色，花药浅紫色，颖壳紫色。花丝绿色，果穗筒形，穗长 23 厘米，穗行数 16~18，行粒数 44，穗轴红色，籽粒黄色、马齿型，百粒重 35.3 克。接种鉴定，高抗禾谷镰孢茎腐病，抗禾谷镰孢穗腐病，感大斑病，高感丝黑穗病。籽粒容重 752 克/升，整株粗蛋白质含量 7.8%，中性洗涤纤维含量 41.6%，酸性洗涤纤维含量 22.3%，淀粉含量 30.7%。

产量表现：2018—2019 年开展青贮玉米品种区域试验，平均折合亩产干物质2 174.7千克，比对照豫玉 22 号增产 3%；2019 年生产试验平均折合亩产干物质2 236.9千克，比对照豫玉 22 号增产 8.5%。

栽培技术要点：保苗4 000~4 500株/亩；施玉米专用肥 25~30 千克/亩作底肥（注意种、肥分离），拔节期追施尿素 12.5 千克/亩。根据测报及时防治玉米螟，大喇叭口期撒毒沙或释放赤眼蜂进行生物防治。

审定意见：适宜在甘肃省作春播青贮玉米种植。

4. 品种名称：禾贮 9 号

审定编号：甘审玉 20200086

申请者：甘肃禾丰源种业有限责任公司

选育者：甘肃禾丰源种业有限责任公司

品种来源：HJ1218×RJ4017

特征特性：出苗至成熟 141 天，比对照豫玉 22 号晚熟 3 天。幼苗叶鞘浅紫色，叶片绿色，叶缘浅紫色。株型半紧凑，株高 318 厘米，穗位高 150 厘米，成株叶片 22 片。茎基浅紫色，花药紫色，颖壳紫色。花丝浅红色，果穗锥形，穗长 19.4 厘米，穗行数 19.3，行粒数 36.2，穗轴白色，籽粒黄色、硬粒型，百粒重 36.48 克。接种鉴定，抗禾谷镰孢茎腐病，抗禾谷镰孢穗腐病，中抗大斑病，高感丝黑穗病。籽粒容重 746 克/升，整株粗蛋白质含量 7.9%，中性洗涤纤维含量 38.0%，酸性洗涤纤维含量 19.4%，淀粉含量 33.7%。

产量表现：在 2018—2019 年开展青贮玉米品种区域试验中，平均亩产干物质 2 124.85千克，比对照豫玉 22 号增产 0.1%。2019 年生产试验，平均亩产干物质 1 121.9千克，比对照豫玉 22 号增产 8.9%。

栽培技术要点：种植密度5 000~5 500株/亩。施肥，基肥应施磷酸二铵 15 千克/亩；追肥，拔节期施尿素 25 千克/亩。并注意丝黑穗病高发区提前预防。

审定意见：适宜在甘肃省春播青贮玉米种植。

5. 品种名称：河农 1 号

审定编号：甘审玉 20200087

申请者：河西学院、张掖市建国作物种质创新育种工作室

育成单位：河西学院、张掖市建国作物种质创新育种工作室

品种来源：F12-006×G12-060（原代号 JG606）

特征特性：出苗至成熟 138 天，比对照豫玉 22 号晚熟 3 天。幼苗叶鞘深绿色，叶片绿色，叶缘绿色。株型半披型，株高 329 厘米，穗位高 146 厘米，成株叶片数 23 片。茎基绿色，花药粉色，颖壳浅绿色。花丝粉红色，果穗长锥形，穗长 21.1 厘米，穗行数 18，行粒数 40.2，穗轴白色，籽粒黄色、半硬型，百粒重 36.6 克。接种鉴定，高抗禾谷镰孢茎腐病，中抗禾谷镰孢穗腐病，中感大斑病，高感丝黑穗病。籽粒容重 793 克/升，含粗蛋白质 8.8%，中性洗涤纤维含量 42.2%，酸性洗涤纤维含量 21.9%，淀粉含量 28.7%。

产量表现：2018—2019 年开展青贮玉米品种区域试验，平均亩产干物质 2 240.25 千克，比对照豫玉 22 号增产 6.25%；2019 年生产试验平均亩产干物质 2 242.7 千克，比对照豫玉 22 号增产 8.8%。

栽培技术要点：种植密度5 000株/亩。施肥，基肥应施农家肥2 000千克/亩，磷酸

二铵 15~20 千克/亩，氮肥 10 千克/亩，钾肥 10~15 千克/亩，硫酸锌 2 千克/亩；追肥，拔节期施氮肥 20 千克/亩，大喇叭口期施氮肥 30 千克/亩。注意防治丝黑穗病。

审定意见：适宜在甘肃省春播青贮玉米种植。

6. 品种名称：玉研 612

审定编号：甘审玉 20200088

申请者：张掖市玉源农业科技研发中心

育成单位：张掖市玉源农业科技研发中心

品种来源：Y461×Y416

特征特性：出苗至青贮刈割期为 142 天，比对照豫玉 22 号晚熟 4 天。幼苗叶鞘紫色，叶片深绿色，叶缘绿色。株型紧凑，株高 379.0 厘米，穗位高 188 厘米，成株叶片 21~22 片。茎基绿色，花药浅紫色，颖壳绿色。花丝浅紫色，果穗锥形，穗长 24.2 厘米，穗行数 17.4，行粒数 44.8，穗轴红色，籽粒黄色、硬粒型，百粒重 35.3 克。接种鉴定，高抗禾谷镰孢茎腐病，抗禾谷镰孢穗腐病，感大斑病，抗丝黑穗病。整株粗蛋白质含量 7.7%，中性洗涤纤维含量 32.1%，酸性洗涤纤维含量 16.5%，淀粉含量 34.7%。

产量表现：2018—2019 年开展青贮玉米品种区域试验，平均亩产干物质 2 257.9 千克，比对照豫玉 22 号增产 3.7%；2019 年生产试验平均亩产干物质 2 281.3 千克，比对照豫玉 22 号增产 10.7%。

栽培技术要点：4 月上中旬播种，种植密度 5 500 株/亩。施肥，基肥施农家肥 2 000 千克/亩，磷酸二铵 15~20 千克/亩，追肥，拔节期亩施尿素 20 千克/亩，大喇叭口期施尿素 30 千克/亩。应通过种子包衣和生长期喷药预防地下害虫和生长期病虫害。

审定意见：适宜在甘肃省作春播青贮玉米种植。

7. 品种名称：玉研 661

审定编号：甘审玉 20200089

申请者：张掖市玉源农业科技研发中心

育成单位：张掖市玉源农业科技研发中心

品种来源：Y418-16×Y109

特征特性：出苗至青贮刈割期为 141 天，比对照豫玉 22 号晚熟 3 天。幼苗叶鞘深紫色，叶片绿色，叶缘绿色。株型半平展，株高 362 厘米，穗位高 148 厘米，成株叶片 20~21 片。茎基绿色，花药浅紫色，颖壳绿色。花丝绿色，果穗长锥形，穗长 22.0 厘米，穗行数 18.4，行粒数 39.5，穗轴红色，籽粒黄色、马齿型，百粒重 39.3 克。接种鉴定，中抗禾谷镰孢茎腐病，感禾谷镰孢穗腐病，感大斑病，感丝黑穗病。整株粗蛋白质含量 8.5%，中性洗涤纤维含量 34.5%，酸性洗涤纤维含量 16.2%，淀粉含量 33.2%。

产量表现：2018—2019 年开展青贮玉米品种区域试验，平均亩产干物质 2 190.6 千克，比对照豫玉 22 号增产 3.1%；2019 年生产试验平均亩产干物质 2 239.3 千克，比对照豫玉 22 号增产 8.6%。

栽培技术要点：4月上中旬播种，种植密度5 500株/亩。施肥，基肥施农家肥2 000千克/亩，磷酸二铵15~20千克/亩，追肥，拔节期施尿素20千克/亩，大喇叭口期施尿素30千克/亩。应通过种子包衣和生长期喷药预防地下害虫和生长期病虫害。

审定意见：适宜在甘肃省作春播青贮玉米种植。

8. 品种名称：绵白001

审定编号：甘审玉20200090

申请者：武威兴盛种业有限公司

育成单位：四川禾创种业有限公司、绵阳汉飞种业有限公司

品种来源：MB56×7N23

特征特性：生育期144天，比对照豫玉22号晚熟6天。幼苗叶鞘紫色，叶片绿色，叶缘绿色。株型半紧凑，株高358厘米，穗位高174厘米，成株叶片22片。茎基绿色，花药黄色，颖壳黄色。花丝红色，果穗筒形，穗长25.5厘米，穗行数15.0，行粒数47.5，穗轴白色，籽粒黄白色、马齿型，百粒重36.03克。接种鉴定，高抗禾谷镰孢茎腐病，抗禾谷镰孢穗腐病，中抗大斑病，高感丝黑穗病。含粗蛋白8.6%，淀粉30.0%，中性洗涤纤维含量41.7%，酸性洗涤纤维含量21.7%，

产量表现：2018—2019年开展青贮玉米品种区域试验，平均亩产干物质2 270.46千克，比对照豫玉22号增产7.22%。

栽培技术要点：4月10日播种，种植密度5 500株/亩。施肥，基肥应施复合肥25~50千克/亩；追肥，拔节期施尿素10千克/亩，大喇叭口期施尿素20~25千克/亩，硫酸钾5千克/亩。

审定意见：适宜在甘肃省作春播青贮玉米种植。

9. 品种名称：兴盛青贮188

审定编号：甘审玉20200091

申请者：武威兴盛种业有限公司

育成单位：武威兴盛种业有限公司

品种来源：S02×S66

特征特性：生育期146天，比对照豫玉22号晚熟8天。幼苗叶鞘绿色，叶片绿色，叶缘绿色。株型半紧凑，株高364厘米，穗位高184厘米，成株叶片22片。茎基绿色，花药黄色，颖壳黄色。花丝绿色，果穗锥形，穗长23厘米，穗行数19.0，行粒数40.0，穗轴白色，籽粒黄色、马齿型，百粒重41.4克。接种鉴定，高抗禾谷镰孢茎基腐病，抗禾谷镰孢穗腐病和丝黑穗病，感大斑病，倒伏率22.9%，持绿性较好。含粗蛋白质9.3%，淀粉34.0%，中性洗涤纤维含量34.4%，酸性洗涤纤维含量16.7%。

产量表现：2018—2019年开展青贮玉米品种区域试验，平均亩产干物质2 360.98千克，比对照豫玉22号增产10.98%。

栽培技术要点：4月10日播种，种植密度5 500株/亩。施肥，基肥应施农家肥2 000千克/亩；追肥，拔节期施磷酸二铵20千克/亩，大喇叭口期施尿素20千克/亩。注意适时灌水确保产量。

审定意见：适宜在甘肃省作春播青贮玉米种植。

10. 品种名称：H6662

审定编号：甘审玉20200092

申请者：甘肃博奥农业发展有限公司

育成单位：甘肃博奥农业发展有限公司

品种来源：H07317×HD18

特征特性：出苗至成熟146天，比对照豫玉22号晚熟1天。幼苗叶鞘紫色，叶片绿色，叶缘紫色。株型紧凑，株高369厘米，穗位高136厘米，成株叶片22~24片。茎基紫色，花药黄色，颖壳绿色。花丝绿色，果穗筒形，穗长18.7厘米，穗行数18，行粒数40，穗轴红色，籽粒黄色、半马齿型，百粒重48.7克。接种鉴定，高抗禾谷镰孢茎腐病，中抗禾谷镰孢穗腐病，中抗大斑病，感丝黑穗病。籽粒容重654克/升，含粗蛋白质7.13%，淀粉含量41.7%。中性洗涤纤维含量44.3%，酸性洗涤纤维含量22.4%。

产量表现：2018—2019年开展青贮玉米品种区域试验，干物质平均亩产2 372.87千克，比对照豫玉22号增产5.6%，籽粒平均亩产1 120.84千克，比对照豫玉22号增产5.7%；2019年生产试验干物质平均亩产2 244.37千克，比对照豫玉22号增产5.52%，籽粒平均亩产1 002.33千克，比对照豫玉22号增产4.28%。

栽培技术要点：4月中下旬播种，种植密度5 000株/亩。施肥，基肥应施复合肥30千克/亩；追肥，拔节期施复合肥25千克/亩，大喇叭口期施尿素37.5千克/亩。注意害虫防治，在丝黑穗病高发区提前预防。

审定意见：适宜在甘肃省作春播青贮玉米种植。

11. 品种名称：北农青贮368

审定编号：甘审玉20200093

申请者：北京农学院

育成单位：北京农学院

品种来源：60271×2193

特征特性：出苗至到达乳线1/2需要141.5天，比对照晚熟8天。幼苗叶鞘绿色，叶片深绿，叶缘绿色。半紧凑，株高约316厘米，穗位高约151厘米，成株叶片21片。茎基绿色，花药浅紫色，颖壳绿色，花丝绿色，持绿性好。果穗筒形，穗长20.1厘米，穗行数14，行粒数40，穗轴粉色，籽粒黄色、马齿型，百粒重37.1克。接种鉴定，中抗禾谷镰孢茎腐病，抗禾谷镰孢穗腐病，中抗大斑病，高抗丝黑穗病。整株粗蛋白质含量8.6%，中性洗涤纤维含量38.3%，酸性洗涤纤维含量21.7%，淀粉含量32.0%。

产量表现：2017—2018年开展青贮玉米品种区域试验，平均亩产干物质2 018千克，比对照增产2.7%。

栽培技术要点：4月下旬至5月上旬播种，播种深度3.0~4.0厘米。种植密度5 000~5 500株/亩。施肥，基肥应施含量45%的氮磷钾复合肥或者玉米专用肥40~50千克/亩，硫酸锌1~2千克/亩；追肥，在拔节期，施氮磷钾复合肥20~30千克/亩或尿素20千克/亩另加钾肥5~8千克/亩；大喇叭口期可结合浇水使用尿素30千克/亩。注意在乳线1/2时，带穗全株收获。

审定意见：适宜在甘肃省作春播青贮玉米种植。

12. 品种名称：强硕 90

审定编号：甘审玉 20200094

申请者：张掖市金种源种业有限责任公司

育成单位：张掖市金种源种业有限责任公司、大连强硕农作物研究所、河南德圣种业有限公司、北京聚京成农业发展有限公司

品种来源：F193×D72

特征特性：出苗至成熟 135 天，比对照豫玉 22 号早熟 1 天。幼苗叶鞘紫色，叶片绿色，叶缘紫色。株型披散型，株高 321 厘米，穗位高 132 厘米，成株叶片 24 片。茎基紫色，花药黄色，颖壳淡紫色。花丝紫色，果穗筒形，穗长 26 厘米，穗行数 18，行粒数 39.4，穗轴红色，籽粒黄色、半马齿型，百粒重 42 克。接种鉴定，高抗禾谷镰孢茎腐病，中抗禾谷镰孢穗腐病，中抗大斑病，感丝黑穗病。籽粒容重 736 克/升，整株粗蛋白质含量 8.90%，中性洗涤纤维含量 34.2%，酸性洗涤纤维含量 17.7%，淀粉含量 33.5%。

产量表现：2016—2017 年开展青贮玉米品种区域试验，平均亩产干物质 2 033.08 千克，比对照豫玉 22 号增产 15%；2018 年生产试验平均亩产干物质 2 233.4千克，比对照豫玉 22 号增产 10.5%。

栽培技术要点：4 月中旬播种，种植密度5 000株/亩。施肥，基肥施玉米专用肥 50 千克/亩；种肥应施磷酸二铵 10 千克/亩，硫酸钾 5 千克/亩；追肥，大喇叭口期施尿素 25 千克/亩。注意玉米生长期的病虫害防治工作。

审定意见：适宜在甘肃省作春播青贮玉米种植。

13. 品种名称：强硕 98

审定编号：甘审玉 20200095

申请者：张掖市金种源种业有限责任公司

育成单位：张掖市金种源种业有限责任公司、大连强硕农作物研究所、河南德圣种业有限公司、北京聚京成农业发展有限公司

品种来源：S618×泰 548

特征特性：出苗至成熟 135 天，比对照豫玉 22 号早熟 1 天。幼苗叶鞘紫色，叶片绿色，叶缘紫色。株型半紧凑，株高 314.6 厘米，穗位高 130 厘米，成株叶片 26 片。茎基紫色，花药淡紫色，颖壳淡紫色。花丝绿色，果穗筒形，穗长 27.7 厘米，穗行数 18，行粒数 40，穗轴红色，籽粒黄色、半马齿型，百粒重 38.6 克。接种鉴定，高抗禾谷镰孢茎腐病，感禾谷镰孢穗腐病，中抗大斑病，中抗丝黑穗病。整株粗蛋白质含量 7.7%，中性洗涤纤维含量 34.7%，酸性洗涤纤维含量 17.5%，淀粉含量 34.3%。

产量表现：2016—2017 年开展青贮玉米品种区域试验，平均亩产干物质 2 144.54 千克，比对照豫玉 22 号增产 21%；2018 年生产试验平均亩产干物质 2 451.2千克，比对照豫玉 22 号增产 21.3%。

栽培技术要点：4 月上中旬播种，种植密度5 000株/亩。施肥，基肥施玉米专用肥 50 千克/亩；种肥应施磷酸二铵 10 千克/亩，硫酸钾 5 千克/亩；追肥，大喇叭口期施

尿素 25 千克/亩。注意玉米生长期的病虫害防治工作。

审定意见：适宜在甘肃省春播青贮玉米种植。

14. 品种名称：豫单 1851

审定编号：甘审玉 20200132

申请者：甘肃农垦良种有限责任公司

育成单位：河南农业大学

品种来源：L508×L65

特征特性：该品种青贮刈割期为 133 天，比对照豫玉 22 晚熟 1 天。幼苗叶鞘紫色，叶片深绿色，叶缘紫色。株型紧凑。株高 324.5 厘米，穗位高 140 厘米，成株叶片 18~20 片。茎基紫色，花药浅紫色，颖壳微红色。花丝浅紫色，果穗筒形，穗长 20.4 厘米，穗行数 16~18，行粒数 40.2，穗轴红色，籽粒半马齿型，粒色黄色，百粒重 38.9 克，出籽率 87.8%。抗病性，经人工接种鉴定，抗禾谷镰孢茎腐病，感禾谷镰孢穗腐病和丝黑穗病，感大斑病。整株粗蛋白质含量 7.8%，中性洗涤纤维含量 32.3%，酸性洗涤纤维含量 16.5%，淀粉含量 35.5%。

产量表现：2018—2019 年开展青贮玉米品种区域试验中，平均亩产干物质 2 228.85千克，比对照豫玉 22 号增产 4.95%；2019 年生产试验平均亩产干物质2 264.2 千克，比对照豫玉 22 号增产 9.9%。

栽培技术要点：4 月 5 日前后播种，种植密度5 000~5 500株/亩。施肥，拔节期追施尿素 20 千克/亩左右，大喇叭口期追施尿素 15 千克/亩左右。注意防治大斑病、丝黑穗病、玉米螟。

审定意见：适宜在甘肃省作春播青贮玉米种植。

（二）2019 年甘审品种

1. 品种名称：武科青贮 107

审定编号：甘审玉 20190065

申请者：武威市农业科学研究院、甘肃武科种业科技有限责任公司

选育者：武威市农业科学研究院、甘肃武科种业科技有限责任公司

品种来源：以武 8059 为母本，以武 8031 为父本组配的杂交种。

特征特性：幼苗叶鞘深紫色，叶片绿色，叶缘绿色。株型半紧凑型，株高 297.5 厘米，穗位高 136.0 厘米，成株叶片 21~22 片。茎基紫色，花药浅紫色，颖壳绿色，花丝浅紫色。果穗筒形，穗长 19.2 厘米，穗行数 16.4，行粒 38.7，穗轴白色，籽粒黄色、中间型，百粒重 34.4 克。含粗蛋白质 7.65%，粗淀粉 21.6%，中性洗涤纤维 47.2%，酸性洗涤纤维 29.1%。青贮刈割期为 133.5 天，与对照豫玉 22 相当，籽粒完熟生育期 148.5 天，较对照豫玉 22 晚 1.5 天。平均倒伏（折）率 0.0%。抗病性经接种鉴定，抗禾谷镰孢茎腐病，中抗禾谷镰孢穗腐病，感丝黑穗病，中抗大斑病。

产量表现：2017—2018 年参加青贮玉米品种试验，平均亩产干物质 2 057.9千克，比对照豫玉 22 增产 4.95%，平均亩产籽粒 1 040.9千克，比对照豫玉 22 增产 2.4%。

栽培技术要点：一般 4 月上中旬播种，种植密度5 500~6 000株/亩。施肥，基肥应施磷酸二铵 30 千克/亩，钾肥 10 千克/亩，玉米复合肥 50 千克/亩；追肥，拔节期施尿

素 25 千克/亩，大喇叭口期施尿素 15 千克/亩。并注意播种前进行药剂拌种或使用包衣种子。

审定意见：适宜在甘肃省作春播青贮玉米种植。

2. 品种名称：酒 685

审定编号：甘审玉 20190066

申请者：酒泉市农业科学研究院

选育者：酒泉市农业科学研究院

品种来源：以 M96 为母本，以 D385 为父本组配的杂交种。

特征特性：幼苗叶鞘紫色，叶片绿色。植株半紧凑，株高 310.5 厘米，穗位高 141.5 厘米，成株叶片 15 片。茎基紫色，花药黄色，颖壳绿色。花丝绿色，果穗筒形，穗长 18.5 厘米，穗粗 5.5 厘米，穗行数 16.6，行粒数 34.4，穗轴红色，籽粒黄色、马齿型，千粒重 402.1 克。全株含粗蛋白质 7.2%，粗淀粉 26.7%，中性洗涤纤维 41.1%，酸性洗涤纤维 23.2%。青贮刈割期 130.5 天，比对照豫玉 22 早 3 天；籽粒完熟生育期 145 天，较对照豫玉 22 早 2 天。平均倒伏（折）率 3.6%。抗病性经 2017—2018 年接种鉴定，抗禾谷镰孢茎腐病，感禾谷镰孢穗腐病，中抗丝黑穗病，感大斑病。

产量表现：2017—2018 年参加青贮玉米品种试验，干物质平均亩产 2 121.39 千克，比对照豫玉 22 增产 7.9%；籽粒平均亩产 989.14 千克，比对照豫玉 22 减产 2.75%。

栽培技术要点：4 月 15—20 日播种，种植密度 4 500~5 000 株/亩。施肥，基肥应施 2 000 千克/亩农家肥，25 千克/亩磷酸二铵；追肥，拔节期施尿素 15 千克/亩，大喇叭口期施尿素 25 千克/亩。并注意防治病虫害，在禾谷镰孢穗腐病高发区特别注意提前预防。

审定意见：适宜在甘肃省作春播青贮玉米种植。

3. 品种名称：陇青贮 1 号

审定编号：甘审玉 20190067

申请者：甘肃省农业科学院作物研究所

选育者：甘肃省农业科学院作物研究所

品种来源：以 LY9012 为母本，以 LY4402 为父本组配的杂交种。

特征特性：幼苗叶鞘紫色，叶片绿色，叶缘紫色。株高 304 厘米，穗位高 132 厘米，株型半紧凑，成株期叶片 19~20 片，花药紫色，颖壳绿色，花丝粉红色。穗长 22.8 厘米，穗粗 5.4 厘米，轴粗 3.0 厘米，秃尖长 1.3 厘米，穗行数 18.3，行粒数 41.6，出籽率 82.8%，千粒重 383.3 克，穗锥形，穗轴红色，籽粒马齿型，黄色。含粗蛋白质 7.47%，中性洗涤纤维 46.2%，酸性洗涤纤维 23.8%，粗淀粉 29.4%。青贮刈割期为 133 天，与对照豫玉 22 相当，籽粒完熟生育期 147 天，与对照豫玉 22 相当。抗病性经 2017—2018 年接种鉴定，中抗丝黑穗病和大斑病，感禾谷镰孢茎腐病和禾谷镰孢穗腐病。

产量表现：2017—2018 年参加青贮组玉米品种试验，干物质平均折合亩产 2 089.7 千克，比对照豫玉 22 号增产 6.3%；籽粒平均折合亩产 1 056.3 千克，比对照豫玉 22 号增产 4.2%。

栽培技术要点：4 月上旬播种，种植密度4 000~4 500株/亩。在禾谷镰孢茎腐病和禾谷镰孢穗腐病高发区特别注意提前预防。

审定意见：适宜在甘肃省作春播青贮玉米种植。

4. 品种名称：陇青贮 2 号

审定编号：甘审玉 20190068

申请者：甘肃省农业科学院作物研究所

选育者：甘肃省农业科学院作物研究所

品种来源：以 LY9012 为母本，以 LY0302 为父本组配的杂交种。

特征特性：幼苗叶鞘紫色，叶片绿色，叶缘紫色。株高 327 厘米，穗位高 138 厘米，叶片 20~21 片，花药黄色，颖壳绿色，花丝紫红色。穗长 21.1 厘米，穗粗 5.4 厘米，轴粗 2.9 厘米，秃尖长 1.0 厘米，穗行数 16.2，行粒数 39.8，出籽率 84.1%，千粒重 346.2 克，穗锥形，穗轴红白色，籽粒马齿型、黄色。含粗蛋白质 7.7%，中性洗涤纤维 48.2%，酸性洗涤纤维 27.8%，粗淀粉 33.9%。刈割期为 140 天，比对照豫玉 22 晚 6.5 天；籽粒完熟生育期 150 天，较对照豫玉 22 晚 3 天。抗病性经 2017—2018 年接种鉴定，高抗禾谷镰孢茎腐病，中抗禾谷镰孢穗腐病、丝黑穗病和大斑病。

产量表现：2017—2018 年参加青贮玉米品种试验，干物质平均折合亩产2 338.7千克，比对照豫玉 22 号增产 19.0%；籽粒平均折合亩产1 054.0千克，比对照豫玉 22 号增产 3.8%。

栽培技术要点：种植密度4 000~4 500株/亩。

审定意见：适宜在甘肃省作春播青贮玉米种植。

5. 品种名称：胜玉 629

审定编号：甘审玉 20190069

申请者：酒泉市胜丰向日葵研究所

选育者：酒泉市胜丰向日葵研究所

品种来源：以 F06 为母本，以 SF29 为父本组配的杂交种。

特征特性：幼苗叶鞘紫色，叶片绿色，叶缘紫色。株型紧凑型，株高 291 厘米，穗位高 132 厘米，成株叶片 21 片。茎基部绿色，花药黄色，颖壳浅紫色，花丝黄色。果穗锥形，穗长 22.8 厘米，穗行数 16.4，行粒数 44.9，穗轴红色，籽粒黄色、马齿型，百粒重 34.3 克。含粗蛋白质 7.3%，中性洗涤纤维 40.0%，酸性洗涤纤维 27.8%，粗淀粉 35.3%。刈割期为 129.5 天，比对照豫玉 22 早 4 天；籽粒完熟生育期 144 天，较对照豫玉 22 早 3 天。平均倒伏（折）率 6.7%。抗病性经接种鉴定，抗禾谷镰孢茎腐病、丝黑穗病，中抗禾谷镰孢穗腐病、大斑病。

产量表现：2017—2018 年参加青贮玉米品种试验，干物质平均折合亩产1 932千克，比对照豫玉 22 号减产 2%；籽粒平均折合亩产1 015.9千克，比对照豫玉 22 号减产 0.2%。

栽培技术要点：4 月下旬播种，种植密度5 500株/亩。施肥，基肥应施农家肥2 000千克/亩，磷酸二铵 10 千克/亩；追肥，拔节期亩施尿素 20 千克/亩，大喇叭口期施玉米专用肥 25 千克/亩。注意病虫害的防治。

审定意见：适宜在甘肃省作春播青贮玉米种植。

6. 品种名称：和恒 5258

审定编号：甘审玉 20190070

申请者：甘肃和恒农业技术有限公司

选育者：甘肃和恒农业技术有限公司

品种来源：以（H1014×H1114）为母本，以 H1138 为父本组配的杂交种（原代号：东盛 5258）

特征特性：幼苗绿色，叶片绿色，叶缘绿色。株型半紧凑，株高 410 厘米，穗位高 185 厘米，成株叶片 23 片。茎基紫色，花药紫色，颖壳绿色。花丝紫色，果穗长筒形，穗长 26 厘米，穗行数 16~18，穗轴白色，籽粒白色、硬粒型。含粗蛋白质 7.11%，中性洗涤纤维 44.6%，酸性洗涤纤维 22.9%，粗淀粉 24.7%。生育期 147 天。抗病性经接种鉴定，感禾谷镰孢茎腐病，高抗丝黑穗病，抗轮枝镰孢穗腐病，抗禾谷镰孢穗腐病。

产量表现：2017—2018 年参加青贮玉米品种试验，干物质平均折合亩产 2 079.9 千克，比对照豫玉 22 增产 8.43%；籽粒平均折合亩产 955.29 千克，比对照豫玉 22 增产 7.65%。2018 年生产试验，干物质平均折合亩产 2 304.6 千克，比对照豫玉 22 增产 8.8%；籽粒平均折合亩产 970.2 千克，比对照豫玉 22 增产 7.66%。

栽培技术要点：4 月上旬播种，种植密度 5 000 株/亩。在茎腐病、穗腐病高发区特别注意提前预防。

审定意见：适宜在甘肃省作春播青贮玉米种植。

7. 品种名称：飞宇 1516

审定编号：甘审玉 20190071

申请者：榆林市飞宇种业有限公司

选育者：榆林市飞宇种业有限公司

品种来源：以 HY122 为母本，以 HY802 为父本组配的杂交种（原代号：和玉 5802）

特征特性：幼苗叶鞘紫色，叶片绿色，叶缘紫色。株型半紧凑，株高 390 厘米，穗位高 175 厘米，成株叶片 22 片。茎基紫色，花药紫色，颖壳绿色。花丝紫色，果穗长筒形，穗长 22 厘米，穗行数 16~18，穗轴红色，籽粒黄色、半马齿型。含粗蛋白质 7.1%，中性洗涤纤维 43.8%，酸性洗涤纤维 22.9%，粗淀粉 31.2%。生育期 145 天。抗病性经接种鉴定，中抗禾谷镰孢茎腐病，抗丝黑穗病，抗轮枝镰孢穗腐病，抗禾谷镰孢穗腐病，感大斑病。

产量表现：2017—2018 年参加青贮玉米品种试验，干物质平均折合亩产 2 025.24 千克，比对照豫玉 22 增产 10.5%；籽粒平均折合亩产 966.2 千克，比对照豫玉 22 增产 8.82%。2018 年生产试验，干物质平均折合亩产 2 162.1 千克，比对照豫玉 22 增产 8.8%；籽粒平均折合亩产 962.08 千克，比对照豫玉 22 增产 6.7%。

栽培技术要点：4 月上旬播种，种植密度 5 000 株/亩。在茎腐病、丝黑穗病及大斑病高发区特别注意提前预防。

审定意见：适宜在甘肃省作春播青贮玉米种植。

十三、贵州——青贮玉米品种审定信息（表 2-14）

表 2-14 黔审青贮玉米品种信息

序号	品种名称	审定编号	育成单位	停止推广年份
1	兴农单 1505	黔审玉 20200029	贵州黔西南喀斯特区域发展研究院	
2	贵青 2 号	黔审玉 20200040	贵州大学	
3	新中玉 667	黔审玉 20190039	贵州新中一种业股份有限公司	
4	惠农青 1 号	黔审玉 20190040	毕节市七星关区惠农玉米育种科学研究所	
5	筑青 1 号	黔审玉 20190041	贵阳市农业试验中心	
6	金玉 818	黔审玉 20190042	贵州省旱粮研究所	
7	贵青 1 号	黔审玉 20180015	贵州大学	
8	黔青 1 号	黔审玉 20180016	贵州省旱粮研究所	
9	黔青 446	黔审玉 20180017	贵州省旱粮研究所	
10	糯青 1 号	黔审玉 20180018	贵州省旱粮研究所	
11	糯青 2 号	黔审玉 20180019	贵州省旱粮研究所	
12	筑青 1 号	黔审玉 2013015 号	贵阳市农业试验中心	
13	筑青 2 号	黔审玉 2013016 号	贵阳市农业试验中心	

（一）2020 年贵州审定品种

1. 品种名称：兴农单 1505

审定编号：黔审玉 20200029

申请者：贵州黔西南喀斯特区域发展研究院

育成单位：贵州黔西南喀斯特区域发展研究院

品种来源：G2412×Z502711

特征特性：生育期 110.5 天，与对照筑青 1 号相当。株型平展，株高 307.8 厘米，穗位高 133.7 厘米。雄穗一次分枝 9～13 个，最低侧枝位以上主轴长 45 厘米，最高侧枝位以上主轴长 30 厘米，雄花护颖紫色，花药紫色；雌穗花丝红色。经品质测试，初水 69.6%，绝干水 7.1%，干物质 23.3%，粗蛋白质 7.4%，粗脂肪 2.8%，酸性洗涤纤维 24.7%，中性洗涤纤维 41.0%，粗灰分 3.6%，淀粉 28.3%。经四川省农业科学院植物保护研究所抗病鉴定，高抗灰斑病，抗大斑病、小斑病和纹枯病，中抗穗腐病，感茎腐病和丝黑穗病。

产量表现：2018 年贵州省青贮玉米区试鲜物质平均亩产 3 931.6千克，比对照增产 7.72%；2019 年续试平均亩产 4 078.9 千克，比对照增产 11.28%。两年平均亩产 4 005.3千克，比对照增产 9.51%，15 个点（14 增 1 减），增产点率 93.3%。2018 年干物质平均亩产1 195.2千克，比对照增产2.66%；2019年续试平均亩产1 395.0千克，比对照增产7.51%。两年平均亩产1 295.1千克，比对照增产5.22%。2019年生产试验鲜物质平均亩产4 547.0千克，较对照增产11.60%，增产点率100%，干物质亩产1 549.6千克，比对照增产12.44%。

栽培技术要点：要求对种植田块进行2犁2耙，使土壤平整细碎，同时备足底肥，用农家肥1 500~2 000千克/亩，复合肥30千克/亩作基肥。在贵州省一般在3月中下旬至5月上旬播种，早春播种采用地膜覆盖或营养袋（块）育苗移栽为宜，种植密度3 500~4 000株/亩。出苗后及时定苗、轻施苗肥、重施穗肥，氮磷钾配合使用，早春种植主要预防冻害，播种出苗后25天结合中耕除草第一次追肥，用尿素20千克/亩、钾肥10千克/亩，玉米在喇叭口期结合中耕培土施尿素20千克/亩、钾肥5千克/亩。播种出苗后主要防治地老虎，制备毒耳进行防治。中期和后期注意防治黏虫和螟虫，主要用氧化乐果（或用同效类农药）进行防治。该品种属于青贮玉米主要以收获生物产量为主，在授粉结束30天左右收获可以获得较高生物产量。注意防治茎腐病、丝黑穗病。

审定意见：适宜在贵阳市、遵义市、安顺市、铜仁市、毕节市、黔南州（黔南布依族苗族自治州）、黔东南州（黔东南苗族侗族自治州）、黔西南州（黔西南布依族苗族自治州）、六盘水市中上等肥力土壤作青贮玉米种植。

2. 品种名称：贵青2号

审定编号：黔审玉20200040

申请者：贵州大学

育成单位：贵州大学

品种来源：GH35（GD909）

特征特性：生育期111天，与对照筑青1号相当。株型半紧凑，株高285厘米，穗位高129厘米。雄穗一次分枝10~11个，雄穗最低侧枝位以上主轴长33.9厘米，最高侧枝位以上主轴长26.5厘米，雄花护颖紫浅紫色，花药紫色，雌穗花丝绿色，籽粒黄色、偏硬粒型，穗轴白色。初水64.4%，绝干水6.8%，干物质28.8%，粗蛋白质7.3%，粗脂肪2.9%，酸性洗涤纤维27.2%，中性洗涤纤维42.2%，粗灰分4.0%，淀粉31.4%。经四川省农业科学院植物保护研究所抗病鉴定，抗大斑病、小斑病、纹枯病、穗腐病和丝黑穗病，中抗茎腐病和灰斑病。

产量表现：2018年省青贮区试鲜物质平均亩产3 813.0千克，比对照增产4.47%；2019年鲜物质平均亩产3 878.3千克，比对照增产5.81%。两年鲜物质平均亩产3 845.6千克，比对照增产5.14%，15个点（11增4减），增产点率73.3%。2018年干物质平均亩产1 330.7千克，比对照增产14.30%；2019年干物质平均亩产1 380.7千克，比对照增产6.40%。两年干物质平均亩产1 355.7千克，比对照增产10.14%。2019年生产试验鲜物质平均亩产4 330.3千克，较对照增产6.34%，增产点率100%，干物质亩产1 464.9千克，比对照增产6.29%。

栽培技术要点：春夏播均可，春播宜在4月上中旬播种，夏播在5月中旬以前播种，种植密度3 500~3 800株/亩。种植方式直播和机播均可，播种前要犁耙好地，使土壤疏松、平整。在肥水管理上，以促为主，施足底肥，施复合肥50千克/亩，农家肥

1 000千克/亩作底肥。直播方式应及时匀苗间苗，保证苗全、苗齐、苗壮。追肥尿素二次，共 30 千克/亩左右。或施玉米专用缓释肥 50 千克/亩，在大喇叭口期追施尿素一次。

审定意见：适宜在贵阳市、遵义市、安顺市、铜仁市、毕节市、黔南州、黔东南州、黔西南州、六盘水市中上等肥力土壤作青贮玉米种植。

（二）2019 年贵州审定品种

1. 品种名称：新中玉 667（区试名称：L667）

审定编号：黔审玉 20190039

申请者：贵州新中一种业股份有限公司

育成单位：贵州新中一种业股份有限公司

品种来源：顶优 1 号×xzy313

特征特性：生育期 121.5 天，比对照筑青 1 号晚 3 天。株型平展，株高 293.1 厘米，穗位高 148.1 厘米。雄穗一次分枝 11~14 个，雄穗最低侧枝位以上主轴长 45 厘米，最高侧枝位以上主轴长 31 厘米，雄花护颖浅紫色，花药浅紫色；雌穗花丝红色，籽粒黄色，硬粒型，穗轴白色。经品质检测，初水 66.0%，绝干水 7.8%，干物质含量 26.2%，粗蛋白质 5.8%，粗脂肪 2.9%，酸性洗涤纤维 28.4%，中性洗涤纤维 42.3%，灰分 3.3%，淀粉 32.6%。经四川省农业科学院植物保护研究所抗病鉴定，抗丝黑穗病、纹枯病、茎腐病、穗腐病和灰斑病，中抗小斑病，感大斑病。

产量表现：2017 年贵州省青贮区域试验平均亩产 3 434.2 千克，比对照增产 10.57%，2018 年平均亩产4 308.7千克，比对照增产 18.05%，两年平均亩产3 871.4千克，比对照增产 14.61%，13 点（12 增 1 减），增产点率 92.3%。2017 年干物质平均亩产1 000千克，比对照增产 3%，2018 年干物质平均亩产 1 465.0 千克，比对照增产 25.82%，两年平均亩产1 332.5千克，比对照增产 22.21%，2018 年生产试验平均亩产 3 831.76千克，比对照增产 12.94%，增产点率 100%。

栽培技术要点：宜于 3 月下旬至 4 月上旬直播（以地温稳定在 12℃时为标准），干旱区域可适当推迟。植密度3 500~4 500株/亩为宜。“良种-良法-良肥”三良配套。施足底肥，轻施苗肥，重施攻苞肥。注意防治大斑病。

审定意见：适宜在贵阳市、遵义市、安顺市、铜仁市、毕节市、黔南州、黔东南州、黔西南州、六盘水市中上等肥力土壤作青贮玉米种植。对除草剂敏感，注意防治大斑病。

2. 品种名称：惠农青 1 号（区试名称：HN1701）

审定编号：黔审玉 20190040

申请者：毕节惠农科技有限公司

育成单位：毕节市七星关区惠农玉米育种科学研究所

品种来源：（B047×惠 0901）×SC122

特征特性：生育期 117 天，比对照筑青 1 号早 1 天。株型平展，株高 269 厘米，穗位高 124 厘米。雄穗一次分枝 12~15 个，雄穗最低侧枝位以上主轴长 38 厘米，最高侧枝位以上主轴长 29 厘米，雄花护颖紫色，花药紫色；雌穗花丝淡红色。经品质检测，初水 66.7%，绝干水 6.1%，干物质 27.2%，粗蛋白质 7.2%，粗脂肪 3.3%，酸性洗涤纤维 25.1%，中性洗涤纤维 41.7%，灰分 3.7%，淀粉 26.1%。经四川省农业科学院植物保护研究所抗病鉴定，中抗小斑病、茎腐病和灰斑病，感大斑病、丝黑穗病、纹枯病和穗腐病。

产量表现：2017 年贵州省青贮玉米区试组平均鲜物质亩产3 378.9千克，比对照增产 8.79%；2018 年平均鲜物质亩产4 021.1千克，比对照增产 10.17%。两年鲜物质平均亩产3 700千克，比对照增产 9.54%，13 个点（全部增产），增产点率 100%。2017 年平均干物质亩产1 066.7千克，比对照增产 9.87%，2018 年平均干物质亩产1 339千克，比对照增产 15.01%。两年干物质平均亩产1 222.7千克，比对照增产 12.11%。2018 年生产试验鲜物质平均亩产3 858.9千克，比对照筑青 1 号增产 11.63%，100%的试点增产。

栽培技术要点：宜春播，种植密度4 000株/亩左右，播种前犁耙好土地，使土壤疏松、平整。施足底肥，施用1 500千克/亩农家肥和 35 千克/亩玉米专用复合肥。5~6 叶时进行第一次中耕，结合施尿素 25 千克/亩。大喇叭口时进行第二次中耕、培土，结合施尿素 30 千克/亩。注意防治大斑病、丝黑穗病、纹枯病、穗腐病。

审定意见：适宜在贵阳市、遵义市、安顺市、铜仁市、毕节市、黔南州、黔东南州、黔西南州、六盘水市中上等肥力土壤作青贮玉米种植。穗腐病高发区慎用，注意防治大斑病、丝黑穗病、纹枯病。

3. 品种名称：筑青 1 号

审定编号：黔审玉 20190041

申请者：贵阳市农业试验中心

育成单位：贵阳市农业试验中心

品种来源：交 51×X1277

特征特性：生育期 101.7 天。株型平展，株高 286.1 厘米，穗位高 125.9 厘米。雄穗一次分枝 14 个，雄穗最低侧枝位以上主轴长 44 厘米，最高侧枝位以上主轴长 35 厘米，雄花护颖绿色，花药黄色；雌穗花丝红色。经品质测试：鲜株水分 62.76%，粗蛋白质 8.4%，粗脂肪 2.68%，酸性洗涤纤维 29.35%，中性洗涤纤维 47.41%，灰分 7.34%。经四川省农业科学院植物保护研究所抗病鉴定，中抗大斑病、小斑病、纹枯病、穗腐病和灰斑病，感丝黑穗病。

产量表现：2016 年贵州省青贮玉米区试鲜物质平均亩产3 524.4千克，比组平均增产 5.74%；干物质亩产1 193.7千克，较组平均增产 19.15%。2017 年鲜物质平均亩产3 105.9千克，比组平均增产 3.58%；干物质亩产 970.9 千克，较组平均 3.46%。两年鲜物质平均亩产3 315.15千克，比组平均增产 4.72%，15 个点（10 增 5 减），增产点率 66.7%；两年干物质平均亩产1 079.7千克，比组平均增产 9.88%。2017 年贵州省生产试验鲜物质平均亩产3 658.3千克，较组平均增产 5.02%，增产点率 75%，干物质亩产1 144.0千克，比对照增产 0.72%。

栽培技术要点：①春、夏播均可，春播宜在 4 月上中旬播种，夏播在 5 月中旬以前播种。种植密度为4 000~4 500株/亩。②采用营养块育苗移栽效果较好，选择适宜的土壤墒情和气候在 2 叶 1 心到 3 叶 1 心时适时移栽。③播种前用拖拉机或牛犁耙 1~2 次，并辅以人工碎土平整；在肥水管理上，以促为主，施足底肥基肥用量在 25~75 千克/亩，种类以腐熟农家肥、复合肥、普钙和氯化钾为主。直播应及时匀苗间苗，保证苗全、苗齐、苗壮。用尿素 10 千克/亩作苗肥，尿素 20~25 千克/亩加硫酸钾 5 千克/亩在大喇叭口期重施穗肥。苗肥结合中耕除草，穗肥施用结合中耕培土。整个生长期注意及时防治病虫害。

审定意见：适宜在贵阳市、遵义市、安顺市、铜仁市、毕节市、黔南州、黔东南州、黔西南州、六盘水市中上等肥力土壤作青贮玉米种植。注意防治丝黑穗病。

4. 品种名称：金玉 818

审定编号：黔审玉 20190042

申请者：贵州省旱粮研究所

育成单位：贵州省旱粮研究所

品种来源：T32×QB506

特征特性：生育期 135 天，与对照筑青 1 号相当。株型平展，株高 289 厘米，穗位高 133 厘米。雄穗一次分枝 16~18 个，雄穗最低侧枝位以上主轴长 26 厘米，最高侧枝位以上主轴长 16 厘米，雄花护颖有紫色条纹，花药绿色；雌穗花丝绿色。经品质测试，鲜株玉米水分 67.7%，烘干水分 3.64%，粗蛋白质 8.53%，粗脂肪 3.91%，酸性洗涤纤维 20.51%，中性洗涤纤维 35.52%，灰分 3.73%，淀粉 29.1%。经四川省农业科学院植物保护研究所抗病鉴定，中抗小斑病、丝黑穗病、纹枯病和茎腐病，感大斑病和玉米螟。

产量表现：2018 年参加贵州省青贮玉米区试组平均鲜物质亩产4 159.4千克，比对照增产 13.96%，7 点（6 增 1 减），增产点率 85.7%；干物质平均亩产1 343.5千克，比对照增产 15.39%。2018 年生产试验平均鲜物质亩产4 943.2千克，比对照增产 12.05%，增产点率 100%。

栽培技术要点：①春、夏播均可，春播宜在 4 月上中旬播种，夏播在 5 月中旬以前播种。种植密度为4 000~5 000株/亩。②该品种植株稍高，采用营养块育苗移栽效果更好，一般在 2 叶 1 心到 3 叶 1 心时移栽为宜，应选择适宜的土壤墒情和气候适时移栽。③在肥水管理上，以促为主，施足底肥，用农家肥2 000千克/亩，复合肥 30~50 千克/亩作底肥，条施或穴施。及时防治病虫害，直播方式应及时匀苗间苗，保证苗全、苗齐、苗壮。用尿素 10 千克/亩作苗肥，尿素 20~25 千克/亩加 5 千克/亩硫酸钾在大喇叭口期重施穗肥。苗肥结合中耕除草，穗肥施用结合中耕培土。④在籽粒乳线位置从籽粒顶部起往下达 1/2~1/3 时期，统一在地上 12 厘米处进行刈割全株，以提高产量和品质。

审定意见：适宜在贵阳市、遵义市、安顺市、铜仁市、毕节市、黔南州、黔东南州、黔西南州、六盘水市中上等肥力土壤作青贮玉米种植。

（三）2018 年贵州审定品种

1. 品种名称：贵青 1 号（区试名称：6909）

审定编号：黔审玉 20180015

申请者：贵州大学

育成单位：贵州大学

品种来源：PH6WC×GD909

特征特性：青贮生育期121天左右，比对照筑青1号早1天，幼苗长势强，株型半紧凑，株高276厘米，穗位高112厘米，雄穗一次分支9~11个，最低侧枝位以上主轴长35厘米、最高侧枝位以上主轴长23厘米，雄花护颖浅紫色、花药紫色，雌穗花丝淡粉色，籽粒排列直。籽粒黄色、硬粒型、穗轴白色。经贵州省农业科学院草业研究所品质测试，鲜物质含水量61.55%，粗蛋白质7.18%，粗脂肪2.61%，酸性洗涤纤维27.34%，中性洗涤纤维46.52%，灰分7.14%，钙0.42%，磷0.25%，无氮浸出物55.7%。经贵州省农业科学院植物保护研究所鉴定，高抗大斑病、小斑病、穗腐病和灰斑病，抗纹枯病和锈病，感丝黑穗病。

产量表现：2016年贵州省青贮玉米区试平均鲜物质亩产3 607.3千克，比对照增产2.35%，平均干物质亩产1 254.2千克，比对照减产5.12%；2017年续试平均鲜物质亩产3 140.3千克，比对照增产1.11%，干物质亩产1 207.3千克，比对照增产13.69%；两年12点平均鲜物质亩产3 373.8千克，比对照增产1.77%，12点（8增4减），增产点为66.7%；两年平均干物质亩产1 230.8千克，比对照增产6.11%。2017年生产试验，鲜物质平均亩产3 754.4千克，较对照增产2.63%，4个试点（3增1减），增产点达75%，干物质亩产1 443.6千克，比对照增产20.53%。

栽培技术要点：①春夏播均可，春播宜在4月上中旬播种，夏播在5月中旬以前播种，种植密度为4 000~4 500株/亩。②播种方式直播和机播均可，播种前要犁耙好地，使土壤疏松、平整。③在肥水管理上，以促为主，施足底肥，施玉米专用肥或复合肥40千克/亩或农家肥1 000千克/亩作底肥，保证苗全、苗齐、苗壮。追肥尿素二次，共30千克/亩左右，5叶期结合追肥进行一次中耕，大喇叭口时进行培土，或施缓释肥50千克/亩，在大喇叭口期追施尿素一次。苗期防治地老虎，如果是全株用作青贮，在乳熟后期到蜡熟前期时收获，青贮产量和质量最好。

审定意见：该品种符合贵州省玉米品种审定标准，通过审定。适宜在贵州省的贵阳市、安顺市、毕节市、黔西南州、六盘水市、遵义市、铜仁市、黔东南州和黔南州中上等肥力土壤作青贮玉米种植。注意防治丝黑病。

2. 品种名称：黔青1号（区试名称：327002）

审定编号：黔审玉20180016

申请者：贵州省旱粮研究所

育成单位：贵州省旱粮研究所

品种来源：QR10165×QR741

特征特性：全生育期120天，较对照筑青1号长2天。株型平展，株高290.1厘米，穗位高136.6厘米。雄穗一次分枝9个，雄穗最低侧枝位以上主轴长33厘米，最高侧枝位以上主轴长22厘米，雄花护颖紫色，花药紫色；雌穗花丝淡红色；果穗锥形，籽粒黄色，中间型，穗轴白色。经贵州省农业科学院草业研究所品质测试，（全株）鲜玉米水分61.55%，干物质含量38.45%，粗蛋白质6.56%，粗脂肪2.94%，酸性洗涤纤维 26.31%，中性洗涤纤维 47.46%，灰分 6.32%，无氮浸出物 57.87%。经贵州省农业科学院植物保护研究所鉴定，高抗大斑病、小斑病、穗腐病、灰斑病，中抗纹枯病、锈病，感丝黑穗病。

产量表现：2016 年青贮玉米区试平均亩产鲜重3 682.72千克，比对照增产 4.49%，有 50%试点增产。2017 年青贮区试鲜重平均亩产3 209.5千克，比对照增产 3.34%，有 83.33%点数增产。两年区试平均亩产鲜重3 446.1千克，比对照增产 3.95%，平均增产点数为 66.67%；两年平均干物质亩产1 271.96千克，比对照增产 9.66%。

栽培技术要点：宜春播，适宜播种期 4 月上旬至 5 月上旬。青贮种植密度3 800株/亩左右。播种前整地，使土壤疏松、平整。施足底肥，施用1 000千克/亩农家肥和 30 千克/亩玉米专用复合肥。4~5 叶时进行第一次中耕，结合施尿素 15 千克/亩。大喇叭口时进行中耕、培土，结合施尿素 20 千克/亩。苗期防治地老虎，大喇叭口期防治玉米螟。蜡熟期收获青贮。

审定意见：该品种符合贵州省玉米品种审定标准，通过审定。适宜在贵州省的贵阳市、安顺市、毕节市、黔西南州、六枝特区海拔1 500米以下的中上等肥力土壤作青贮玉米种植，注意防治穗腐病。

3. 品种名称：黔青 446（区试名称：黔青 4546）

审定编号：黔审玉 20180017

申请者：贵州省旱粮研究所

育成单位：贵州省旱粮研究所

品种来源：QB1545×QB446

特征特性：全生育期 121 天，较对照筑青 1 号短 1 天。株型平展，株高 288 厘米，穗位高 128.2 厘米。雄穗一次分枝 21~24 个，雄穗最低侧枝位以上主轴长 30 厘米，最高侧枝位以上主轴长 26 厘米，雄花护颖紫色条纹，花药紫色；雌穗花丝淡红色。经贵州省草业研究所对品质测试，鲜玉米水分 65.88%，烘干水分 3.65%，粗蛋白质 7.45%，粗脂肪 3.22%，酸性洗涤纤维 25.34%，中性洗涤纤维 44.83%，灰分 5.59%，无氮浸出物 58.4%。经贵州省农业科学院植物保护研究所抗病虫害鉴定结果，高抗小斑病、锈病、穗腐病；抗大斑病、纹枯病、灰斑病；感丝黑穗病。

产量表现：在 2016 年贵州省青贮玉米区试组平均鲜物质亩产3 970.80千克，比对照增产 12.7%；2017 年平均鲜物质亩产3 576.2千克，比对照增产 15.1%。两年鲜物质平均亩产3 773.5千克，比对照增产 13.8%，12 个点次（全部增产），增产点平均为 100%。两年干物质平均亩产1 244.12千克，比对照增产 7.26%。2017 年生产试验鲜物质平均亩产4 211.5千克，较对照筑青 1 号增产 15.1%，100%的试点增产，干物质亩产1 384.74千克，比对照增产 15.6%。

栽培技术要点：①春、夏播均可，春播宜在 4 月上中旬播种，夏播在 5 月中旬以前播种。种植密度为4 000~4 500株/亩。②采用营养块育苗移栽效果较好，选择适宜的土壤墒情和气候在 2 叶 1 心到 3 叶 1 心时适时移栽。③播种前用拖拉机或牛犁耙 1~2 次，并辅以人工碎土平整；在肥水管理上，以促为主，施足底肥基肥用量在 25~75 千克/亩，种类以腐熟农家肥、复合肥、普钙和氯化钾为主。直播应及时匀苗间苗，保证苗全、苗齐、苗壮。用尿素 10 千克/亩作苗肥，尿素 20~25 千克/亩加硫酸钾 5 千克/亩在大喇叭口期重施穗肥。苗肥结合中耕除草，穗肥施用结合中耕培土。整个生长期注意及时防治病虫害。

审定意见：该品种符合贵州省玉米品种审定标准，通过审定。适宜在贵阳市、遵义市、安顺市、铜仁市、毕节市、黔南州、黔东南州、黔西南州、六盘水市中上等肥力土壤作青贮玉米种植，注意防治丝黑穗病。

4. 品种名称：糯青 1 号（区试名称：糯青 7921）

审定编号：黔审玉 20180018

申请者：贵州省旱粮研究所

育成单位：贵州省旱粮研究所

品种来源：QW79×QW21

特征特性：全生育期 112 天，与对照黔糯 868 相当。株型平展，株高 265. 3 厘米，穗位高 123. 8 厘米。雄穗一次分枝 9 个，雄穗最低侧枝位以上主轴长 36 厘米、最高侧枝位以上主轴长 25 厘米，雄花护颖紫色，花药浅紫色；雌穗花丝红色；果穗锥形，籽粒白色，糯质型，穗轴白色。经贵州省农业科学院草业研究所品质测试，（全株）鲜玉米水分 66. 24%，干物质含量 33. 76%，粗蛋白质 5. 93%，粗脂肪 1. 98%，酸性洗涤纤维 23. 76%，中性洗涤纤维 38. 62%，灰分 5. 64%，无氮浸出物 62. 7%。经贵州省农业科学院植物保护研究所鉴定，高抗大斑病、小斑病、穗腐病，中抗灰斑病，抗纹枯病，感丝黑穗病、锈病。

产量表现：2016 年贵州青贮区试 6 点平均鲜物质亩产 2 901. 37千克，比对照增产 10. 52%，干物质亩产 814. 4 千克，比对照增产 4. 73%。2017 年区试鲜物质亩产 2 603. 6 千克，比对照增产 6. 46%；干物质亩产 879. 11 千克，比对照增产 13. 83%。两年区试平均鲜物质亩产 2 752. 5千克，比对照增产 8. 56%，两年增产点数平均为 75%，两年平均干物质亩产 851. 00 千克，比对照增产 9. 69%。2017 年贵州省青贮玉米生产试验鲜物质产量平均亩产 3 039. 7 千克，较对照增产 11. 44%，100% 的试点增产。干物质亩产 1 026. 51千克，比对照增产 19. 17%。

栽培技术要点：适宜种植密度4 000株/亩左右，播种前施足底肥，施1 500千克/亩农家肥、磷肥 30 千克/亩、钾肥 10~15 千克/亩。播种时间根据各地热量条件在 2 月底至 7 月初，可采用育苗移栽和地膜覆盖提早收获。生长期间追施尿素 40 千克/亩左右。

审定意见：该品种符合贵州省玉米品种审定标准，通过审定。适宜在贵州省的贵阳市、安顺市、毕节市、黔西南州、六盘水市、遵义市、铜仁市、黔东南州、黔南州的中上等肥力土壤作青贮玉米种植，注意防治丝黑穗病、锈病。

5. 品种名称：糯青 2 号（区试名称：糯青 627）

审定编号：黔审玉 20180019

申请者：贵州省旱粮研究所

育成单位：贵州省旱粮研究所

品种来源：QW79×QW27

特征特性：全生育期 112 天，比对照黔糯 868 号短 10 天。株型披散型，株高 259. 0

厘米，穗位高 130 厘米。雄穗一次分枝 13 个，雄穗最低侧枝位以上主轴长 36 厘米，最高侧枝位以上主轴长 20 厘米，雄花护颖浅紫色，花药浅紫色；雌穗花丝红色。经贵州省农业科学院草业研究所品质测试，鲜玉米水分 64.39%，干物质含量 35.61%，粗蛋白质 5.87%，粗脂肪 2.01%，酸性洗涤纤维 23.87%，中性洗涤纤维 39.54%，灰分 5.32%，无氮浸出物 62.9%。经贵州省农业科学院植物保护研究所鉴定，高抗小斑病、穗腐病，中抗大斑病、纹枯病、灰斑病，抗锈病，感丝黑穗病。

产量表现：2016 年贵州青贮玉米区域试验平均鲜物质亩产3 043.6千克，比对照增产 15.9%，干物质亩产 886.3 千克，比对照增产 13.98%；2017 年平均鲜物质亩产2 476.2千克，比增产 1.26%，干物质亩产 881.8 千克，比对照增产 14.2%。两年区试鲜物质平均亩产2 759.9千克，比对照增产 8.9%。两年增产点为 83.35%，两年平均干物质亩产 893.2 千克，比对照增产 15.1%。2017 年生产试验鲜物质平均亩产3 658.3千克，较对照增产 8.3%，增产点为 75%；干物质亩产1 052.0千克，比对照增产 22.1%。

栽培技术要点：适宜种植密度4 000株/亩左右，播种前施足底肥，施1 500千克/亩农家肥、磷肥 30 千克/亩、钾肥 10～15 千克/亩。播种时间根据各地热量条件在 2 月底至 7 月初，可采用育苗移栽和地膜覆盖提早收获。生长期间追施尿素 40 千克/亩左右。

审定意见：该品种符合贵州省玉米品种审定标准，通过审定。适宜在贵阳市、遵义市、安顺市、铜仁市、毕节市、黔南州、黔东南州、黔西南州、六盘水市中上等肥力土壤作青贮玉米种植，注意防治丝黑穗病。

（四）2013 年贵州审定品种

1. 品种名称：筑青 1 号（区试名称：筑青饲 511277）

审定编号：黔审玉 2013015 号

申请者：贵阳市农业试验中心

育成单位：贵阳市农业试验中心

品种来源：用外引系交 51 作母本，与自育自交系 X1277 作父本组配选育而成的青贮玉米杂交种

特征特性：播种至青贮采收 101 天左右，与对照盘江 7 号相当。幼苗叶鞘浅紫色，叶缘紫红色。株型平展，株高 286 厘米，穗位高 126 厘米，叶片数 18.8。雄穗一次分枝 14 个左右，最低位侧枝以上主轴长 44 厘米，最高位侧枝以上主轴长 35 厘米，雄花护颖绿色，颖尖紫色，花药黄色；雌穗花丝红色。果穗锥形，穗长 20.2 厘米，穗粗 5.9 厘米，穗行数 16。籽粒黄色、硬粒型，穗轴白色，百粒重 40 克。经贵州大学环境与资源研究所检测，全株粗蛋白质 9.05%，中性洗涤纤维 39.40%，酸性洗涤纤维 23.15%。

产量表现：2010 年青贮玉米区域试验平均亩生物产量4 573.7千克，比对照增产 6.6%；2011 年续试平均亩生物产量4 559.5千克，比对照增产 12.8%。两年平均亩生物产量4 566.6千克，比对照增产 9.6%，8 个点全部增产。

栽培技术要点：适时播种；直播，施足底肥，施用1 000千克/亩农家肥和 50 千克/亩玉米专用复合肥；合理密植，种植密度4 000～4 500株/亩；巧施追肥，分别

于苗期、拔节期追施尿素 10 千克/亩、20 千克/亩；综合防治病虫害。

审定意见：适宜在贵阳市作青贮玉米种植。

2. 品种名称：筑青 2 号（区试名称：筑青饲区 51）

审定编号：黔审玉 2013016 号

申请者：贵阳市农业试验中心

育成单位：贵阳市农业试验中心

品种来源：用自育自交系 ZF926 作母本，与外引自交系交 51 作父本组配选育而成的青贮玉米杂交种。

特征特性：播种至青贮采收 102 天左右，与对照盘江 7 号相当。幼苗叶鞘浅紫色，叶缘紫红色。株型平展，株高 280 厘米，穗位高 113 厘米，叶片数 18.8。雄穗一次分枝 15 个左右，最低位侧枝以上主轴长 38 厘米，最高位侧枝以上主轴长 33 厘米，雄花护颖浅紫色，颖尖紫色；雌穗花丝浅红色。果穗锥形，穗长 22 厘米，穗粗 6 厘米，穗行数 16。籽粒黄色、偏硬粒型，穗轴白色，百粒重 45 克。经贵州大学环境与资源研究所检测，全株粗蛋白质 7.46%，中性洗涤纤维 37.37%，酸性洗涤纤维 22.38%。

产量表现：2010 年青贮玉米区域试验平均亩生物产量 4 551.9千克，比对照增产 6.1%；2011 年续试平均亩生物产量 4 418.5千克，比对照增产 9.3%。两年平均亩产 4 485.2千克，比对照增产 7.7%，8 个点全部增产。

栽培技术要点：适时播种；直播，施足底肥，施用1 000千克/亩农家肥和 50 千克/亩玉米专用复合肥；合理密植，种植密度4 000～4 500株/亩；巧施追肥，分别于苗期、拔节期追施尿素 10 千克/亩、20 千克/亩；综合防治病虫害。

审定意见：贵阳市作青贮玉米种植。

十四、上海——青贮玉米品种审定信息（表 2-15）

表 2-15　沪审青贮玉米品种信息

序号	品种名称	审定编号	育成单位	停止推广年份
1	饲玉 2 号	沪审玉 2018009	山东农业大学	
2	申科青 503	沪审玉 2017009	上海市农业科学院	

（一）2018 年上海审定品种

品种名称：饲玉 2 号

审定编号：沪审玉 2018009

申请者：山东农业大学

育成单位：山东农业大学

品种来源：C428×C434

特征特性：青贮玉米品种。在上海春播，全生育期 113 天，比对照雅玉 8 号早 5 天。幼苗叶鞘浅紫色，株型半紧凑，株高为 292.5 厘米，穗位 122.8 厘米，全株叶片 20

片左右，持绿性好，花丝浅红色。果穗筒形，穗轴粉红色，籽粒黄色。收获时平均籽粒乳线位置50%，平均干物质含量36.3%；2016年饲玉号参加国家区域试验同时农业部全国农业技术推广服务中心委托北京农学院进行品质分析，结果为，淀粉含量31.0%，中性洗涤纤维含量39.9%，酸性洗涤纤维含量17.2%，粗蛋白质含量8.4%。据2017年山东农业大学植保学院抗病鉴定结果，高抗茎腐病，抗小斑病、弯孢叶斑病、瘤黑粉病、粗缩病，中抗穗腐病，感南方锈病。

产量表现：该品种2015—2017年参加山东农业大学在上海开展的青贮玉米区域试验，生物产量平均亩产3 389.5千克，比对照雅玉8号增产9.9%。

栽培技术要点：春播在3月25日左右播种，夏播应在7月20日前播种；种植密度4 000~4 500株/亩，底肥用农家肥2 000~2 500千克/亩、复合肥50千克/亩；苗肥用尿素15千克/亩；秆肥和攻苞肥用尿素10~15千克/亩，注意螟虫、纹枯病及其他病虫害的防治，乳熟末期收获。

审定意见：该品种符合玉米品种审定标准，通过审定。适宜在上海市种植。

（二）2017年上海审定品种

品种名称：申科青503

审定编号：沪审玉2017009

申请者：上海市农业科学院

育成单位：上海市农业科学院

品种来源：SQL364×SQL251

特征特性：该品种出苗至鲜穗采收平均114.0天，比对照雅玉青贮8号早熟4.0天。株型平展，株高255.0厘米，穗位高110.0厘米，穗长22.5厘米，穗粗5.3厘米，保绿度好，茎叶多汁，茎秆粗壮，长势旺盛，底叶不黄，根系发达，抗倒耐旱。倒伏率2.4%，倒折率为0.4%。田间大斑病1.0级、小斑病1.0级，矮花叶病0.9级，纹枯病1.0级。收获期全株粗蛋白质含量7.24%（对照雅玉青贮8号5.94%），粗脂肪20克/千克（对照19%），酸性洗涤纤维19.2%（对照22.6%），中性洗涤纤维38.7%（对照41.1%），品质较好。

产量表现：2015年参加上海市农业科学院组织的品种试验平均亩产3 352.7千克，比对照雅玉青贮8号增产9.4%；2016年继续参加上海市农业科学院组织的品种试验平均亩产3 527.3千克，比对照增产6.8%。

栽培技术要点：①春播在春分左右播种，夏播应在7月20日前播种。②青贮玉米种植较一般籽粒玉米种植密度较大，播种量3千克/亩左右，保证密度应在4 500~5 000株/亩。③实行施足底肥、轻施苗肥、重施秆肥和攻苞肥。底肥用农家肥2 000~2 500千克/亩、碳酸氢铵50千克/亩、磷肥25千克/亩、钾肥10千克/亩；苗肥用农家肥1 000千克/亩、尿素5千克/亩；秆肥和攻苞肥用尿素10~15千克/亩。④注意螟虫、纹枯病及其他病虫害的防治。⑤青贮玉米适宜的收获期在乳熟末期。

审定意见：该品种符合玉米品种审定标准，通过审定。适宜在上海市种植。

十五、四川——青贮玉米品种审定信息（表 2-16）

表 2-16　川审青贮玉米品种信息

序号	品种名称	审定编号	育成单位	停止推广年份
1	科饲 6 号	川审玉 2011025	中国科学院遗传与发育生物学研究所 广西畜牧研究所 四川省金种燎原种业科技有限责任公司	
2	群策青贮 8 号	川审玉 2009025	四川群策旱地农业研究所	
3	正青贮 13	川审玉 2009026	四川省农业科学院作物研究所 宜宾市农业科学院	
4	川单青贮 1 号	川审玉 2008011	四川农业大学玉米研究所 四川川单种业有限责任公司	
5	成单青贮 1 号	川审玉 2008012	四川省农业科学院作物研究所	
6	群策青贮 5 号	川审玉 2008013	成都阳光种苗有限公司 四川省群策旱地农业研究所	
7	蜀玉青贮 201	川审玉 2008014	蜀玉科技农业发展有限公司	
8	玉草 1 号	川审玉 2007019	四川农业大学玉米研究所	
9	玉草 2 号	川审玉 2007020	四川农业大学玉米研究所	

（一）2011 年四川审定品种

品种名称：科饲 6 号

审定编号：川审玉 2011025

申请者：中国科学院遗传与发育生物学研究所、广西畜牧研究所、四川省金种燎原种业科技有限责任公司

育成单位：中国科学院遗传与发育生物学研究所、广西畜牧研究所、四川省金种燎原种业科技有限责任公司

品种来源：以自交系抗 5815 作母本，以自交系 9009 作父本组配育成。

特征特性：光敏感性强，全生育期 130～150 天。幼苗叶片细长形，第一叶鞘颜色紫。株型丛生，株高 300～420 厘米，分蘖力强，一般具 3～5 个大蘖。叶长 70～100 厘米，宽 6～8 厘米，叶尖下垂，主茎叶片约 25 片。雄穗一级侧枝 10～14 个，花药浅紫色，雄穗颖片除基部外颜色绿，部分雄穗着生于雌穗顶端。花丝颜色紫，雌穗长 8～12 厘米，宽 1.2～1.4 厘米，穗轴扁平、褐色，穗行数 2，互生于穗轴两侧，具有硬稃，雌穗数个至十几个簇生于叶腋内，籽粒浅黄色。粗蛋白质含量 8.49%，中性洗涤纤维含量 49.16%，酸性洗涤纤维含量 19.07%。经接种鉴定，抗大斑病，中抗小斑病、纹枯病、茎腐病，感丝黑穗病。

产量表现：2008 年参加四川省青贮玉米区域试验，植株生物干物质产量折合亩产变幅为 975.5～2 204.4 千克，平均产量为 1 451.4 千克，比对照雅玉青贮 8 号增产

45.4%。2009年四川省青贮玉米生产试验，生物干物质产量平均亩产1 174.3千克，比对照玉草2号每亩增产106.0千克，增幅9.7%，4点均增产。

栽培技术要点：以春播为宜，种植密度3 300株/亩左右，过密则抑制分蘖，易倒伏；该杂交种前期生长稍慢，拔节后生长迅速，应重点抓好苗期管理；抽雄后至全株含水量降至70%左右时适时早收，可保证青贮品质和避免黑粉病的发生。

审定意见：适宜在四川省平坝、丘陵地区种植。

（二）2009年四川审定品种

1. 品种名称：群策青贮8号

审定编号：川审玉2009025

申请者：四川群策旱地农业研究所

育成单位：四川群策旱地农业研究所

品种来源：QC-1由四川群策旱地农业研究所用引进自交系SY-0与自交系SY-1组配选育而成。2004年参加组合观察试验，2005—2006年参加多点试验，2007—2008年参加四川省玉米青贮组区域试验，2008年参加生产试验。

特征特性：该组合属于青贮用种，综合性状优良。全生育期春播123天，植株健壮整齐，半紧凑型，株高228.0厘米，穗位高90.8厘米；雄穗护颖紫色，花粉量大，花丝红色，吐丝整齐，结实性好。果穗均匀，长筒形，穗长19.4厘米，穗行数14.2，行粒数35.5，千粒重333.7克；籽粒深黄色、马齿型；活棵成熟，抗倒性极强。经四川省种子质量监督检验站检测，杂交种田间纯度为98.0%，自交系田间检测纯度均在99.9%以上。经国家玉米改良中心品质分析结果表明，酸性洗涤纤维含量23.98%，中性洗涤纤维含量54.59%，粗蛋白质含量12.26%，均达到四川省审定标准。经四川省农业科学院植物保护研究所抗病虫性鉴定结果表明，抗小班病、茎腐病，中抗大斑病、纹枯病，轻丝黑穗病，中抗玉米螟。

产量表现：2007—2008年参加四川省玉米青贮组区域试验，2年生物干产平均亩产1 037.2千克，比对照增产14.2%；平均籽粒亩产564.2千克，比对照增产8.2%；2008年参加生产试验，生物干产平均亩产1 204.9千克，比对照增产10.9%，5点（4增1减）；平均籽粒亩产627.3千克，比对照增产6.9%，5点，点点增产。

栽培技术要点：适合春播或早夏播；播种量2千克/亩左右；净作以植密度4 000株/亩左右为宜，一般总施肥量考虑纯氮16千克/亩左右，P_2O_5 12千克/亩左右，K_2O 12千克/亩左右。重施底肥（30%），多施苗肥和拔节肥（20%），重施攻苞肥（50%）。苗期及时防治地老虎等，保证全苗，大喇叭口期及时防治玉米螟。

审定意见：适宜在四川平坝、丘陵地区种植。

2. 品种名称：正青贮13

审定编号：川审玉2009026

申请者：四川省农业科学院作物研究所、宜宾市农业科学院

育成单位：四川省农业科学院作物研究所、宜宾市农业科学院

品种来源：系四川省农业科学院作物研究所在2003年用自选系9991与引进系宜宾市农业科学院选育的0151组配而成的青贮玉米新组合。于2005—2006年参加本所鉴定

试验，2007—2008 年参加四川省区域试验和生产试验。

特征特性：属青贮玉米种，生育期春播 124.5 天，平均生物产量1 088.2千克，比对照增产 19.8%；籽粒平均亩产 579.9 千克，比对照增产 10.78%；植株健壮整齐，成株株型中间偏松散型，株高 269.7 厘米，穗位高 127.3 厘米；雄穗发达，主轴明显，分枝 12~15 个，护颖绿色，花药浅紫色，花粉量大，散粉好，雌穗苞叶松紧适度，吐丝好且集中，花丝较粗，紫红色，雌雄花期协调；果穗圆柱形，穗长 18.5 厘米，穗行数 15.8，行粒数 36.1，千粒重 310.2 克；籽粒黄色，中间型，红轴；全株绿叶片 17~19 叶，持绿期长，活秆成熟，抗病、抗倒性强。经国家玉米改良中心品质分析结果表明，该组合酸性洗涤纤维含量 26.40%，中性洗涤纤维含量 53.58%，粗蛋白质含量 11.52%，品质指标达到四川省审定标准。经四川省农业科学院植物保护研究所人工接种鉴定表现中抗大斑病、小斑病，抗丝黑穗病和茎腐病，感玉米螟，抗病性与对照相当。

产量表现：2007—2008 年参加四川省青贮区试，生物产量 14 点，点点增产，两年生物干产平均亩产1 088.3千克，比对照川单 13 增产 19.8%；籽粒产量 14 点，点点增产，平均亩产 579.86 千克，比对照川单 13 增产 10.78%，两年区试籽粒产量均为第一名；平均倒折率为 2.73%；2008 年参加四川省种子站统一安排于峨边、宣汉、北川、资阳和简阳三生态区 5 点青贮玉米组生产试验结果表明，5 点，点点增产，生物干产平均亩产1 237.5千克，比对照增产 13.9%；籽粒产量平均亩产 636.5 千克，比对照增产 8.5%。

栽培技术要点：适合春播或早夏播。植密度4 000株/亩左右为宜，一般总施肥量考虑纯氮 16 千克/亩左右，P_2O_5 6 千克/亩左右，K_2O 12 千克/亩左右。重施底肥（30%），多施苗肥和拔节肥（20%），重施攻苞肥（50%）。采用育苗移栽技术更能实现高产稳产。

审定意见：适宜在四川平坝、丘陵地区种植。

（三）2008 年四川审定品种

1. 品种名称：川单青贮 1 号

审定编号：川审玉 2008011

申请者：四川农业大学玉米研究所、四川川单种业有限责任公司

育成单位：四川农业大学玉米研究所、四川川单种业有限责任公司

品种来源：母本 5220-2 系四川农业大学玉米所以热带种质 SUWAN 的第二轮改良群体 SUC2 为基础材料，采用穗行法选育的一环系；父本 5311 从雅玉科技开发公司引进。

特征特性：四川春播全生育期 124 天，株高 267 厘米，穗位高 109 厘米，花药黄色，花丝绿色，叶片 11.8 片，穗行数 15.5，籽粒黄色、硬粒型，穗轴白色。千粒重 309 克，容重 767 克/升，赖氨酸含量 0.34%，粗蛋白质含量 11.4%，粗脂肪 4.9%，粗淀粉为 68.9%，整株蛋白质 15%，酸性洗涤纤维 30%，中性洗涤纤维 55%；经接种鉴定，抗茎腐病，中抗大斑病、小斑病和纹枯病，感丝黑穗病。

产量表现：2006 年四川省杂交玉米青贮组区试，生物产量平均每亩 999.6 千克，

比对照增产 11.1%，7 个试点（6 增 1 减），籽粒产量平均亩产 490.3 千克，比对照增产 2.4%；2007 年四川省杂交玉米青贮组区试，生物产量平均每亩 968.1 千克，比对照增产 17.7%。7 试点（6 增 1 减），籽粒产量平均亩产 522.2 千克，比对照增产 1.9%。两年平均亩产 983.9 千克，比对照增产 14.3%，籽粒产量平均亩产 506.3 千克，比对照增产 2.2%。2007 年四川省青贮玉米生产试验，生物产量平均每亩1 122.1千克，比对照增产 10.8%。

栽培技术要点：四川春、夏播均可，净作密度在3 200~3 600株/亩为宜。施肥和管理同一般单交种，施足底肥、轻施苗肥、重施攻苞肥、增施有机肥和磷钾肥。

审定意见：适宜在四川平坝和丘陵地区种植。

2. 品种名称：成单青贮 1 号

审定编号：川审玉 2008012

申请者：四川省农业科学院作物研究所

育成单位：四川省农业科学院作物研究所

品种来源：系四川省农业科学院作物所用自选自交系 9991 与自选自交系 2861 组配选育而成。

特征特性：该组合全生育期春播 119 天，比对照川单 13 早 0.3 天。株高 243.3 厘米，穗位高 100.5 厘米；雄穗护颖浅紫色，花粉量大，浅红色。穗长 17.6 厘米，穗粗 4.9 厘米，穗行数 13.9，行粒数 29.5，千粒重 304.5 克；籽粒黄色、中间型，红轴。品质分析，酸性洗涤纤维 25.9%，中性洗涤纤维 51.3%，整株粗蛋白质 15.8%。接种鉴定，抗小斑病，中抗玉米螟、大斑病、纹枯病和茎腐病，感丝黑穗病。

产量表现：2006 年四川省杂交玉米青贮组区试生物干产亩平均 983.3 千克，比对照增产 9.3%，7 个试点（6 增 1 减），籽粒亩产 484.9 千克，比对照增产 1.28%，7 个试点（5 增 2 减）；2007 年生物干产亩平均 928.9 千克，比对照增产 12.9%，7 个试点（6 增 1 减），籽粒亩产 529.1 千克，比对照增产 3.36%，7 个试点（6 增 1 减）。2007 年青贮玉米生产试验，生物干产平均亩产1 160.9千克，比对照增产 14.7%，5 点，点点增产；籽粒产量平均亩产 548.9 千克，比对照增产 8.4%。

栽培技术要点：适合春播，植密度4 000株/亩左右。重施底肥，多施苗肥和拔节肥，重施攻苞肥。

审定意见：适宜在四川平坝和丘陵地区种植。

3. 品种名称：群策青贮 5 号

审定编号：川审玉 2008013

申请者：成都阳光种苗有限公司、四川省群策旱地农业研究所

育成单位：成都阳光种苗有限公司、四川省群策旱地农业研究所

品种来源：四川省群策旱地农业研究所用自选自交系 SN2 与自选自交系 SN1 组配选育而成。

特征特性：该组合春播全生育期 121 天，植株松散型，株高 278 厘米，穗位高 136 厘米；雄穗护颖紫色，花粉量大，花丝红色。穗长 16.7 厘米，穗行数 12.8，行粒数 36.3，千粒重 271.1 克；果穗锥形，籽粒深黄色、硬粒型，双穗率 33.58%；品质分析，

酸性洗涤纤维 26.24%，中性洗涤纤维 52.79%，粗蛋白质 15.91%。抗病性鉴定，抗小班病、丝黑穗病和茎腐病，中抗大斑病和纹枯病。

产量表现：2006 年四川省杂交玉米青贮组区试生物干产亩平均 1044.8 千克，比对照增产 16.15%，7 个试点（6 增 1 减），籽粒亩产 488 千克，比对照增产 1.91%，7 个试点（6 增 1 减）；2007 年生物干产亩平均 963.3 千克，比对照增产 17.15%，7 个试点均增产，籽粒亩产 513.0 千克，比对照增产 0.14%，7 个试点（5 增 2 减）。2006—2007 年 2 年生物干产平均亩产 1 004.20千克，比对照川单 13 增产 16.63%；平均籽粒亩产 500.50 千克，比对照川单 13 增产 1.10%；2007 年生产试验，生物干产平均亩产 1 140 千克。

栽培技术要点：适宜在四川春播。净作植密度4 000株/亩左右。重施底肥，多施苗肥和拔节肥，重施攻苞肥。苗期及时防治地老虎，及时防治玉米螟。

审定意见：适宜在四川平坝和丘陵地区种植。

4. 品种名称：蜀玉青贮 201

审定编号：川审玉 2008014

申请者：蜀玉科技农业发展有限公司

育成单位：蜀玉科技农业发展有限公司

品种来源：系四川省蜀玉科技农业发展有限公司 2002 年以自选系 S107 与自选系 S213 组配育成。

特征特性：四川春播出苗至成熟 120 天左右，比川单 13 短 1 天。幼苗叶片绿色，株高 237.5 厘米，穗位高 102.6 厘米。穗上叶上冲，穗下叶平展，成株叶片数 21。果穗筒形，穗长 18.1 厘米，穗行数 14，籽粒黄色、马齿型，千粒重 302 克。接种鉴定，抗大斑病、小斑病，纹枯病和茎腐病，中抗玉米螟，感丝黑穗病。整株粗蛋白质 15.85%，中性洗涤纤维 53.31%，酸性洗涤纤维 27.62%。

产量表现：2005 年生物干产亩平均 942.9 千克，比对照增产 14.6%，7 个试点（5 增 2 减）；籽粒平均亩产 495.7 千克，比对照减产 0.9%；2006 年生物干产 955.6 千克，比对照增产 6.23%，7 个试点（5 增 2 减）；干籽粒产量亩平均 515.3 千克，比对照增产 7.62%。2007 年生产试验，生物干产亩平均1 135.4千克，比对照增产 12.1%，干籽粒产量亩平均 542.1 千克，比对照增产 12%。

栽培技术要点：春播，净作植密度 3 600株/亩；整株青贮饲用一般植5 500 ~ 6 000株/亩。其他栽培技术与一般玉米品种相同，注意防治丝黑穗病。

审定意见：适宜在四川平坝和丘陵地区种植。

（四）2007 年四川审定品种

1. 品种名称：玉草 1 号

审定编号：川审玉 2007019

申请者：四川农业大学玉米研究所

育成单位：四川农业大学玉米研究所

品种来源：父本（9475）系从墨西哥引进的四倍体多年生玉米种，母本（068）为普通玉米与四倍体多年生玉米杂交后培育的中间桥梁材料，即玉米四倍体多年生代换系。

特征特性：籽粒黄白色，千粒重 150 克左右；植株生长繁茂，根系发达，茎秆粗壮，成株时株高可达 3 米以上，主茎粗 1.7~2.1 厘米，叶片长 80~105 厘米，宽 6~8 厘米；具有多年生特性，每年可刈割 3~4 次；平均分蘖 6~8 个；抗寒、抗旱能力强，生态适应性广。茎叶嫩绿多汁，适口性好。粗蛋白质含量 12.91%~15.28%；中性洗涤纤维含量 61.04%~64.29%；相对饲用价值为 82.62。

产量表现：2005 年在雅安进行大区品比试验，第一期 4 月初播种，密度5 000株/亩，6 月 2 日刈割，亩产为 3 500 千克，比墨西哥玉米增产 84.2%，比高丹草增产 96.6%；第二期 4 月 20 日播种，密度 3 700 株/亩，7 月 7 日收获鲜草产量亩产为 4 799.48千克；2004 年越冬后玉草 1 号鲜草亩产为4 850千克。简阳丹景山 4 月初播种，密度2 779株/亩，6 月 27 日实收鲜草亩产为 6 700 千克。2006 年在四川 10 个县（市、区）试验，全年亩鲜产 8 000~12 000千克，比对照墨西哥玉米平均增产 50%以上。

2007 年大面积试验，洪雅县朱坝镇种植玉草 1 号 60 亩，第一茬实收平均亩产3 916 千克；阆中市集中示范种植玉草 1 号 40.5 亩，第一茬收获平均亩产3 917.5千克。

栽培要点：对土壤和播种期无严格要求，在南方种植一次栽培可多年利用。①播期和密度。温度稳定在 12℃以上即可播种，播种可采用直播或育苗移栽，每穴单株，2 500~3 500株/亩，有利分蘖和再生。②田间管理。播种后 30 天内植株细小、生长较慢，不易封行，要及时中耕除草，防治地下害虫；施足基肥，每次刈割后结合灌水除草松土施肥，促其快速再生。③收获利用。玉草 1 号适宜作青饲玉米使用，最佳刈割时期应在播种后 80 天左右，此时刈割产草量和营养价值均较高。刈割时留茬 10~15 厘米为宜。此后每隔 40~60 天可再次刈割，一年可刈割 3~4 次。

适宜种植地区：适宜在四川平丘和山区种植。

2. 品种名称：玉草 2 号

审定编号：川审玉 2007020

选育单位：四川农业大学玉米研究所

品种来源：父本（06848）是玉米四倍体多年生玉米种代换系（068）与玉米（48-2）的回交种；母本为墨西哥一年生大刍草。

特征特性：籽粒黄色，千粒重 250 克左右；为禾本科类蜀黍属一年生草本，生育期 120 天左右；植株生长快速，枝叶繁茂，平均株高 256.7 厘米，茎粗 3.1 厘米，叶片长 103.4 厘米，叶宽 9.8 厘米，平均分蘖 2~3 个，茎直立，叶片剑状，叶缘微细齿状，叶面光滑；种子发芽的最低温度为 12℃左右，最适温度为 24~26℃，生长适温 25~35℃。

产量表现：2004 年在四川雅安进行了玉草 1 号、玉草 2 号、玉米（48-2）等品种对比试验（密度为3 000株/亩）及其营养品质的测定。玉草 2 号生长快速，共刈割 2 次，鲜物质产量分别为 5 664 千克/亩和 2 044 千克/亩，第 1 次刈割产量比第 2 次高 177%。2005 年、2006 年大区品种比较试验，播种后平均 70 天即可刈割，鲜产5 000~6 500千克/亩。

2007 年，在四川省洪雅、南充、金堂等 10 个县（市、区）进行大面积的试验示范栽培，生育期平均 65~70 天，平均株高 2.6 米，平均分蘖 2~3 个，平均亩产5 500~

6 500千克，比同期种植的墨西哥大刍草增产 50%以上。

栽培要点：①播种期。对播种期无严格要求，地温稳定在 12℃以上。春、夏、秋均可播种，可采用直播或育苗移栽，每穴下种 3~5 粒，覆土 2~3 厘米，每穴 2 株，密度6 000~8 000株/亩。②田间管理。生长旺盛，管理简便，适当增施肥水。③收获利用。适宜一次刈割，刈割最佳时期为播种后 70 天左右，即抽雄期及时刈割产草量和营养价值均较高。

审定意见：适宜在四川平丘和山区种植。

十六、新疆——青贮玉米品种审定信息（表 2-17）

表 2-17　新审青贮玉米品种信息

序号	品种名称	审定编号	育成单位	停止推广年份
1	新饲玉 20 号	新审饲玉 2011 年 40 号	新疆农垦科学院作物研究所	
2	新饲玉 21 号	新审饲玉 2011 年 41 号	郭耿伟、达尼亚尔、尚新刚、李士杰、邹淑琴	
3	曲辰九号	新审饲玉 2011 年 42 号	云南曲辰种业有限公司	
4	新饲玉 18 号	新审饲玉 2010 年 35 号	新疆沃特生物工程公司	
5	新饲玉 14 号	新审饲玉 2009 年 40 号	新疆农垦科学院	
6	新饲玉 15 号	新审饲玉 2009 年 41 号	新疆康地种业	
7	新饲玉 16 号	新审饲玉 2009 年 42 号	新疆天合种业	
8	新饲玉 17 号	新审饲玉 2009 年 43 号	新疆沃特生物公司	
9	奥玉青贮 5102	新审饲玉 2009 年 44 号	北京奥瑞金种业	
10	新饲玉 10 号	新审饲玉 2007 年 42 号	新疆农垦科学院	
11	新饲玉 11 号	新审饲玉 2007 年 43 号	新疆农垦科学院	
12	新饲玉 12 号	新审饲玉 2007 年 44 号	新疆沃特生物公司	
13	新饲玉 13 号	新审饲玉 2007 年 45 号	新疆沃特生物公司	

（续表）

序号	品种名称	审定编号	育成单位	停止推广年份
14	新饲玉 6 号	新饲玉 2005 年 042 号	新疆新实良种股份有限公司	
15	新饲玉 7 号	新饲玉 2005 年 043 号	新疆新实良种股份有限公司	
16	新饲玉 8 号	新饲玉 2005 年 044 号	山西屯玉种业科技股份有限公司	
17	新饲玉 9 号	新饲玉 2005 年 045 号	山西屯玉种业科技股份有限公司	
18	新饲玉 2 号	新饲玉 2004 年 034 号	新疆农垦科学院作物研究所	
19	新饲玉 3 号	新饲玉 2004 年 035 号	新疆种业（集团）有限公司	
20	新饲玉 4 号	新饲玉 2004 年 036 号	新疆农业科学院粮作所	
21	新饲玉 5 号	新饲玉 2004 年 037 号	新疆新实良种股份有限公司	
22	新饲玉 1 号	新审玉 2004 年 033 号	新疆康地农业高新技术研究中心	

（一）2011 年新疆审定品种

1. 品种名称：新饲玉 20 号

审定编号：新审饲玉 2011 年 40 号

申请者：新疆农垦科学院作物研究所

育成单位：新疆农垦科学院作物研究所

品种来源：由母本 MH18-2 和父本 MH24-2 组配成。

特征特性：需大于等于 10℃ 活动积温 2 800℃ 左右，生育期 128.5 天，叶片绿色，幼苗生长旺盛。株型紧凑，株高 373.33 厘米，穗位高 215.03 厘米，收获时绿叶片 21.78 片。

产量表现：2010 年生产试验平均亩产干重 2 181.1千克，比对照新饲玉 12 号增产 0.21%。亩鲜重5 743.61千克，比对照增产 0.8%。

栽培技术要点：4 月中下旬播种，种植密度4 500~5 000株/亩。在幼苗生长期适当蹲苗，中耕 2~3 次，施足底肥，增施有机肥，施种肥磷酸二铵 10~15 千克/亩，结合中耕追施尿素 30~40 千克/亩，灌水 4~5 次，合理施肥。

审定意见：适宜在北疆青贮玉米区种植。

2. 品种名称：新饲玉 21 号

审定编号：新审饲玉 2011 年 41 号

申请者：新疆沃特生物工程公司

育成单位：郭耿伟、达尼亚尔、尚新刚、李士杰、邹淑琴

品种来源：以 6070 作母本，以 WDN 作父本组配而成。

特征特性：生育期 125.2 天左右，苗期生长势强，叶色浓绿，叶片上冲，株型半紧凑，株高 348.86 厘米，穗位高 207.8 厘米，收获时绿叶 22.02 片。籽粒黄色，半硬粒型，穗型筒形。

产量表现：2010 年生产试验平均亩干重 2 216.1 千克，比对照新饲玉 12 号增产 1.81%。亩鲜重 6 120.14 千克，比对照增产 7.4%。

栽培技术要点：种植上要求有比较好的肥水条件。一般肥水条件保苗密度 5 000 株/亩，高水肥条件保苗 4 500 株/亩。小喇叭口期于心叶撒施药剂防治玉米螟，在玉米螟重发区，用量 2.5 千克/亩左右。肥料以促为主，重视底肥，追肥氮磷结合，蹲苗期要长，头水可比其他品种晚浇 7~8 天，防止头水过早，植株过高倒伏。浇水时注意大风天气。

审定意见：适宜在北疆青贮玉米区种植。

3. 品种名称：曲辰九号

审定编号：新审饲玉 2011 年 42 号

申请者：云南曲辰种业有限公司

育成单位：云南曲辰种业有限公司

品种来源：母本 215-99 和父本 M31、SC122 组配成。

特征特性：出苗到收获生育期 128.5 天，植株深绿色，叶片上举。株高 340.25 厘米，穗位高 199.53 厘米，收获时绿叶 21.89 片。穗长 20.6 厘米，穗行数 16~18，穗轴红色，籽粒黄色，半硬粒型，千粒重 348.4 克。

产量表现：2010 年生产试验平均亩产干重 2 459.43 千克，比对照新饲玉 12 号增产 12.99%。亩鲜重 6 416.01 千克，比对照增产 12.6%。

栽培技术要点：肥力充足条件下易高产，种植密度 5 500 株/亩，合理灌溉施肥。

审定意见：适宜在北疆青贮玉米区种植。

（二）2010 年新疆审定品种

品种名称：新饲玉 18 号

审定编号：新审饲玉 2010 年 35 号

申请者：新疆沃特生物工程公司

育成单位：新疆沃特生物工程公司

品种来源：18F×WDN

特征特性：幼苗绿色，苗期长势强，生长快，植株促壮，根系发达茎抗倒性强，丰产潜力大，适应性强，后期植株保绿性好，生育期 125.2 天，株型半紧凑，主茎株高 338.6 厘米，穗位高 198 厘米，收获时绿叶数为 21.4。

产量表现：两年区域化试验，平均鲜重 6 504.06 千克，较对照增产 8.06%。平均干重 2 602.11 千克，较对照增产 7.23%。生产试验中，平均鲜重 6 107.43 千克，较对照增产 7.23%。平均干重 2 050.87 千克，较对照增产 12.07%。

栽培技术要点：当 10 厘米低温稳定在 10~12℃时可播种，尽量早播，争取一播全

苗。一般水肥条件下保苗密度5 000株/亩，高水肥条件下保苗密度在5 500~6 000株/亩，灌浆后期，应注意灌浆水和对害虫的防治，肥料以促为主，重施底肥，追肥氮磷结合。

审定意见：适宜在北疆玉米区种植。

（三）2009年新疆审定品种

1. 品种名称：新饲玉14号

审定编号：新审饲玉2009年40号

申请者：新疆农垦科学院

育成单位：新疆农垦科学院

品种来源：石青05与自交系石青06

特征特性：①株高390~410厘米，穗位180~200厘米，主茎叶25片，叶宽成剑形并向上卷曲，属于独秆型，平均每株有1~2个果穗，叶片宽大，叶色黄绿，半紧凑株型。②果穗筒形，穗长18~25厘米，穗粗4.5厘米，穗轴白色，每穗16~18行，每行40~55粒。半马齿型，籽粒黄白色，千粒重300~350克，出籽率84.2%。③粗蛋白质（干基）含量为9.06%，中性洗涤纤维（干基）51.0%，酸性洗涤纤维（干基）28.2%，粗纤维含量21.8%。④青贮刈割期北疆120天。

产量表现：在2006—2007年2年区试中，平均亩产鲜重6 778.16千克，比对照增产27.26%，平均亩产干重2 605.51千克，比对照增产25.60%。2007年生产试验中，平均亩产鲜重6 170.9千克，比对照增产24.35%，平均亩产干重2 257.35千克，比对照增产25.06%。

栽培技术要点：根据实际情况，适时早播，北疆在4月15日左右。根据土壤情况，保苗4 500株/亩。及时中耕除草，4~5叶及时定苗。及时追肥灌水。一般施磷肥25~30千克/亩。头水要求在6月20日左右进行，以后每隔10~15天进水，保证田间的土壤保湿不缺水。

审定意见：适宜在北疆玉米区种植。

2. 品种名称：新饲玉15号

审定编号：新审饲玉2009年41号

申请者：新疆康地种业

育成单位：新疆康地种业

品种来源：母本为自育的二环系KD5-128，父本为自育的二环系KD5-131

特征特性：①种子发芽势强，出苗快且整齐，苗期生长健壮，生长势强，分蘖少，属单秆型，全株24~25片叶，株高330厘米左右，穗位150厘米左右，叶片宽大，保绿时间长，气生根发达，抗倒性好，雄穗发达，花粉量大，花药紫红色，花丝紫红色。②果穗长筒形，穗长18~24厘米，穗粗4.0~4.5厘米，穗行数12~16，行粒数28~38，籽粒黄色，半硬粒型，穗轴白色，千粒重310~350克。据新疆农业科学院测试分析中心检验报告结果，全株粗蛋白质含量10.15%（干基），粗脂肪含量1.8%（干基），粗纤维含量21.7%（干基），中性洗涤纤维49.6%（干基），酸性洗涤纤维25.2%（干基），水解后还原糖含量9.36%（干基），干物质29.3%。③春播出苗至成熟130天左右。

产量表现：在2007—2008年区试中，平均鲜重5 503.4千克/亩，比对照增产4.28%，平均干重2 206.06千克/亩，比对照增产5.20%，在2008年生产试验中，平均鲜重5 042.27千克/亩，比对照增产0.48%，平均干重1 717.4千克/亩，比对照增产0.08%。

栽培技术要点：该品种生育期较长，采用覆膜早播，留苗密度5 000~5 500株/亩，选择中上等地力，施标肥120千克/亩，N：P为2.5：1，要大水大肥，当株高80厘米左右，展开14~15叶时，浇1水，全生育期灌水5~6次，生育期间保持田间湿润，不易受旱。此品种单秆单穗型，应及时去蘖，当玉米进入蜡熟期，籽粒顶部变硬，乳线下降至2/5~3/5时即可收割青贮。

审定意见：适宜在北疆玉米区种植。

3. 品种名称：新饲玉16号

审定编号：新审饲玉2009年42号

申请者：新疆天合种业

育成单位：新疆天合种业

品种来源：母本TH05，父本TH010

特征特性：①THG0510幼苗叶鞘紫色，叶片绿色，苗期生长势强。叶片上冲，植株整齐健壮，株型半紧凑，籽粒活秆成熟，持绿性好，株高3.7~4.0米，穗位高1.8~2.0米，茎粗2.7~3.0厘米，成株叶24片，散粉量大，果穗长筒形，穗长25厘米，穗行数16，行粒数48，籽粒硬粒型，籽粒金黄色，穗轴红色，全生育期128天，出苗到青贮收割期约110天，亩产生物产量鲜重6 343.4~7 860千克。②生物学产量混合样品，粗蛋白质含量10.54%。

产量表现：在2006—2007年区试中，平均鲜重6 053.79千克/亩，比对照增产13.66%，平均干重2 251千克/亩，比对照增产8.51%。在2007年生产试验中，平均鲜重5 948.33千克/亩，比对照新饲玉增产19.87%，平均干重2 054.56千克/亩，比对照增产13.82%，生育期128.3天，比对照晚熟2天。

栽培技术要点：根据实际情况，适时早播，北疆在4月15日左右。根据土壤情况，保苗4 500株/亩。及时中耕除草，4~5叶及时定苗。及时追肥灌水。一般施磷肥25~30千克/亩。头水要求在6月20日左右进行，以后每隔10~15天进水，保证田间的土壤保湿不缺水。

审定意见：适宜在北疆玉米区种植。

4. 品种名称：新饲玉17号

审定编号：新审饲玉2009年43号

申请者：新疆沃特生物公司

育成单位：新疆沃特生物公司

品种来源：母本为WA8，父本为WDN

特征特性：①幼苗绿色，出苗快，长势强，叶色浓绿，株型半紧凑。生育期从出苗至收获天数121天，株型半紧凑，主茎株高324.28厘米，穗位高165.98厘米。收获时绿叶数为20.16片。②雄穗分枝8~12个，花药淡黄色，花丝粉色，果穗筒形，果穗长20~22厘米，穗行数14~16，籽粒黄色，行粒数30~40，排列整齐。③籽粒黄色、半硬粒型，千粒重320~380克。粗蛋白质含量（干基）10.08%，粗脂肪（干基）1.5%，粗纤维（干基）21.0%，含水量（风干样）8.4%。干物质（鲜样）27.4%，水解后的还原糖（干基）6.68%，中性洗涤纤维（干基）54.8%，酸性洗涤纤维（干基）29.1%，无氮浸出物56.72%，灰分（干基）5.51%。④出苗至完熟135天左右。

产量表现：在2007—2008年区试中，平均鲜重5 798.75千克/亩，比对照增产9.87%，平均干重2 301.25千克/亩，比对照增产9.55%，在2008年生产试验中，平均鲜重5 340.16千克/亩，比对照增产6.29%，平均干重1 738.31千克/亩，比对照增产1.36%，生育期122天，比对照晚熟3天。

栽培技术要点：当10厘米地温稳定在10~12℃时即可播种，尽量早播，争取一播全苗。一般水肥条件下保苗密度4 500~5 000株/亩，高水肥条件下保苗密度4 500株/亩。小喇叭口期于心叶撒施药剂防治玉米螟，玉米螟发作期，用药量要大，达到用2.5千克/亩左右。栽培水肥管理，肥料以促为主，重施底肥，追施氮磷结合，蹲苗期时间较SC704长，头水可比其他品种晚浇7~8天，防止头水过早，植株过高造成倒伏。

审定意见：适宜在北疆玉米区种植。

5. 品种名称：奥玉青贮5102

审定编号：新审饲玉2009年44号

申请者：北京奥瑞金种业

育成单位：北京奥瑞金种业

品种来源：OSL019×OSL047

特征特性：新疆维吾尔自治区出苗至收获天数124.3天，比对照新饲玉1号早4天。幼苗叶鞘紫色，叶片深绿色，叶缘绿色。株型半紧凑，株高354.8厘米，穗位高192.5厘米，收获时绿叶为21.3片。花药黄色，颖壳绿色，花丝绿色，果穗筒形，穗长23厘米，穗行数18，穗轴白色，籽粒黄色，粒型为半硬粒型。

产量表现：在2006—2007年区试中，平均鲜重5 967.13千克/亩，比对照增产12.03%，平均干重2 311.52千克/亩，比对照增产11.43%，在2007年生产试验中平均鲜重6 050.35千克/亩，比对照增产22.06%，平均干重2 387.41千克/亩，比对照增产32.26%。

栽培技术要点：适宜密度为4 000~4 500株/亩；应选择在中等以上肥力的地块种植，等行距种植或宽窄行种植均可；施农家肥3 000千克/亩或氮磷钾三元复合肥30千克/亩作基肥，大喇叭口期追施30千克/亩左右尿素；苗期注意蹲苗，在幼苗长到5~6片叶时，进行间苗、定苗，结合中耕培土；及时防治病虫害；乳熟中期收获。

审定意见：适宜在北疆饲料玉米区种植。

（四）2007年新疆审定品种

1. 品种名称：新饲玉10号

审定编号：新审饲玉2007年42号

申请者：新疆农垦科学院

育成单位：新疆农垦科学院

品种来源：自交系石青05和自交系石青06组配而成。

特征特性：株高350~360厘米，穗位高150~170厘米，主茎叶24片；独秆型，一般单株1~2个果穗，叶片宽大，叶色深绿，株型紧凑。穗部形状为筒形，穗长18厘米，穗粗4.5厘米，穗轴红色，穗行数14~16，行粒数40~55，籽粒硬粒型，黄色，千粒重320克，出籽率84.2%。粗蛋白质（干基，下同）含量为10.31%，粗纤维含量为26.6%，粗脂肪含量为1.03%，中性洗涤纤维56.6%，酸性洗涤纤维33.9%，干物质（鲜样）33.8%，水分为9.78%。春播出苗到成熟130天，北疆适宜收割青贮期为110天左右。

产量表现：2005—2006年在区试验中，两年平均亩产鲜重5 866.1千克，较对照增产13.88%。

栽培技术要点：南疆春播3月中旬至4月上旬，北疆春播4月中旬至5中旬。播量3.5千克/亩，采用60厘米等行距或40厘米+80厘米的宽窄行播种，宽窄行距播种有利于高产，保苗5 500~6 500株/亩，9月上旬收割青贮。要求土壤耕深25厘米以上，耕翻前施优质厩肥5吨/亩作基肥。有条件时全生育期氮肥量的50%及磷肥的2/3作基肥深施；中耕2次，第一次中耕在5片叶时进行，中耕深度为15厘米以上，第二次中耕在8片叶时进行，同时追施复合肥15千克/亩。展开10叶时，开沟培土，追施尿素30千克/亩，然后灌第一水，以后每隔10~15天灌一水，全生育期灌水4~5次。

审定意见：适宜在南北疆玉米区种植。

2. 品种名称：新饲玉11号

审定编号：新审饲玉2007年43号

申请者：新疆农垦科学院

育成单位：新疆农垦科学院

品种来源：母本石青03，父本石青04

特征特性：株高340~360厘米，穗位高150~170厘米，主茎叶24片；独秆型，一般单株1~2个果穗，穗长16~18厘米，叶片宽大，叶色深绿，株型紧凑。穗部形状为筒形，穗长18厘米，穗粗4.5厘米，穗轴红色，穗行数14~16，行粒数40~55，籽粒硬粒型，黄色，千粒重250~280克，出籽率84.2%。北疆适宜收割青贮期为110天左右。

产量表现：2004—2005年两年区试中，平均产量6 479.08千克/亩，比对照新饲玉1号增产17.08%。2005年生产试验中，平均产量5 545.73千克，比对照新饲玉1号增产23.3%。

栽培技术要点：南疆春播3月中旬至4月上旬，北疆春播4月中旬至5中旬。播量3.5千克/亩，播种深度6厘米，采用60厘米等行距或40厘米+80厘米的宽窄行播种，宽窄行距播种有利于高产，保苗4 500~5 000株/亩。要求土壤耕深25厘米以上，耕翻前施优质厩肥5吨/亩作基肥。有条件时全生育期氮肥量的50%及磷肥的2/3作基肥深施；中耕两次，第一次中耕在5片叶时进行，中耕深度为15厘米以上，第二次中耕在

8片叶时进行，同时追施复合肥15千克/亩。展开10叶时，开沟培土，追施尿素30千克/亩，然后灌第一水，以后每隔10~15天灌一水，全生育期灌水4~5次。

审定意见：适宜在南北疆玉米区种植。

3. 品种名称：新饲玉12号

审定编号：新审饲玉2007年44号

申请者：新疆沃特生物公司

育成单位：新疆沃特生物公司

品种来源：QI02×饲28

特征特性：幼苗绿色，出苗快，苗期长势强，叶色深绿，株型半紧凑。根系发达，抗倒性强，抗病性强，抗旱；主茎高320厘米，粗2.6厘米，穗位高190.2厘米。雄穗分枝9~14个，花药淡黄色，花丝粉色；果穗筒形，果穗长19.8厘米，穗行数14~16，行粒数30~40，籽粒黄色，排列整齐。籽粒黄色、半硬粒型，千粒重300~350克。出苗至成熟140天左右。

产量表现：2005—2006年两年区试中，平均亩产7 228.74千克，较对照新饲玉1号增产13.18%。2006年生产试验中，平均亩产6 067.9千克，较对照增产18.52%。

栽培技术要点：北疆一般4月中下旬或5月上旬；亩播种量3.5千克；保苗4 500~5 000株/亩。采用当地先进的栽培技术进行管理，充分发挥品种的增产潜力。适时早播，当10厘米地温稳定在10~12℃时即可播种，尽量早播，争取一播全苗；一般水肥条件下保苗密度4 500~5 000株/亩，高水肥条件下保苗密度4 500株/亩；小喇叭口期于心叶撒施药剂防治玉米螟，在玉米螟重发区，用药量要大，达到用量2.5千克/亩左右。肥料以促为主，重施底肥，追肥氮磷结合，蹲苗期时间要长，头水可比其他品种晚浇7~8天，防止头水过早，植株过高造成倒伏。浇水时注意大风天气。

审定意见：适宜在南北疆玉米区种植。

4. 品种名称：新饲玉13号

审定编号：新审饲玉2007年45号

申请者：新疆沃特生物公司

育成单位：新疆沃特生物公司

品种来源：WT189×WT822

特征特性：幼苗绿色，出苗快，苗期长势强，叶色深绿，株型半紧凑。根系发达，抗倒性强，抗病性强，抗旱；主茎高327.45厘米、粗3.0厘米，穗位高177.15厘米。雄穗分枝8~12个，花药淡黄色，花丝粉色；果穗筒形，果穗长20~22厘米，穗行数14~16，行粒数30~40，籽粒黄色，排列整齐。籽粒黄色、半硬粒型，千粒重320~380克。出苗至成熟135天左右。

产量表现：2005—2006年两年区试中，平均亩产6 791.7千克，较对照新饲玉1号增产6.34%。2006年生产试验中，平均亩产5 494.5千克，较对照增产7.32%。

栽培技术要点：北疆一般4月中下旬或5月上旬；播种量3.5千克/亩；保苗4 500~5 000株/亩。采用当地先进的栽培技术进行管理，充分发挥品种的增产潜力。适时早播，当10厘米地温稳定在10~12℃时即可播种，尽量早播，争取一播全苗；一般水肥条件下保苗密度4 500~5 000株/亩，高水肥条件下保苗密度4 500株/亩；小喇叭口期于心叶撒施药剂防治玉米螟，在玉米螟重发区，用药量要大，达到用量2.5千克/亩左右。肥料以促为主，重施底肥，追肥氮磷结合，蹲苗期时间要长，头水可比其他品种晚浇7~8天，防止头水过早，植株过高造成倒伏。浇水时注意大风天气。

审定意见：适宜在南北疆玉米区种植。

（五）2005年新疆审定品种

1. 品种名称：新饲玉6号

审定编号：新饲玉2005年042号

申请者：新疆新实良种股份有限公司

育成单位：新疆新实良种股份有限公司

品种来源：新实良种选育

特征特性：多蘖多穗型青贮玉米，株型较紧凑，植株长势强分蘖强3~5个，长势强，株高283厘米，穗位高13厘米，分蘖强3~5个，单株成穗6~7个。成熟后果穗长12厘米，穗粗3.0厘米，单穗粒重75克，F_1为白色，F_2为红色。

产量表现：2004年生产试验平均亩产鲜重4 842.07千克，较对照新多2号增产16.17%。较对照新饲玉1号减产11.04%。

栽培技术要点：适时早播，力争一播全苗，播量3千克/亩，保苗4 500~5 000株/亩。施农家肥2 000~3 000千克/亩，培肥地力。结合秋耕/春耕，深施底肥（磷酸二铵20千克/亩，尿素10千克/亩），带好种肥，重施追肥（尿素20~25千克/亩），巧施穗肥（尿素10千克/亩），提高化肥的利用率。全生育期灌水5~6次，保证植株正常生长发育。实时防治玉米螟、红蜘蛛；3叶期间苗，5叶期定苗，早中耕、勤中耕，注意打杈，一般主茎旁边留两个分叉。

审定意见：适宜在北疆春玉米饲用玉米区种植。

2. 品种名称：新饲玉7号

审定编号：新饲玉2005年043号

申请者：新疆新实良种股份有限公司

育成单位：新疆新实良种股份有限公司

品种来源：陕86×GB

特征特性：多蘖多穗型青贮玉米，株型较紧凑，长势强，株高310厘米，穗位高135厘米，分蘖强3~5个，单株成穗6~7个。成熟后果穗长13厘米，穗粗3.0厘米，单穗粒重70克，籽粒F_1为白色，F_2为白色。

产量表现：2004年生产试验平均亩产鲜重4 712.19千克，较对照新多2号增产12.13%，较对照新饲玉1号减产11.21%。

栽培技术要点：适时早播，力争一播全苗，播量3千克/亩，保苗4 500~5 000株/亩。施农家肥2 000~3 000千克/亩，培肥地力。结合秋耕/春耕，深施底肥（磷酸二铵20千克/亩，尿素10千克/亩），带好种肥，重施追肥（尿素20~25千克/亩）巧施穗肥（尿素10千克/亩），提高化肥的利用率。全生育期灌水5~6次，保证植株正常生长发育。实时防治玉米螟、红蜘蛛。3叶期间苗，5叶期定苗，早中耕、勤中耕，注意打杈，一般主茎旁边留两个分叉。

审定意见：适宜在北疆春玉米饲用玉米区种植。

3. 品种名称：新饲玉 8 号

审定编号：新饲玉 2005 年 044 号

申请者：山西屯玉种业科技股份有限公司

育成单位：山西屯玉种业科技股份有限公司

品种来源：me88t×me06

特征特性：幼苗第一叶片尖端形状尖到圆，叶鞘紫红色。幼苗叶片绿色，叶缘五色。株型较紧凑。株高 318 厘米，穗位高 136 厘米，穗位叶长 101 厘米，叶宽 11.2 厘米，总叶片 23~24 片。花药浅红色，颖壳淡绿色。从出苗至青饲青贮收获期（籽粒蜡熟初中期）约 110 天。果穗长 21.5 厘米，穗直径 5.5 厘米，穗行数 16，行粒数 50，千粒重 355 克，一般单穗重 200 克，出籽率 86%左右，穗轴粉色，穗型筒形，籽粒黄色，半硬粒（黄顶），半马齿型。容重 730 克/升。在北京青贮青饲收割期约 110 天（出苗至蜡熟期）。籽粒收获期约 133 天，属于晚熟玉米杂交种。需有效积温2 850℃。

产量表现：2004 年生产试验平均亩产鲜重6 191.46千克，较对照新多 2 号增产 57.63%，较对照新饲玉 1 号增产 13.69%。

栽培技术要点：播前注意防治地下害虫。注意种子包衣拌药防止丝黑穗病和瘤黑粉病。播种期，新疆 4 月下旬至 5 月上旬播种。种植密度，一般 6.0 万~6.3 万株/公顷（4 000~4 200株/亩）。基肥，有机肥 37.5 吨/公顷，种肥磷酸二铵 225 千克/公顷。小喇叭口期浇大水。播后喷除草剂。小喇叭口期连续三次生物防治钻心虫。注意及时灭虫。沙壤土、壤土，能排能灌。

审定意见：适宜在北疆春饲用玉米区种植。

4. 品种名称：新饲玉 9 号

审定编号：新饲玉 2005 年 045 号

申请者：山西屯玉种业科技股份有限公司

育成单位：山西屯玉种业科技股份有限公司

品种来源：玉米自交系 YOI-5 与 H02 杂交而成。

特征特性：出苗快，长势强，叶色浓绿，叶片宽大上冲，株型半紧凑。主茎高 310 厘米左右。雄穗分枝 10~12 个，花药黄色，花丝黄绿色。果穗长筒形，全苞叶，果穗长 20 厘米左右，穗粗 4.8 厘米。

产量表现：2004 年生产试验平均亩产鲜重5 870.93千克，较对照新多 2 号增产 35.49%，较对照新饲玉 1 号减产 0.98%。

栽培技术要点：北疆一般 4 月中下旬或 5 月上旬。播种量 3.5 千克/亩，保苗 4 000~4 500株/亩。采用当地先进的栽培技术进行管理，充分发挥品种的增产潜力。施足底肥和种肥，前期深中耕，促苗全、苗壮；后期防旱，延长绿叶功能期。一般水肥条件下保苗密度4 000~4 500株/亩，高水肥条件下保苗密度4 000~4 200株。施磷肥 15 千克/亩，追施尿素 30~40 千克/亩，中耕 2~3 次，全生育期灌水 6~7 次。

审定意见：适宜在南北疆玉米区种植。

（六）2004年新疆审定品种

1. 品种名称：新饲玉2号

审定编号：新饲玉2004年034号

申请者：新疆农垦科学院作物研究所

育成单位：新疆农垦科学院作物研究所

品种来源：新疆农垦科学院作物研究所玉米室于1999年用自交系石青01与石青02组配而成单交种

特征特性：株高350~360厘米，穗位170厘米，主茎叶25片，具有多分枝果穗特性，平均每株有2~3个有效茎，最多可达6~8个；每个茎秆上结有2~3个果穗。果穗锥形，穗长15.7厘米，籽粒白色、硬粒型，千粒重165~185克。出苗至成熟为125天。

产量表现：2003年生产平均亩产鲜重6 232.8千克，比对照新多2号增产23.36%。

栽培技术要点：北疆春播4月中下旬，南疆复播6月中下旬。春播保苗4 500~5 000株/亩，复播保苗5 500~6 500株/亩。要求土壤耕深25厘米以上，耕翻前施优质厩肥5 000千克/亩作基肥。有条件时氮肥的50%及磷肥有2/3作基肥深施。苗期幼苗生长缓慢，需要中耕两次。第一次中耕在5片叶时进行，中耕深度为15厘米以上；第二次中耕在1~2个分蘖时进行，同时追施促藤肥尿素8~12千克/亩。展开9~10叶时，开沟培土，追施复合肥30千克/亩，灌第一水以后每隔10~15天灌一水，全生育期灌水4~5次。

审定意见：适宜在南北疆青贮玉米区种植。

2. 品种名称：新饲玉3号

审定编号：新饲玉2004年035号

申请者：新疆种业（集团）有限公司

育成单位：新疆种业（集团）有限公司

品种来源：新疆种业（集团）有限公司、乌鲁木齐金谷粒青牧草科技有限公司利用（646×TG）单交种作母本，用B3作父本杂交选育而成

特征特性：株高2.5~2.8米，水肥充足条件下，株高达3米以上；穗位高160~190厘米，果穗圆锥形，穗行数12~16，籽粒为白色，硬粒型；新青02青贮玉米成熟后，茎叶多且青绿，茎秆上下粗细相对均匀，粗纤维含量少。生育期115天。

产量表现：2002—2003年区域试验亩产鲜重4 839.85千克，比对照新多2号增产9%。

栽培技术要点：可采用宽窄行播种，等行距，隔几行留一通风道均可。春播密度3 300~3 500株/亩。复播密度4 500~6 000株/亩。北疆春播在4月20—25日为宜，最晚不超过5月3日。南疆可适当提前，地膜覆盖可在4月中旬播种。南疆复播在6月下旬至7月初进行。施优质农家肥4~5吨/亩，磷肥20~30千克/亩。抓壮苗，促早蘖、壮蘖。适当蹲苗和培土，促进根系生长。追肥原则是两头重，中间轻。在5叶前追施氮肥10千克/亩，5叶见蘖，大喇叭口后期可大肥大水猛促穗粒。全生长期灌水4~5次。防治玉米螟为害。

审定意见：适宜在南北疆青贮玉米区种植。

3. 品种名称：新饲玉 4 号

审定编号：新饲玉 2004 年 036 号

申请者：新疆农业科学院粮作所

育成单位：新疆农业科学院粮作所

品种来源：母本为 B73HT，父本为多穗 1

特征特性：分蘖型多穗青贮专用玉米，分蘖力强，一般分蘖 3~5 个，多者 10 个以上，有效分蘖 3~4 个；果穗多，单株结穗一般 5~8 个，多者达 12 个；叶片 24 片；上位穗上叶片长度 81. 4 厘米，宽 8. 9 厘米；株高 300 厘米左右，穗位高 160 厘米左右，茎粗 2. 3 厘米，果穗长 16 厘米，穗粗 4. 1 厘米，行粒数 16~18，穗行数 49. 3，每穗粒数 760 粒，单穗粒重 130 克，千粒重 180 克，出籽率 86. 7%，籽粒红色，硬粒型。春播生育期 120 天左右，复播生育期 90~100 天。

产量表现：2003 年生产试验亩产鲜重5 621. 1千克，比对照新多 2 号增产 11. 25%。

栽培技术要点：选择地势平坦，土壤肥沃，无盐碱的地块种植，适时早播，一般 10 厘米土温稳定在 10℃即可播种，春播一般 4 月 20 日左右，南疆复播一般在 6 月下旬至 7 月上旬。要求种子包衣处理，以防地下害虫。播量 2. 5~3 千克/亩，行距 60 厘米，株距 33~35 厘米，播种深度 5~6 厘米。带种肥磷酸二铵 5~8 千克/亩。春播3 500株/亩左右，复播4 500~5 000株/亩。玉米现行后进行中耕，深度 10~12 厘米，5 叶期前结合中耕，追施促蘖肥尿素 5 千克/亩，4~5 叶期定苗，1~2 个分蘖后进行第二次中耕。5 叶期开始分蘖，去蘖是重要的一环，每株留蘖 3~4 个（包括主茎），去除多余分蘖，结合浇头水追施尿素 20 千克/亩。抽雄、吐丝期结合浇水，追施穗肥尿素 15~20 千克/亩。全生育期灌水 4~5 次。在乳熟木至蜡熟初期即乳线下移 1/4~3/4 时期收获最佳。

审定意见：适宜在南北疆饲玉米区种植。

4. 品种名称：新饲玉 5 号

审定编号：新饲玉 2004 年 037 号

申请者：新疆新实良种股份有限公司

育成单位：新疆新实良种股份有限公司

品种来源：xs9826×xs9873

特征特性：分蘖多穗、青贮饲用玉米杂交种。苗期生长缓慢，5 叶期开始分蘖，分蘖 3~5 个，生长整齐，主茎与分蘖差异不大，均能形成果穗，平均单株成穗 6~7 个。主茎高 310 厘米，穗位高 170 厘米。果穗圆锥形，穗长 15. 8 厘米，穗粗 4. 1 厘米，穗行 14~16 行，行粒数 41 粒，千粒重 206 克，出籽率 85. 5%，籽粒为黄白色，硬粒型。生育期 115~120 天。

产量表现：2003 年生产试验亩产鲜重 5 610. 84 千克，比对照新多 2 号增产 11. 05%。

栽培技术要点：一般土壤 5 厘米地温 10~20℃，4 月中下旬为宜，播种量 2~3 千克/亩。采用（60+40）厘米宽窄行栽培，行距 50 厘米，株距 25~30 厘米，保苗 4 500株/亩左右。科学施肥，施足底肥和种肥，施磷酸二铵 10 千克/亩，重施追肥，追尿素30千克/亩。适时浇水，全生育期浇水5~6次。注意防治玉米螟及地老虎。

审定意见：适宜在南北疆青贮玉米区种植。

（七）2003年新疆审定品种

品种名称：新饲玉1号

审定编号：新审玉2004年033号

申请者：新疆康地农业高新技术研究中心

育成单位：新疆康地农业高新技术研究中心

品种来源：新疆康地农业科技发展有限责任公司引进

特征特性：生育期143天，主茎24片叶，株高360.4厘米，穗位高194.3厘米，穗长21.2厘米，穗粗4.4厘米，千粒重278克。

产量表现：2003年生产平均亩产鲜重7 086.2千克，比对照新多2号增产40.25%。

栽培技术要点：北疆春播4月中旬至5月上旬，南疆复播6月中、下旬。春播保苗4 500~5 000株/亩，复播保苗5 500~6500株/亩。要求土壤耕深25厘米以上，耕翻前施优质厩肥5 000千克/亩作基肥。有条件时氮肥的50%及磷肥有2/3作基深施。需要中耕两次。全生育期灌水4~5次。

审定意见：适宜在南北疆青贮玉米区种植。

十七、云南——青贮玉米品种审定信息（表2-18）

表2-18　滇审青贮玉米品种信息

序号	品种名称	审定编号	育成单位	停止推广年份
1	喜农18	滇审玉米2020183号	云南喜农种业有限公司	
2	珍禾68	滇审玉米2020184号	云南珍禾丰种业有限公司 云南省农业科学院粮食作物研究所	
3	富滇1846	滇审玉米2020185号	云南滇玉种业有限公司	
4	富滇1129	滇审玉米2020186号	云南滇玉种业有限公司	
5	文单006	滇审玉米2020187号	云南文研种苗科技有限公司 文山壮族苗族自治州农业科学院 云南春秋农业开发有限公司	
6	文青贮2号	滇审玉米2020188号	云南文研种苗科技有限公司 文山壮族苗族自治州农业科学院 云南春秋农业开发有限公司	
7	云瑞121	滇审玉米2019147号	云南省农业科学院粮食作物研究所	
8	曲辰九号	滇审玉米2019195号	云南曲辰种业股份有限公司	

（续表）

序号	品种名称	审定编号	育成单位	停止推广年份
9	曲辰26号	滇审玉米2019220号	云南曲辰种业股份有限公司	

（一）2020年云南审定品种

1. 品种名称：喜农18

审定编号：滇审玉米2020183号

申请者：云南喜农种业有限公司

育成单位：云南喜农种业有限公司（刘传荣、刘传帮等）

品种来源：以LM3417为母本，以LM78为父本杂交组配选育而成的优质青贮玉米杂交种

特征特性：两年区试平均生育期119.5天，幼苗第一叶顶端圆、叶鞘花青苷显色强。叶片弯曲程度弱到中、与茎秆夹角小。植株叶鞘花青苷显色无或极弱，株高矮到中，穗位矮到中。散粉期中到晚，雄穗颖片除基部外花青苷显色强、侧枝弯曲程度中、与主轴的夹角中，雄穗最低位侧枝以上的主轴长度长、最高位侧枝以上的主轴长度长、侧枝长度中到长、一级侧枝数目少，花药花青苷显色中、花丝花青苷显色弱，植株茎秆"之"字形程度无或极弱，果穗穗柄短，锥形到筒形穗，籽粒橙黄色中间型，穗轴颖片花青苷显色中，平均穗行数13.9。抗灰斑病、大斑病、锈病、茎腐病、中抗弯孢霉叶斑病、纹枯病、感叶鞘紫斑病；2018年倒伏倒折率之和为2%，倒伏倒折率之和≥10%的试验点百分率为0；2019年倒伏倒折率之和为0，倒伏倒折率之和≥10%的试验点百分率为0。生产试验倒伏倒折率之和为0，倒伏倒折率之和≥10%的试验点百分率为0。整株中性洗涤纤维含量39.8%，酸性洗涤纤维含量19.4%，粗蛋白质含量6.57%、淀粉含量26.9%。

产量表现：2018—2019年云南喜农种业有限公司青贮玉米自主试验，2018年区试全生育期121天，比对照晚熟2天。平均亩产4 141.46千克，较对照增产22.55%，居第一位，较对照增产点率100%。2019年区试全生育期118天，比对照晚熟1天。平均亩产4 055.14千克，较对照增产6.24%，较对照增产点率83.3%。两年区试情况，两年区试平均生育期119.5天，比对照晚1.5天，平均亩产4 098.3千克，较对照增产13.9%，增产点率91.7%。2019生产试验情况，生产试验平均亩产4 048.87千克，较对照增产6.51%，增产点率83.3%。

栽培技术要点：①春播2月底至3月初，夏播4月中旬。②种植3 500~4 000株/亩为宜。③播种时施农家肥500~800千克/亩，大喇叭期结合中耕培土，施尿素30千克/亩。④适时收获，妥善贮存。

审定意见：该品种符合云南省玉米品种审定标准，同意通过审定。云南省海拔1 000~2 000米玉米适宜区域种植。

2. 品种名称：珍禾68

审定编号：滇审玉米2020184号

申请者：云南珍禾丰种业有限公司

育成单位：云南珍禾丰种业有限公司、云南省农业科学院粮食作物研究所（高祥扩、罗婵娟等）

品种来源：以 zh-18 为母本，以 zh-28 为父本进行组配而来

特征特性：两年区试平均生育期 119.5 天，幼苗第一叶顶端圆、叶鞘花青苷显色中到强。叶片弯曲程度弱到中、与茎秆夹角小。植株叶鞘花青苷显色无或极弱，株高矮到中，穗位中。散粉期中到晚，雄穗颖片除基部外花青苷显色中，侧枝弯曲程度弱到中，与主轴的夹角小，雄穗最低位侧枝以上的主轴长度中到长，最高位侧枝以上的主轴长度中，侧枝长度中，一级侧枝数目少，花药花青苷显色无或极弱，花丝花青苷显色弱到中，植株茎秆“之”字形程度无或极弱，果穗穗柄极短，锥形到筒形穗，籽粒橙黄色硬粒型，穗轴颖片花青苷显色无或极弱，平均穗行数 14.5。高抗大斑病、抗茎腐病、中抗灰斑病、锈病、弯孢霉叶斑病、纹枯病、叶鞘紫斑病；2018 年倒伏倒折率之和为 1%，倒伏倒折率之和≥10%的试验点百分率为 0；2019 年倒伏倒折率之和为 0，倒伏倒折率之和≥10%的试验点百分率为 0。生产试验倒伏倒折率之和为 0，倒伏倒折率之和≥10%的试验点百分率为 0。整株中性洗涤纤维含量 40%、酸性洗涤纤维含量 19.1%、粗蛋白质含量 7.65%、淀粉含量 35.6%。

产量表现：2018—2019 年云南珍禾丰种业有限公司青贮玉米自主试验，2018 年区域试验，生育期 121 天，平均亩产4 339.5千克，较对照增产 30.32%，居第一位，增产点率 100%。2019 年区域试验，生育期 118 天，平均亩产4 822.62千克，较对照增产 26.34%，增产点率 100%。两年区试平均亩产4 581.06千克，较对照增产 28.2%，增产点率 100%。2019 年生产试验平均亩产4 316.94千克，较对照增产 13.57%，增产点率 100%。

栽培技术要点：净种5 000株/亩左右，在各地最佳节令播种，播种时施农家肥 800~1 000千克/亩与 40~50 千克/亩普钙拌匀作底肥。5~6 片展开叶时追施尿素 20 千克/亩，大喇叭口期结合中耕培土追施尿素 30 千克/亩，中耕除草，防治虫害，及时收获。

审定意见：该品种符合云南省玉米品种审定标准，同意通过审定。云南省海拔 1 000~2 000米玉米适宜区域种植。

3. 品种名称：富滇 1846

审定编号：滇审玉米 2020185 号

申请者：云南滇玉种业有限公司

育成单位：云南滇玉种业有限公司（安禄富、陶其碧、潘为汉、郑齐隆、安国聪、安忠明）

品种来源：DP039×DP172

特征特性：两年区试平均生长期 115 天，比对照曲辰 9 号晚 5 天。幼苗第一叶叶鞘花青苷显色强、顶端形状圆到匙形，抽雄期晚到极晚、散粉期晚、抽丝期晚，植株上部叶片与茎秆夹角极小到小，下部叶片与茎秆夹角小，叶片弯曲程度极弱到弱，雄穗颖片基部花青苷显色极弱到弱，颖片除基部外花青苷显色强，花药花青苷显色强度中、小穗

密度疏，侧枝与主轴夹角小，侧枝弯曲程度极弱到弱，雄穗最低位侧枝以上的主轴长度中到长，最高位侧枝以上的主轴长度短到中，一级侧枝数目中到多，侧枝长度短到中，雌穗花丝花青苷显色弱，植株茎秆茎“之”字形程度无或极弱，支持根花青苷显色强度强，叶片宽度窄到中，绿色程度深，叶鞘花青苷显色无或极弱，植株穗位高度高，植株高度高到极高，穗位高与株高比例中，果穗穗柄长度短，穗长度短到中，穗直径中，穗行数中，锥形到筒形穗，籽粒中间型，顶端主要颜色白色，背面主要颜色白色，近楔形，穗轴颖片花青苷显色强度无或极弱。区试间株株高 316.0 厘米，穗位高 132.6 厘米。2018 年区试倒伏倒折率之和 0.1%，倒伏倒折率之和≥10%的试验点为 0，2019 年续试倒伏倒折率之和 1.9%，倒伏倒折率之和≥10%的试验点为 0。抗灰斑病、大斑病、叶鞘紫斑病，中抗纹枯病，感锈病、弯孢霉叶斑病。淀粉含量 33.1%，中性洗涤纤维含量 33.6%、酸性洗涤纤维含量 19.2%、粗蛋白质含量 8.3%。

产量表现：参加 2018—2019 年云南滇玉种业有限公司青贮玉米自主试验，2018 年区试平均亩产4 839.89千克（生物学产量），较对照曲辰 9 号增产 27.6%，增产极显著，增产点率 100%。2019 年续试平均亩产5 213.6千克（生物学产量），较对照曲辰 9 号增产 24.7%，增产极显著。2019 年生产试验平均亩产5 462.1千克（生物学产量），较对照曲辰 9 号增产 16.0%，增产点率 100%，倒伏倒折率之和 1.9%，倒伏倒折率之和≥10%的试验点为 0。

栽培技术要点：感锈病和弯孢霉叶斑病。①春夏播皆可，春播适宜在 4 月上旬播种，夏播适宜在 5 月中旬前播种，种植密度3 500～4 000株/亩。②直播或育苗移栽皆可。③施足底肥，有条件的地方撒施农家肥2 000千克/亩，复合肥 25～30 千克/亩作底肥，条施或穴施；6～7 叶期施用尿素 20～25 千克/亩作拔节肥；大喇叭口期用尿素 20～25 千克/亩加 15 千克/亩复合肥作穗肥；拔节肥结合中耕除草，穗肥结合中耕培土。④及时防治螟虫和黏虫。

审定意见：该品种符合云南省玉米品种审定标准，同意通过审定。云南省海拔1 000～2 000米玉米适宜区域种植。

4. 品种名称：富滇 1129

审定编号：滇审玉米 2020186 号

申请者：云南滇玉种业有限公司

育成单位：云南滇玉种业有限公司（安禄富、陶其碧、潘为汉、郑齐隆、安国聪、安忠明）

品种来源：DP714×DP172。

特征特性：平均生长期 114.3 天，比对照曲辰 9 号晚 4.3 天。幼苗第一叶叶鞘花青苷显色强到极强，顶端形状圆。抽雄期晚到极晚，散粉期晚，抽丝期晚。植株上部叶片与茎秆夹角极小到小，下部叶片与茎秆夹角小。叶片弯曲程度极弱到弱。雄穗颖片基部花青苷显色极弱到弱，颖片除基部外花青苷显色中，花药花青苷显色强度弱到中，小穗密度中，侧枝与主轴夹角小到中，侧枝弯曲程度极弱到弱，雄穗最低位侧枝以上的主轴长度中，最高位侧枝以上的主轴长度短，一级侧枝数目多，侧枝长度短到中。雌穗花丝花青苷显色弱。茎秆茎“之”字形程度无或极弱，支持根花青苷显色强。叶片宽度窄到中，绿色程度深。叶鞘花青苷显色无或极弱。植株穗位高度中到高，植株高度高，穗位高与株高比例中。果穗穗柄长度短，穗长度短到中，穗直径中，穗行数中，锥形到筒形穗，籽粒偏硬粒型，顶端主要颜色中等黄色，背面主要颜色中等黄色，形状中间形，穗轴颖片花青苷显色无或极弱。区试平均株高 313.2 厘米，穗位高 135.6 厘米。2018 年区试无倒伏倒折，2019 年续试倒伏倒折率之和 1.0%，倒伏倒折率之和≥10%的试验点为 0。抗病性鉴定结果，高抗叶鞘紫斑病，抗灰斑病、大斑病、纹枯病，中抗锈病、弯孢霉叶斑病。淀粉含量 34.0%，中性洗涤纤维含量 32.6%，酸性洗涤纤维含量 19.4%，粗蛋白质含量 9.2%。

产量表现：参加 2018—2019 年云南滇玉种业有限公司青贮玉米自主试验，2018 年区试平均亩产4 684.75千克（生物学产量），较对照曲辰 9 号增产 23.5%，增产极显著，增产点率 100%。2019 年续试平均亩产4 770.2千克（生物学产量），较对照曲辰 9 号增产 14.1%，增产极显著，增产点率 100%。2019 年生产试验平均亩产5 258.6千克（生物学产量），较对照曲辰 9 号增产 11.6%，增产极显著，增产点率 100%。

栽培技术要点：①春夏播皆可，春播适宜在 4 月上旬播种，夏播适宜在 5 月中旬前播种，种植密度3 500~4 000株/亩。②直播或育苗移栽皆可。③施足底肥，有条件的地方撒施农家肥2 000千克/亩，复合肥 25~30 千克/亩作底肥，条施或穴施；6~7 叶期施用尿素 20~25 千克/亩作拔节肥；大喇叭口期用尿素 20~25 千克/亩加 15 千克/亩复合肥；拔节肥结合中耕除草，穗肥结合中耕培土。④及时防治螟虫和黏虫。

审定意见：该品种符合云南省玉米品种审定标准，同意通过审定。云南省海拔 1 000~2 000米玉米适宜区域种植。

5. 品种名称：文单 006

审定编号：滇审玉米 2020187 号

申请者：云南春秋农业开发有限公司

育成单位：云南文研种苗科技有限公司、文山壮族苗族自治州农业科学院、云南春秋农业开发有限公司（朱汉勇、陈书生、李玉祥、王序英、滕娟、蔡世昆、钱双宏、杨玲玲）

品种来源：A144×15A06

特征特性：区试平均生育期 125.5 天。幼苗第一叶顶端圆到匙形，叶鞘花青苷显色强。叶片弯曲程度弱到中，与茎秆夹角小。植株叶鞘花青苷显色极弱到弱，株高中，穗位中到大。散粉期中到晚，雄穗颖片除基部外花青苷显色强到极强，侧枝弯曲程度弱，与主轴的夹角小，雄穗最低位侧枝以上的主轴长度中到长，最高位侧枝以上的主轴长度中到长，侧枝长度中到长，一级侧枝数目少，花药花青苷显色中到强，花丝花青苷显色中，植株茎秆“之”字形程度中，果穗穗柄短到中，锥形到筒形穗，籽粒橙黄色中间型，穗轴颖片花青苷显色无或极弱。平均穗行数 14.2。2018 年区试倒伏倒折率之和 0.1%，倒伏倒折率之和≥10%的试验点为 0，2019 年续试倒伏倒折率之和 1.9%，倒伏倒折率之和≥10%的试验点为 0。抗灰斑病、大斑病、叶鞘紫斑病，中抗纹枯病，感锈病、中抗弯孢霉叶斑病。淀粉含量 37.5%，中性洗涤纤维含量 32.5%，酸性洗涤纤维含量 12%，粗蛋白质含量 8.1%。

产量表现：参加 2018—2019 年春秋农业开发有限公司青贮玉米自主试验，2018 年区试平均亩产鲜重4 645.66千克，较对照曲辰 9 号（CK）增产 34.49%，增产极显著，增产点率 100%。平均干重亩产 1 733.41千克，较对照曲辰 9 号（CK）增产 50.04%，增产极显著，增产点率 100%。2019 年区试平均亩产鲜重4 350.37千克，较对照曲辰 9 号（CK）增产 24.06%，增产极显著，增产点率 100%。平均干重亩产 1 750.35千克，较对照曲辰 9 号（CK）增产 32.61%，增产极显著，增产点率 100%两年区试平均，平均亩产鲜重4 498.02 千克，较对照曲辰 9 号（CK）增产 29.27%，增产极显著，增产点率 100%。2019 年生产试验平均亩产 4 645.51 千克，较对照增产 26.62%，增产点率 100%。

栽培技术要点：感锈病。①在中上等肥力地块种植。②种植密度控制在3 800株/亩左右。③增施有机肥和磷钾肥，及时防治病虫害。④适时早播，有效积温不足的地方建议覆膜栽培。

审定意见：该品种符合云南省玉米品种审定标准，同意通过审定。云南省海拔 500~2 000米玉米适宜区域种植。

6. 品种名称：文青贮 2 号

审定编号：滇审玉米 2020188 号

申请者：云南春秋农业开发有限公司

育成单位：云南文研种苗科技有限公司、文山壮族苗族自治州农业科学院、云南春秋农业开发有限公司（陈书生、滕娟、王序英、钱双宏、蔡世昆、朱汉勇、郎岩万保）

品种来源：T3241×15CQ125

特征特性：区试平均生育期期 127.5 天。幼苗第一叶顶端圆到匙形、叶鞘花青苷显色强。叶片弯曲程度强，与茎秆夹角中。植株叶鞘花青苷显色无或极弱，株高高，穗位中。散粉期中到晚，雄穗颖片除基部外花青苷显色中到强，侧枝弯曲程度强、与主轴的夹角大，雄穗最低位侧枝以上的主轴长度中到长，最高位侧枝以上的主轴长度中到长、侧枝长度中，一级侧枝数目少，花药花青苷显色弱，花丝花青苷显色极弱到弱，植株茎秆“之”字形程度无或极弱，果穗穗柄短，锥形到筒形穗，籽粒中等黄色橙黄色偏硬粒型，穗轴颖片花青苷显色无或极弱。平均穗行数 12.9。2018 年区试倒伏倒折率之和 0.1%，倒伏倒折率之和≥10%的试验点为 0。2019 年续试倒伏倒折率之和 1.9%，倒伏倒折率之和≥10%的试验点为 0。抗灰斑病、大斑病、锈病，高抗叶鞘紫斑病，中抗纹枯病，感弯孢霉叶斑病。淀粉含量 37.4%，中性洗涤纤维含量 32.9%，酸性洗涤纤维含量 13%，粗蛋白质含量 8.5%。

产量表现：参加 2018—2019 年春秋农业开发有限公司青贮玉米自主试验，2018 年区试，平均亩产鲜重4 806.29千克，较对照曲辰 9 号（CK）增产 38.46%，增产极显著，增产点率 100%。平均干重亩产 1 727.05千克，较对照曲辰 9 号（CK）增产 39.87%，增产极显著，增产点率 100%。2019 年区试，平均亩产鲜重4 538.54千克，较对照曲辰 9 号（CK）增产 29.91%，增产极显著，增产点率 100%。平均干重亩产 1 727.05千克，较对照曲辰 9 号（CK）增产 50.6%，增产极显著，增产点率 100%。两年区试平均，平均亩产鲜重4 672.42千克，较对照曲辰 9 号（CK）增产 34.19%，增产极显著，增产点率100%；平均干重亩产1 822.20千克，较对照曲辰9号（CK）增产46.16%，增产极显著，增产点率100%。2019年生产试验平均亩产4 775.31千克，较对照增产29.92%，增产点率100%。

栽培技术要点：感弯孢霉叶斑，植株矮。①在中上等肥力地块种植。②种植密度控制在3 800~4 200株/亩。③增施有机肥和磷钾肥，及时防治病虫害。

审定意见：该品种符合云南省玉米品种审定标准，同意通过审定。适宜云南省海拔1 000~2 200米玉米区作青贮玉米种植。

（二）2019年云南审定品种

1. 品种名称：云瑞121

审定编号：滇审玉米2019147号

申请者：云南省农业科学院粮食作物研究所

育成单位：云南省农业科学院粮食作物研究所

品种来源：（YML23×YML147）×YML134。

特征特性：区试出苗到收获115.5天。幼苗第一叶顶端圆到匙、叶鞘花青苷显色弱。叶片弯曲程度弱到中、与茎秆夹角中等。植株叶鞘花青苷显色无或极弱，株高高，穗位中。散粉期晚，雄穗颖片除基部外花青苷显色无或极弱，侧枝弯曲程度小，与主轴的夹角中，雄穗最低位侧枝以上的主轴长度中到长，最高位侧枝以上的主轴长度中，侧枝长度中，一级侧枝数目中，花药花青苷显色弱，花丝花青苷显色无或极弱，植株茎秆“之”字形程度无或极弱，果穗穗柄短，筒形穗，籽粒白色马齿型，穗轴颖片花青苷显色无或极弱。平均穗行数14.5。2017年区试无倒伏发生，2018年区试倒伏倒折率之和0.3%，2018年生产试验倒伏倒折率之和5.4%。抗灰斑病，中抗锈病，中抗纹枯病，中抗叶鞘紫斑病，高抗小斑病，高抗弯孢霉叶斑病，高抗茎腐病，高抗大斑病。籽粒淀粉含量22.9%，中性洗涤纤维含量44.4%，酸性洗涤纤维含量18.5%，粗蛋白质7.8%。

产量表现：2017—2018年分别参加云南省农业科学院粮食作物研究所特用玉米（青贮玉米）自行组织区域试验。2017年区试鲜生物产量平均4 560.9千克/亩，较对照增产4.6%；干生物产量平均1 667.3千克/亩，较对照增产12.6%。2018年续试，鲜生物产量平均5 183.2千克/亩，较对照增产3.0%；干生物产量平均1 809.2千克/亩，较对照增产10.6%。2018年生产试验平均鲜生物产量4 406.5千克/亩，较对照曲辰9号增产8.1%；干生物产量平均1 769.6千克/亩，较对照曲辰9号增产15.9%。

栽培技术要点：①各地可根据最佳节令调节播种期。②种植密度以4 500株/亩左右为宜。③播种时施农家肥800~1 000千克/亩；5~6叶期，结合间苗、锄草，施拔节肥（尿素20千克/亩）；大喇叭口期，结合中耕培土，重施攻穗肥（尿素30千克/亩）。④及时防治病、虫、鼠害。⑤适期收获，妥善贮存。

审定意见：该品种符合云南省玉米品种审定标准，同意通过审定。云南省海拔1 000~2 000米玉米适宜区域种植。

2. 品种名称：曲辰九号

审定编号：滇审玉米2019195号

申请者：云南曲辰种业股份有限公司

育成单位：云南曲辰种业股份有限公司

品种来源：(215-99×M31)×SC122。

特征特性：平均生育期121天，品种权号为CNA20070686.1，品种植株深绿色，叶上举，叶尖下垂，茎秆青绿色。收获时单株绿叶15叶，穗长19.7厘米，穗粗4.8厘米，圆柱形，穗轴白色，穗行数12.5，行粒数34.6，粒色白色，中间型，千粒重346克。2017年倒伏倒折率之和2.1%，倒伏倒折率之和≥10.0%的试验点百分率为16.7%。2018年倒伏倒折率之和6.7%，倒伏倒折率之和≥10.0%的试验点百分率为16.7%。高抗大斑病，高抗小斑病，高抗茎腐病，中抗纹枯病，中抗弯孢霉叶斑病，中抗叶鞘紫斑病，抗锈病，感灰斑病。经北京农学院职务科学技术系测定，淀粉含量37.79%，中性洗涤纤维33.56%，酸性洗涤含量15.16%，粗蛋白质9.63%。

产量表现：参加2017—2018年度的“云南曲辰种业股份有限公司特用玉米”青贮玉米组2017年平均生物干重1 571.3千克/亩，较对照1 483.0增产6.0%，增产点率83.3%，2018年平均生物干重1 857.0千克/亩，较对照1 747.5千克/亩增产6.3%，增产点率83.3%。两年区试平均亩产1 714.2千克，较对照增产6.1%，增产点率83.3%，2018年生产试验平均亩产1 884.0千克，较对照增产5.6%，增产点率83.3%。

栽培技术要点：该组合果穗均匀丰产性好，在肥力充足条件下易获高产。肥力中等地块，施农家肥1 000~1 500千克/亩和复合肥20千克/亩作底肥。追肥施尿素40~50千克/亩，分两次进行：第一次苗有5~7片展开叶时，追尿素10~20千克/亩；第二次苗有9~10片展开叶时，追尿素30千克/亩，以保证营养生长的和生殖生长对养分的大量需要，促进丰产、高产注意防治灰斑病。

审定意见：该品种符合云南省玉米品种审定标准，同意通过审定。云南省青贮玉米种植区。

3. 品种名称：曲辰26号

审定编号：滇审玉米2019220号

申请者：云南曲辰种业股份有限公司

选育者：云南曲辰种业股份有限公司

品种来源：用自交系YA78-2-2作母本，HO12-8作父本杂交而成的黄粒玉米单交种

特征特性：云南曲辰种业自主试验两年区试平均生育期122天，幼苗第一叶顶端圆，叶鞘花青苷显色强。叶片弯曲程度中，与茎秆夹角小。植株叶鞘花青苷显色无或极弱，株高矮到中，穗位中。散粉期极晚，雄穗颖片除基部外花青苷显色弱，侧枝弯曲程度无或极弱，与主轴的夹角极小到小，雄穗最低位侧枝以上的主轴长度中到长，最高位侧枝以上的主轴长度中，侧枝长度短，一级侧枝数目少，花药花青苷显色无或极弱，花丝花青苷显色弱，植株茎秆“之”字形程度无或极弱，果穗穗柄极短，筒形穗，籽粒中等黄色偏马齿型，穗轴颖片花青苷显色弱到中。平均穗行数18.4。2017年倒伏倒折率之和3.5%，倒伏倒折率之和≥10.0%的试验点百分率为16.7%。倒伏倒折率之和3.6%，倒伏倒折率之和≥10.0%的试验点百分率为16.7%，高抗大斑病、高抗小斑病，

高抗弯孢霉叶斑病，高抗茎腐病，中抗纹枯病，中抗叶鞘紫斑病，抗锈病，感灰斑病。经北京农学院植物科学技术系测定，秸秆中性洗涤纤维 36.58%，酸性洗涤含量 16.15%，粗蛋白质 9.11%，淀粉含量 34.40%。

产量表现：参加云南曲辰种业自主试验，2017 年平均亩产生物干重 1 540.6千克/亩较较对照增产 3.9%，增产点率 83.3%。2018 年平均亩产生物干重 1 951.5千克/亩较较对照增产 11.8%，增产点率 100%。两年平均区试平均亩产 1 744.9千克，较对照增产 8.0%，增产点率 91.6%，2018 年生产试验平均亩产 1 949.3千克，较对照增产 9.3%，增产点率 100%。

栽培技术要点：该组合穗大粒多，海拔在2 100米以下肥力中等地块种植。采用地膜覆盖，宽窄行种植，大行 90 厘米，小行 40 厘米，密度在4 000株/亩为宜。施农家肥 1 000千克/亩和复合肥 20 千克/亩作底肥，追肥施尿素 40~50 千克/亩，分两次进行，第一次苗有 5~7 片展开叶时，追尿素 10~20 千克/亩；第二次苗有 9~10 片展开叶时，追尿素 30 千克/亩，以保证营养、生殖生长对养分的需要，促进丰产、高产。注意防治灰斑病。

审定意见：该品种符合云南省玉米品种审定标准，同意通过审定。适宜云南省青贮玉米种植区种植。

第三章　中国青贮玉米品种的遗传多样性分析

本章将利用生产特性及品质性状和 SSR 标记（简单重复序列标记），从审定来源、年份、生态区角度分析中国近 20 年审定的青贮玉米品种的遗传多样性。

基于 13 个生产特性及品质性状，对 337 个青贮玉米样品进行遗传多样性分析。干重和酸性洗涤纤维性状存在丰富变异，变异系数分别为 26.9%和 25.39%。相关性分析显示，酸性洗涤纤维与中性洗涤纤维相关性最高（$r=0.794$）。13 个生产特性及品质性状变量被降维成 4 个主成分，分别代表了产量及品质特征、植株特征、种植特征和果穗特征，总贡献率达 71.525%。聚类结果表明，337 个样品被划分为 4 个组群，来源地相近的品种大多聚为一类。

利用 40 对 SSR 引物对 141 个青贮玉米品种进行 PCR 扩增分析，共扩增出 482 个等位变异位点，每对引物的等位变异数在 3~27 个，平均为 12 个，平均 PIC（多态信息量）值为 0.68，其中 35 对 SSR 引物大于 0.5。聚类结果表明，来源地相近的品种有集聚现象，在南方地区中，四川、上海、云南、贵州和福建品种聚为一类。

基于 13 个生产特性及品质性状和 40 对 SSR 引物从审定年份角度对 141 个青贮玉米品种进行遗传多样性分析。低洗涤纤维含量和高生物产量是我国近年来青贮玉米品种选育的目标。各年份段品种表现出丰富的遗传多样性，但不同年份段间遗传距离小，无明显遗传差异。聚类结果显示，各年份段品种分布较离散，同一年份段品种没有明显聚集现象。

基于 13 个生产特性及品质性状和 40 对 SSR 引物从生态区角度对 141 个青贮玉米品种进行遗传多样性分析。西北和南方品种显现出丰富的遗传多样性，且表现出明显的性状分化现象，产生了具有地方性特征的性状特点。聚类结果表明，南方品种在形态性状和分子遗传上均具有特异性，西北和黄淮海品种在形态性状上具有特异性。

第一节　青贮玉米品种的遗传多样性

一、遗传多样性概念及意义

生物多样性是描述所有生命形式多样性的广泛概念，也有学者认为，生物多样性是生物、生态复合体以及相关生态过程的多样性，包括所有动植物、微生物和它们携带的基因以及与其生存环境所组成的生态系统。生物多样性一般由遗传多样性、物种多样性和生态系统多样性三个部分组成，其中遗传多样性是其重要组成部分。对于遗传多样性的认识，一般从广义和狭义两个方面来看。遗传多样性广义上说就是指所有生命体携带的遗传信息的集合，这些遗传信息存在于生物体的基因中。因此，遗传多样性有时也被称为基因多样性。遗传多样性狭义上说就是指在同一个物种内，不同个体或者群体的遗传信息的总和，现在人们通常所说的遗传多样性指的就是狭义上的遗传多样性。遗传变异是生物体内遗传物质（DNA、RNA 等）发生了变化，造成生物体在不同层次上表现出遗传多样性。遗传多样性在多个层次均有表现，如细胞、个体、群体等。

遗传多样性分析是广大农作物种质资源研究的重要手段，旨在了解和掌握不同品种之间的遗传差异，为推动植物育种与遗传改良奠定基础。遗传多样性的研究意义如下，一方面，遗传多样性信息是各类生命体长期以来生存和进化的产物，而生命体遗传信息总和与其进化速率呈正比，所以遗传多样性信息对物种的起源及进化具有重要的参考价值。另一方面，遗传多样性大小与生物所处环境条件及时期密切相关，其丰富程度反映了生物对环境的适应能力，研究群体遗传多样性，可为物种的保护提供重要信息。

二、遗传多样性研究方法

遗传标记一般指的是与所研究的形态性状有紧密关联的等位基因，也是遗传多样性检验的主要方法。随着科学研究的不断进步和分子生物学等技术的迅猛发展，遗传标记方法也得到不断地发展和完善，已推广应用于农作物辅助育种、遗传多样性研究、基因筛选等研究领域。根据遗传标记的发展历程，其主要表现出 4 种标记类型，即形态学标记、细胞标记、生化标记和分子标记。在作物遗传多样性研究中主要运用的是形态学标记和分子标记，而细胞标记和生化标记非常少用。

三、遗传标记

1. 形态学标记

形态学标记（Morphological Markers）指的是能够直接用人类肉眼或者特殊的仪器测量和计算出来的植物外部形态特点。例如株型、穗位高、穗长、穗粗、株高、种子性状、子叶颜色等外部特征，也包括生理特性、抗病虫性等相关特征。其优点在于简单、直观，通过肉眼或借助简单的仪器即可获得植物形态特征。因此，形态学的生物标记技术已被广泛地应用于水稻、谷子、玉米、小麦、马铃薯等主要农作物品种的选育及遗传多样性研究。该标记也存在一些不足，如标记数量少、人为测量误差、易受外界环境影响等。所以，形态学标记在遗传多样性研究中，通常与其他遗传标记相结合使用，能更准确、全面地揭示物种的遗传信息。

在青贮玉米研究方面，Crevelari 等基于 9 个农艺性状，对 15 个青贮玉米品种进行方差分析和聚类分析，筛选出了 4 个综合评价最好且适宜于里约热内卢北部和西北部生产的青贮玉米品种，后续又通过对 24 个青贮玉米品种的 9 个农艺性状和 6 个品质性状进行关联分析，确定了农艺与品质性状间的线性相关性。Costa 等设计了单种玉米、栅栏草与青贮玉米间作和羊草与青贮玉米间作田间试验，通过对农艺性状和品质性状的分析来比较牧草间作玉米青贮饲料的产量和营养价值。Nilahyane 等将青贮玉米种植在 100ETc（100%作物需水量)、80ETc、60ETc 和限制的 100ETc 小区中，通过测定并分析冠层高度、叶面积指数、生物产量、品质等指标，发现灌溉时间是青贮玉米产量提升的关键因素。柴华基于形态学标记将 36 个青贮玉米自交系划分为五大类，为以后培育出优良的青贮玉米品种提供参考。吴建忠等基于 22 个品质性状对 14 个青贮玉米品种进行遗传变异评价，发现脂肪、木质素和淀粉具有较大遗传改良空间，为青贮玉米的品质改良提供了参考。

2. 分子标记

分子标记（Molecular Markers）是基于核苷酸序列，从 DNA 层次上反映不同个体间遗传差异的遗传标记方法。该方法稳定性好，不受任何外界环境的影响；标记数量多，覆盖全部基因组；具有高的多态性。目前，分子标记已广泛应用到玉米品种的真实性鉴定、纯度检测、转基因品种研究，以及辅助育种和遗传多样性分析等研究。DNA 分子标记根据其不同机理大致分为三大类。第一类，以 Southern 杂交技术为基础，主要有限制性片段长度多态性标记（RFLP）等；第二类，以 PCR 技术为基础，主要有随机扩增多态性 DNA 标记（RAPD）、扩增片段长度多态性标记（AFLP）、简单序列重复间扩增（ISSR）、简单序列重复标记（SSR）等；第三类，以高通量测序为基础，因其基因座通常只有两个等位基因，故又被称为二等位基因遗传标记，主要包括单核苷酸多态性标记（SNP）和插入缺失标记（InDel）。

四、遗传多样性分析的目的意义

玉米是我国重要的粮饲兼用作物，2020 年全国粮食种植面积11 699万公顷，玉米种植面积4 126万公顷，超过稻谷和小麦，位居农作物第一。随着中国农业种植结构调整及粮改饲产业发展，饲用玉米，特别是青贮玉米的种植面积在逐步扩大，为畜牧业供给充足的优质饲料，旨在建立农业与畜牧业相结合，种植业与养殖业循环发展的现代化农业模式。青贮玉米作为一种优质青贮饲料和绿色农作物，它具有总产量高、营养物质丰富、适口性佳等特点，已在畜牧业发展、生态环境保护、农业增收中占有不可或缺的地位，大力开展青贮玉米的品种选育是解决当下畜牧业迅速发展带来的饲料缺乏问题的有效途径。

中国青贮玉米研究起步较晚，虽然审定了不少品种，但对这些品种的遗传来源并不清楚，所以亟须摸清我国青贮玉米品种遗传背景现状。近年来，对青贮玉米的研究主要集中在高产优质、生态适应性和配套栽培技术等方面，关于青贮玉米遗传多样性分析的报道不多。本研究拟基于形态学标记和 SSR 标记，对我国近 20 年来审定的青贮玉米品种进行遗传多样性分析，更准确、全面揭示品种遗传多样性，为青贮玉米的新品种选育及推广种植提供理论依据和参考。

第二节 基于生产特性和品质性状的青贮玉米品种分析

一、样本材料

分析样本选自 2002—2020 年通过国家及各省（区、市）审定的 298 个青贮玉米杂交种，这些品种具有国内青贮玉米良好的代表性。在 298 个青贮玉米杂交种中，有 28 个品种具有多个生态区或年份审定来源，其中 19 个品种具有两个审定来源，7 个品种具有 3 个审定来源，2 个品种具有 4 个审定来源，即青贮玉米样品数据由 298 个扩增到 337 个（试验进行时，尚有 50 个品种未公布审定）。

二、生产特性和品质性状

生产特性及品质性状数据均来自国家及各省（区、市）青贮玉米审定公告，其中包括 13 个性状，分别为生育期、株高、穗位高、绿叶数、穗长、穗行数、粗蛋白质、中性洗涤纤维、酸性洗涤纤维、淀粉、干重、鲜重和种植密度。

三、生产特性和品质性状遗传多样性分析

本研究对 337 个青贮玉米样品的 13 个生产特性及品质性状进行描述性统计（表 3-1），各性状存在不同程度的变异，变异系数分布在 10.01%～26.9%，平均为 16.14%，其中干重和酸性洗涤纤维的变异系数超过 20%，而生育期、株高和穗行数变异系数排最后三位。Simpson 多样性指数的变化区间在 0.17～0.88，平均为 0.54，其中中性洗涤纤维多样性指数最高（0.88），种植密度多样性指数最低（0.16）。

表 3-1　337 个青贮玉米样品的生产特性及品质性状统计

性状	变异幅度	平均值±标准差	变异系数（%）	指数
生育期（天）	81.9～147	117.03±13.69	11.7	0.73
株高（厘米）	39～410	306.68±34.05	11.1	0.17
穗位高（厘米）	89～227	138.87±23.72	17.08	0.55
绿叶数（片）	8.31～22.78	12.88±2.21	17.16	0.36
穗长（厘米）	10～28	21.75±2.65	12.18	0.62
穗行数（行）	12.5～21	16.68±1.67	10.01	0.68
粗蛋白质含量（%）	5.8～15.91	8.49±1.27	14.96	0.33
中性洗涤纤维含量（%）	26.36～62.67	43.9±6.75	15.38	0.88
酸性洗涤纤维含量（%）	12.33～42.6	20.32±5.16	25.39	0.65
淀粉含量（%）	16.44～50.8	31.1±4.71	15.14	0.40
干重（千克/公顷）	9 759～39 082.5	23 453.4±6 307.8	26.9	0.62
鲜重（千克/公顷）	50 842.5～137 274	82 931.1±15 096.9	18.2	0.53
种植密度（株/公顷）	42 000～120 000	67 588.8±9 786	14.48	0.16

表 3-2　337 个青贮玉米样品的 13 个生产特性及品质性状间相关性分析

性状	生育期	株高	穗位高	绿叶数	穗长	穗行数	粗蛋白质含量	中性洗涤纤维含量	酸性洗涤纤维含量	淀粉含量	干重	鲜重	种植密度
生育期	1												
株高	0.554**	1											
穗位高	0.513**	0.731**	1										
绿叶数	0.256**	0.289**	0.509**	1									
穗长	0.035	0.280**	0.017	-0.082	1								
穗行数	0.101	0.119	0.018	-0.157*	0.247**	1							
粗蛋白质含量	-0.109	-0.278**	-0.052	0.186**	-0.306**	-0.336**	1						
中性洗涤纤维含量	-0.228**	-0.223**	-0.009	0.008	-0.105	-0.285**	0.370**	1					
酸性洗涤纤维含量	-0.042	-0.184**	0.069	0.187**	-0.087	-0.248**	0.231**	0.794**	1				
淀粉含量	-0.016	-0.031	-0.185*	0.125	0.067	0.061	0.098	-0.673**	-0.478**	1			
干重	0.682**	0.631**	0.601**	0.422**	0.098	0.235**	-0.181**	-0.247**	-0.126	-0.094	1		
鲜重	0.476**	0.216**	0.510**	0.318**	-0.098	-0.147	0.056	0.185	0.201	-0.189	0.722**	1	
种植密度	-0.01	0.024	-0.005	0.131*	-0.074	-0.007	0.074	0	0.058	-0.106	0.278**	0.043	1

** 表示在 0.01 级别上相关性显著；* 表示在 0.05 级别相关性显著。

四、生产特性与品质性状相关性分析

青贮玉米13个生产特性及品质性状之间的相关性分析结果见表3-2和图3-1。中性洗涤纤维与酸性洗涤纤维相关性最高（$r=0.794$），与种植密度无相关性（$r=0$）。品质性状中，粗蛋白质与中、酸性洗涤纤维呈极显著正相关，与干重呈极显著负相关；淀粉与中、酸性洗涤纤维呈极显著负相关，与穗位高呈显著负相关。生产特性性状中，生育期与株高、穗位高、绿叶数、干重和鲜重呈极显著正相关，与中性洗涤纤维呈显著负相关；株高与穗位高、绿叶数、穗长、干重和鲜重呈极显著正相关，与粗蛋白质和中、酸性洗涤纤维呈极显著负相关；穗位高与绿叶数、干重和鲜重呈极显著正相关；绿叶数与粗蛋白质含量、酸性洗涤纤维含量、干重、鲜重和种植密度呈极显著正相关，与穗行数呈显著负相关；穗长与穗行数呈极显著正相关，与粗蛋白质含量呈极显著负相关；穗行数与干重呈极显著正相关，与粗蛋白质含量和中、酸性洗涤纤维含量呈极显著负相关。上述各性状间的相关性结果基本与实际情况相吻合。

五、聚类分析

基于13个生产特性及品质性状对供试材料进行NJ（生物进化距离）聚类分析，由图3-2可知，337个青贮玉米样品可被划分为4个组，各组群具有不同性状特点，审定来源相近的品种大多数聚为一类。

第Ⅰ组群包括91个青贮玉米样品，其中河北品种25个，国审品种13个，北京品种12个，贵州品种10个，四川品种7个，福建品种6个，黑龙江品种6个，陕西品种5个，新疆品种3个，上海、山西、内蒙古、吉林品种各1个。该组群样品生育期短，植株矮，穗位低，洗涤纤维高，生物产量低。

第Ⅱ组群包括107个青贮玉米样品，其中内蒙古品种32个，国审品种26个，黑龙江品种18个，北京品种10个，陕西品种5个，山东品种4个，河北、宁夏、辽宁、吉林品种各2个，甘肃、贵州、山西、上海品种各1个。该组群样品酸性洗涤纤维和中性洗涤纤维含量低。

第Ⅲ组群包括28个青贮玉米样品，其中北京品种15个，国审品种7个，黑龙江品种3个，山西品种2个，内蒙古品种1个。该组群样品绿叶数少，中性洗涤纤维高，生物产量较低，种植密度低。

第Ⅳ组群包括111个青贮玉米样品，其中内蒙古品种40个，甘肃品种20个，新疆品种19个，宁夏品种11个，国审品种9个，北京品种4个，云南品种3个，黑龙江、四川品种各2个，山西品种1个。该组群样品生育期长，植株高，穗位高，绿叶数多，生物产量高。

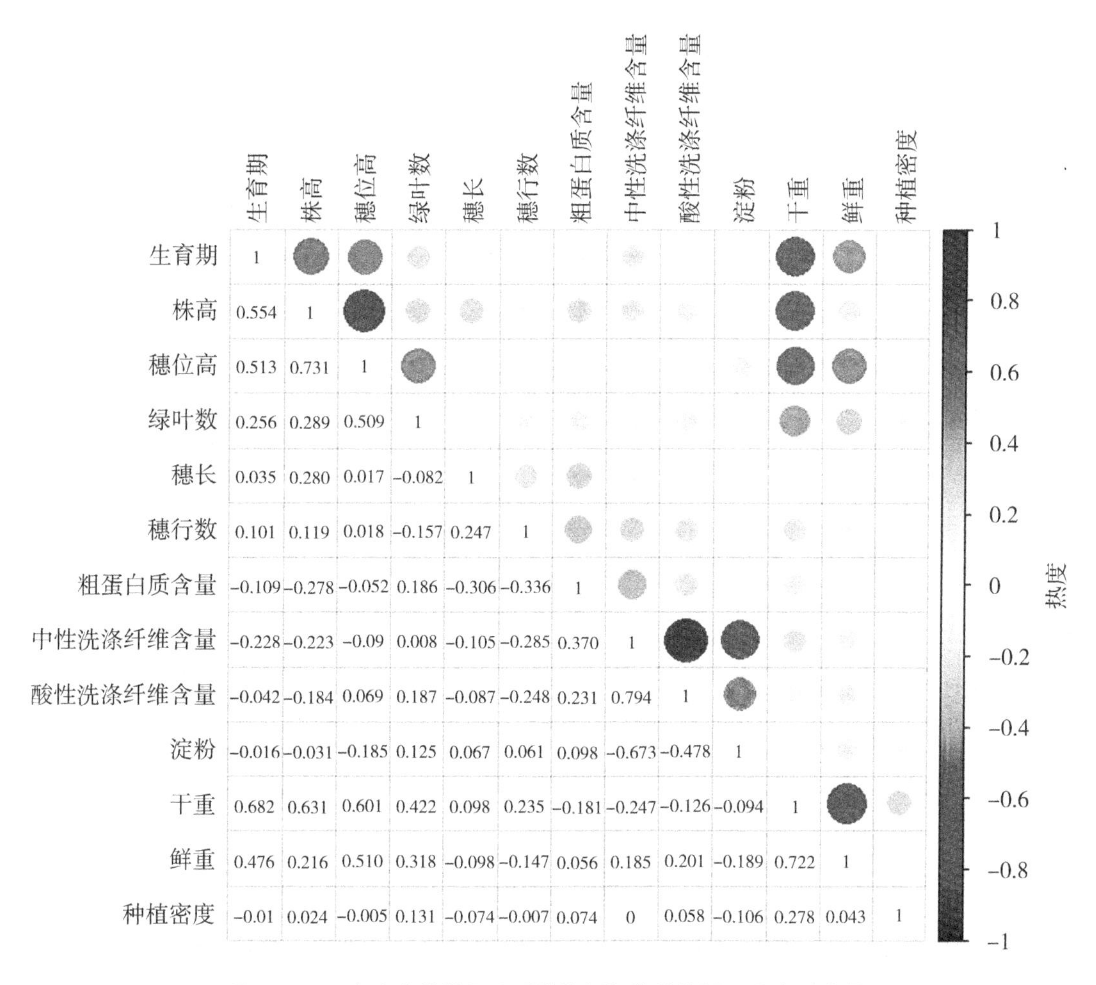

图 3-1　13 个生产特性及品质性状间相关性热图（见书后彩图）

六、结果与分析

粗蛋白质含量、酸性洗涤纤维含量、中性洗涤纤维含量和淀粉含量是反映青贮玉米品质的重要指标。粗蛋白质提供动物的蛋白质和氨化物两大营养物质，其含量越高，青贮玉米品质越好。中性洗涤纤维和酸洗洗涤纤维是评价动物消化率的重要指标，其含量越低，动物可消化的干物质越多。根据 2010 年国家颁布的《青贮玉米品质分级》标准，在 2002—2020 年通过国家及各省（区、市）审定的 337 个青贮玉米样品数据中，270 个样品粗蛋白质含量达到国家一级标准（≥7%），184 个样品中性洗涤纤维含量达到国家一级标准（≤45%），157 个样品酸性洗涤纤维含量达到国家一级标准（≤23%），133 个样品淀粉含量达到国家一级标准（≥25%），且品种质量呈现为逐年提高的趋势。以上表明育种家在青贮玉米的研究方面得到深度和广度拓展，更加注重饲喂效果，把为牲畜养殖提供更多能量作为出发点，使选育品种的目标更明确，体现中国培育

图 3-2　337 个青贮玉米样品的生产特性及品质性状 NJ 聚类图（见书后彩图）

注：其中红色、绿色、紫色、天蓝色线条分别代表Ⅰ、Ⅱ、Ⅲ和Ⅳ聚类组群。

出的青贮玉米新品种质量越来越好。

青贮玉米品种遗传多样性评价可为新品种选育、品种生产应用提供重要参考。在供试品种的产量及品质性状分析中，发现干重和酸性洗涤纤维遗传多样性较丰富。干重和酸性洗涤纤维的变异系数均高出许多，这可能与品种数目及种植区域差异大有关。以上研究表明，青贮玉米品种的干重、粗蛋白质和酸性洗涤纤维存在较大的改良空间，可为以后优质品种选育提供方向。

生产特性及品质性状相关性结果显示，不同性状间相关性存在较大差异，但其结果基本符合实际情况。其中酸性洗涤纤维与中性洗涤纤维相关性最高（$r=0.794$），粗蛋白质与中性洗涤纤维和酸性洗涤纤维呈极显著正相关，与干重呈极显著负相关。这提示育种家在品质改良选育高粗蛋白质的青贮玉米品种时，也要提防中性洗涤纤维和酸性洗涤纤维含量过高及干量较低，以至于影响品种品质及产量。

生产特性及品质性状主成分分析结果显示，审定来源相近的品种，所处的种植环境相似，即地形、气候、土壤条件影响着性状的表达。

第三节　基于 SSR 标记的青贮玉米品种遗传多样性分析

一、ISSR 引物多态性分析

本研究采用 40 对核心 SSR 引物对 141 份青贮玉米杂交品种的遗传背景信息进行分析。根据 SSR 引物多态性分析结果显示（表 3-3），40 对核心 SSR 引物在供试材料中共检测出 482 个等位变异，每对引物的等位变异数范围为 3~27 个，平均每对引物的等位变异数为 12 个，引物 P04 等位变异数最多，为 27 个，引物 P21 等位变异数最少，为 3 个；基因型数的分布范围在 6~69 个，平均值为 27；基因多样性的变异范围在 0.29~0.90，平均值为 0.71；杂合度的变异范围在 0.27~0.94，平均值为 0.68。PIC 是评价引物多态性强弱的重要参数。分析结果表明，SSR 引物的 PIC 值变化范围在 0.27~0.89，平均值为 0.68，其中 35 对 SSR 引物 PIC 值大于 0.5，表明本研究采用的 40 对 SSR 引物表现为高度多态性，适合用于青贮玉米品种遗传多样性分析。

表 3-3　141 份青贮玉米 SSR 引物多态性分析

引物	基因型数	等位变异数	基因多样性	杂合度	PIC
P01	31	16	0.72	0.79	0.71
P02	13	8	0.58	0.27	0.54
P03	44	20	0.82	0.76	0.81
P04	61	27	0.85	0.65	0.84
P05	46	18	0.86	0.79	0.85
P06	22	10	0.71	0.77	0.67
P07	34	12	0.73	0.66	0.69
P08	28	15	0.75	0.74	0.71
P09	47	21	0.81	0.84	0.79
P10	42	17	0.82	0.82	0.80
P11	59	20	0.90	0.94	0.89
P12	51	21	0.84	0.74	0.82
P13	34	18	0.81	0.79	0.79
P14	16	7	0.75	0.87	0.71
P15	25	9	0.76	0.77	0.73
P16	18	6	0.63	0.53	0.60
P17	8	4	0.60	0.63	0.54

（续表）

引物	基因型数	等位变异数	基因多样性	杂合度	PIC
P18	9	5	0.37	0.34	0.34
P19	17	11	0.44	0.46	0.42
P20	21	8	0.79	0.86	0.76
P21	6	3	0.29	0.30	0.27
P22	69	26	0.90	0.71	0.89
P23	18	8	0.73	0.67	0.69
P24	17	9	0.67	0.68	0.62
P25	27	14	0.74	0.77	0.70
P26	12	7	0.70	0.74	0.64
P27	20	8	0.72	0.50	0.69
P28	7	4	0.55	0.62	0.47
P29	34	14	0.85	0.57	0.83
P30	10	7	0.56	0.70	0.49
P31	45	20	0.81	0.84	0.80
P32	18	10	0.73	0.54	0.68
P33	27	13	0.78	0.87	0.75
P34	12	6	0.58	0.67	0.52
P35	19	7	0.72	0.72	0.69
P36	13	6	0.71	0.64	0.66
P37	23	7	0.79	0.77	0.76
P38	6	4	0.54	0.40	0.43
P39	28	15	0.77	0.82	0.74
P40	40	21	0.79	0.71	0.77
Mean	26.93	12.05	0.71	0.68	0.68

二、聚类分析

以普通玉米为参考对照，分析青贮玉米品种的遗传背景，对141个青贮玉米品种和5个普通玉米品种进行聚类分析（图3-3，表3-4），供试材料被划分为5个组。结果表明，遗传距离变化范围为0.025~0.581，平均值为0.374，其中禾田青贮16与凯育青贮114遗传距离最近，为0.025，大京九青贮3876与曲辰九号遗传距离最远，为0.581。

图 3-3　141 个青贮玉米样品和 5 个普通玉米品种的 SSR 标记 NJ 聚类图（见书后彩图）

注：其中红色、绿色、紫色、蓝色、天蓝色线条分别代表Ⅰ、Ⅱ、Ⅲ、Ⅳ和Ⅴ聚类组群。

表 3-4　141 个青贮玉米品种和 5 个普通玉米品种的 SSR 标记遗传聚类

组群	编号	品种名称	审定来源
Ⅰ	129	闽青青贮 1 号	福建
	9	雅玉青贮 04889	国审玉
	YaYuQingZhu26	雅玉青贮 26	国审玉
	22	雅玉青贮 27	国审玉
	91	新饲玉 15 号	新疆
	123	金玉 818	贵州
	122	筑青 1 号	贵州

（续表）

组群	编号	品种名称	审定来源
I	YaYuQingZhu8	雅玉青贮 8 号	国审玉
	117	长城饲玉 7 号	河北
	134	宁单 30 号	宁夏
	128	耀青青贮 4 号	福建
	130	花单 1 号	福建
	108	玉草 2 号	四川
	29	奥玉青贮 5102	国审玉
	DeMeiYa1	德美亚 1 号	—
	58	云瑞 21	内蒙古
	90	新饲玉 14 号	新疆
	115	桑草青贮 1 号	河北
	61	曲辰 9 号	云南
	45	中单青贮 29	北京
	70	中龙 1 号	黑龙江
	92	新饲玉 16 号	新疆
	140	宝单 8 号	陕西
	132	裕农 126	宁夏
	8	桂青贮 1 号	国审玉
	111	曲辰 19 号	河北
	82	江单 3 号	黑龙江
	127	申科青 503	上海
	103	正青贮 13	四川
	102	群策青贮 8 号	四川
	105	成单青贮 1 号	四川
	112	华青 28	河北
	23	郑青贮 1 号	国审玉
II	72	龙育 8 号	黑龙江
	65	合饲 1 号	内蒙古
	14	金刚青贮 50	国审玉
	43	京单青贮 39	北京
	124	太玉 511	山西

（续表）

组群	编号	品种名称	审定来源
Ⅱ	27	屯玉青贮 50	国审玉
	17	锦玉青贮 28	国审玉
	74	北单 5 号	黑龙江
	20	辽单青贮 529	国审玉
	19	三北青贮 17	国审玉
	81	江单 2 号	黑龙江
	121	巡青 518	河北
	116	巡青 938	河北
	57	佰青 131	内蒙古
	DaJiuJiu26	大京九 26	国审玉
	94	新饲玉 10 号	新疆
	133	宁单 34 号	宁夏
	56	青贮 808	内蒙古
	104	川单青贮 1 号	四川
	18	中农大青贮 GY4515	国审玉
	44	农锋青贮 166	北京
	64	西蒙青贮 707	内蒙古
	36	北农青贮 356	北京
	4	北农青贮 368	国审玉
Ⅲ	77	江单 5 号	黑龙江
	100	新饲玉 5 号	新疆
	136	中夏玉 4 号	宁夏
	98	新饲玉 6 号	新疆
	59	金艾 581	内蒙古
	119	青贮巡青 818	河北
	84	东青 1 号	黑龙江
	ZhengDan958	郑单 958	—
	33	农研青贮 3 号	北京
	37	京农科青贮 711	北京
	JiuKe968	京科 968	国审玉
	34	农研青贮 2 号	河北

（续表）

组群	编号	品种名称	审定来源
Ⅲ	21	京科青贮 301	国审玉
	7	雅玉青贮 79491	国审玉
Ⅳ	110	奔诚 6 号	河北
	49	东单 70	内蒙古
	40	瑞得青贮 100	北京
	15	京科青贮 516	国审玉
	60	东单 606	内蒙古
	46	中科青贮 1 号	北京
	95	新饲玉 11 号	新疆
	118	东亚青贮 1 号	河北
	51	东单 11	内蒙古
	SuYu29	苏玉 29	—
	107	蜀玉青贮 201	四川
	101	科饲 6 号	四川
	106	群策青贮 5 号	四川
	52	东单 1501	内蒙古
	97	新饲玉 13 号	新疆
	141	秦龙青贮 1 号	陕西
	80	垦饲 1 号	黑龙江
	69	龙育 13	黑龙江
	93	新饲玉 17 号	新疆
	10	铁研青贮 458	国审玉
	139	秋润 100	陕西
	71	久龙 16	黑龙江
	55	金艾 588	内蒙古
	68	吉龙 369	黑龙江
	73	杜玉 2 号	黑龙江
	XianYu335	先玉 335	—
	12	强盛青贮 30	国审玉
	54	潞鑫二号	内蒙古
	32	先玉 1267	陕西

（续表）

组群	编号	品种名称	审定来源
	126	牧玉 2 号	山西
	53	美锋 969	内蒙古
	2	京科青贮 932	国审玉
	42	京科青贮 205	北京
	75	龙单 58	黑龙江
	87	新饲玉 20 号	新疆
	79	龙辐玉 6 号	黑龙江
	26	晋单青贮 42	国审玉
	89	新饲玉 18 号	新疆
	109	隆丰 211	河北
	50	东单 6531	内蒙古
	86	长丰 1 号	黑龙江
	99	新饲玉 7 号	新疆
	47	CM89	内蒙古
Ⅳ	48	明玉 6 号	内蒙古
	78	龙育 6 号	黑龙江
	66	中北 410	内蒙古
	88	新饲玉 21 号	新疆
	16	辽单青贮 178	国审玉
	31	大京九青贮 3876	北京
	67	东青 2 号	黑龙江
	137	兴民 3388	陕西
	83	中东青 1 号	黑龙江
	85	阳光 1 号	黑龙江
	JiuJiuQingZhu16	京九青贮 16	国审玉
	76	中东青 2 号	黑龙江
	62	文玉 3 号	内蒙古
	38	青源青贮 4 号	北京
	138	秦鑫 630	陕西
	11	豫青贮 23	国审玉
	131	恩喜爱 1 号	甘肃

（续表）

组群	编号	品种名称	审定来源
Ⅳ	25	登海青贮 3930	国审玉
	13	登海青贮 3571	国审玉
Ⅴ	30	辽单青贮 625	国审玉
	125	大丰青贮 1 号	山西
	96	新饲玉 12 号	新疆
	63	宁禾 0709	内蒙古
	135	宁单 31 号	宁夏
	39	凯育青贮 114	北京
	35	禾田青贮 16	北京
	113	双玉青贮 5 号	河北
	114	中瑞青贮 19	河北
	NongDa108	农大 108	—
	120	万青饲 1 号	河北
	ZhongYu335	中玉 335	国审玉
	41	中单青贮 601	北京

第Ⅰ组群包括以雅玉青贮 28、雅玉青贮 8 号和德美亚 1 号为代表的 33 个品种，其中国审品种 7 个，河北品种 4 个，四川品种 4 个，福建品种 3 个，新疆品种 3 个，贵州品种 2 个，黑龙江品种 2 个，宁夏品种 2 个，北京、内蒙古、陕西、上海、云南和普通玉米品种各 1 个。第Ⅱ组群包括以大京九 26 为代表的 24 个品种，其中国审品种 8 个，内蒙古品种 4 个，北京品种 3 个，黑龙江品种 3 个，河北品种 2 个，宁夏、山西、四川和新疆品种各 1 个。第Ⅲ组群包括以京科 968 和郑单 958 为代表的 14 个品种，其中国审品种 3 个，北京品种 2 个，河北品种 2 个，黑龙江品种 2 个，新疆品种 2 个，宁夏、内蒙古和普通玉米品种各 1 个。第Ⅳ组群包括以京九青贮 26、苏玉 29 和先玉 335 为代表的 62 个品种，其中黑龙江品种 13 个，内蒙古品种 12 个，国审品种 10 个，新疆品种 7 个，北京品种 5 个，河北品种 3 个，陕西品种 5 个，四川品种 3 个，普通玉米品种 2 个，山西和甘肃品种各 1 个。第Ⅴ组群包括以中玉 335 和农大 108 为代表的 13 个品种，其中北京品种 3 个，河北品种 3 个，国审品种 2 个，内蒙古、宁夏、山西、新疆和普通玉米品种各 1 个。

三、不同审定来源品种的遗传距离与聚类分析

为了进一步探究各审定来源品种间是否存在遗传差异，对 141 个青贮玉米品种按来源地进行遗传距离与聚类分析（表 3-5 和图 3-4）。结果表明，15 个审定来源品种群可

表 3-5 不同审定来源品种之间的 Nei's（1973）遗传距离

审定来源	北京	福建	甘肃	贵州	国审玉	河北	黑龙江	内蒙古	宁夏	上海	陕西	山西	四川	新疆	云南
北京	0.000														
福建	0.130	0.000													
甘肃	0.148	0.260	0.000												
贵州	0.210	0.204	0.323	0.000											
国审玉	0.018	0.108	0.155	0.183	0.000										
河北	0.035	0.118	0.177	0.192	0.025	0.000									
黑龙江	0.034	0.135	0.175	0.211	0.024	0.031	0.000								
内蒙古	0.026	0.130	0.158	0.196	0.020	0.027	0.019	0.000							
宁夏	0.054	0.103	0.170	0.188	0.047	0.054	0.064	0.053	0.000						
上海	0.221	0.285	0.313	0.358	0.201	0.237	0.231	0.230	0.243	0.000					
陕西	0.041	0.144	0.166	0.216	0.041	0.055	0.045	0.038	0.062	0.211	0.000				
山西	0.075	0.176	0.178	0.249	0.064	0.074	0.071	0.059	0.098	0.251	0.077	0.000			
四川	0.088	0.123	0.249	0.206	0.070	0.075	0.090	0.088	0.101	0.192	0.101	0.145	0.000		
新疆	0.033	0.119	0.166	0.187	0.028	0.031	0.027	0.025	0.051	0.235	0.043	0.081	0.092	0.000	
云南	0.276	0.221	0.388	0.277	0.248	0.216	0.262	0.255	0.240	0.450	0.269	0.290	0.241	0.235	0.000

被分为三大类，第一类包括四川、上海、云南、贵州、福建和宁夏品种，遗传距离变化范围为0.101~0.45，其中宁夏品种与四川品种遗传距离最接近（0.101），云南品种与四川品种遗传距离最远（0.45）；第二类包括内蒙古、黑龙江、新疆和河北品种，遗传距离变化范围为0.019~0.031，其中内蒙古品种与黑龙江品种遗传距离最接近（0.019），河北品种与新疆、黑龙江品种遗传距离最远（0.031）；第三类包括山西、甘肃、陕西、北京和国审玉品种，遗传距离变化范围为0.018~0.178，其中国审玉品种与北京品种遗传距离最近（0.018），山西品种与甘肃品种遗传距离最远（0.178）。聚类结果显示，南方审定来源的品种大多聚为一类，即四川、上海、云南、贵州和福建品种聚为一类。

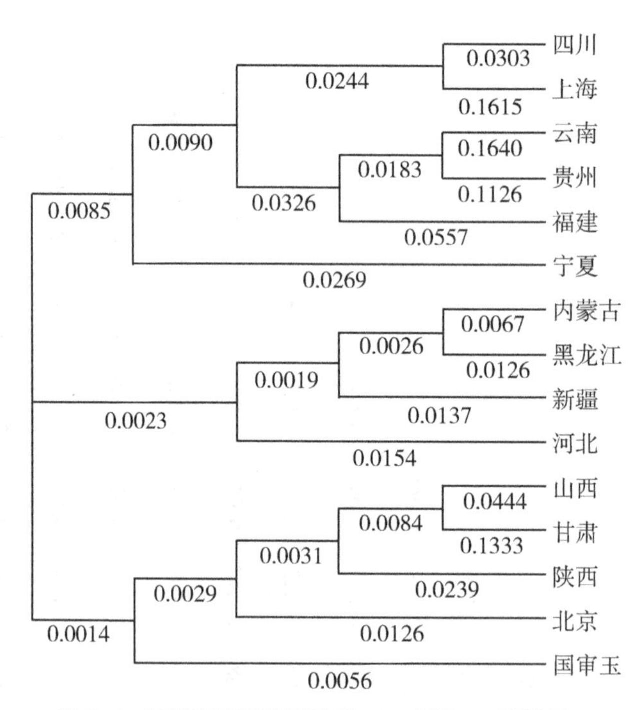

图3-4　不同审定来源品种的SSR标记NJ聚类图

四、结果与分析

本研究采用40对核心SSR引物对141份青贮玉米杂交品种的遗传背景信息进行分析。遗传多样性结果显示，平均每对引物的等位变异数为12个，基因多样性的平均值为0.71；杂合度的平均值为0.68。PIC的平均值为0.68。本研究是在王凤格等分析32个青贮玉米品种遗传多样性的基础上将样品数增至141个，发现等位变异数、基因多样性、PIC、杂合率普遍升高，但与易红梅等研究参加2014—2019年国家区试的127个青贮玉米品种结果基本一致，两者结果差异可能受样品总数大小的影响。

根据聚类结果显示，南方审定来源的品种聚为一类，即四川、上海、云南、贵州和福建品种聚为一类。分析其可能原因为：南方品种间存在亲缘关系。在一定程度上反映出南方青贮玉米的亲本选育存在区域选择差异，各省份间存在种质资源交流，造成品种间遗传背景相似，亲缘关系接近。

第四节 不同年份青贮玉米品种的生产及品质性状分析

一、样本材料

样本材料选自2002—2020年通过国家及各省（区、市）审定的141个青贮玉米杂交种。根据141个青贮玉米杂交种的审定年份，将供试品种划分为4个年份段，分别为2002—2006年、2007—2011年、2012—2016年和2017—2020年，详细品种审定来源及年分段分布见表3-6。生产特性及品质性状分析材料：在141个青贮玉米品种中，有19个品种具有多个生态区或年份审定来源，其中13个品种具有2个审定来源，3个品种具有3个审定来源，3个品种具有4个审定来源，即青贮玉米样品由141个扩增到169个。

表3-6 不同年份样品信息统计

年份	审定品种来源及数量	总计
2002—2006年	国审玉13个，黑龙江4个，新疆3个，河北2个，北京1个，内蒙古1个	24
2007—2011年	新疆11个，黑龙江13个，国审玉8个，四川8个，河北6个，内蒙古2个，北京4个，福建3个，山西3个，陕西1个	59
2012—2016年	内蒙古11个，北京7个，陕西4个，河北3个，宁夏3个，黑龙江1个	29
2017—2020年	国审玉5个，内蒙古8个，北京2个，黑龙江2个，宁夏2个，河北3个，甘肃2个，贵州2个，陕西1个，上海1个，云南1个	29

二、不同年份青贮玉米品种方差分析

为了探究各年份段品种间是否存在性状差异，对不同年份段品种进行了方差分析（表3-7）。结果表明，除生育期、株高、穗位高、穗长、穗行数外，其他性状在4个年份段间存在显著差异。

2002—2006年品种穗行数、鲜重和种植密度最低，穗长最高；2007—2011年品种生育期、穗位高、绿叶数和酸性洗涤纤维最高，且粗蛋白质（9.43±2.01）%和中性洗涤纤维（51.46±4.51）%显著最高；2012—2016年品种生育期、株高、绿叶数和干重最低，穗行数和鲜重最高；2017—2020年品种穗位高、粗蛋白质最低，株高、干重和种植

表 3-7　4 个年份段品种生产特性及品质性状的方差分析

性状	年份			
	2002—2006 年	2007—2011 年	2012—2016 年	2017—2020 年
生育期（天）	114. 9±13. 84 A	117. 2±13. 7 A	112. 83±13. 67 A	116. 74±13. 34 A
株高（厘米）	305. 01±31. 34 A	306. 88±35. 32 A	300. 64±31. 78 A	307. 45±23. 9 A
穗位高（厘米）	136. 39±18. 19 A	143. 97±29. 87 A	140. 2±22. 38 A	131. 72±18. 6 A
绿叶数	16. 18±1. 67 A	16. 42±3 A	13. 34±2. 46 B	14. 54±2. 41 B
穗长（厘米）	22. 45±2. 3 A	22. 39±2. 71 A	21. 77±2. 25 A	21. 75±1. 95 A
穗行数	16. 15±1. 52 A	16. 34±1. 94 A	17. 09±1. 35 A	16. 8±1. 88 A
粗蛋白质（%）	8. 26±1. 32 B	9. 43±2. 01 A	8. 62±0. 66 B	8. 14±0. 5 B
中性洗涤纤维（%）	46. 08±5. 6 B	51. 46±4. 51 A	45. 27±6. 17 B	40. 8±4. 77 C
酸性洗涤纤维（%）	22. 79±3. 6 A	24. 61±4. 09 A	20. 06±4. 02 B	17. 24±3. 64 C
淀粉（%）	–	–	29. 22±2. 59	31. 15±3. 61
干重（千克/公顷）	18 631. 92±2 810. 74 B	23 469. 71±7 830. 23 A	18 511. 92±4 136. 02 B	23 605. 76±6 561. 52 A
鲜重（千克/公顷）	73 158. 5±11 391. 73 B	79 229. 53±12 799. 38 AB	86 094. 68±10 296. 62 A	78 070. 59±15 316. 06 AB
种植密度（株/公顷）	62 093. 75±8 377. 9 B	65 518. 37±12 841. 04 AB	67 710. 51±9 761. 28 A	70 065. 79±5 855. 43 A

注：表格中的数据均为平均值±标准差。

密度含量最高，且中性洗涤纤维（40.8±4.77）%和酸性洗涤纤维（17.24±3.64）%显著最低。结果表明，品质性状（粗蛋白质、中性洗涤纤维和酸性洗涤纤维）和产量性状（干重和鲜重）在不同年份段品种间存在一定的变化规律。

为了进一步探究和分析青贮玉米品种选育方向动态及趋势，对不同年份段品质和生物产量性状绘制了点线图，结果如图 3-5 所示。品质性状方面（图 3-5A），中性洗涤纤维和酸性洗涤纤维从 2002—2006 年至 2007—2011 年呈现上升阶段，2007—2011 年达到最高，往后逐年降低；粗蛋白质变化不明显，2007—2011 年有略微上升。生物产量性状方面（图 3-5B），干重在一定范围波动，在 2007—2011 年和 2017—2020 年区段有所上升，2012—2016 年区段下降。鲜重呈现为 2007—2011 年升高，2012—2020 年下降趋势。综上所述，选育中性洗涤纤维和酸性洗涤纤维含量低，产量高等特点的品种是我国近年来青贮玉米的发展趋势及动态。

三、不同年份青贮玉米品种遗传多样分析

不同年份品种遗传多样性分析结果表明（表 3-8），4 个年份段品种的平均等位变异和平均基因型变化范围分别为 7.28~9.58 和 10.95~17.30，2007—2011 年均表现出最高值，2002—2006 年最低。杂合度变化范围为 0.65~0.71，其中 2012—2016 年最高，2002—2006 年最低。基因多样性在各年份段相同，为 0.70。PIC 值在各年份段中变化不大，均在 0.66~067。研究表明，各年份段品种表现出丰富且相同的遗传多样性。

杂交种各年份段之间的遗传距离结果显示（表 3-9），遗传距离变化区间在 0.014~

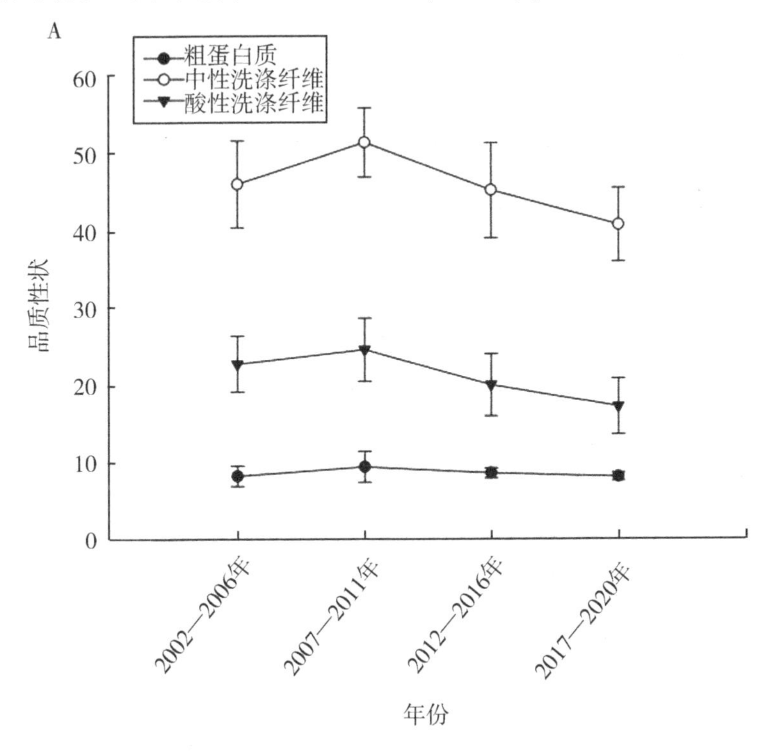

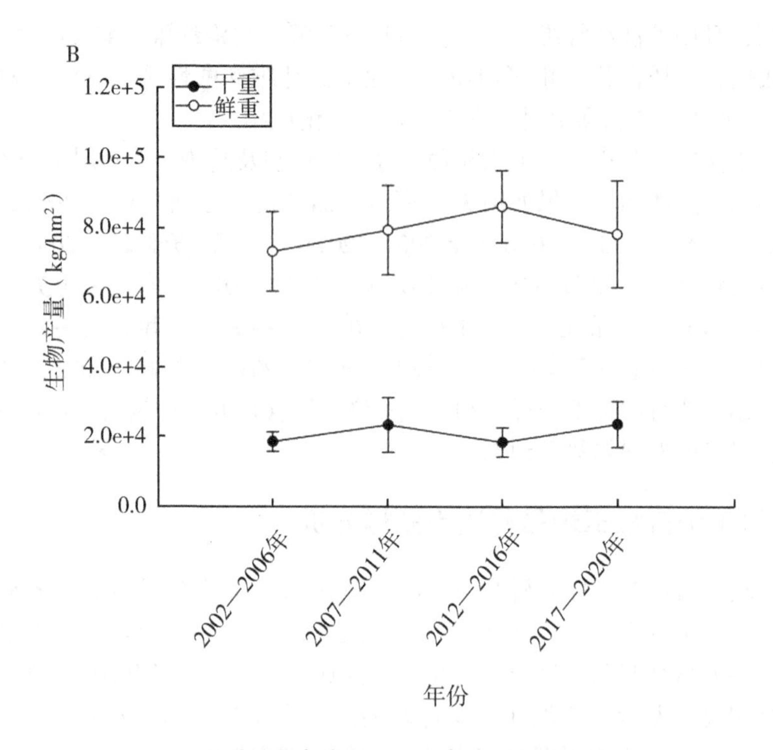

A. 品质性状点线图；B. 生物产量性状点线图

图 3-5　不同年份段品种的品质及生物产量性状点线图

0.020，平均为0.016，其中2002—2006年与2012—2016年遗传距离最大。研究表明，各年份段品种遗传背景接近，几乎不存在遗传差异。

表 3-8　4 个年份段品种间的遗传多样性比较

年份	样品数量	等位变异数	基因型数	基因多样性	杂合度	PIC
2002—2006 年	24	7.28	10.95	0.70	0.65	0.66
2007—2011 年	59	9.58	17.30	0.70	0.68	0.66
2012—2016 年	29	7.83	11.58	0.70	0.71	0.67
2017—2020 年	29	8.00	12.10	0.70	0.69	0.67

表 3-9　不同年份品种间的 Nei's（1973）遗传距离

年份	2002—2006 年	2007—2011 年	2012—2016 年	2017—2020 年
2002—2006 年	0.000			
2007—2011 年	0.014	0.000		
2012—2016 年	0.020	0.014	0.000	
2017—2020 年	0.017	0.014	0.017	0.000

四、不同年份青贮玉米品种的聚类与主成分分析

基于 13 个生产特性及品质性状对 141 个青贮玉米品种按年份段进行聚类分析，从图 3-6A 可知，供试材料可被划分为 5 个组，大部分样品聚集在Ⅲ、Ⅳ组。Ⅰ组包括以

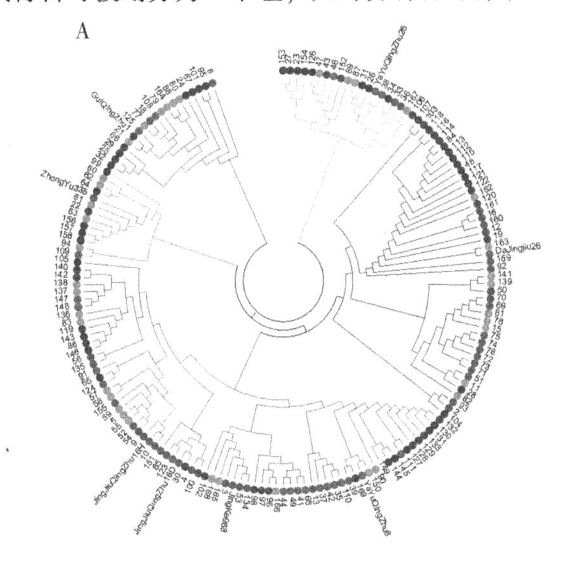

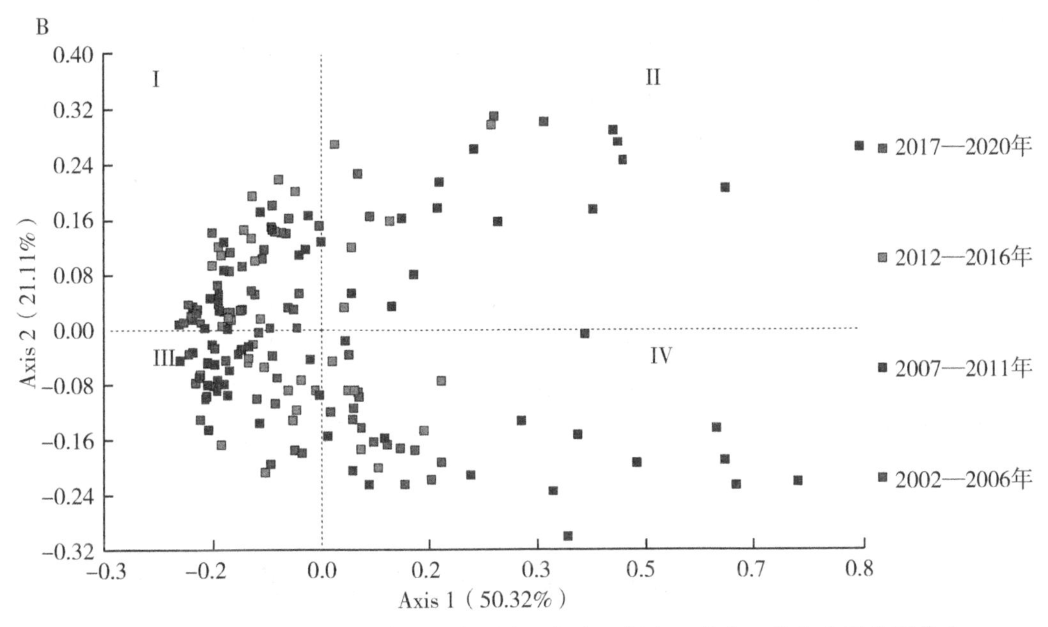

A. 169 个青贮玉米样品的 NJ 聚类图，在图中，红色、绿色、紫色、蓝色小圆分别代表 2002—2006 年、2007—2011 年、2012—2016 年和 2017—2020 年品种，红色、绿色、紫色、蓝色、天蓝色线条分别代表Ⅰ、Ⅱ、Ⅲ、Ⅳ和Ⅴ聚类组群；B. 聚类组群主成分图，在图中，红色、绿色、紫色、蓝色、天蓝色分别代表 X1、X2、X3、X4 和 X5 聚类组群。

图 3-6　169 个青贮玉米样品的形态性状聚类图及主成分图（见书后彩图）

桂青贮1号为代表的19个样品，Ⅱ组包括以中玉335为代表的13个样品，Ⅲ组包括以京九青贮16、京科968及雅玉青贮8号为代表的72个样品，Ⅳ组包括以大京九26为代表的45个样品，Ⅴ组包括以雅玉青贮26为代表的20个样品。各年份段样品分布比较离散，16个2002—2006年品种（64%）聚于Ⅲ组；在2007—2011年样品中，24个（34.78%）聚于Ⅲ组，18个（26.09%）聚于Ⅳ组；在2012—2016年样品中，14个（35.9%）聚于Ⅲ组，9个（23.08%）聚于Ⅳ组；在2017—2020年样品中，18个（45%）聚于Ⅲ组，18个（45%）聚于Ⅳ组。

对各年份品种进行主成分分析（图3-6B），根据4个不同年份段品种的具体分布情况将坐标图划分为Ⅰ、Ⅱ、Ⅲ、Ⅳ四个区域，从整体上来看，各年份段分布比较离散。2002—2006年品种分布在Ⅰ、Ⅲ区，但主要集中在Ⅰ区；2007—2011年品种在四个区域均有分布；2012—2016年品种主要分布在Ⅰ、Ⅲ区；2017—2020年品种主要分布在Ⅰ、Ⅳ区。各组群坐标分布结果与聚类分组结果基本一致，同一年份段品种并没有明显的集聚现象。

五、结果与分析

从年份的角度对青贮玉米进行遗传多样性分析，能更精准了解中国各年份品种的遗传分化特点。根据方差分析及品种育种方向分析结果表明，依年份顺序141个品种的发展趋势为：洗涤纤维均呈现为低—高—低的趋势，粗蛋白质变化稳定，产量和种植密度呈逐年增加趋势。表明近年来青贮玉米杂交种的培育在品质和产量性状上存在明显的人工辅助选择，符合畜牧业等发展的需求。遗传多样性结果显示，各年份段品种表现出丰富的遗传多样性，遗传背景接近，几乎不存在遗传差异。表明近20年来我国青贮玉米选育品种的遗传多样性变化不大，且各年份段品种间遗传背景相似度高，不存在遗传差异，同时也反映出品种间遗传背景狭窄，可引进外来种质资源对国内玉米品种遗传背景进行改良。

生产特性及品质性状聚类及主成分显示，各年份段样品分布比较离散，同一年份段品种并没有明显的集聚现象。其中64%的2002—2006年品种聚于Ⅲ组，90%的2017—2020年样品一半聚于Ⅲ组，一半聚于Ⅳ组。表明不同年份段的品种间性状差异不大，且也反映出同一年份段品种性状差异较大，造成同一年份段品种并没有聚集在一起的趋势，不同年份段品种相互掺杂，没有明显规律。

第五节　不同生态区青贮玉米品种遗传多样性分析

一、样本材料

样本材料选自2002—2020年通过国家及各省（区、市）审定的141个青贮玉米杂交种。参照2016年国家青贮玉米品种区域试验的生态组别划分，并结合播种区域、播种时间、品种类型和选育单位等因素将供试品种划分为东华北、黄淮海、西北和南方4个生态区，品种数目分别为47个、27个、47个和20个，详细品种审定来源及生态区分布见表3-10。

表3-10　不同生态区样品信息统计

生态区	审定品种来源及数量	总计
东华北	国审玉11个，北京14个，黑龙江22个	47
黄淮海	国审玉4个，河北14个，山西3个，陕西6个	27
西北	国审玉4个，内蒙古21个，新疆14个，甘肃2个，宁夏6个	47
南方	国审玉5个，四川8个，贵州2个，上海1个，福建3个，云南1个	20

二、不同生态区青贮玉米品种方差分析

为了探究各生态区品种间是否存在性状差异，对不同生态区品种进行了方差分析（表3-11）。结果表明，除绿叶数、中性洗涤纤维和淀粉外，其他性状在4个生态区间存在显著差异。

东华北品种绿叶数、粗蛋白质和酸性洗涤纤维指标最低，穗长最高；黄淮海品种穗位高和干重最低，绿叶数、淀粉和种植密度最高，且生育期呈现（101.72±8.82）天显著最短；西北品种中性洗涤纤维和淀粉含量最低，株高和穗行数最高，且生育期（126.77±8.52）天、穗位高（158.86±22.38）厘米、干重（29 537.64±5 435.77）千克/公顷和鲜重（87 674.94±10 583.3）千克/公顷显著最高；南方品种株高和种植密度最低，洗涤纤维含量最高，且穗长（19.2±1.56）厘米、穗行数14.7±1.3和鲜重（62 630.35±10 905.5）千克/公顷显著最低，粗蛋白质（9.98±2.78）%显著最高。结果表明，西北和南方组品种表现出不同程度的性状分化，产生具有地方性特征的性状特点。

三、不同生态区青贮玉米品种遗传多样性

不同生态区品种遗传多样性分析结果表明（表3-12），4个生态区组品种的平均等位变异和平均基因型变化范围分别为7.35~9.13和10.30~16.30，西北均表现出最高值，黄淮海和南方相对较低。就杂合度、遗传多样性和PIC值而言，东华北和黄淮海略低于西北和南方，其中南方这三个指标表现出最高值，分别为0.71、0.72和0.68。研究表明，西北和南方品种表现出丰富的遗传多样性。

杂交种各生态区之间的遗传距离结果显示（表3-13），南方组与东华北组遗传距离最大，为0.052，与黄淮海组和西北组遗传距离较大，分别为0.045和0.044，而东华北、黄淮海和西北三生态区两两间遗传距离较小，均在0.010左右。研究表明，南方组青贮玉米品种与其他三生态区品种存在一定遗传差异。

表 3-11　4 个生态区品种生产特性及品质性状的方差分析

性状	东华北	黄淮海	西北	南方
生育期（天）	116. 37±9. 06B	101. 72±8. 82C	126. 77±8. 52A	110. 37±17. 39B
株高（厘米）	309. 55±19. 65A	287. 15±30. 13B	320. 26±31. 2A	281. 43±32. 28B
穗位高（厘米）	132. 34±16. 32B	121. 18±15. 76C	158. 86±22. 38A	125. 51±17. 76BC
绿叶数	14. 59±2. 2A	16. 53±1. 75A	15. 36±3. 63A	14. 94±2. 85A
穗长（厘米）	23. 66±1. 96A	22. 6±1. 85AB	21. 56±2. 17AB	19. 27±1. 63C
穗行数	16. 83±1. 51A	16. 42±1. 56A	16. 94±1. 77A	14. 57±1. 29B
粗蛋白质（%）	8. 15±0. 72B	8. 91±1. 2B	8. 7±0. 77B	10. 1±2. 8A
中性洗涤纤维（%）	44. 83±4. 23A	47. 42±9. 43A	44. 52±5. 43A	47. 69±6. 65A
酸性洗涤纤维（%）	19. 09±2. 45C	22. 53±6. 47AB	20. 02±4. 92BC	23. 39±3. 74A
淀粉（%）	31. 39±3. 41A	33. 41±2. 53A	28. 99±2. 81A	31. 38±5. 63A
干重（千克/公顷）	18 547. 24±2 435. 26B	17 536. 17±2 650. 54B	29 537. 64±5 435. 77A	17 759. 3±3 242. 5B
鲜重（千克/公顷）	74 212. 27±9 542. 69B	74 436. 46±7 081. 53B	87 674. 94±10 583. 3A	62 630. 35±10 905. 5C
种植密度（株/公顷）	63 409. 06±6 881. 68B	70 340. 91±16 516. 78A	69 877. 12±8 121. 04A	59 500±5 916. 61B

注：不同字母表示差异显著。后同。

表 3-12　4 个生态区品种间的遗传多样性比较

生态区	样品数量	等位变异数	基因型数	基因多样性	杂合度	PIC
东华北	47	7.65	13.55	0.68	0.65	0.64
黄淮海	27	7.40	11.13	0.69	0.69	0.64
西北	47	9.13	16.30	0.71	0.69	0.68
南方	20	7.43	10.03	0.71	0.72	0.68

表 3-13　不同生态区品种之间的 Nei's（1973）遗传距离

生态区	东华北	黄淮海	西北	南方
东华北	0.000			
黄淮海	0.011	0.000		
西北	0.009	0.010	0.000	
南方	0.052	0.045	0.044	0.000

四、不同生态区青贮玉米品种聚类和主成分分析

基于 13 个生产特性及品质性状对供试材料进行聚类分析，从图 3-7A 可知，169 个青贮玉米样品可被划分为 5 个组，大部分样品聚集在 X3、X4 组。结果表明，有 3 个生态区的大多数品种聚在相同的组群，其中 37 个西北样品（62.7%）聚于 X4 组，28 个

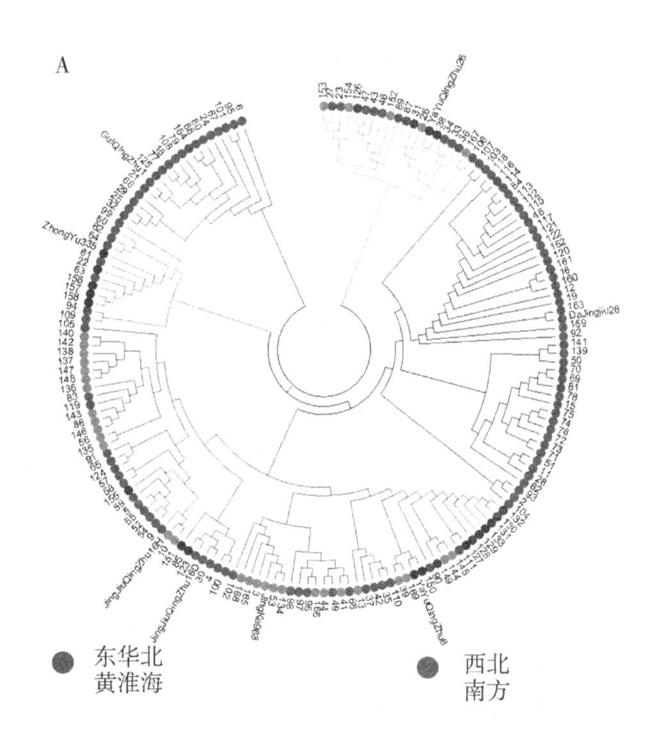

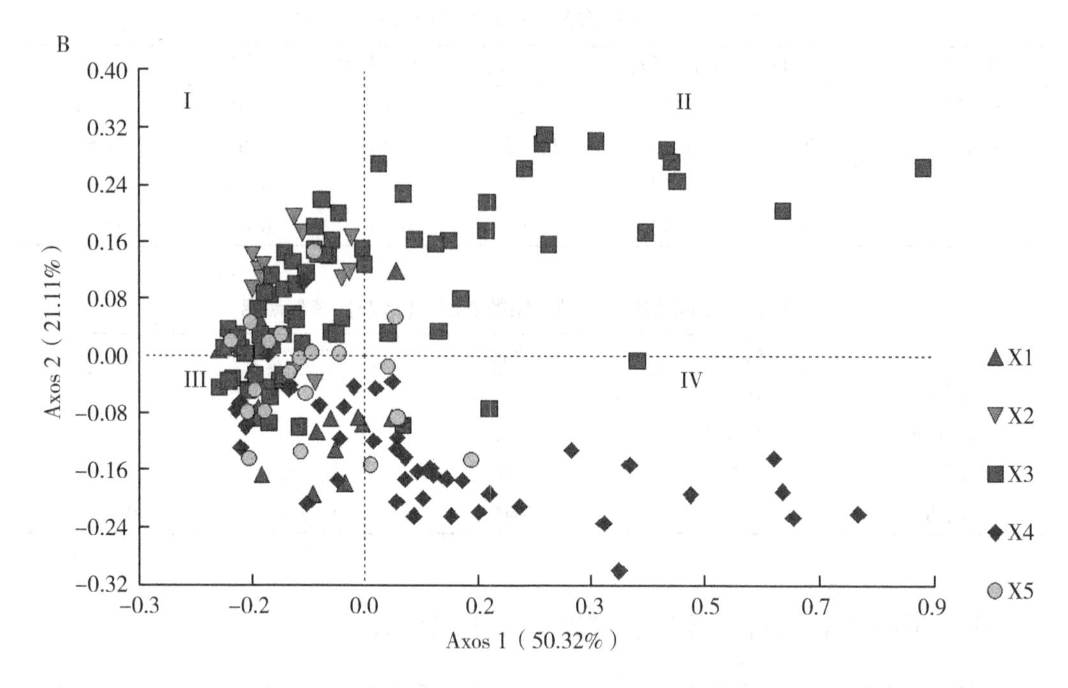

A. 169 个青贮玉米样品的 NJ 聚类图，在图中，红色、绿色、紫色、蓝色小圆分别代表东华北、黄淮海、西北和南方品种，红色、绿色、紫色、蓝色、天蓝色线条分别代表 X1、X2、X3、X4 和 X5 聚类组群；B. 聚类组群主成分图，在图中，红色、绿色、紫色、蓝色、天蓝色分别代表 X1、X2、X3、X4 和 X5 聚类组群。

图 3-7　169 个青贮玉米样品的生产特性及品质性状聚类图及聚类组群主成分图（见书后彩图）

黄淮海样品（84.8%）和 13 个南方样品（59.1%）聚于 X3 组，但东华北样品分布相对离散，24 个样品（43.6%）聚于 X3 组，11 个样品（20%）聚于 X1 组。对形态性状聚类组群进行主成分分析（图 3-7B），根据 5 个聚类组群的具体分布情况将坐标图划分为Ⅰ、Ⅱ、Ⅲ、Ⅳ四个区域，从整体上来看，各组群分布均相对集中，X1、X5 组分布在Ⅰ、Ⅲ区，但主要集中在Ⅲ区，X2 组主要分布在Ⅰ区，X3 组主要分布在Ⅰ、Ⅱ区，X4 组分布在Ⅲ、Ⅳ区。各组群坐标分布结果与聚类分组结果基本一致。

基于 40 个 SSR 标记对供试品种进行聚类分析，从图 3-8A 可知，141 个青贮玉米品种和 5 个普通玉米品种可被划分为 5 个组，大部分样品聚集在 S1、S4 组。结果表明，15 个南方品种（75%）聚于 S1 组，东华北、黄淮海和西北品种主要聚于 S4 组，分别为 23 个（48.9%）、11 个（40.7%）和 22 个（46.8%）。SSR 标记聚类组群的主成分分析显示，虽然存在极少数的离散品种，但整体上各组群分布相对集中（图 3-8B），基本上各自占据相应的位置。S1、S3 组分布均主要集中在Ⅱ区，S2、S5 组在Ⅲ和Ⅳ区均有分布，S4 组分布在Ⅰ、Ⅱ、Ⅲ区，但主要聚集在Ⅰ、Ⅲ区。各组群坐标分布结果与聚类分组结果一致，且两者分析结果可以相互佐证。比较 2 种聚类结果发现，两者都能将南方品种聚集在一起，但生产特性及品质性状还能将黄淮海、西北品种聚集在一起。

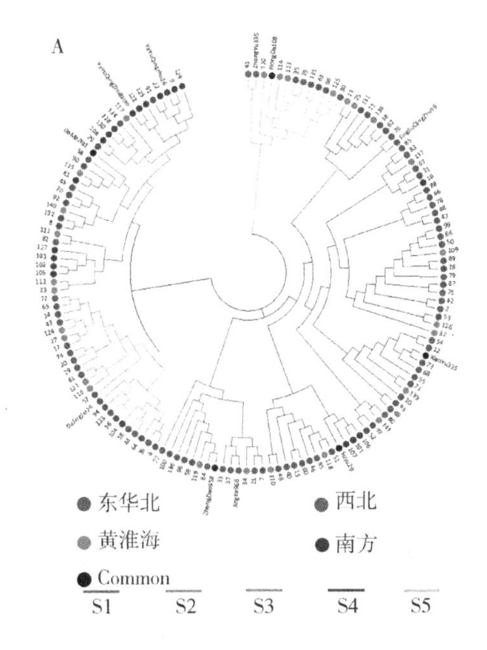

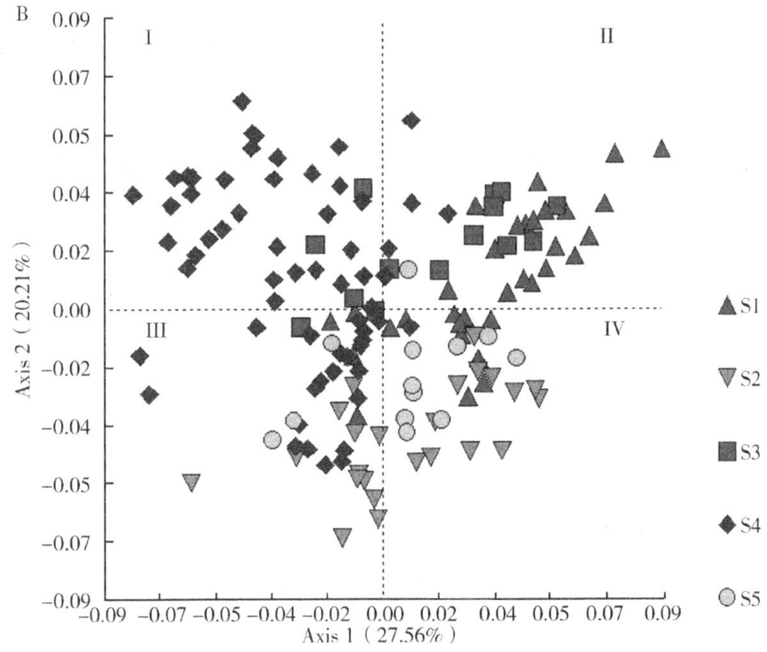

A. 141个青贮玉米品种和5个普通玉米品种的NJ遗传聚类图，在图中，红色、绿色、紫色、蓝色小圆分别代表东华北、黄淮海、西北和南方品种，红色、绿色、紫色、蓝色、天蓝色线条分别代表S1、S2、S3、S4和S5聚类组群；B. 聚类组群主成分图，在图中，红色、绿色、紫色、蓝色、天蓝色分别代表S1、S2、S3、S4和S5聚类组群。

图3-8　141个青贮玉米品种和5个普通玉米品种的SSR标记遗传聚类图及聚类组群主成分图（见书后彩图）

五、结果与分析

从生态区角度来对青贮玉米进行遗传多样性分析，能更精准了解中国各种植区域品种的遗传分化特点。根据方差分析及遗传多样性结果表明，西北和南方品种基因多样性、杂合度、PIC 指标略高于东华北和黄淮海品种，显现出丰富的遗传多样性，且出现了明显的性状分化现象。分析其可能原因，有如下 3 点：①生态环境差异。不同生态区的地形、气候、土壤条件等因素影响玉米品种形态性状表达。②生态区地理跨度及需求区域差异。东华北和黄淮海品种种植区域跨度较小，而西北和南方品种种植区域跨度较大，且青贮玉米主要需求区域在西北和南方地区，两地区品种类型多，故遗传多样性较高。③不同生态区畜牧结构及生产要求不同。西北生态区畜牧业发展迅速，饲料相对缺乏，对青贮玉米品种的产量要求较高，故西北品种生育期及生物产量等性状指标高，产生性状分化现象。

生产特性及品质性状聚类显示，同一生态区的大部分品种聚集在一起。分析其可能原因为不同生态区的育种目标及生产需求不同，即不同生态区形成了适应当地需求的育种模式，对目标性状存在定向选择，导致品种出现一定的性状分化。除此之外，该结果体现了我国青贮玉米的品种选育正在逐步出现针对特点区域、生态区进行品种改良的情况。SSR 标记聚类显示，15 个南方品种（75%）聚于 S1 组，而其他组群中各生态区品种掺杂，单生态区品种无明显聚集现象，结合不同生态区之间的遗传距离，表明仅南方品种有倾向于聚在一起。分子聚类结果说明，东华北、西北和黄淮海生态区品种基因来源复杂，关键种质资源接近，不同品种间存在基因交流，造成亲缘关系接近、遗传差异较小。同时，南方地区品种与其他生态区品种的遗传分化现象在一定程度上反映出青贮玉米亲本具有区域选择差异。比较 2 种聚类分析结果发现，两者均能将大多数南方品种聚集在一起，但生产特性及品质性状还能将黄淮海、西北品种聚在一起。究其原因为这 2 种分析方法是青贮玉米品种遗传多样性在不同层面上的体现，形态学聚类方法是依据作物的表型性状来区分不同品种间的遗传差异，然而表型性状易受很多复杂因素影响，如标记数量少、人为测量误差、环境条件等，造成遗传表达不稳定或不同基因型的品种表现出相同表型特征的结果。相比之下，分子标记是从 DNA 水平上反映不同个体间的遗传变异现象，不受外界环境影响，结果相对准确。因此，生产特性及品质性状与分子标记的分析结果不完全一致是合理的，将 2 类方法相结合能够更加准确、全面了解物种的遗传变异并描述和解释其遗传背景。

本章节利用生产特性及品质性状与 SSR 标记评价了我国 4 个生态区青贮玉米品种的遗传多样性，了解了各生态区品种的生产特性、品质性状及遗传分化情况，其结果对不同生态区的育种策略调整具有参考价值，但仅从生态区角度对我国主要生产利用的青贮玉米品种进行了分析评价，今后还有待从统一田间试验方面对品种进行更深层次了解，以期更加客观评价不同品种间形态差异，为优质品种推广种植提供科学依据。

第四章　中国青贮玉米品种的科研、产业现状及发展趋势

种子在农业生产中占据极其重要的地位，技术贡献率达36%以上。而我国法律规定只有审定的作物品种才能进入市场流通，青贮玉米品种亦不例外，所以青贮玉米品种是青贮玉米种子产业的依附（载体），种子科研能力是种业的核心竞争能力。那么我国的青贮玉米种子科研状况及研发体系如何？从事品种研究的单位构成是什么状况？推广情况怎么样？还存在模糊概念。本研究对2002—2020年青贮玉米国审品种以及推广面积资料进行了收集、整理，通过比较分析，试图对中国的青贮玉米品种科研状况、研发体系、品种贡献及发展趋势得出具有参考价值的结论。

第一节　青贮玉米国家及地区审定品种的情况统计分析

2002—2020年，全国累计审定青贮玉米品种387个（国审与各省级区域审定品种综合数目），2002年开始到2007年审定数量达到顶峰，之后逐年下降。到2012年到达最低值。随后几年间维持在相对稳定的状态。2016年之后青贮玉米审定品种数量呈现爆发式增长，并持续攀升。这与农业结构调整和国家农业农村振兴政策的推行密切相关（图4-1）。

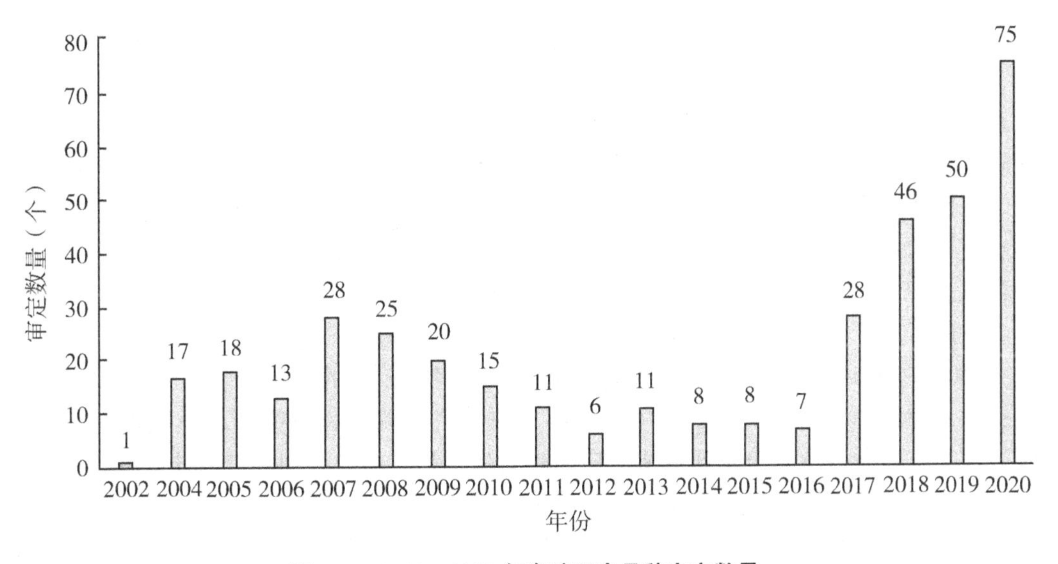

图4-1　2002—2020年青贮玉米品种审定数量

2002—2020年，各省级区域审定青贮玉米品种数量累计312个（图4-2），按照省级区域划分分别为：内蒙古（75个）、北京（43个）、黑龙江（34个）、河北（31个）、新疆（22个）、甘肃（21个）、宁夏（16个）、贵州（13个）、陕西（13个）、四川（9个）、福建（9个）、山西（7个）、山东（6个）、吉林（6个）、云南（3个）、辽宁（2个）、上海（2个）。

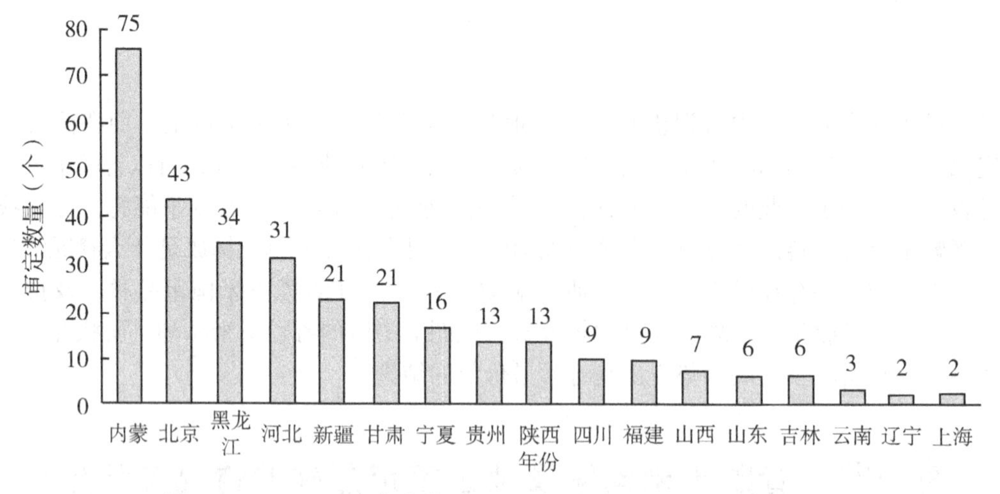

图4-2　2002—2020年各省（区、市）青贮玉米品种审定数量

第二节　青贮玉米品种审定、育成单位构成及品种贡献

通过对2002—2020年主要青贮审定品种育成数量及育成单位统计分析，国审75个品种中各育成单位的构成为（图4-3）：科研单位育成31个（占比41%），企业单位育成38个（占比51%），高等院校育成6个（占比8%）。而就各育成单位的国审品种数量来看（图4-4）：排名前10的育成单位，科研单位占据4个，企业单位占据4个，高等院校占据2个。4家科研单位分别是：北京市农林科学院玉米研究中心，四川省农业科学院作物研究所，重庆市农业科学院，辽宁省农业科学院玉米研究所，共计育成品种18个。4家企业单位分别是：大京九、四川雅玉、广西皓凯及广西桂先、山西屯玉，共计育成品种18个。2所高等院校分别是：中国农业大学和北京农学院，共计育成品种2个。由此可见，企业在青贮玉米育种方面发挥着重要作用。

2002—2020年各育成单位国审品种的数量排名前10的主要有：大京九、四川雅玉、北京市农林科学院玉米研究中心、四川农业科学院作物研究所、重庆市农业科学院、辽宁省农业科学院玉米研究所、广西皓凯生物科技有限公司和广西桂先种业有限公司、中国农业大学、北京农学院、山西屯玉种业科技股份有限公司。

从统计数据来看，青贮玉米品种的年度间、省际审定数都差异比较大，其选育力量主要集中在企业与科研单位，他们在青贮玉米品种的育成与推广方面发挥重要作用。而

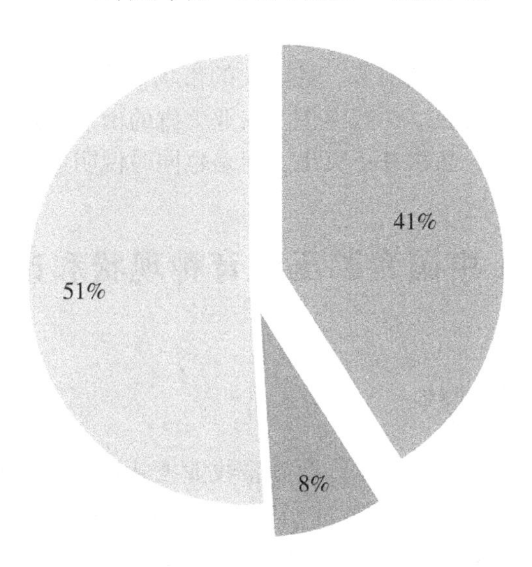

图 4-3　2002—2020 年青贮玉米国审品种及各育成单位情况分析

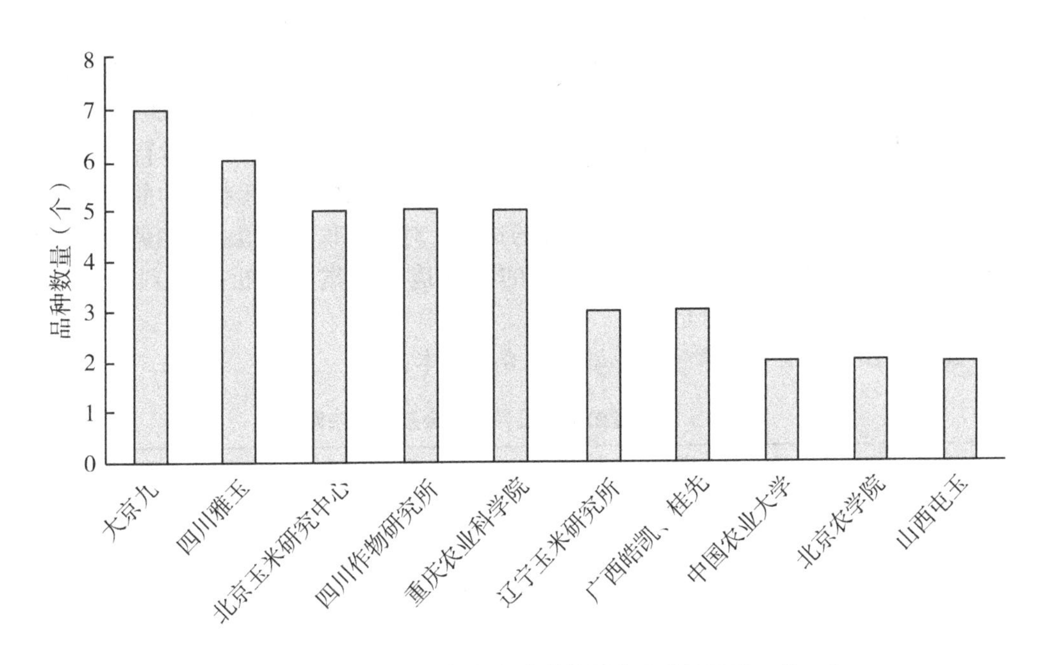

图 4-4　2002—2020 年各育成单位国审品种的数量（前 10）

在市场经济的导向作用下，企业对于青贮玉米品种育成的推动作用越来越大，已经逐步超越了科研单位，成为研发和市场推广的主力。科研单位的主导地位虽然逐步弱化，但是其强劲的科研技术实力以及专业人才优势，让科研单位依旧撑起了品种审育的半壁江山。特别是近几年来，科研单位与企业携手，各挥所长，将研发与推广对接起来，打通了壁垒，形成快速转化体系。大大提升了新品种的市场投放和市场转化的效率。

在全国的省（区、市）青贮玉米品种审定方面，内蒙古自治区、北京市、黑龙江省实力较强，育成品种数量位列全国前三。三个省市区域中，除了北京市以外，均为农业畜牧大省，养殖业在全国名列前茅。其庞大的市场需求推动了青贮品种的快速发展，这也说明了市场主导作用明显。而同样作为农业大省的山东、辽宁以及山西，审定品种较为保守，省审品种较少，名次并不突出，但是也同时说明这些地区的品种潜力巨大。

第三节　中国青贮玉米育种现状和改良策略

一、青贮玉米育种现状

青贮玉米是世界主要的饲料作物。西方畜牧业发达国家非常重视青贮玉米的生产，美国 2015—2017 年每年收获青贮玉米面积约 266.7 万公顷，在其玉米面积中的占比超过 7%，在美国奶牛的日粮配方中青贮玉米一般占到粗饲料的 80%。由于受传统粮食观念和饲养方式等因素的影响，我国玉米育种长期以来一直以玉米籽粒高产为品种选育的主要目标。21 世纪以来，随着我国农业综合能力和居民收入水平持续提升，牛羊畜产品的需求日增，玉米阶段性供过于求的问题凸显，以青贮玉米为主的优质饲草料短缺问题日趋突出。2016 年农业部印发了《全国草食畜牧业发展规划（2016—2020 年）》的通知，通知要求“饲料产业坚持以养定种的原则，以全株青贮玉米、优质苜蓿、羊草为重点，因地制宜推进优质饲料生产”。因此，认真分析我国青贮玉米育种的现状，明确遗传改良的方向，有利于青贮玉米新品种的选育，对促进我国种植业结构调整和草食畜牧业的发展具有重要意义（说明：以下的系列遗传性试验分析源自刘杭等基于 2002—2017 年的数据做出的分析）。

1. 2002—2017 年国审青贮玉米品种、组合及亲本来源

表 4-1　国审青贮玉米品种、组合及亲本来源

品种	组合	母本来缘	父本来缘
中北青贮 410	SN915×YH-1	78599	墨黄 9 热带种群
奥玉青贮 5102	OSL019×OSL047	旅大红骨	克 2133
辽单青贮 625	辽 88×沈 137	7922×1061	78599
中农大青贮 67	1147×SY10469	78599	高油群体
晋单青贮 42	Q928×Q929	（928×丹 340）×（联 87×丹 341）	929×（大 319-2×V187）
屯玉青贮 50	T93×T49	齐 319×T92	F349×T45
雅玉青贮 8 号	YA3237×交 51	郑 32×S37	黄改系

（续表）

品种	组合	母本来缘	父本来缘
中农大青贮 GY4515	By815×1145	高油群体	78599
三北青贮 17	S0020×B0042	齐 319×矮秆 117B	(340×478)×5003
辽单青贮 529	辽 6160×340T	美国杂交种选系	旅大红骨
京科青贮 301	母本 CH3×1145	Reid 改良系	78599
雅玉青贮 27	YA7854×YA8702	YA3237×7854	巴西杂交种
雅玉青贮 26	YA323×YA8201	郑 32×S37	巴西杂交种
登海青贮 3930	DH08×DH28	8112×65232	(78599 选系×陕 89-1)×陕 89-1
强盛青贮 30	3319×抗 F	齐 319×3M	5003×旅 53
登海青贮 3571	DH117×DH08	热带种质资源	8112×65232
金刚青贮 50	2104-1×9965	丹 598×9321	(8904×8411)×8411
京科青贮 516	MC0303×MC30	(9042×京 89)×9046	1145×1141
辽单青贮 178	辽 2379×辽 4285	美国杂交种 E02、E03 混种选系	辽 5114×P138
锦玉青贮 28	J4019×J2451	G108×G172	联 87×锦 5-9
桂青贮 1 号	农大 108×CML161	黄 C 改	
雅玉青贮 04889	YA0474×YA8201	YA3237-4×7854	巴西杂交种
铁研青贮 458	铁 7922×丹 9195	美杂 3382	78599
津青贮 0603	340G×NDX	丹 340 杂株	78599×78573
豫青贮 23	9383×115	丹 340×U8112	78599
雅玉青贮 79491	YA7947×LX9801		502/H211
大京九 26	9889×2193	黄改群体	78599

2. 青贮玉米自交系杂种优势群类型

玉米自交系杂种优势群的划分是构建杂优模式的重要依据和提高育种效率的基础。根据青贮玉米品种审定时所提供的亲本自交系来源，采用系谱法对 28 个品种的 50 个亲本自交系进行杂种优势群划分（表 4-2）。可将其大致划归为温热 I 群、瑞德黄、旅大红骨、塘四平头、热带种质和高油 6 个杂种优势群。其中，温热 I 群有 16 个自交系，占 28.6%；其次是瑞德黄类群有 10 个系，占 20.0%；高油类群仅有 2 个系，占 4.0% 最少。使用 2 次的亲本自交系有 1145、DH08、YA8201 和 YA3237，其他亲本自交系仅用 1 次。

表 4-2 国审青贮玉米品种亲本自交系优势群

杂种优势群	自交系
温热Ⅰ群	SN915、1147、S0020、郑饲 01、DH28、115、3319、丹 9195、NDX、MC30、2193、沈 137、Q929、1145、辽 4285、T93
瑞 德 黄	铁 7922、YA3237、YA7854、DH08、抗 F、辽 88、MC0303、B0042、YA0474、CH3
旅大红骨	OSL019、Q928、340G、9383、2104-1-6、T49、340T
塘四平头	LX9801、交 51、9889
热带种质	YH-1、OSL047、YA8702、YA8201、DH117、CM161
高油	SY10469、By815
其他*	辽 6160、辽 2379、9965、YA7947、J2451、五黄桂

注：*表示亲本自交系来源不清晰类群。

3. 青贮玉米杂交种主要杂优模式

依据上述亲本自交系所属杂种优势群，可将 28 个青贮玉米品种大致归为温热Ⅰ群×瑞德黄、旅大红骨×温热Ⅰ群、瑞德黄×热带种质、温热Ⅰ群×高油、温热Ⅰ群×热带种质、瑞德黄×塘四平头、旅大红骨×塘四平头和塘四平头×热带种质 8 种杂优模式，前 4 种最具有代表性（表 4-3）。温热Ⅰ群×瑞德黄有 8 个品种，占 28 个青贮玉米品种的 28.6%；旅大红骨×温热Ⅰ群有 4 个品种，占 14.3%，如河南省大京九种业有限公司育成的豫青贮 23，山西省强盛种业育成的晋单青贮 42，这类杂优模式的特点是单株生物产量高、果穗大、活秆成熟、抗倒伏、抗逆性强。瑞德黄×热带种质有雅玉青贮 26、雅玉青贮 04889 和雅玉青贮 27 这 3 个品种，占 10.7%，由四川雅玉科技开发有限公司选育而成，这类杂优模式的特点是植株高大、气生根发达、生物鲜重高、抗逆性强。温热Ⅰ群×高油群有中农大青贮 67、中农大青贮 GY4515，由中国农业大学选育而成，这类杂优模式的特点是植株持绿性好，蛋白质、油分、赖氨酸含量高。

表 4-3 28 个国审青贮玉米品种的杂优模式

杂优模式	品种
温热Ⅰ群×瑞德黄	辽单青贮 625、京科青贮 301、登海青贮 3930、强盛青贮 30、铁研青贮 456、京科青贮 516、三北青贮 17
温热Ⅰ群×热带种质	中北青贮 410
温热Ⅰ群×高油	中农大青贮 67、中农大青贮 CY4515
瑞德黄×热带种质	雅玉青贮 26、雅玉青贮 27、雅玉青贮 04889
瑞德黄×塘四平头	雅玉青贮 8 号
旅大红骨×温热Ⅰ群	津青贮 0603、豫青贮 23、晋单青贮 42、屯玉青贮 50
旅大红骨×热带种质	奥玉青贮 5102

（续表）

杂优模式	品种
塘四平头×热带种质	大京九 26
其他*	辽单青贮 52、郑青贮 1 号、登海青贮 3571、金刚青贮 50、辽单青贮 178、雅玉青贮 79491、桂青贮 1 号、锦玉青贮 28

注：* 表示品种中有一个亲本自交系来源不清晰或三交种归为其他模式。

4. 青贮玉米育成品种的品质

我国评价青贮玉米纤维品质性状主要有粗蛋白质含量、淀粉含量、酸性洗涤纤维含量和中性洗涤纤维含量 4 个指标。粗蛋白质含量越高品质越好。酸性洗涤纤维含量、中性洗涤纤维含量是衡量干物质消化率的指标，酸性洗涤纤维含量越高，消化率越低，中性洗涤纤维含量越低，可供消化的物质就越多。青贮玉米品种审定是按酸性洗涤纤维含量、中性洗涤纤维含量来划分，前者一级≤23%，二级≤26%，三级≤29；后者一级≤45%，二级≤50%，三级≤55%。从表 4-4 可以看出，28 个国审青贮玉米品种达品质一级标准的有 13 个，二级标准的 15 个品种（说明：由于刘杭等是基于 2002—2017 年的数据做的相关分析，而淀粉指标是 2014 年刚刚加入标准，因此下表分析中缺乏淀粉的项目内容）。

表 4-4 国审青贮玉米品种品质性状

品种	中性洗涤纤维（%）	酸性洗涤纤维（%）	粗蛋白质（%）	品质（级）
中北青贮 410	42.74	20.93	8.32	1
奥玉青贮 5102	42.77	21.42	9.43	1
辽单青贮 625	40.58	17.66	7.47	1
中农大青贮 67	41.37	19.93	8.92	1
晋单青贮 42	43.85	20.24	8.04	1
屯玉青贮 50	40.46	20.19	8.65	1
雅玉青贮 8 号	45.07	22.54	8.79	2
中农大青贮 GY4515	44.96	22.06	7.54	1
三北青贮 17	42.04	20.69	7.72	1
辽单青贮 529	46.88	22.28	8.44	2
京科青贮 301	41.28	20.31	7.94	1
雅玉青贮 27	49.08	25.75	7.52	2
郑青贮 1 号	44.82	22.00	7.65	1
雅玉青贮 26	47.04	23.48	7.78	2
登海青贮 3930	47.42	23.53	7.06	2

（续表）

品种	中性洗涤纤维（%）	酸性洗涤纤维（%）	粗蛋白质（%）	品质（级）
强盛青贮 30	49.94	21.55	9.42	2
登海青贮 3571	49.36	21.85	8.35	2
金刚青贮 50	49.87	21.46	9.04	2
京科青贮 516	48.31	21.06	9.06	2
辽单青贮 178	45.77	18.64	8.16	2
锦玉青贮 28	52.58	22.74	9.18	2
桂青贮 1 号	51.60	24.05	9.60	2
雅玉青贮 04889	50.31	22.92	9.50	2
铁研青贮 458	45.93	18.75	8.87	2
津青贮 0603	51.09	22.11	10.01	2
豫青贮 23	42.84	17.07	7.09	1
雅玉青贮 79491	43.94	21.00	8.41	1
大京九 26	41.79	17.91	7.79	1

二、青贮玉米培育杂交种的主要种质和杂优模式

1. 专用型青贮玉米品种主要种质和杂优模式

刘杭研究员等认为专用型青贮玉米品种为增加植株高度、延长生育期、增强持绿性，抗病性，生物产量等，较多利用了 P 群种质、热带、亚热带种质。西南东南玉米产区可利用一定的热带血缘种质，但比例不宜过大。该区域可利用导入或驯化的热带亚热带的种质，来增加玉米的生物产量，且要高度重视“易制种”这个目标，目前很多青贮品种推广面积不大主要是因为不具备“易制种”，种子成本高，与籽粒玉米相比，竞争力差。瑞德/改良瑞德×P 群是当前专用型青贮玉米品种最主要的杂优模式，能够突出植株高大、生育期延长、持绿性好、生物产量高，品质指标也能达标。

导入外来玉米种质是增加遗传变异、拓宽玉米种质基础的有效途径。含有褐色叶中脉基因型玉米（*bm* 玉米）在一些畜牧业发达国家得到广泛研究利用，*bm* 玉米木质素含量低，青贮的营养价值高，在用作青贮饲料方面具有较大的潜力，但 *bm* 玉米杂交种生长速度慢，早期生长势弱，易倒伏，开花期延迟，籽粒产量低，但是在育种上采用多种方法通过各种遗传材料，将 *bm* 导入优良玉米种质中。我单位在创制的大量 DH 系中，发现一个褐色中脉突变体，经鉴定是 *bm1* 新等位突变；开发了分子标记，创制选育携带 *bm1* 同型系 *bm* 京 724 和京 92，并组配出 *bm* 京科 968，克服了 *bm* 玉米农艺性状差、易倒伏等缺点，提高了有机物质消化率。花青素是自然界一类广泛存在于植物中的水溶性天然色素，属于具有自由基清除能力和抗氧化能力的生物类黄酮物质。相关研究证

明，花青素是当今人类发现最有效的抗氧化剂，也是最强效的自由基清除剂。利用现代生物技术手段与传统育种方法，将花青素性状基因导入青贮自交系中，并培育高花青素青贮玉米品种，经验证高花青素青贮饲料具有品质优，适口性好，可增强奶牛的免疫力，增加产奶量。高赖氨酸、高油玉米等种质，也可在青贮玉米种植改良中利用。高油玉米的籽粒含油量较高，能量较充分，用其作青贮饲料饲喂动物，可以有效地提高奶牛的营养水平，从而提高产奶量。

2. 通用型（兼用型）品种主要种质和杂优模式

通用型（或兼用型）青贮玉米品种的干物质率、淀粉含量等品质指标易达到需求，也能够实现高产与优质的结合和均衡。目前，我国目前通用型（或兼用型）品种选育的主要种质仍集中在Reid群、Lancaster群、塘四平头、旅大红骨及X群等。主要杂优模式有SS×NSS杂优模式，如先玉335等系列品种；改良瑞德×黄改系，如类郑单958品种；X系×黄改系，如京科968、NK815、京科999等。其中，京科968是我国首个粮饲通用型玉米品种，在通辽等地区作为粮饲通用型玉米品种示范推广约400万亩，同时也在黑龙江、黄淮海夏玉米区作为青贮玉米品种大面积示范种植。

三、青贮玉米品种的选育方法

1. 种质资源的收集与筛选

利用20世纪80年代由美国先锋公司引进到我国的PN78599等玉米杂交种，选育出MC30、DH28、115、NDX、丹9195等一批一般配合力高、青贮品质优、抗倒伏、抗叶斑病的P群自交系，并组配了多个国审青贮玉米新品种。因此，应通过多种渠道广泛收集种质资源，加强青贮玉米种质资源的鉴定、筛选与改良利用，近年来，国家玉米产业技术体系收集了大量热带、亚热带青贮玉米种质材料，采用“高密度、大群体、严选择”高大严选系方法，以耐密植、综合抗性强、持绿性高、结实性好等为主要选择指标，对收集的种质资源进行鉴定筛选并改良利用，解决了热带、亚热带品种在温带地区往往表现的晚熟、高秆、易倒伏、雌雄不协调、结实率低、经济系数和产量较低等问题。

2. 青贮自交系的选育

针对不同生态区域特点，利用以“优种质、高密度、大群体、变换地、强胁迫、严选择”为主要内容的“高大严”玉米自交系选系方法和“同群优系聚合”自交系改良技术，以适应当地的青贮玉米优良群体和自交系为核心，与国内外优良青贮玉米种质融合，通过导入和扩增优异外来种质，挖掘地方特色种质，创制配合力高、高产优质、抗病抗倒、持绿性好、活秆成熟、抗逆性强、适应性广的新的优良青贮玉米自交系种质。同时应加强褐色叶中脉基因型（*bm*）、高花青素、高油、高赖氨酸玉米的研究和利用，利用常规育种手段和分子育种手段将*bm*、高花青素、高油、高赖氨酸基因导入优良青贮玉米种质中，用于褐色中脉（低木质素）、高花青素、高油、高赖氨酸青贮玉米新品种的培育。

四、青贮玉米的遗传改良策略

1. 遗传改良的两大基本要素

与收获籽粒产量为目的的普通玉米相比，青贮玉米既要考虑果穗及籽粒的产量和品质，同时还要考虑秸秆的产量和品质，因此在青贮玉米育种上要注意兼顾生物产量和品质这两种性状。Vattikonda 和 Hunter 研究表明，籽粒产量与整株产量的相关系数 r 值在 0.48~0.51，籽粒高产类型的普通玉米品种并非一定是最好的青贮玉米品种，籽粒产量最高的普通玉米品种其整株产量比专用型青贮玉米品种低约 10%。对畜牧养殖者来说，除要求青贮玉米具有较高生物产量外，对其营养品质要求也较高，主要表现对草食性畜适口性好、消化率高。这就要求青贮玉米品种必须具备中性洗涤纤维、酸性洗涤纤维含量低，淀粉、粗蛋白质和粗脂肪含量高等品质性状。研究表明，在一定密度范围内，随着种植密度的增加，籽粒产量同时提高。选用耐密品种是提高青贮玉米生物产量的途径之一。青贮玉米的成熟度对青贮玉米的干物质产量和营养品质影响都较大，在权衡生物产量和营养品质之后，青贮玉米的收获应当在籽粒乳线下移 1/2 ~ 3/4 时期最佳。一般来讲，果穗干重占整个玉米植株的 40%~60%，并且果穗所占比例越大，青贮玉米的青贮品质越好，因此，品质优良的青贮玉米品种应具有果穗较大，生物产量高等特点。

2. 青贮玉米品种育种目标

玉米专家赵久然认为青贮玉米品种选育应充分考虑和满足种植者、养殖者和种子企业的需求。优质青贮玉米品种应具备高产、优质、多抗、广适、易制种等综合特性。养殖者注重和强调的是养殖对象以及青贮玉米的品质、适收期及消化率等综合指标；种植者则更加注重追求较高的生物产量，要求高产稳产；对种子企业而言，青贮玉米品种需同时满足种植者（农户）和养殖者的需求，并具备“易制种”特性。

虽然在理论上，任何玉米都可用于青贮，但“矮秆、脱水快、硬粒型”等品种不适宜直接作青贮种植，不抗倒伏、有严重倒伏风险的品种更不宜用作青贮种植。从育种目标来看，全株优质青贮玉米品种比籽粒玉米品种要求更多、更高。

根据我国现阶段草食畜牧业发展的需求，刘杭等认为青贮玉米育种的目标。

（1）株高 300~320 厘米，茎粗 2.5 厘米以上，植株繁茂性好，籽粒乳熟后期至蜡熟期保持 13 片以上绿叶，植株含水量 63%~70%，干物质含量 30%~37%，株型半紧凑或紧凑。

（2）种植密度 67 500~75 000株/公顷，青贮专用型品种，北方春玉米区生物干重 22.5 吨/公顷，黄淮海夏玉米区 19.5 吨/公顷，粮饲通用型品种除达到上述指标外，北方春玉米区籽粒产量 10.5 吨/公顷，黄淮海夏玉米区 9 吨/公顷。

（3）青贮专用型品种的中性洗涤纤维含量≤45%，酸性洗涤纤维含量≤23%，粗蛋白质含量≥7%，淀粉含量≥25%，达国家一级品质标准，粮饲通用型品种除纤维品质达到上述指标外，籽粒容重≥730 克/升，粗淀粉含量（干基）≥7.69%，粗蛋白质含量（干基）≥8%，粗脂肪含量（干基）≥3%，达到国家普通玉米水平对籽粒品质的要求。

（4）平均倒伏倒折率之和≤8%，适宜机械化收获。

（5）抗大斑病、小斑病、丝黑穗病、穗腐病、南方锈病和弯孢菌叶斑病。

第四节　中国青贮玉米品种发展趋势

一、参试青贮玉米组合（品种）数量

2003—2019年，参加国家青贮玉米品种区域试验的青贮玉米组合（品种）累计394个，参试数量呈先降低后升高趋势，2003—2005年参试数量每年40个以上，之后逐年下降，2011年最少（仅有9个）。玉米种植结构调整及“粮改饲”进程加快，青贮玉米参试数量急剧增加，2019年参试组合（品种）达到33个（图4-5）。

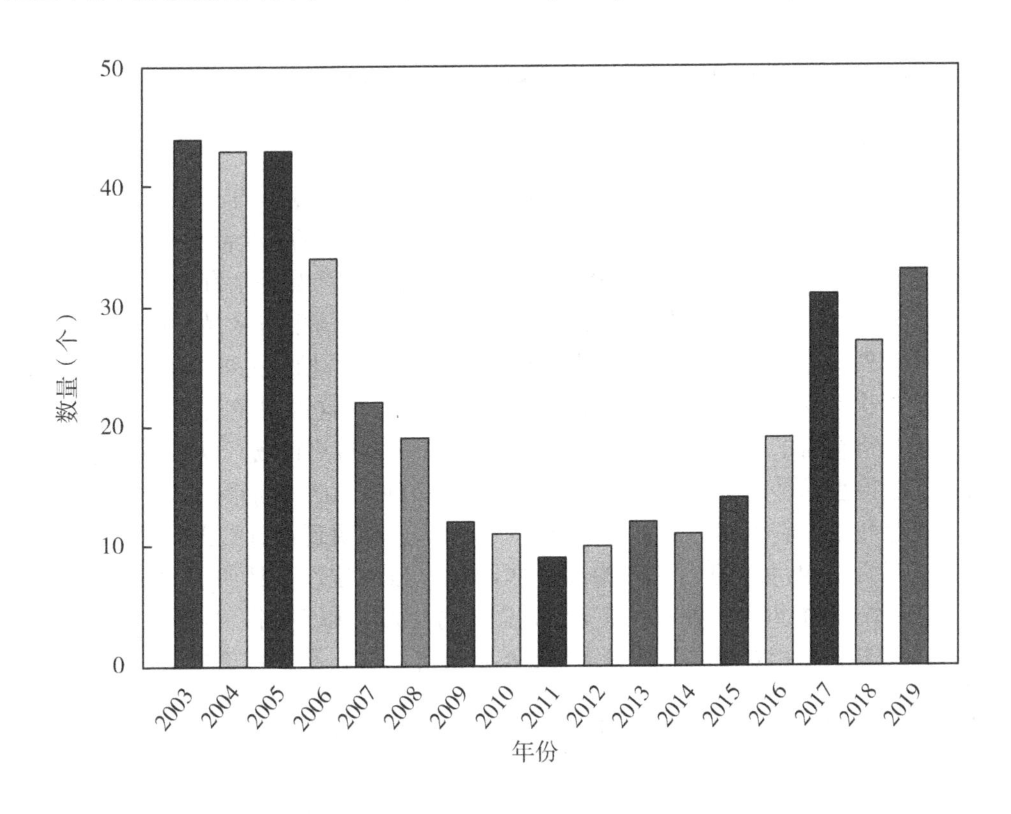

图4-5　2003—2019年参试青贮玉米组合（品种）数量

二、不同生态区参试组合（品种）的生育期、农艺性状及品质指标

由表4-5可知，参试青贮玉米组合（品种）的生育期、农艺性状和生物产量在不同生态区间存在差异。东华北和西北区参试组合（品种）的生育期相当，且较黄淮海

和南方区长 15 天左右。株高和穗位高总体表现为东华北>西北>黄淮海>南方区，生物干重产量则表现为西北>东华北>黄淮海>南方区，而青贮品质指标在不同生态区间相差不大。

表 4-5　不同生态区参试青贮玉米组合（品种）的生育期、农艺性状及品质指标

生态区	生育期（天）	株高（厘米）	穗位高（厘米）	粗蛋白质（%）	淀粉（%）	中性洗涤纤维（%）	酸性洗涤纤维（%）	生物干重（千克/公顷）
东华北玉米区	116.86	313.38	145.61	8.63	31.02	46.67	21.27	20 559.45
西北玉米区	112.91	301.11	142.88	8.68	—	47.80	22.41	27 270.30
黄淮海玉米区	98.36	282.14	124.82	8.67	31.25	46.40	20.97	18 440.25
南方玉米区	98.88	265.46	111.81	8.69	30.73	46.48	21.12	15 303.60

三、参试青贮玉米品种的生育期分析及发展变化趋势

2003—2019 年参试青贮玉米组合（品种）平均生育期为 111.8 天，变幅为 77.8~142.0 天。其中，春播组合（品种）平均为 109.3 天，2003—2004 年，生育期呈现集中趋势，除了极少数的品种外，都集中在 85~125 天。（2004 年的一个品种生育期在 80 天以下，可能是统计时出现了错误）。2005—2016 年，青贮玉米品种生育期从相对集中变为相对分散，从 80~140 天呈现了多元化趋势。这期间内，青贮玉米品种的生育期，既有早熟也有晚熟，品种生育期的多元化也说明了品种多样化的发展。2017—2020 年，品种生育期再次呈现集中趋势，主要集中在 105~130 天，这说明经过多年的发展，春播青贮玉米的市场需求与供应，相对稳定，形成了固定的应用市场。以市场为导向，反过来促进了适应型品种的育成与参试。夏播组合（品种）的生育期除了 2004 年比较分散以外，其余年份一直表相对集中，在 80~120 天。这说明夏播青贮玉米的市场需求，多年来变化不大，相对应的生产和使用群体同样比较固定。夏播组合（品种）平均 99.6 天，相对于春播组合品种短 9.7 天。从图 4-6 来看，17 年间，春播青贮组合（品种）生育期呈延长且相对集中的趋势，而夏播组合（品种）呈缩短趋势。

四、参试青贮玉米品种的株高、穗位分析及发展变化趋势

由图 4-7 可知，2003—2019 年参试青贮玉米组合（品种）的株高和穗位高平均分别为 300.5 厘米（变幅为 204.0~386.5 厘米）和 132.3 厘米（变幅为 77.0~216.0 厘米）。株高的变幅要大于穗位的变幅，除 2003 年的参试品种株高相对比较分散以外，从 2004—2009 年株高都相对集中，2010 年开始，株高的变化出现相对分散趋势，但是总体上还是稳定的。这说明对于株高的要求，更加精准，可能是因为培育的品种在应用上出现细分。相对于株高而言，穗位的变化幅度并不大。2003—2007 年都呈现集中的趋势，2008—2017 年出现相对分散的趋势，到 2018 年开始又开始相对集中。综合 17 年

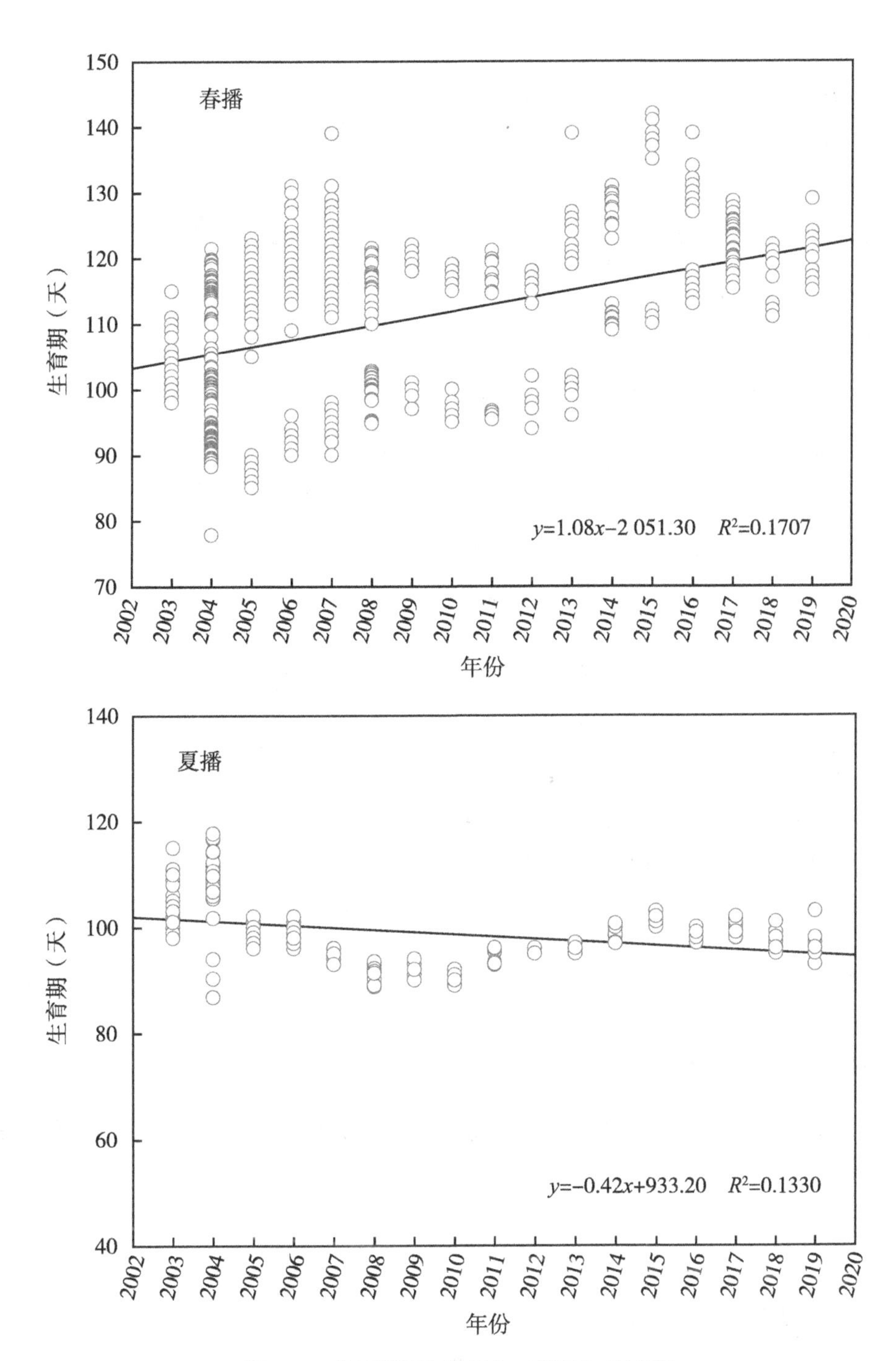

图 4-6　参试青贮玉米组合（品种）生育期

间数据来看，参试青贮玉米组合（品种）的株高和穗位高呈升高趋势，其中，2003—2010 年参试组合（品种）株高和穗位高分别平均值分别为 286.6 厘米和 130.0 厘米、2011—2019 年平均值分别为 299.1 厘米和 132.1 厘米。由此可见，近 10 年参试组合

（品种）株高增加了 12.5 厘米，而穗位高仅增加 2.1 厘米。

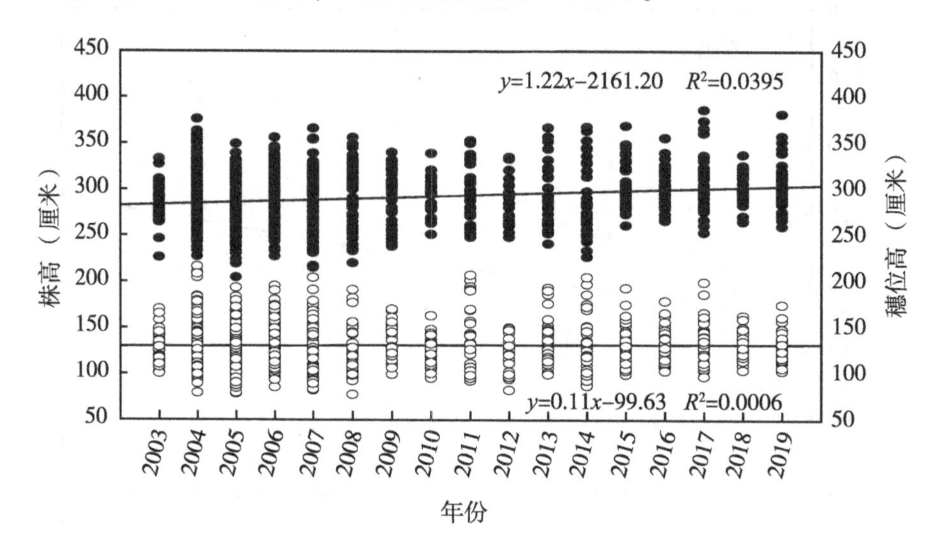

图 4-7　2003—2019 年国家青贮玉米株高和穗位的统计分析

五、参试青贮玉米品种的生物干重产量分析及发展变化趋势

由图 4-8 可知，2003—2019 年参试青贮玉米组合（品种）的生物干重产量平均为 19 477.5千克/公顷，变幅为9 706.5~36 690.0千克/公顷。17 年间，参试青贮玉米组合（品种）的生物干重产量呈先降低后升高趋势，其中 2009—2011 年生物干重产量均低于18 000.0千克/公顷，平均为17 334.0千克/公顷，其余年份均高于18 000.0千克/公顷。2003—2010 年参试组合（品种）生物干重产量平均为 18 614.7千克/公顷，而 2011—2019 年为19 336.5千克/公顷，近 10 年生物干重产量增加了 721.8 千克/公顷。2003 年参试组合（品种）生物质干重产量平均为20 991.0千克/公顷，变幅为9 706.5~36 690.0千克/公顷。2019 年参试组合（品种）生物质干重产量平均为20 895.0千克/公顷，变幅为19 065.0~25 530.0千克/公顷。生物干重产量呈分散到集中的趋势。

六、参试青贮玉米品种的中性洗涤纤维和酸性洗涤纤维含量分析及发展变化趋势

由图 4-9 可知，2003—2019 年参试青贮玉米组合（品种）的中性洗涤纤维含量平均为 46.7%，变幅为 30.5%~64.1%。17 年间，参试青贮玉米组合（品种）的中性洗涤纤维含量呈先升高后降低趋势，其中 2009 年最高（平均为 53.7%），之后逐年下降，2019 年参试组合（品种）中性洗涤纤维含量平均为 37.2%（变幅为 32.2%~42.4%）。2003—2010 年参试组合（品种）中性洗涤纤维含量平均为 49.5%，2011—2019 年平均为 42.7%。由此可见，近 10 年参试青贮玉米组合（品种）的中性洗涤纤维含量降低了 6.8 个百分点。

参试青贮玉米组合（品种）的酸性洗涤纤维含量平均为 21.5%，变幅为 10.0%~

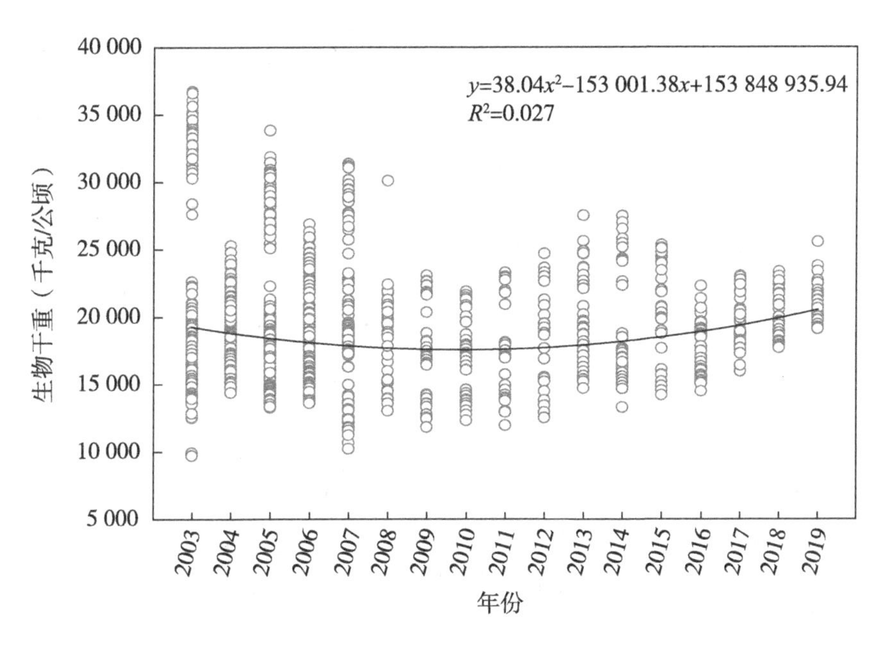

图 4-8 参试青贮玉米组合（品种）的生物干重

36.9%。17 年间，参试青贮玉米组合（品种）的酸性洗涤纤维含量呈逐年降低趋势，但组合（品种）间差异较大。2019 年参试组合（品种）酸性洗涤纤维含量平均为 18.9%。2003—2010 年参试组合（品种）酸性洗涤纤维含量平均为 23.4%，2011—2019 年平均为 18.0%。由此可见，近 10 年参试青贮玉米组合（品种）的酸性洗涤纤维含量降低了 5.5 个百分点。

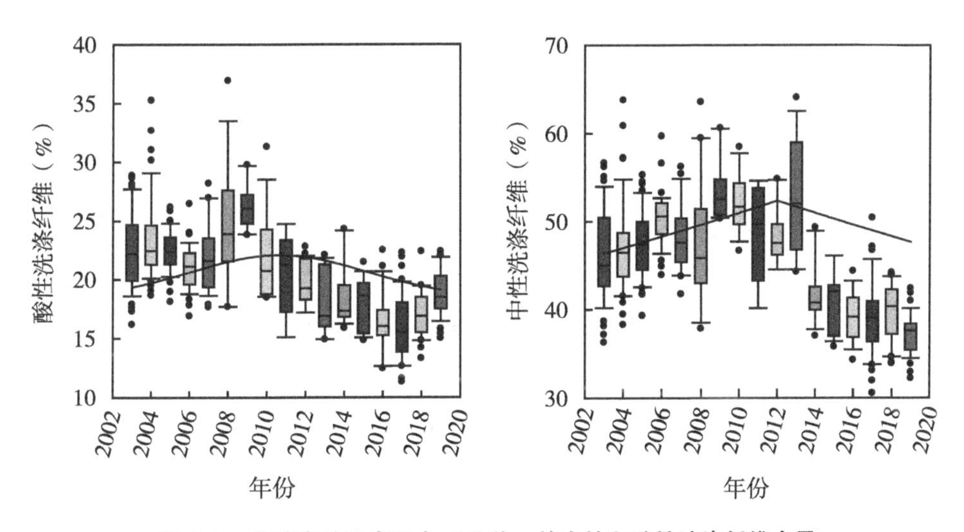

图 4-9 参试青贮玉米组合（品种）的中性和酸性洗涤纤维含量

七、参试青贮玉米品种的粗蛋白质和淀粉含量分析及发展变化趋势

粗蛋白质和淀粉含量是评估青贮饲用价值的重要指标。由图 4-10 可知，2003—2019 年 394 个参试青贮玉米组合（品种）的粗蛋白质含量平均为 8.7%，变幅为 6.7%~11.5%。2003—2006 年粗蛋白质含量除个别极少数品种外，都呈相对集中分布，说明除了个别品种的粗蛋白质含量特别高以外，大部分的品种差距不大。但是 2006 年的所有品种粗蛋白质含量都呈现较高分布，并且变幅不大（9%~11%），这可能是因为当年特别有利于粗蛋白质成分的发育。自 2007 年开始到 2012 年，参试青贮玉米组合（品种）粗蛋白质的含量呈现分散分布状态，而且差距较大。2013—2019 年，粗蛋白质的含量又趋于相对集中，相对以前的年份，差距范围进一步缩小。总体上来看，2003—2019 年参试青贮玉米组合（品种）的粗蛋白质含量呈略降低趋势，但变幅较小，基本维持在 8%左右。自 2014 年起，增加了全株淀粉含量指标。2014—2019 年参试青贮玉米组合（品种）的淀粉含量平均为 31.0%，变幅为 18.6%~42.9%，呈逐年升高趋势，其中 2014 年参试组合（品种）淀粉含量平均 8.7%，且变幅较大，2019 年参试组合（品种）淀粉含量平均为 32.2%，且变幅较小，参试组合（品种）全株淀粉含量有逐渐升高和由分散到集中的趋势。

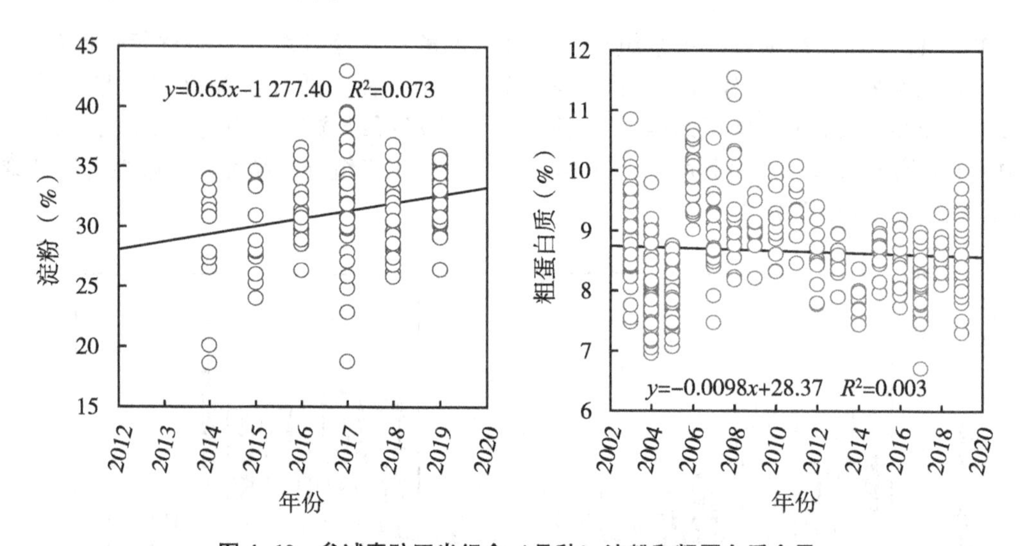

图 4-10　参试青贮玉米组合（品种）淀粉和粗蛋白质含量

八、参试青贮玉米组合（品种）分析的结论与思考

1. 参试青贮玉米组合（品种）分析的结论

连续 17 年国家青贮玉米品种区域试验结果表明，青贮玉米组合（品种）的生物干重产量及品质改良取得成效，产量有了一定提升；株高增加，但穗位高变化不大；中性洗涤纤维、酸性洗涤纤维显著降低，淀粉含量明显提升，粗蛋白质含量呈略降低趋势，但基本维持在 8%左右。

2. 参试青贮玉米组合（品种）分析的思考

玉米专家赵久然等分析认为青贮玉米作为重要的粗饲料，其营养品质的评定对于青贮玉米在生产及反刍家畜日粮配比中有着重要意义。整株干物质产量是青贮饲料玉米的重要性状。前人研究发现，当青贮玉米干物质含量低于20%时，青贮玉米发酵效果不佳，进而影响了牲畜对饲料的消化和吸收。中性洗涤纤维是青贮饲料的主要成分，可为动物提供能量，是反映纤维质量好坏的最有效指标。青贮饲料中一定含量的中性洗涤纤维有利于草畜牲畜瘤胃正常的发酵功能，但中性洗涤纤维含量过高则会对干物质采食量造成负效应。国家青贮玉米区域试验主持人潘金豹教授分析认为酸性洗涤纤维是衡量饲草能量的关键指标，包括纯纤维素和酸性纤维素两部分，其含量高低与动物的消化率有关，含量越低、饲草的消化率越高，饲用价值越大。优质青贮玉米应具有较高的粗蛋白质和总糖含量、适宜的粗纤维和整株含水率、相对较低的酸性和中性洗涤纤维含量。玉米青贮品质因品种而异，并影响营养物质的消化特性。选择合适的青贮玉米品种是提高玉米秸秆产量和青贮品质的关键，淀粉、粗蛋白质、酸性和中性洗涤纤维是决定玉米青贮饲用品质好坏的主要因素。2003—2019 年 394 个参试青贮玉米品种的生物干重产量、中性洗涤纤维、酸性洗涤纤维、粗蛋白质和淀粉含量平均为 19 477.5 千克/公顷、46.7%、21.5%、8.7%和 31.0%。其中，2003—2019 年参试品种生物干重产量呈先降低后升高趋势，2011—2019 年较 2003—2010 年仅增加了 721.8 千克/公顷；2003—2017 年，生物干重产量在各年份间变幅较大，但随育种水平的提高，变幅逐渐降低，2019 年参试品种生物干重变幅最小（CV=6.9%）。农艺性状变化在一定程度上决定品种的抗性和生物产量，从统计数据来看，参试品种株高增幅较大，生物产量可能增加，而穗位高度保持稳定，说明参试组合（品种）株型趋向合理，抗倒伏能力得以保持或提升。在选育优质青贮玉米品种方面，育种家越来越注重生物干重和品质性状的筛选与选择，中性洗涤纤维和酸性洗涤纤维含量均大幅降低，而淀粉含量提升，2014—2019 年参试青贮玉米品种的全株淀粉含量平均为 31.0%。其中，2014 年参试组合（品种）淀粉含量平均 28.7%，且变幅较大，2019 年参试组合（品种）淀粉含量平均为 32.2%，且变幅较小。这说明育种家在青贮品种选育过程中对青贮玉米全株淀粉含量的重视程度不断加强。

第五节 中国青贮玉米产业存在的问题

我国青贮玉米产业还处于初级阶段。目前玉米青贮形式从产品角度，强调的是利用玉米为原料进行青贮（加工方式、工艺或过程）。根据利用玉米的主要部位，分为全株青贮、秸秆青贮、茎叶青贮等三类。在现阶段三种青贮形式长期共存，相辅相成，使玉米全株果穗、秸秆充分利用，其中全株青贮饲料因其较高的淀粉含量可作为奶牛的日常饲料，而秸秆青贮、茎叶青贮可作为肉牛羊的日常饲料。专用型、通用型、兼用型、饲草型青贮玉米品种共存，其中兼用型玉米品种目前占比例较大，但作为青贮玉米种植需进行品种的鉴定和试验选择，而通用型玉米品种更具优势，对种植和收贮双方风险都更低，可根据需求进行及时调整，是未来青贮玉米品种选育的主要方向；饲草型玉米品种在西南地区可常年种植，因其生长速度快、产量高，全年亩产量达15吨以上，可青饲、青贮、晒制干草，是西南生态地区持续发展的重要选择。专用型青贮玉米品种须更具突出特点和产品优势。对于青贮玉米种植生产，种植户与养殖户在需求上有差别，种植户看重高产，养殖户重视品质，协调好两方面的需求，则需要有既高产又优质的青贮玉米品种，所以有待通过品种创新，进一步选育高产与优质兼顾的优良青贮玉米新品种。青贮玉米干物质率等指标不但与品种有关，更与收获期密切相关，因此应加强青贮玉米优质高产栽培技术研究。目前对青贮玉米品种认识和应用还存在误区，如一些养殖企业拒绝带“青贮”名字的玉米品种，认为这些品种产量高但品质不好；另外，一些地方在实施“粮改饲”过程中，必须要用带“青贮”的玉米品种，认为只有种植这些品种才是“粮改饲”，才能够拿到补贴，因此应加大政策宣传，改变人们的思想观念，扩大青贮玉米等优质饲草料种植面积、增加收贮量，全面提升种、收、贮、用综合能力和社会化服务水平，推动饲草料品种专用化、生产规模化、销售商品化，全面提升种植收益、草食家畜生产效率和养殖效益。

一、我国青贮玉米产业发展还处于初级阶段

我国处于青贮玉米产业发展的初级阶段，青贮玉米在玉米总面积中的占比小。纵观西方发达国家，例如德国的青贮玉米种植面积占比是85%、欧洲28国青贮玉米种植占比达40%以上，而中国只有4%左右（国家统计局最新数据玉米种植面积6.3亿亩）。按人均面积算西方发达国家都是我们的十至几十倍。

表4-6　主要国家与地区的青贮玉米种植面积（2016年）　单位：万亩

国家或地区	种植面积
欧洲	9 127
德国	3 206
法国	2 265
美国	4 000
中国	1 560

欧洲种植的青贮玉米的面积是9 127万亩（2016年），约占其玉米总种植面积的42%，籽粒玉米和鲜食玉米等其他普通类型玉米占比为58%左右（图4-12）。

德国的青贮玉米种植面积，在欧洲国家中一直名列前茅。2016年的数据显示，其青贮玉米的种植面积是3 206万亩，占到德国玉米种植总面积的85%，比例非常高（图4-13）。

法国也是一个青贮玉米种植大国，其青贮玉米种植面积2016年的数据显示是2 265万亩，占其玉米种植总面积的一半以上（图4-14）。

美国的青贮玉米种植面积一直相对比较稳定，近年来保持在4 000万亩左右。主要分布在中北部农业区，包括威斯康星州、明尼苏达州、爱荷华州、纽约州等地。美国青

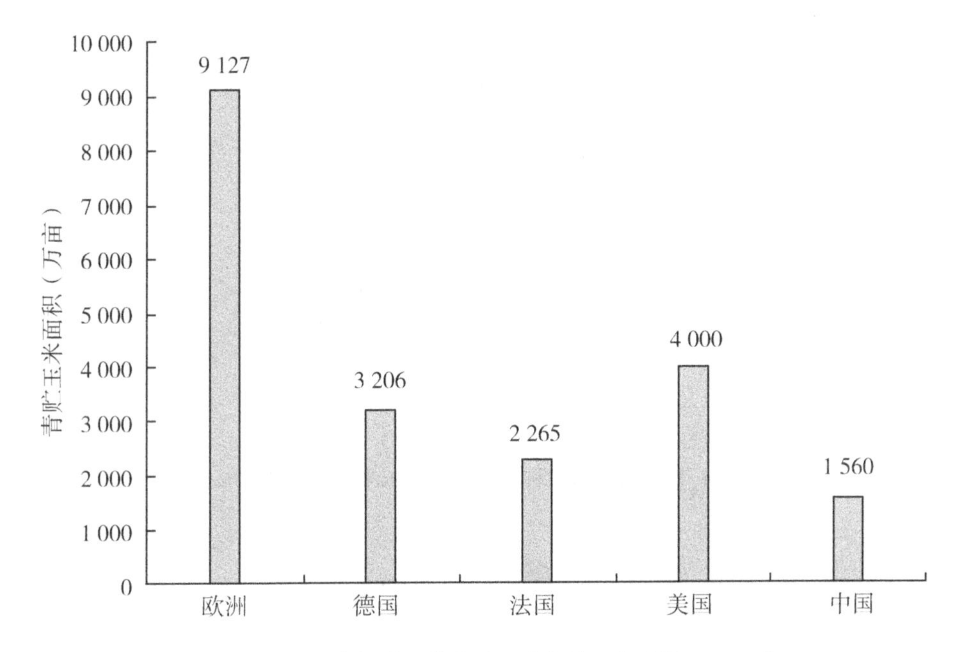

图 4-11　主要国家与地区的青贮玉米种植面积比较（2016 年）

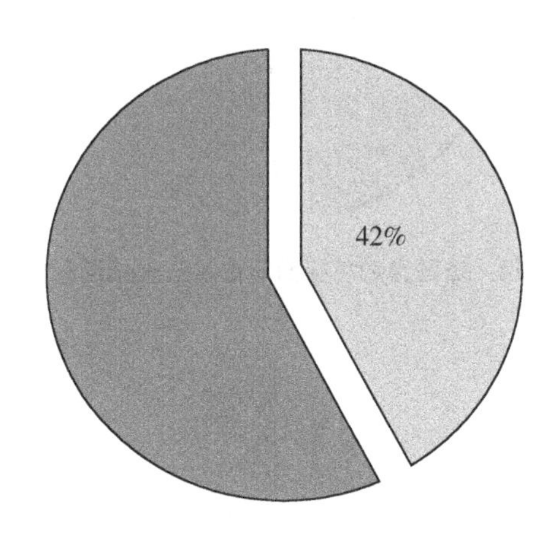

图 4-12　欧洲青贮种植面积占其玉米总面积的 42%

贮玉米的种植面积占其玉米总面积的 7%左右（图 4-15）。

我国的青贮玉米发展起步较晚，因此种植面积和种植范围不及国外。2016 年的数据显示，我国青贮玉米种植面积 1 560万亩，当年的玉米种植总面积 5.5 亿亩，青贮玉米的种植面积只占到全国玉米总面积的 2.8%。2017 年我国的青贮玉米种植面积增加到 2 000多万亩，占玉米总面积的 3%。但这一数据，无论从面积还是比例，都要远低于欧美等西方发达国家（图 4-16）。

由图 4-17 可以看到，欧洲的青贮玉米种植总面积，2014 年是 9 114.76万亩，2015 年是 9 278.42万亩，2016 年是 9 217万亩。连续三年的数据显示，欧洲的青贮种植面积年际变化较小，相对稳定。德国的青贮玉米种植面积，2015 年是 3 150.6万亩，2016 年

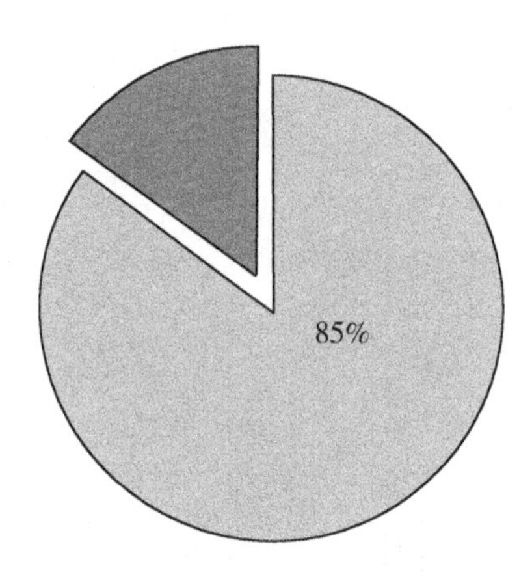

图 4-13　德国青贮种植面积占其玉米总面积的 85%

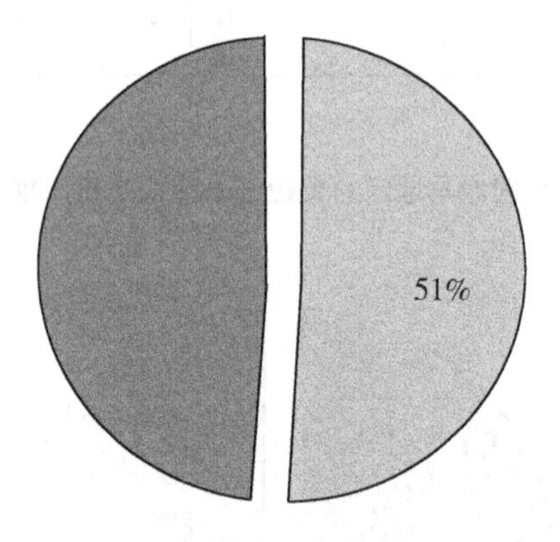

图 4-14　法国青贮种植面积占其玉米总面积的 51%

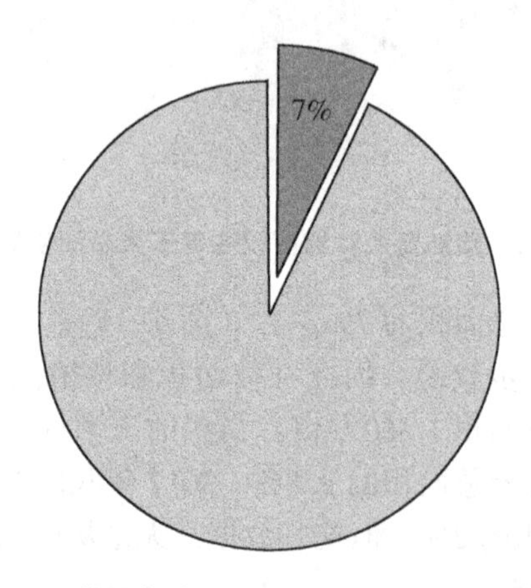

图 4-15　美国青贮种植面积占其玉米总面积的 7%

是 3 206. 4万亩，2017 年是 3 136万亩，连续的三年数据说明，德国青贮玉米面积的年际间变化很小，青贮玉米种植很稳定。

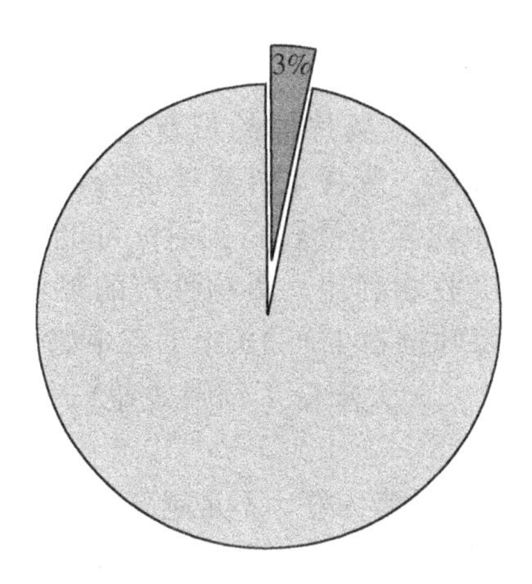

图 4-16　中国青贮种植面积占其玉米总面积的 3%

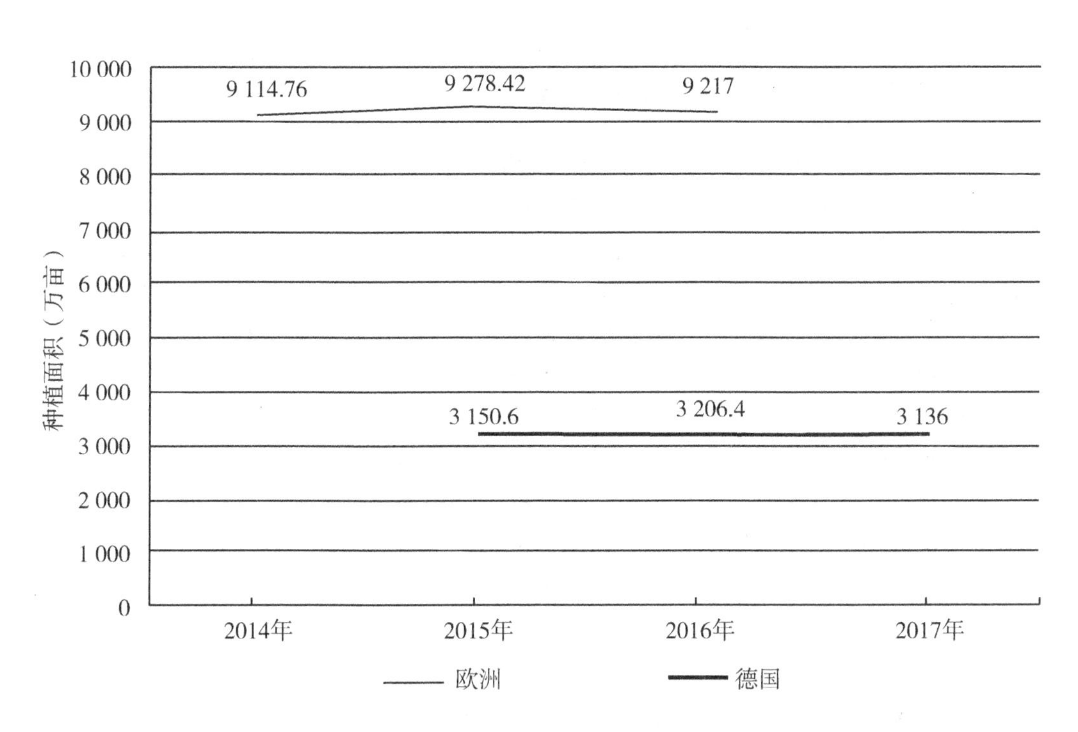

图 4-17　欧洲及德国连续三年的青贮玉米种植面积变化趋势

二、我国对青贮玉米认知水平较差，利用程度较低

我国对青贮玉米的认知水平较低，公众缺乏青贮玉米的基本知识，部分小的奶肉牛养殖场甚至不知青贮玉米为何物，相当多的从业者缺乏青贮玉米的基本知识。较低的认知水平，也就造成了青贮玉米的低利用率。

致使优质青贮玉米利用率低有以下三个方面的原因。

第一，对青贮玉米缺乏基本的认识，不知道青贮玉米是单位面积相对高产、高效的农作物、是优质的青贮饲料，不重视生物产量就等于种植者不重视单位产出效益，养殖者不重视粗饲料饲用成本。

第二，认识不正确，一部分牧场片面的把双 30（淀粉含量 30%，干物质含量 30%）作为收贮青贮玉米的标准，忽视了纤维等综合品质，结果致使大量收贮的都是籽粒玉米，普通玉米秸秆木质素含量较高，不仅可能造成牛羊不能吸收，反而大大影响其他有效营养物质的吸收和利用，影响牲畜的采食量（科学研究发现，纤维消化率每降低 1 个百分点，每吨饲料少产 10. 4 千克牛奶，牛胃粗纤维的最大容量是 8 千克，不消化就没法再采食，大大降低了饲喂效益）。结果是种植、养殖都没取得好的效益！

第三，不懂得“干物质含量适当为好，不是越高越好！”干物质含量达到 35%时是饲喂效益的最高点，按美国维斯康星大学的青贮玉米品种评价系统验证，每提高 1 个百分点的干物质含量每吨饲料降低约 9 千克产奶量，所以干物质讲究适当，不是越多越好，而在 35%以上时越高越差。

三、没有形成产业链间共赢的体系

由于我国处在青贮玉米产业发展的初级阶段，产业成熟度差，种养分离，缺乏共赢理念。部分种植者单纯追求鲜重产量，甚至出现故意晚播早收现象，以水充数赚钱；部分养殖企业单纯强调干物质，淀粉含量，忽视青贮玉米的饲料品质、不看纤维的消化率，大量收购普通玉米，最终降低饲喂效益，提高了饲养成本，结果是两败俱伤。青贮玉米产业想得到长期健康发展，必须形成合理、共赢的青贮玉米收购价格体系。

养殖企业与奶企各自为战，部分养殖企业只注重牛奶的量而不重质；一些奶业不考虑养殖业利益，视短期利益为上，大量进口奶粉、低质乳清粉，大量做还原奶，故意压低奶农鲜奶价格，致使奶农倒奶事件时有发生，形成恶性循环。

青贮玉米产业及奶业，要想长期、可持续、健康发展，必须形成合理、共赢的青贮玉米价格收购体系；必须形成合理、共赢的鲜奶价格收购机制；只有这两个共赢体系机制形成了，以种、养、奶企为主的青贮玉米产业才能得以健康快速发展！

四、育种科研力量薄弱、优质品种少

在欧美等西方发达国家与地区，高等院校、企业均设有专门的青贮玉米研究机构和研究人员。而中国青贮玉米尚未形成完整产业体现在，缺乏专业的机构与人员。目前国内育种专家凤毛麟角，青贮玉米育种机构更是少之又少，青贮玉米品种是兼育的多，专育的少。

其次就是优质的青贮玉米品种少，根据资料统计 2002—2020 年国家共审定青贮玉米品种 75 个，其中 2020 年审定 26 个，而 2020 年通过审定的玉米品种总数量 802 个（《中华人民共和国农业农村部公告 第 360 号》）。由此可见，青贮玉米品种与普通玉米品种间的巨大差距。而且有相当一部分青贮玉米因品种自身原因退出了市场，部分省份甚至出现无审定的青贮玉米品种可用的现象。

第六节　中外青贮玉米的质量、产量对比分析

从2016—2018年连续三年的中国国家青贮玉米区域试验数据以及变化趋势图来看（表4-7、表4-8、表4-9、图4-18），三年间我国青贮玉米品种各项指标变化不大，在相对稳定的基础上有了一定的提升。

表4-7　2016年国家青贮玉米区域试验品种品质分析结果　　单位：%

品名	中性洗涤纤维	酸性洗涤纤维	粗蛋白质	淀粉	干物质
雅玉1281	34.28	12.67	8.05	35.88	34.30
正饲玉2号	35.57	16.13	8.53	36.53	35.00
荣玉青贮1号	35.69	12.45	8.14	35.12	33.10
京科968	36.84	15.61	8.69	35.07	34.00
北农青贮3651	37.39	15.26	8.38	32.84	32.60
大京九青贮3912	37.81	15.95	8.05	33.89	34.00
帮豪青贮2号	38.57	14.63	7.98	32.56	33.00
禾玉36	38.82	15.47	8.04	32.28	33.20
涿单18	39.57	15.39	7.92	31.40	32.60
饲玉2号	39.92	17.19	8.44	31.04	32.40
渝青386	40.47	20.65	9.19	30.66	32.50
大京九4059	40.59	16.73	8.05	31.32	34.20
帮豪青贮1号	40.65	20.25	8.85	30.70	31.00
柳玉青贮6号	40.71	15.75	7.72	29.76	32.00
柳玉青贮5号	41.27	16.79	8.07	28.88	32.00
京科青贮932	41.58	16.99	8.20	30.07	35.50
雅玉青贮8号	41.73	22.43	9.21	29.39	31.50
中玉335	42.53	22.51	9.05	28.51	33.00
成青398	43.25	18.01	7.96	29.31	31.90
柳玉青贮4号	44.38	21.15	9.04	26.31	32.50
雅玉青贮26	44.88	20.63	8.25	25.85	32.00
平均	39.83	17.27	8.37	31.30	32.97

表 4-8　2017 年国家青贮玉米区域试验品种品质分析结果（东华北中晚熟组）

品名	中性洗涤纤维（%）	酸性洗涤纤维（%）	粗蛋白质（%）	淀粉（%）	干物质（%）	生物干重（千克）
北农青贮 3651	39. 30	12. 72	7. 45	34. 16	35. 00	1 506. 00
北农青贮 3740	44. 18	16. 71	7. 46	24. 85	34. 83	1 307. 00
承玉 24	37. 20	13. 61	8. 18	33. 91	31. 82	1 326. 00
大京九 3876	31. 91	9. 97	7. 48	39. 52	35. 36	1 371. 00
大京九 4059	39. 23	14. 05	7. 57	33. 24	36. 82	1 523. 00
禾青贮 6 号	41. 89	15. 54	7. 93	29. 22	36. 18	1 421. 00
泓丰 2219	37. 87	14. 25	8. 01	30. 88	34. 45	1 460. 00
华玉 11	38. 35	12. 63	7. 98	32. 61	33. 55	1 533. 00
京九青贮 16	40. 76	13. 89	6. 70	34. 21	34. 64	1 527. 00
京科青贮 932	41. 98	15. 32	7. 66	31. 93	34. 91	1 509. 00
柳玉青贮 7 号	50. 38	20. 01	7. 99	18. 75	29. 91	1 495. 00
先玉 1691	35. 29	11. 59	7. 45	37. 16	36. 64	1 452. 00
雅玉 1281	38. 21	13. 54	7. 45	34. 33	36. 27	1 497. 00
雅玉 988	46. 71	18. 40	7. 86	24. 84	33. 64	1 513. 00
雅玉青贮 26（CK）	46. 25	18. 13	8. 34	24. 85	32. 55	1 458. 00
正饲玉 3 号	40. 03	14. 18	7. 90	33. 45	33. 11	1 490. 00
中单青贮 31	39. 18	13. 65	7. 77	31. 85	36. 09	1 362. 00
平均	40. 51	14. 60	7. 72	31. 16	34. 46	1 455. 88

表 4-9　2018 年国家青贮玉米区域试验东华北中晚熟组品质分析结果

品种名称	中性洗涤纤维（%）	酸性洗涤纤维（%）	粗蛋白质（%）	淀粉（%）	干物质（%）	生物干重（千克）
禾青贮 7 号	42. 3	18. 2	8. 4	29. 3	31. 1	1 490. 0
雅玉青贮 26（ck）	45. 9	22. 2	8. 6	25. 2	30. 3	1 349. 0
大京九 26（ck）	44. 2	22. 4	8. 3	26. 2	32. 2	1 402. 0
京科青贮 938	40. 6	16. 9	8. 2	31. 4	37. 6	1 369. 0
先玉 1853	38. 3	17. 0	8. 4	32. 8	37. 2	1 490. 0
北农 486	41. 1	19. 5	8. 1	30. 4	36. 4	1 331. 0
大京九 819	39. 0	17. 4	8. 4	32. 4	34. 8	1 310. 0

（续表）

品种名称	中性洗涤纤维（%）	酸性洗涤纤维（%）	粗蛋白质（%）	淀粉（%）	干物质（%）	生物干重（千克）
京九青贮 16	37.1	16.0	8.3	33.0	35.1	1 503.0
泓丰 2219	39.5	18.0	8.3	32.0	36.3	1 391.0
平均	40.9	18.6	8.3	30.3	34.6	1 403.9

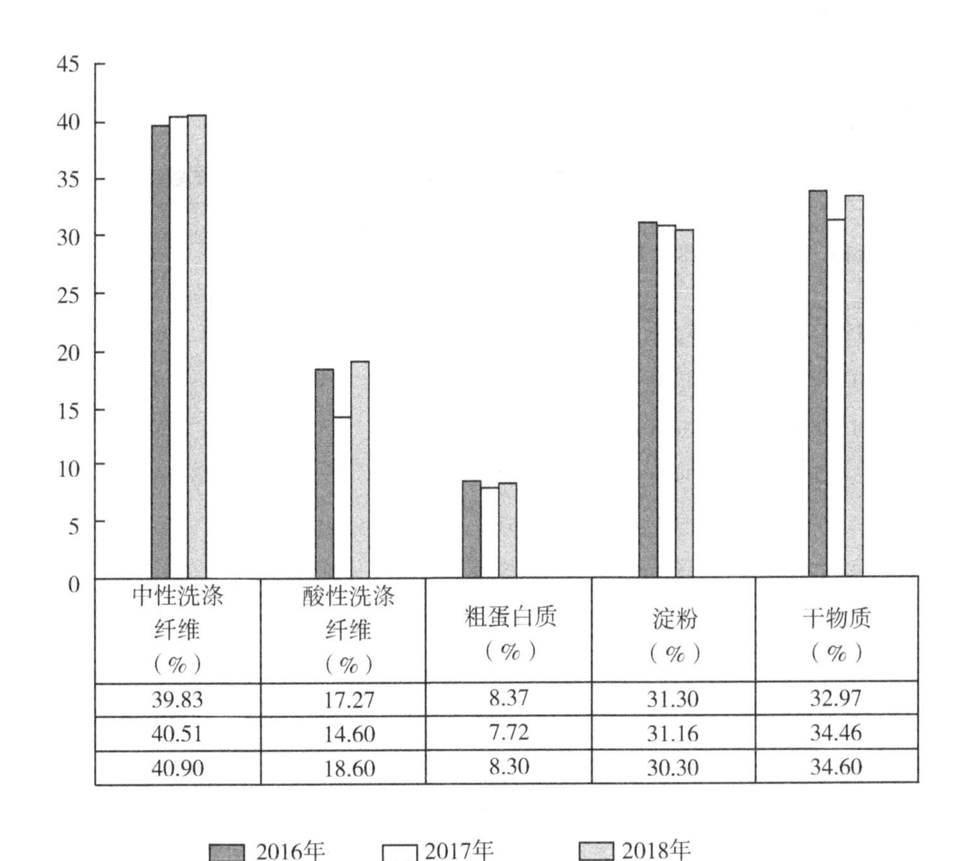

图 4-18　2016—2018 年中国国家青贮玉米区域试验品种指标变化趋势

以 2016—2018 连续三年我国青贮玉米品质的数据均值（表 4-10），与 2018 年美国威斯康星州北部青贮玉米示范试验数据（表 4-11）和 2013 年德国 VCU 测试的数据（表 4-12）做对比（图 4-19）发现。我国与美、德等发达国家的青贮玉米在质量方面差距不大，甚至部分指标要优于过国外（例如中性洗涤纤维含量成分）。在产量方面，我国 2017 年、2018 年国家青贮玉米区域试验的测试平均产量结果是 1 429.89千克，约合 1.43 吨/亩。2018 年美国威斯康星州北部青贮玉米示范试验测试平均产量结果是 8.9 吨/英亩，相当于 1 466.22千克/亩，约合 1.46 吨/亩。产量上也基本相当。这说明我国青贮玉米在产量和质量方面并不落后与国外发达国家（其中，美国缺乏酸性洗涤纤维含量数据，德国缺乏近年的数据和干物质数据）。

表 4-10　2016—2018 年国家青贮玉米区域试验品质分析结果平均值

年份	中性洗涤纤维含量（%）	酸性洗涤纤维含量（%）	粗蛋白质含量（%）	淀粉含量（%）	干物质量（%）	产量（千克）
2016 年	39.83	17.27	8.37	31.30	32.97	—
2017 年	40.51	14.60	7.72	31.16	34.46	1 455.88
2018 年	40.90	18.60	8.30	30.30	34.60	1 403.90
平均	40.41	16.82	8.13	30.92	34.01	1 429.89

表 4-11　2018 年美国威斯康星州北部青贮玉米示范试验结果

品种	中性洗涤纤维含量（%）	酸性洗涤纤维含量（%）	淀粉含量（%）	含水量（%）	产量（吨/公顷）
192-98STXRIB	38.0	64.0	32.0	62.8	3.56
4160VT2PRIB	39.0	61.0	30.0	63.0	3.76
4680VT2PRIB	41.0	61.0	28.0	63.1	3.48
LG44C34-3110	38.0	62.0	31.0	63.1	3.64
L3537	39.0	61.0	30.0	63.4	3.52
N27P-3110A	38.0	59.0	31.0	63.5	3.68
46SS428	36.0	64.0	32.0	61.4	3.84
198-98STXRIB	41.0	62.0	27.0	65.0	3.72
NK9227-3220A	40.0	59.0	29.0	65.0	3.56
FS 43RA1 EZR	40.0	61.0	28.0	65.6	3.44
7S378RIB	40.0	61.0	28.0	66.4	3.64
平均	39.1	61.4	29.6	63.8	3.60

表 4-12　2013 年德国 VCU 测试各品种指标结果

单位：%

品种	中性洗涤纤维含量（%）	酸性洗涤纤维含量（%）	粗蛋白质	淀粉
NKSILOTO	39.6	22.0	7.0	35.6
ESCHARTE	39.4	22.5	7.1	32.1
SYSANTAC	38.9	21.5	7.2	34.3
RAFINIO	39.3	24.0	6.8	34.4

（续表）

品种	中性洗涤纤维含量（%）	酸性洗涤纤维含量（%）	粗蛋白质	淀粉
P9027	41.1	23.4	7.1	35.0
GROSSO	40.2	22.9	6.8	35.6
DOW13307	40.4	23.1	6.9	30.9
ERLS13382	39.9	23.1	6.9	30.9
SYNB13435	39.0	22.0	6.8	31.9
KWS13492	41.8	24.2	6.6	31.2
KWS13520	41.4	23.8	6.7	30.9
KWS13547	42.3	24.6	6.9	30.6
RACZ13577	40.4	23.1	6.9	34.0
平均	40.3	23.1	6.9	33.2

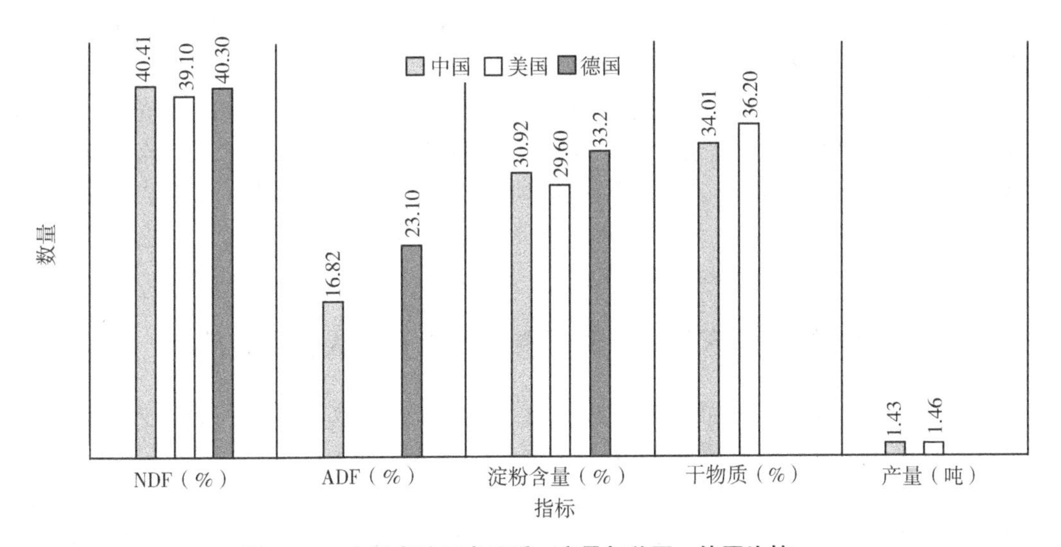

图 4-19　中国青贮玉米品质、产量与美国、德国比较

第七节　中国青贮玉米产业的发展特点及前景

一、我国青贮玉米产业发展的时间短

国外的青贮玉米已经发展了上百年的时间，而我国真正意义上的优质青贮玉米品种审定至今不足 20 年的时间（2002 年），我们对青贮玉米的正确认识及对青贮玉米产业的提出更是近几年的事情。

二、我国青贮玉米产业发展的速度快

2016年实施粮改饲政策，2017年粮改饲试点省份扩大到17个省，根据全国畜牧总站提供的数据：单在“粮改饲”试点省份，2017—2018年连续两年每年落实“粮改饲”面积均超过1 300万亩，其中80%是青贮玉米，“粮改饲”增加收贮青贮玉米面积每年达到1 000万亩以上。

三、我国青贮玉米产业发展前景广阔

生活水平的提高及消费理念的转变推动青贮玉米产业发展。近年来，随着人们生活水平不断提高，对牛羊肉的需求量与日俱增。牛羊肉蛋白质含量高于其他肉类，是低脂肪，低胆固醇的理想肉类。

中国乳制品行业一直在持续发展。2016年我国牛奶总产量3 602.0万吨，人均乳制品折合生鲜乳制品消费量35千克，约为世界平均水平的1/3。2016年6月8日《北京晚报》（来源中国乳制品协会）报道，人均乳制品折合鲜乳销售量，美国平均300千克/（人·年），全球平均111千克/（人·年）。随着国民生活水平提高，乳及乳制品需求不断提升，奶业的发展成为21世纪朝阳产业。

2016年以来，我国持续推进农业供给侧结构性改革，我国农业向种植业、养殖业和加工业的三元结构快速前进，特别是畜牧养殖业得到了飞速发展。近年来，随着国家“粮改饲”工程的不断推进，青贮玉米技术不断完善，全株玉米青贮已经成为牛、羊等反刍动物养殖的核心饲料，我国的青贮玉米产业也借此东风，进入了高速发展的快车道，优良的青贮玉米品种也不断涌现。

四、以西方发达国家为鉴，我国青贮玉米有很大发展空间

从人均青贮玉米人均面积看（2016年）：美国人均0.125亩；德国人均0.4亩；法国人均0.338亩；欧洲人均是0.128亩，我国人均0.011亩，不足美国1/10；德国的1/36；是法国的1/30，不足欧洲人均的1/10。从人均奶酪消费量看：我国人均奶酪消费量相当于美国的1/160，欧盟的1/180。从人均牛肉消费量看：美国是我们的7.5倍。

参考西方发达国家人均青贮玉米面积，按最低人均面积标准计算，我国的青贮玉米面积需求在1.8亿亩左右，保守估计我国也具有1亿亩以上青贮玉米种植面积的潜力。

五、粮饲通用型是我国青贮品种发展重要方向

粮饲通用型玉米在同一生态区既通过青贮玉米审定，又通过普通玉米审定，既可以收籽粒卖粮，也可以作为青贮饲料卖给牛场或草业公司，可满足农民和种植大户多项选择的需要。通用型品种可以帮助农民有效控制市场风险，在种前没有收购合同的情况下能确保农民秋后收益，收获季节可以根据市场行情和需求情况确定它的用途，粮价高时

可收获籽粒卖粮，因为它与普通玉米一样具有较高的籽粒产量，畜牧养殖业发展迅速，青贮饲料需求量大，青贮价格合理时卖全株青贮，保障了种植者和养殖者都能有较好的收益。它既解决了种植专用型青贮玉米卖不掉带来的风险，又能为畜牧养殖企业提供充足的优质粗饲料来源。随着养殖业规模化、现代化的发展，也必将加速青贮玉米的推广利用，进一步推进畜牧养殖业、饲草加工业及奶产业的发展。通用型青贮玉米更体现了它的优势所在，借鉴国外青贮品种的实际应用情况，出于品质和降低风险的角度，一般考虑用粮饲通用型青贮玉米来逐步代替专用型青贮玉米，粮饲通用型品种必将成为我国青贮玉米的发展方向。

第八节　中国青贮玉米产业的发展建议

一、加大对优质青贮玉米育种创新的支持力度

普通玉米品种呈现井喷式发展，但青贮玉米却是发展迟滞，黄淮海大部分省份缺少审定的青贮玉米品种。如山东省基本上属于无审定专用青贮玉米品种可用，南方多省份也属于缺少审定青贮玉米品种的状态，这也是很多地方用籽粒玉米做青贮的主要原因之一。品种是内因，是养殖业节本增效的关键，国家应该对优质青贮玉米品种创新研究给予大力的支持。

二、建立完善的跨行业青贮玉米品种示范推广体系

建立公共的新品种推广体系：建议利用各级科学管理部门，农业、畜牧技术推广部门，科研院校，玉米产业体系，建立公共的新品种推广体系，加强国家层面对优质青贮玉米的示范推广工作。

让公众认识到青贮玉米是籽粒玉米无法替代的，正确认识到籽粒玉米可以做青贮，但不是高效益的青贮，专用青贮玉米对饲喂草食家畜来说永远是最高效的。

三、以终为始、种养结合，把握青贮玉米品种的发展方向，育出一流品种

我国青贮玉米品种的发展方向应坚持以专用型、通用型青贮玉米为主，饲草型青贮玉米为辅的原则（开展青贮玉米特色育种，高蛋白，褐色中脉，高纤维消化率育种等）。

四、以市场为导向，创新种植模式，打造玉米青贮综合解决方案

青贮玉米品种选育、种植者要具有终端思维，以养殖牲畜需要为出发点，选育新品种或创新种植模式解决养殖者需求。譬如，奶牛养殖饲喂的粗饲料不仅需要优质的纤维、淀粉，同时还需要优质的粗蛋白质，但全株玉米只能提供8%左右的粗蛋白质，远

远达不到奶牛营养的需要，那么种植者可以考虑通过青贮玉米与高蛋白的豆科植物（拉巴豆、苜蓿等）间套作模式探索解决，为奶牛养殖者提供更为全价的优质粗饲料。

五、设立青贮玉米公益性、基础性、跨行业的研究机构

青贮玉米产业的基础性研究是一个跨学科的研究课题，涵盖涉及多门科学领域，不仅需要农学方面的专家，还要动物、饲喂、饲料消化、营养、统计等多学科专家的参与，这对于国内中小企业而言很难独立完成。因此，需要国家的大力支持和倡导，而且这也是符合国家基础性科学研究政策导向的。

六、建立种、种、养、奶有机合作发展的共赢机制

我国是农业大国，农业的现代化必将推动农牧业的现代化，农业的发展必然促进农、牧业的高度发展与融合，种养结合，以农促牧，以牧养农的格局必将成为乡村振兴战略一个特有的形式。最后以农、牧、工、商为一体的发展战略必将是中国农民增收、牧民增效，农牧工商协调发展，以实现乡村振兴、建立美丽富裕农村的必由之路。

参考文献

白琪林，2005. 青贮玉米秸秆品质性状遗传及其近红外测定方法的研究［D］. 北京：中国农业大学.

柴华，2017. 基于形态学标记青贮玉米自交系的聚类分析［J］. 现代畜牧科技（2）：4-5.

常海，王明辉，黄少先，等，2010. 青贮玉米在黄冈地区的表现分析［J］. 湖北农业科学，12（49）：3142-3143.

陈桂兰，阳康春，蒙月群，等，2012. 青贮玉米单交种、三交种对生物产量的影响［J］. 天津农业科学，18（4）：123-126.

陈桂兰，阳康春，韦冠睦，等，2017. 14个青贮玉米品种（系）田间表现评价［J］. 南方农业学报，48（2）：266-271.

戴忠民，高凤菊，王友平，等，2004. 青贮玉米的育种及发展趋势［J］. 玉米科学（4）：9-11.

丁光省，2019. 美国青贮玉米种植情况的调研报告［J］. 中国乳业（1）：17-22.

丁光省，2017. 依据逻辑学的属种概念界定青贮玉米分类及定义［J］. 种子世界（12）：44-45.

丁孝营，刘永莉，党拥华，等，2010. 利用RAPD分子标记技术分析玉米种质遗传多样性［J］. 延边大学农学学报，32（4）：277-280.

杜金友，靳占忠，徐兴友，等，2006. AFLP标记在玉米种质资源鉴定中的应用［J］. 西北植物学报（5）：927-932.

杜志宏，张福耀，平俊爱，等，2010. 我国青贮玉米育种研究进展及发展趋势［J］. 山西农业科学，38（2）：85-87.

范应翔，2016. 全株玉米青贮制作与质量评价［M］. 北京：中国农业科学技术出版社.

冯勇，赵瑞霞，苏二虎，2002. 优质高效青贮玉米品种选育途径与方法的探讨［J］. 内蒙古农业科技（专辑）：32-35.

高闰飞，2019. 利用形态学和SSR标记分析中国紫心甘薯育成品种遗传多样性［D］. 北京：中国农业科学院.

郭晓华，2000. 生态因子对玉米产量构成因素的调控作用［J］. 生态学杂志（1）：6-11.

韩长赋，2018. 国务院关于构建现代农业体系深化农业供给侧结构性改革工作情况的报告［J］. 农业工程技术，38（11）：1-3.

何文铸，2007. 青贮玉米主要品质、农艺及生理性状的遗传研究［D］. 成都：四川农业大学.
胡标林，万勇，李霞，等，2012. 水稻核心种质表型性状遗传多样性分析及综合评价［J］. 作物学报，38（5）：829-839.
胡跃高，2006. 青贮玉米研究［M］. 北京：中国农业出版社.
贾恩吉，何文安，邓少华，2007. 我国青贮玉米的发展、育种现状及育种目标［J］. 玉米科学，15（4）：149-150.
景建洲，张勇，李东亮，等，2006. 利用 RAPD 分子标记分析玉米种质遗传多样性［J］. 中国农学通报（12）：405-408.
李建奇，2007. 不同玉米品种的品质、产量差异及机理研究［J］. 玉米科学（4）：13-17.
李金礼，施文娟，阮仁超，等，2010. 利用 ISSR 标记解析黔东南玉米地方种质的遗传多样性［J］. 种子，29（12）：61-65.
李晶，李伟忠，吉彪，等，2010. 混播方式对青贮玉米产量和饲用品质的影响［J］. 作物杂志（3）：100-103.
李齐向，张小中，涂前程，等，2013. 基于 SSR 分子标记的青贮玉米自交系遗传多样性分析［J］. 福建农业学报，28（4）：320-323.
李彦茹，2021. 青贮玉米种植的意义及技术要点［J］. 现代畜牧科技（1）：52-54.
李忠秋，刘春龙，2010. 青贮饲料的营养价值及其在反刍动物生产中的应用［J］. 家畜生态学报，31（3）：95-98.
李柱刚，崔崇士，马荣才，等，2001. 遗传标记在植物上的发展与应用［J］. 东北农业大学学报（4）：396-401.
梁明山，曾宇，周翔，等，2001. 遗传标记及其在作物品种鉴定中的应用［J］. 植物学通报（3）：257-265.
廖长见，王颖姮，林建新，等，2011. 影响青贮玉米生物产量及品质关键农艺性状的初步分析［J］. 福建农业学报，26（4）：572-576.
林建新，陈山虎，卢和顶，2004. 青贮玉米的发展研究现状及前景［J］. 福建农业科技（1）：39-40.
刘刚，张红瑞，郭凯，等，2019. 河南青贮玉米品种鉴选与青贮质量评价［J］. 草地学报，27（2）：510-514.
刘志斋，吴迅，刘海利，等，2012. 基于 40 个核心 SSR 标记揭示的 820 份中国玉米重要自交系的遗传多样性与群体结构［J］. 中国农业科学，45（11）：2107-2138.
刘祖钊，刘杰，何静，2019. 青贮玉米的概念分类及高产栽培技术［J］. 农业与技术，39（2）：98-99.
卢士军，黄家章，吴鸣，等，2019. 营养导向型农业的概念、发展与启示［J］. 中国农业科学，52（18）：3083-3088.
马艳明，冯智宇，王威，等，2020. 新疆冬小麦品种农艺及产量性状遗传多样性分析［J］. 作物学报，46（12）：1997-2007.
孟会聪，路明，张志军，等，2016. 我国青贮玉米育种研究进展［J］. 北方农业学报，44（4）：99-104.
潘金豹，张秋芝，郝玉兰，2002. 我国青贮玉米育种的策略与目标［J］. 玉米科学，10（4）：3-4.
史亚兴，卢柏山，宋伟，等，2015. 基于SNP标记技术的糯玉米种质遗传多样性分析［J］. 华北农学报，30（3）：77-82.
苏天增，任伟，丁光省，等，2019. 青贮玉米杂交种大京九26的选育及应用［J］. 山西农业科学，47（4）：514-517.
孙炳蕊，2005. 青贮玉米主要性状遗传分析研究［D］. 太原：山西农业大学.
孙发明，于明彦，焦仁海，2007. 我国饲用玉米种质资源的类群划分、应用与创新［J］. 种子科技（4）：34-36.
孙连双，李东阳，张亚龙，等，2010. 收获期对青贮玉米产量的影响［J］. 中国农学通报，26（3）：157-160.
孙志强，徐芳，张元庆，等，2019. 不同品种玉米农艺性状及青贮发酵品质的比较及相关性研究［J］. 草地学报，27（1）：250-256.
谭禾平，王桂跃，赵福成，等，［2021-09-26］. 115个糯玉米品种农艺性状相关分析和聚类分析［J/OL］. 分子植物育种. http：//kns. cnki. net/kcms/detail/46.1068.S.20200714.1026.002.html.
谭友斌，唐高民，苏道志，2020. 国审青贮玉米新品种‘中玉335’的选育及配套技术研究［J］. 农学学报，10（9）：16-20.
陶刚，刘作易，朱英，等，2004. 利用RAPD分子标记对优良玉米种质的遗传分析和鉴定［J］. 西南农业学报（6）：681-684.
王凤格，李欣，杨扬，等，2018. 植物品种SSR指纹分析专用软件SSR Analyser的研发［J］. 中国农业科学，51（12）：2248-2262.
王凤格，田红丽，赵久然，等，2014. 中国328个玉米品种（组合）SSR标记遗传多样性分析［J］. 中国农业科学，47（5）：856-864.
王海岗，贾冠清，智慧，等，2016. 谷子核心种质表型遗传多样性分析及综合评价［J］. 作物学报，42（1）：19-30.
王林，孙启忠，张慧杰，2011. 苜蓿与玉米混贮质量研究［J］. 草业学报，20（4）：202-209.
王蕊，2020. 青贮玉米种植的意义及种植技术［J］. 现代畜牧科技（1）：33-34.
王婷，王友德，陈树宾，等，2005. 青贮玉米密度对主要农艺性状的影响及其演变规律的研究［J］. 玉米科学（1）：99-102.
王晓东，高增贵，姚远，等，2014. 利用UP-PCR、ISSR标记分析玉米弯孢叶斑病菌遗传多样性［J］. 华北农学报，29（3）：227-233.
王秀凤，景希强，王孝杰，等，2004. PN78599种植在我国玉米育种和生产中的应用［J］. 玉米科学，20（4）：50-52.

王怡然，孙芳，崔文典，2017. “粮改饲”背景下农牧业资源有效配置文献研究［J］. 特区经济（9）：97-101.
王永飞，马三梅，刘翠平，等. 遗传标记的发展和分子标记的检测技术［J］. 西北农林科技大学学报（自然科学版）（6）：130-136.
王永宏，赵健，沈强云，等，2005. 青贮玉米生物产量及营养积累规律研究［J］. 玉米科学（4）：81-85.
吴建忠，李绥艳，林红，等，2019. 青贮玉米品质性状遗传变异及主成分分析［J］. 作物杂志（3）：42-48.
吴秋珏，徐延生，2006. 饲粮中中性洗涤纤维的研究进展［J］. 饲料工业，27（7）：14-16.
吴欣，许海良，陈威，等，2019. 国审青贮玉米品种综合性状评价及发展趋势［J］. 农学学报，9（9）：5-10.
吴渝生，郑用琏，孙荣，等，2004. 基于SSR标记的云南糯玉米、爆裂玉米地方种质遗传多样性研究［J］. 作物学报（1）：36-42.
吴子恺，郝小琴，2006. 专用型油玉米种质创新研究［J］. 种子（8）：22-26.
武月轮，2018. 青贮玉米栽培［M］. 北京：中国农业科学技术出版社.
邢锦丰，段民孝，王元东，等，2016. 青贮玉米新品种京科932选育及配套技术［J］. 种子科技，34（7）：59-61.
徐军，虞德兵，冯彬彬，等，2020. 不同来源鸡粪有机肥对西瓜-青贮玉米产量、品质的影响及效益分析［J］. 中国农业大学学报，25（10）：89-97.
徐艳荣，焦仁海，孙发明，2008. 吉林省发展青贮玉米关键措施及育种对策［J］. 广东农业科学（1）：97-99.
蔚荣海，2006. 糯玉米种质资源遗传多样性研究［D］. 长春：吉林农业大学.
杨国航，吴金锁，张春原，等，2013. 青贮玉米品种利用现状与发展［J］. 作物杂志（2）：13-16.
杨扬，王凤格，赵久然，等，2014. 中国玉米品种审定现状分析［J］. 中国农业科学，47（22）：4360-4370.
姚启伦，2008. 西南部分玉米地方种质资源的遗传多样性分析［D］. 成都：四川农业大学.
易红梅，任洁，王璐，等，2020. 2014—2019年国家玉米区域试验参试组合DNA指纹检测及遗传多样性分析［J］. 华北农学报，35（3）：87-93.
余斌，杨宏羽，王丽，等，2018. 引进马铃薯种质资源在干旱半干旱区的表型性状遗传多样性分析及综合评价［J］. 作物学报，44（1）：63-74.
余汝华，莫放，赵丽华，等，2007. 不同玉米品种青贮饲料营养成分比较分析［J］. 中国农学通报（8）：17-20.
袁力行，傅骏骅，WARBURTON M，等，2000. 利用RFLP、SSR、AFLP和RAPD标记分析玉米自交系遗传多样性的比较研究［J］. 遗传学报（8）：725-733.
张秋芝，潘金豹，郝玉兰，等，2006. 不同种植密度和地点对青贮玉米杂交种生物产量的影响［J］. 北京农学院学报（3）：18-22.
张小飞，高增贵，庄敬华，等，2010. 利用 UP-PCR、ISSR 和 AFLP 标记分析玉米丝黑穗病菌遗传多样性［J］. 植物保护学报，37（3）：241-248.
赵久然，李春辉，宋伟，等，2018. 基于 SNP 芯片揭示中国玉米育种种质的遗传多样性与群体遗传结构［J］. 中国农业科学，51（4）：626-644.
赵振彪，柴茜，2018. 定边县全株青贮玉米栽培及制作技术［J］. 现代农业科技（15）：225+227.
中国农业科学院作物品种资源研究所，1985. 作物品种资源研究方法［M］. 北京：农业出版社
朱顺国，邢壮，张微，等，2001. 玉米秸秆 NDF 与 ADF 含量变化规律的研究［J］. 中国奶牛（1）：24-26.
朱颜，周国利，吴玉厚，等，2004. 遗传标记的研究进展和应用［J］. 延边大学农学学报，26（1）：64-69.
庄克章，徐立华，徐相波，等，2017. 鲁南地区青贮玉米品种筛选［J］. 中国农学通报，33（29）：13-18.

附录一　青贮玉米品质分级
（GB/T 25882—2010）

2011 年 1 月 10 日发布；2011 年 6 月 1 日实施

本标准由中华人民共和国农业部提出。

本标准由全国畜牧业标准化技术委员会归口。

本标准起草单位：全国畜牧总站、农业部全国草业产品质量监督检验测试中心、中国农业大学、北京农学院。

本标准主要起草人：余鸣、李存福、玉柱、潘金豹、石守定、杨清峰、李玉荣、刘芳、尹晓飞。

青贮玉米品质分级

1　范围

本标准规定了青贮玉米品质指标、品质分级及测定方法。

本标准适用于对青贮玉米品质的评价和分级。

2　规范性引用文件

下列文件中的条款通过本标准的引用而成为本标准的条款。凡是注明日期的引用文件，其随后所有的修改单（不包括勘误的内容）或修订版均不适用于本标准，然而，鼓励根据本标准达成协议的各方研究是否可使用这些文件的最新版本。凡是不注日期的引用文件，其最新版本适用于本标准。

GB/T 6432　饲料中粗蛋白质测定方法

GB/T 20194　饲料中淀粉含量的测定旋光法

GB/T 20806　饲料中中性洗涤纤维（NDF）的测定

NY/T 1209　农作物品种试验技术规程玉米

NY/T 1459　饲料中酸性洗涤纤维的测定

3　术语和定义

下列术语和定义适用于本标准。

3.1　青贮玉米 silage maize

在玉米乳熟后期至蜡熟期间，收获包括果穗在内的地上部植株，作为青贮饲料原料的玉米。

4　技术要求

4.1　感官要求

植株较高，叶量较多，持绿性好，无明显倒伏，无明显大斑病、小斑病、黑粉病、丝黑穗病、锈病等病害症状。

4.2　水分含量

水分含量为60%~80%。

4.3　品质分级

青贮玉米品质分级及指标应符合表1的规定。

表1　青贮玉米品质分级及指标　　单位:%

等 级	中性洗涤纤维	酸性洗涤纤维	淀粉	粗蛋白质
一级	≤45	≤23	≥25	≥7
二级	≤50	≤26	≥20	≥7
三级	≤55	≤29	≥15	≥7

注：粗蛋白质、淀粉、中性洗涤纤维和酸性洗涤纤维为干物质（60℃温度下烘干）中的含量。

5　测定方法

5.1　取样方法

青贮玉米分析样品取样，按照NY/T 1209的规定执行。

5.2　水分含量

按照NY/T 1209的规定执行。

5.3　粗蛋白质含量

按照GB/T 6432的规定执行。

5.4　中性洗涤纤维含量

按照GB/T 20806的规定执行。

5.5　酸性洗涤纤维含量

按照NT/T 1459的规定执行。

5.6　淀粉含量

按照GB/T 20194的规定执行。

5.7　卫生指标

卫生指标按照相关国家标准的规定执行。

6　品质综合判定

中性洗涤纤维、酸性洗涤纤维、淀粉和粗蛋白质四项指标中单项最低的等级判定为青贮玉米的品质等级。三级以下的青贮玉米品质判定为等外。

附录二　主要农作物品种审定标准（国家级）（2017 年）

源自农业农村部国家农作物品种审定委员会关于印发《主要农作物品种审定标准（国家级）》的通知。

青贮玉米品种国家审定标准

一、生育期

以同一生态类型区大面积推广的青贮玉米品种或国家（省）区域试验的普通玉米对照品种为对照，普通玉米对照品种黑层出现时，参试品种的乳线位置应≥1/2。

二、生物产量

收获时的鲜物质产量（千克/亩），干物质含量（%），或其他衡量指标。

三、品质

整株粗蛋白质含量≥7.0%，中性洗涤纤维含量≤45%，酸性洗涤纤维含量≤23%，淀粉含量≥25%。

四、抗倒性

每年区域试验、生产试验倒伏倒折率之和平均≤8.0%，且倒伏倒折率之和大于等于 10.0%的试验点比例≤20%；或每年倒伏倒折率之和平均不高于对照。

五、抗病性

东华北中晚熟春玉米类型区、东华北中熟春玉米类型区、东华北中早熟春玉米类型区、北方早熟春玉米类型区、北方极早熟春玉米类型区、西北春玉米类型区：大斑病、茎腐病田间自然发病和人工接种鉴定均未达到高感。

黄淮海夏玉米类型区、京津冀早熟夏玉米类型区：小斑病、茎腐病、弯孢叶斑病、南方锈病田间自然发病和人工接种鉴定均未达到高感。

西南春玉米类型区、热带亚热带玉米类型区、东南玉米类型区：纹枯病、大斑病、小斑病、茎腐病田间自然发病和人工接种均未达到高感。

除达到上述要求外，不同玉米区品种还应对以下抗病性进行鉴定。

东华北中晚熟春玉米类型区、东华北中熟春玉米类型区、东华北中早熟春玉米类型区、北方早熟春玉米类型区、北方极早熟春玉米类型区：丝黑穗病、灰斑病。

西北春玉米类型区：丝黑穗病。

黄淮海夏玉米类型区、京津冀早熟夏玉米类型区：瘤黑粉病。

西南春玉米类型区、热带亚热带玉米类型区、东南春玉米类型区：灰斑病、南方锈病。

附录三　国家级玉米品种审定标准（2021年修订）

1　基本条件

1.1　抗病性

1.1.1　籽粒用玉米品种

东华北中晚熟春玉米类型区、东华北中熟春玉米类型区、东华北中早熟春玉米类型区、北方早熟春玉米类型区、北方极早熟春玉米类型区：大斑病、茎腐病、穗腐病田间自然发病和人工接种鉴定均未达到高感。

西北春玉米类型区：茎腐病田间自然发病和人工接种鉴定均未达到高感。穗腐病田间自然发病及人工接种鉴定未同时达到高感。

黄淮海夏玉米类型区、京津冀早熟夏玉米类型区：小斑病、茎腐病、穗腐病田间自然发病和人工接种鉴定均未达到高感。

西南春玉米（中低海拔）类型区、热带亚热带玉米类型区：纹枯病、茎腐病、大斑病、穗腐病田间自然发病和人工接种鉴定均未达到高感。

西南春玉米（中高海拔）类型区：灰斑病、大斑病、穗腐病、茎腐病田间自然发病和人工接种鉴定均未达到高感。

东南春玉米类型区：纹枯病、茎腐病、南方锈病田间自然发病和人工接种鉴定均未达到高感。穗腐病田间自然发病及人工接种鉴定未同时达到高感。

除达到上述要求外，不同玉米区品种还应对以下抗病性进行鉴定。

东华北中晚熟春玉米类型区、东华北中熟春玉米类型区、东华北中早熟春玉米类型区、北方早熟春玉米类型区、北方极早熟春玉米类型区：丝黑穗病、灰斑病。

西北春玉米类型区：大斑病、丝黑穗病。

黄淮海夏玉米类型区、京津冀早熟夏玉米类型区：弯孢叶斑病、南方锈病、瘤黑粉病。

西南春玉米（中低海拔）类型区：小斑病、南方锈病。

西南春玉米（中高海拔）类型区：纹枯病、丝黑穗病。

热带亚热带玉米类型区：小斑病、南方锈病。

东南春玉米类型区：小斑病。

1.1.2　青贮玉米品种

东华北中晚熟春玉米类型区、东华北中熟春玉米类型区、东华北中早熟春玉米类型区、北方早熟春玉米类型区、北方极早熟春玉米类型区、西北春玉米类型区：大斑病、茎腐病田间自然发病和人工接种鉴定均未达到高感；其他叶斑病田间自然发病未达到高感。

黄淮海夏玉米类型区、京津冀早熟夏玉米类型区：小斑病、茎腐病、弯孢叶斑病、南方锈病田间自然发病和人工接种鉴定均未达到高感；其他叶斑病田间自然发病未达到高感。

西南春玉米类型区、热带亚热带玉米类型区、东南玉米类型区：纹枯病、大斑病、小斑病、茎腐病田间自然发病和人工接种均未达到高感；其他叶斑病田间自然发病未达到高感。

除达到上述要求外，不同玉米区品种还应对以下抗病性进行鉴定。

东华北中晚熟春玉米类型区、东华北中熟春玉米类型区、东华北中早熟春玉米类型区、北方早熟春玉米类型区、北方极早熟春玉米类型区：丝黑穗病、灰斑病。

西北春玉米类型区：丝黑穗病。

黄淮海夏玉米类型区、京津冀早熟夏玉米类型区：瘤黑粉病。

西南春玉米类型区、热带亚热带玉米类型区、东南春玉米类型区：灰斑病、南方锈病。

1.1.3　鲜食甜玉米品种、糯玉米品种

北方鲜食玉米类型区：瘤黑粉病、丝黑穗病、大斑病田间自然发病未达到高感。

黄淮海鲜食玉米类型区：瘤黑粉病、丝黑穗病、矮花叶病、小斑病田间自然发病未达到高感。

西南鲜食玉米类型区：丝黑穗病、小斑病、纹枯病田间自然发病未达到高感。

东南鲜食玉米类型区：小斑病、南方锈病、纹枯病田间自然发病未达到高感。

1.1.4　爆裂玉米品种

茎腐病、穗腐病田间自然发病和人工接种鉴定均未达到高感。

除达到上述要求外，还应对以下抗逆性状进行鉴定：丝黑穗病、瘤黑粉病。

1.2　生育期

东华北中晚熟春玉米类型区、黄淮海夏玉米类型区、京津冀早熟夏玉米类型区：每年区域试验生育期平均比对照品种不长于 1.0 天，或收获时的水分不高于对照。

东华北中熟春玉米类型区、东华北中早熟春玉米类型区、北方早熟春玉米类型区、北方极早熟春玉米类型区、西北春玉米类型区：每年区域试验生育期平均比对照品种不长于 2.0 天，或收获时的水分不高于对照。

当国家区试对照品种进行更换时，由玉米专业委员会对相应生育期指标作出调整。

1.3　抗倒伏性

每年区域试验、生产试验倒伏倒折率之和平均分别≤8.0%，且倒伏倒折率之和≥10.0%的试验点比例不超过 20%。

1.4　品质

普通玉米品种籽粒容重≥720 克/升，粗淀粉含量（干基）≥69.0%，粗蛋白质含量（干基）≥8.0%，粗脂肪含量（干基）≥3.0%。

1.5 真实性和差异性（SSR 分子标记检测）

同一品种在不同试验年份、不同试验组别、不同试验渠道中 DNA 指纹检测差异位点数应当<2 个。

申请审定品种应当与已知品种 DNA 指纹检测差异位点数≥4 个；申请审定品种与已知品种 DNA 指纹检测差异位点数=3 个的，需进行田间小区种植鉴定证明有重要农艺性状差异。

2 分类品种条件

2.1 高产稳产品种

区域试验产量比对照品种平均增产≥5.0%，且每年增产≥3.0%，生产试验比对照品种增产≥2.0%。每年区域试验、生产试验增产的试验点比例≥60%。

2.2 绿色优质品种

2.2.1 抗病品种：田间自然发病和人工接种鉴定所在区域鉴定病害均达到中抗及以上。

2.2.2 适宜机械化收获籽粒品种：符合以下条件之一的品种。

2.2.2.1 东北中熟组适收期籽粒含水量≤25%，黄淮海夏播组适收期籽粒含水量≤28%，西北春玉米组适收期籽粒含水量≤23%，且每年区域试验、生产试验籽粒含水量达标的试验点占全部试验点比例≥60%。区域试验、生产试验倒伏倒折率之和≤5.0%，且每年区域试验、生产试验抗倒性达标的试验点占全部试验点比例≥70%。区域试验和生产试验产量比同类型对照增产≥3.0%，且每年区域试验、生产试验籽粒产量达标的试验点占全部试验点比例≥50%。

2.2.2.2 每年区域试验、生产试验倒伏倒折率之和≤5.0%的试验点占全部试验点比例≥90%。东北中熟组适收期籽粒含水量≤28%，黄淮海夏播组适收期籽粒含水量≤30%，西北春玉米组适收期籽粒含水量≤25%，且每年区域试验、生产试验籽粒含水量达标的试验点占全部试验点比例≥50%。区域试验、生产试验产量比同类型对照增产≥3.0%，且每年区域试验、生产试验产量达标的试验点占全部试验点比例≥50%。

2.2.2.3 每年区域试验、生产试验产量比对照增产≥5.0%，每年区域试验、生产试验增产试验点比例≥50%。东北中熟组和黄淮海夏播组适收期籽粒含水量≤30%，西北春玉米组适收期籽粒含水量≤25%，且每年区域试验、生产试验籽粒含水量达标的试验点占全部试验点比例≥50%。区域试验、生产试验倒伏倒折率之和≤5.0%，且每年区域试验、生产试验抗倒性达标的试验点占全部试验点比例≥70%。

2.2.2.4 区域试验、生产试验倒伏倒折率之和≤5.0%，且每年区域试验、生产试验抗倒性达标的试验点占全部试验点比例≥90%。东北中熟组适收期籽粒含水量≤25%。黄淮海夏播组适收期籽粒含水量≤28%，西北春玉米组适收期籽粒含水量≤23%，每年区域试验、生产试验籽粒含水量达标的试验点占全部试验点比例≥90%。区域试验、生产试验产量比同类型对照增产≥2.0%。

2.3　特殊类型品种

2.3.1　糯玉米（干籽粒）、高油、优质蛋白玉米、高淀粉玉米品种

产量：比同类型对照品种平均增产≥3.0%。

抗倒性：每年区域试验、生产试验倒伏倒折率之和≤10.0%。

品质：糯玉米（干籽粒）：直链淀粉（干基）占粗淀粉总量比率≤2.00%。高油玉米：粗脂肪（干基）含量≥7.5%。优质蛋白玉米：蛋白质（干基）含量≥8.00%，赖氨酸（干基）含量≥0.40%。高淀粉玉米：粗淀粉（干基）≥75.0%。

2.3.2　青贮玉米（不包括粮饲兼用）品种

生物产量：收获时参试品种生物产量（干重）比青贮玉米对照品种平均增产≥3.0%，每年区域试验增产试验点率≥50%。

生育期：以同一生态类型区大面积推广的青贮玉米品种或国家（省级）区域试验的普通玉米对照品种为对照，参试品种生育期应与对照品种相当或不晚于对照；或普通玉米对照品种黑层出现时，参试品种的乳线位置应≥1/2。

品质（两年平均）：整株粗蛋白含量≥7.0%，中性洗涤纤维含量≤40%，淀粉含量≥30%。

持绿性：收获时全株保持绿色的叶片所占比例（%）。

抗倒性：每年区域试验、生产试验倒伏倒折率之和平均≤8.0%，且倒伏倒折率之和大于等于10.0%的试验点比例≤20%；或每年倒伏倒折率之和平均不高于对照。

2.3.3　鲜食甜玉米、鲜食糯玉米品种

产量：鲜果穗产量比同类型同品质对照品种平均增产≥3.0%，品质优于对照的减产≤3.0%。

品质：外观品质和蒸煮品质评分不低于对照（85.0分）。鲜食甜玉米：鲜样品可溶性总糖含量。鲜食糯玉米：直链淀粉（干基）占粗淀粉总量比率。甜加糯型（同一果穗上同时存在甜和糯两种类型籽粒，属糯玉米中的一种特殊类型）：直链淀粉（干基）占粗淀粉总量比率。

抗倒性：每年平均倒伏倒折率之和≤10.0%。

2.3.4　爆裂玉米品种

产量：比同类型同品质对照品种平均增产≥3.0%，品质优于对照的减产≤3.0%。

品质：膨化倍数，爆花率，籽粒颜色。

抗倒性：每年平均倒伏倒折率之和≤10.0%。

附录四　国家青贮玉米品种区域试验调查项目和标准

1　物候期（采集时间为达到某一物候期标准后1~3天，日期用年-月-日表示）

1.1　播种期

播种当天的日期。

1.2　出苗期

全区≥50%穴数幼芽出土高达2~3厘米时的日期。

1.3　抽雄期

全区≥50%植株雄穗尖端露出顶叶3~5厘米的日期。

1.4　吐丝期

全区≥50%植株雌穗花丝露出苞叶5厘米左右的日期。

1.5　收获期

青贮玉米籽粒乳线达到1/2（±1/4）时进行收获，乳线达到1/2时为最佳收获期。

1.6　青贮生育期

从出苗到最佳收获期的天数，调查时取整数，汇总时求其平均值（保留1位小数），用天表示。

2　农艺性状

2.1　株高

吐丝后10~30天，连续取小区内生育正常的10株，测量由地表到雄穗顶端的高度，求其平均值取整数，用厘米表示（保留整数）。

2.2　穗位

测量株高的同时测量植株从地表到果穗柄着生节的高度，求其平均值取整数，用厘米表示（保留整数）。

2.3　株型

吐丝后30天（±10天）后目测，分平展、半紧凑、紧凑型记载。

2.4　总株数

小区总株数（保留整数）。每个品种每个小区均需要记载上报。

2.5　倒伏率（根倒）

倒伏株数占小区株数的百分比（保留1位小数）。每个品种每个小区均需要记载上报。

2.6 倒折率（茎倒）

倒折株数占小区株数的百分比（保留 1 位小数）。每个品种每个小区均需要记载上报。

2.7 倒伏倒折率之和

倒伏率+倒折率（保留 1 位小数）。

2.8 空秆率

吐丝后 30 天（±10 天）调查不结果穗或果穗结实 20 粒以下的植株占全区株数的百分比（保留 1 位小数），每个品种每个小区均需要记载上报。

3 收获期调查性状

3.1 籽粒乳线位置

用籽粒顶部到乳线的长度占籽粒顶部至基部全长的比例。目测青贮玉米籽粒乳线位置，分别记载为 0（乳线未形成）、1/4、1/3、1/2（乳线一半）、3/4、1（乳线消失）。

3.2 最佳收获期

当籽粒乳线达 1/2 时进行收获。

3.3 持绿性

分四级。

好：收获时全株叶片枯黄数不超过 5 片，或者有效绿叶片数 15 片以上。

较好：收获时全株叶片枯黄数 6~8 片，或者有效绿叶片数 11~14 片。

一般：收获时全株叶片枯黄数 9~11 片，或者有效绿叶片数 8~10 片。

差：收获时全株叶片枯黄数大于 11 片，或者有效绿叶片数 8 片以下。

3.4 产量测定

3.4.1 亩产生物鲜重

在青贮玉米最佳收获期，每个小区收获中间 3~4 行，从地上部 20 厘米处全株刈割。收获后立即称重，得到小区鲜重产量（保留 1 位小数），折合成亩产，用千克表示（保留整数）。

3.4.2 干物质含量

从每个小区收获的植株中，随机选取 10 株，全株粉碎，混合均匀。随机取样 1 000 克左右，装入布袋，称鲜重，用克表示（保留 1 位小数），在烘箱里 105℃ 杀青 3 小时，然后 65℃ 条件下烘干至恒重，称干重，用克表示（保留 1 位小数）。计算干物质含量，用%表示（保留 1 位小数）。

3.4.3 亩产生物干重

亩产生物鲜重×干物质含量得到亩产生物干重，用千克表示（保留整数）。

3.4.4 全株鲜重

收获时，每小区随机选取 10 株称量生物鲜重，计算平均的单株鲜重，用千克表示（保留 1 位小数）。

3.4.5 鲜果穗重

将称量完 10 株全株鲜重植株的果穗（不带苞叶）摘下，称量果穗重，计算平均的单穗鲜重，用千克表示（保留 1 位小数）。

3.4.6 鲜果穗占比

鲜果穗重占全株鲜重的比值，用%表示（保留 1 位小数）。

4 指定测试性状

4.1 幼苗叶鞘色

展开 3 叶时，目测幼苗第一叶的叶鞘出现时的颜色，分绿、浅紫、紫、深紫、其他。

4.2 叶片色

在植株生长到 3~4 叶时整株目测，分淡绿、绿、深绿等。

4.3 叶缘色

在植株生长到 3~4 叶时目测，分绿色和紫色等。

4.4 花丝色

吐丝期，新鲜花丝长出约 5 厘米时目测新鲜花丝的颜色，分绿、浅紫、紫、深紫、黑紫等。

4.5 花药色

散粉盛期观测雄穗主轴上部 1/3 处新鲜花药颜色，分绿、浅紫、紫、深紫、黑紫等。

4.6 颖壳色

散粉盛期观测雄穗主轴上部 1/3 处颖壳颜色，分绿、紫等。

5 病虫害情况

5.1 病害情况

按照玉米区域试验田间自然发病条件下重要病害调查项目与标准执行，主要病害根据审定标准确定调整。

5.1.1 东华北中晚熟春玉米类型区、东华北中熟春玉米类型区、东华北中早熟春玉米类型区、北方早熟春玉米类型区、北方极早熟春玉米类型区：大斑病、茎腐病、丝黑穗病、灰斑病。其中大斑病、茎腐病为主要病害。

5.1.2 西北春玉米类型区

大斑病、茎腐病、丝黑穗病。其中大斑病、茎腐病为主要病害。

5.1.3 黄淮海夏玉米类型区、京津冀早熟夏玉米类型区

小斑病、茎腐病、弯孢叶斑病、南方锈病、瘤黑粉病。其中小斑病、茎腐病、弯孢叶斑病、南方锈病为主要病害。

5.1.4 西南春玉米类型区、热带亚热带玉米类型区、东南春玉米类型区

大斑病、小斑病、茎腐病、纹枯病、灰斑病、南方锈病。大斑病、小斑病、茎腐病、纹枯病为主要病害。

5.2 虫害情况

田间调查记载玉米螟及蚜虫的危害情况。

6 品质检测

由指定的有关承担单位统一从试验点收取检测样品，交专门机构进行检测。检测项目及方法按《农作物品种试验与信息化技术规程 玉米》（NY/T 1209—2020）规定执行。

7 照片要求，在收获时及时照 4 张照片并上传系统

7.1 全株。小区田间整体长势照片（1 张）。

7.2 选取 10 个典型果穗，苞叶不拨开果穗和苞叶拨开果穗各一张（2 张）。

7.3 将上述 10 个典型果穗从中部断开，有乳线位置的一面果穗切面照片一张（1 张）。

附录五　青贮玉米田间试验记载报告

（__________试点）

1. 承试单位（盖章）：________ 单位地址：____ 单位负责人：________

2. 试验地点：______省__市__县__乡__村；经纬度：______；海拔：________

3. 承试人员：______；联系电话：____；电子邮箱：____；填报日期：________

4. 小区面积：行长____米；行宽____米；每小区____行。株距：____厘米

5. 试验期间的气候情况（含主要自然灾害）：________________

6. 田间管理简况：

前茬作物：____。套种或直播：____

播种期：____月____日。间定苗期：____月____日

施肥（时间、肥料种类、数量）：__________

追肥（时间、次数、肥料种类、数量）：__________

灌溉（时间、次数）：__________

7. 对照：

8. 品种观察记载

（1）物候期及农艺性状记载（按调查时间顺序排列）

品种名称	播种期	出苗期	幼苗叶鞘色	叶片色	叶缘色	抽雄期	吐丝期	花丝色	花药色	颖壳色	株型	株高（厘米）	穗位（厘米）	收获日期	青贮生育期	持绿性	乳线位置

注：选择具体代表性的一个重复调查。

（2）东华北中晚熟春玉米组田间病害情况记载

品种名称	重复	主要病害			
		大斑病（级）	茎腐病（%）	丝黑穗病（%）	灰斑病（级）
	Ⅰ				
	Ⅱ				
	Ⅲ				

注：4 种病害，每品种调查 3 个重复。

（3）黄淮海夏播组田间病害情况记载

品种名称	重复	主要病害				
		小斑病（级）	茎腐病（%）	弯孢叶斑病（级）	南方锈病（级）	瘤黑粉（%）
	Ⅰ					
	Ⅱ					
	Ⅲ					

注：5 种病害，每品种调查 3 个重复。

（4）西南春玉米组田间病害情况记载

品种名称	重复	主要病害					
		大斑病（级）	小斑病（级）	茎腐病（%）	纹枯病（病情指数）	灰斑病（级）	南方锈病（级）
	Ⅰ						
	Ⅱ						
	Ⅲ						

注：6 种病害，每品种调查 3 个重复。

9. 品种收获

（1）青贮玉米倒伏倒折记载表

品种名称	重复	总株数	倒伏株数	倒折株数	空秆株数	倒伏率（%）	倒折率（%）	空秆率（%）	倒伏倒折率之和（%）
	Ⅰ								
	Ⅱ								

（续表）

品种名称	重复	总株数	倒伏株数	倒折株数	空秆株数	倒伏率（%）	倒折率（%）	空秆率（%）	倒伏倒折率之和（%）
	Ⅲ								

注：按试验要求，每品种种植5行；在收获前，选择计划收获的3行进行调查。最好调查中间3行，如果中间行缺苗严重或没有代表性，也可选择边行。

（2）青贮玉米产量收获记载表

行长：　　米；行距：　　米；小区面积　　米^2

品种名称	重复	收获日期	小区面积（米^2）	小区鲜重（千克）	全株鲜重（千克）	鲜果穗重（千克）	布袋重（克）	布袋+取样鲜重（克）	布袋+取样干重（克）	干物质含量（%）	亩产鲜重（千克）	亩产干重（千克）	比对照增产率（%）	鲜果穗占比（%）
	Ⅰ													
	Ⅱ													
	Ⅲ													

注：按试验要求，每品种种植5行；收获中间3行，如果中间行缺苗严重或没有代表性，也可选择边行。

（3）品种照片

①反映试验质量的田间整体照片。

幼苗期：田间长势照片。

大喇叭口期：田间长势照片。

②反映各品种特征特性的照片，每个品种4张，在收获当天照。

全株：收获前田间长势照片1张。

果穗：选取10个典型果穗，苞叶不拨开果穗照片1张；苞叶拨开果穗照片1张。

乳线：将上述10个典型果穗从中部断开，有乳线的一面果穗切面照片1张。

10. 品种、试验综述与建议

（1）试验品种表现、建议

（2）对照品种表现

（3）试验建议

后　　记

出版这本书的时候，我们不能忘记中国种子协会青贮玉米分会第一任会长——丁光省先生！丁光省先生为我国青贮玉米分会的建立和发展奠定了良好基础，在任期间积极促进国内外青贮玉米产业的合作交流，推进青贮玉米区试标准等事宜，为我国青贮玉米事业的发展做出了不可磨灭的贡献。2019 年 8 月 24 日在筹备 2019 中国青贮玉米大会途中，丁光省先生不幸因公殉职，在此深深地怀念丁光省先生并以此书表达对他的深切缅怀和追思！